D. A. VLADIMIROV

BOOLESCHE ALGEBREN

MATHEMATISCHE LEHRBÜCHER UND MONOGRAPHIEN

HERAUSGEGEBEN VON DER
DEUTSCHEN AKADEMIE DER WISSENSCHAFTEN ZU BERLIN
ZENTRALINSTITUT FÜR MATHEMATIK UND MECHANIK

II. ABTEILUNG
MATHEMATISCHE MONOGRAPHIEN

BAND XXIX

BOOLESCHE ALGEBREN

VON

D. A. VLADIMIROV

AKADEMIE-VERLAG · BERLIN
1972

D. A. VLADIMIROV

BOOLESCHE ALGEBREN

In deutscher Sprache herausgegeben
von
Prof. Dr. G. EISENREICH

Mit 4 Abbildungen

AKADEMIE-VERLAG · BERLIN
1972

Д. А. Владимиров

Булевы Алгебры

Erschienen im Verlag NAUKA, Moskau

Deutsche Übersetzung: Prof. Dr. GÜNTHER EISENREICH

Erschienen im Akademie-Verlag GmbH, 108 Berlin, Leipziger Straße 3—4

Lizenznummer: 202 · 100/594/72
Gesamtherstellung: VEB Druckerei „Thomas Müntzer", 582 Bad Langensalza
Bestellnummer: 761 469 1 (5848) · ES 19 B 1
Printed in German Democratic Republic

VORWORT

Dieses Buch verfolgt ein zweifaches Ziel. Vor allem kann es dazu dienen, um die BOOLEschen Algebren erstmalig kennenzulernen. Die ersten beiden Kapitel des Buches stellen eine elementare Einführung in die Theorie der BOOLEschen Algebren dar. Hierin sind ziemlich viele Beispiele enthalten, die es dem Leser erlauben, die Anwendungsmöglichkeiten der Theorie der BOOLEschen Algebren auf die Maßtheorie, Wahrscheinlichkeitstheorie und Funktionalanalysis zu erkennen.

Der Hauptinhalt der folgenden Kapitel umfaßt diejenigen Zweige der Theorie der BOOLEschen Algebren, die mit diesen Anwendungen zusammenhängen; ihre systematische Erörterung macht das zweite Ziel des Buches aus. Die Grundlage hierfür enthalten die Kapitel III—VI, in denen der Hauptteil der Theorie konzentriert ist. Hierin werden vollständige und σ-vollständige Algebren behandelt und verschiedene Topologien und stetige Abbildungen untersucht. Insbesondere wird die Eindeutigkeit der Topologie nachgewiesen, die mit der in der betreffenden Algebra bestehenden Ordnungsrelation in gewissem Sinne „vernünftig in Einklang steht". Eine besondere Stellung nimmt § 2 des dritten Kapitels ein. Die in ihm enthaltenen Sätze („Exhaustionsprinzip", „Satz über normale Kerne") finden in der Folge ausgedehnte Anwendung. In diesen selben Kapiteln kann der Leser Beweise für die Hauptsätze der Maßtheorie finden, wie beispielsweise für den Satz über die Fortsetzung eines Maßes und für den Satz von RADON-NIKODYM.

In Kapitel V führen wir einige für den Hauptinhalt des Buches wichtige Fakten aus der Theorie der Vektorverbände an. Dieses Kapitel trägt mehr Übersichtscharakter.

Das zentrale Kapitel des Buches ist das siebente. Es ist der Untersuchung der Struktur einer vollständigen BOOLEschen Algebra gewidmet. Für die wichtigste Klasse von Algebren (nämlich für Maßalgebren) wird eine vollständige Klassifikation gegeben. Es enthält auch einen ausführlichen Beweis eines bekannten Satzes von D. MAHARAM über die Realisierung einer normierten Algebra. Im abschließenden achten Kapitel betrachten wir Automorphismengruppen und streifen damit ein Gebiet, das an die Ergodentheorie angrenzt. Das Hauptaugenmerk richten wir dabei auf das Problem der Existenz eines invarianten Maßes; wir geben auch eine abstrakte Charakterisierung der wichtigsten normierten Algebren.

Die ganze Anlage des Buches ist so, daß gewissen traditionellen Fragen (Anwendungen auf die Logik, Kybernetik usw.) notgedrungen weniger Aufmerksamkeit geschenkt wird, als es gewöhnlich üblich ist. Wir befassen uns nicht mit Problemen, die mit den Grundlagen der Mathematik zusammenhängen, und stehen stets auf dem Boden der „naiven" Mengentheorie, indem wir bedenkenlos das Auswahlaxiom und seine Äquivalente anwenden.

Das Buch ist auf einen Leser zugeschnitten, der eine etwa zweijährige Universitätsausbildung hinter sich hat und mit den Grundlagen der Maßtheorie und den einfachsten Fakten aus der allgemeinen Topologie vertraut ist. Der Anhang am Schluß des Buches enthält kurze Angaben zur Mengentheorie und Topologie.

Der Verfasser hat sich bemüht, von allen grundlegenden Tatsachen möglichst eingehende Beweise zu geben; er rechnet jedoch, vor allem in den Schlußkapiteln, auch mit der Mitarbeit des Lesers. Die im Buch enthaltenen Aufgaben sind für einen Leser vorgesehen, der sich um eine ernsthafte Aneignung des Stoffes bemüht.

Wenn wir diesen oder jenen Satz anführen, so sind wir in den weitaus meisten Fällen nicht in der Lage, seinen Autor zu nennen; im Buch nimmt die „mathematische Folklore" im ernstgemeinten Sinne einen sehr großen Raum ein.

Der Verfasser dankt aufrichtig allen, die ihm während der Arbeit an diesem Buche geholfen haben. Besonders ist er B. Z. Vulich, der angeregt hat, dieses Buch zu schreiben, und viele wertvolle Bemerkungen zum Manuskript gemacht hat, sowie seinem Redakteur A. A. Korrbut zu Dank verpflichtet. Der Verfasser dankt auch L. M. Molodčenkova für ihre Hilfe bei der Vorbereitung des Manuskripts zum Druck.

INHALTSVERZEICHNIS

EINFÜHRUNG

Wohlbekannt sind die Schwierigkeiten, auf die man bei dem Versuch stößt, für irgendeinen tief in den alltäglichen wissenschaftlichen Sprachschatz eingedrungenen Begriff eine genaue Definition zu geben. So ist beispielsweise der fundamentale Begriff der „Menge" keiner direkten Definition zugänglich, ohne daß dies freilich den Mathematiker stört, ihn zu gebrauchen; es reicht aus, die Regeln für den Umgang mit dem Wort „Menge" zu kennen und die entsprechende Symbolik zu beherrschen.

In diesem Buch konzentriert sich unsere Aufmerksamkeit auf einen anderen ebenso fundamentalen und leider noch verschwommeneren Begriff, den des „Ereignisses". Bereits eine oberflächlichste Analyse der Situationen, unter denen wir dem Wort „Ereignis" begegnen, überzeugt uns von der Hoffnungslosigkeit des Unterfangens, für diesen Begriff eine unmittelbare Definition zu geben. Eine solche Definition ist jedoch für die Wissenschaft gar nicht vonnöten; die Interessen der Mathematik (in erster Linie der Wahrscheinlichkeitstheorie) fordern nur klar formulierte Axiome, die die Eigenschaften von Ereignissystemen beschreiben. Es ist nämlich wichtig zu betonen, daß wir es stets mit Systemen von Ereignissen zu tun haben: es finden keine isolierten Ereignisse statt. Jedes Ereignis, von dem irgendwo die Rede ist, ist notwendig von ähnlichen umgeben, die mit ihm zusammen ein einheitliches Ganzes bilden.

Als mathematisches Hilfsmittel zur Beschreibung von Ereignissystemen kam ursprünglich der Kalkül der symbolischen Logik in Betracht. Die Schaffung einer „Aussagenalgebra" wird gewöhnlich mit dem Namen J. Boole (1815—1864) in Zusammenhang gebracht; es versteht sich, daß er Vorgänger besessen hat, von denen in erster Linie Leibniz und die Brüder Bernoulli zu nennen sind. Erst mit der 1847 erschienenen Arbeit von Boole [9] begann jedoch ein ständiger Strom von Untersuchungen, als deren Resultat eine Blüte der mathematischen Logik eintrat, die eines der charakteristischsten Züge der Mathematik des zwanzigsten Jahrhunderts bildet. Und eben Boole war es, der in seiner Übersichtsmonographie „Untersuchung über die Gesetze des Denkens, auf die sich die mathematische Theorie der Logik und die Wahrscheinlichkeitstheorie gründet" klar auf den Zusammenhang zwischen dem von ihm entwickelten Kalkül und den Grundlagen der Wahrscheinlichkeitstheorie hinwies. Dieser Zusammenhang gründet sich auf die Analogie zwischen „Ereignissen" und „Aussagen", auf Grund derer sich Logik und Wahrscheinlichkeitstheorie mit ein und demselben formalen Apparat behandeln lassen. Grob gesprochen, ist ein „Ereignis" etwas, was stattfinden oder nicht stattfinden kann; „Aussage" ist dagegen etwas, was wahr oder falsch sein kann. Unter den Ereignissen gibt es sichere und unmögliche; Aussagen können identisch wahr oder identisch falsch sein. Zwischen Ereignissen ist ein Ursache-Folge-Zusammenhang möglich: ein Ereignis ist manchmal Folge eines anderen. Genauso ist zwischen Aussagen ein logischer Zusammenhang möglich; sie können auseinander folgen. Jedem Ereignis kann man eine gewisse Aussage zuordnen, die behauptet, daß dieses Ereignis stattfand. Andererseits kann man eine Aussage stets als eine Behauptung über das Eintreten eines gewissen Ereignisses deuten. Das eben Gesagte macht deutlich, daß sich ein einheitlicher „Kalkül" aufbauen läßt, der je nach den Umständen als „Aussagenkalkül" oder als „Ereigniskalkül" dienen kann. Einen derartigen Kalkül hat J. Boole tatsächlich geschaffen. Im Verlauf eines halben Jahrhunderts entwickelte er sich jedoch in rein „logischen" Bahnen. Die erste bedeutende Untersuchung zur Axiomatik der Wahrscheinlichkeitstheorie erschien erst 1917; ihr Verfasser war S. N. Bernstein [6].

Die folgenden Untersuchungen auf diesem Gebiet, die in erster Linie mit den Arbeiten von A. N. Kolmogorov [47] verknüpft sind, stellten die Wahrscheinlichkeitstheorie endgültig auf einen festen Boden und übten auf die angrenzenden Gebiete der Mathematik, insbesondere auf die Maßtheorie, einen großen Einfluß aus.

Dieses Buch ist den Booleschen Algebren gewidmet. Eine Boolesche Algebra ist ein algebraisches System, das je nach den Umständen entweder als System von Ereignissen oder als System von Aussagen gedeutet werden kann (und auch noch andere Deutungen zuläßt). Die Axiome einer Booleschen Algebra bringen das Gemeinsame zum Ausdruck, das „Ereignisse" und „Aussagen" verbindet. Der Ursache-Folge-Zusammenhang von Ereignissen oder der logische Zusammenhang von Aussagen wird durch Formeln beschrieben, die die Form von Ungleichungen haben. Eine Boolesche Algebra stellt eine Abart einer teilweise geordneten Menge dar: die Ungleichung $x < y$ drückt die „größere Sicherheit" des Ereignisses y im Vergleich zum Ereignis x oder, wenn man will, den „größeren Wahrscheinlichkeitsgehalt" der Aussage y gegenüber x aus. Unter den Elementen einer Booleschen Algebra muß es ein größtes und ein kleinstes geben, die dem „absolut sicheren" und dem „absolut unmöglichen" Ereignis (der „identisch wahren" und der „identisch falschen" Aussage) entsprechen. Schließlich muß jedes Element ein Komplement besitzen, das man als das „zu dem betreffenden Ereignis entgegengesetzte Ereignis" oder als die „Negation der betreffenden Aussage" deuten kann. Wir geben hier keine genauen Formulierungen; das soll geschehen, wenn es soweit ist.

Bei aller Einfachheit ihrer Axiomatik ist die Theorie der BOOLEschen Algebren äußerst gehaltvoll. Wir treffen in ihr nicht wenige schwierige und tiefliegende Probleme an, von denen viele noch nicht gelöst sind. Diese Probleme sind äußerst vielfältig; sie berühren die Logik und Mengentheorie, die Wahrscheinlichkeitstheorie und Analysis. Diese Fülle von Berührungspunkten mit benachbarten mathematischen Disziplinen bringt die Theorie der BOOLEschen Algebren der Funktionalanalysis nahe, der sie auch ihrem allgemeinen Stil nach verwandt ist.

KAPITEL I

GRUNDLEGENDES ÜBER BOOLESCHE ALGEBREN

Die BOOLEschen Algebren sind spezielle halbgeordnete Mengen. Wir beginnen daher mit der Aufzählung einiger allgemeiner Fakten und Begriffe, die sich auf Halbordnungen beziehen.

§ 1. Verbände

1. Vorbemerkungen. Hauptuntersuchungsobjekt dieses Buches bildet eine gewisse halbgeordnete (teilweise geordnete) Menge[1]) (BOOLEsche Algebra). Eine derartige Menge bezeichnen wir in der Regel mit demselben Buchstaben wie die Gesamtheit ihrer Elemente. Ungleichungen bezeichnen wir immer mit $<$, $\leqq$, $>$, $\geqq$ (in besonderen Fällen wenden wir auch die Symbole $<$, $>$ an).

2. Klassifikation von Abbildungen. Es sein $\mathcal{X}$ und $\mathcal{Y}$ zwei teilweise geordnete Mengen. Man sagt, die Abbildung φ der Menge $\mathcal{X}$ auf $\mathcal{Y}$ stelle einen *Isomorphismus* (oder eine isomorphe Abbildung) dar, wenn sie eineindeutig und ordnungstreu ist, d. h., wenn die Ungleichungen $x \leqq y$ und $\varphi(x) \leqq \varphi(y)$ gleichbedeutend sind[2]). Es ist offensichtlich, daß dann die Umkehrabbildung φ^{-1} gleichfalls ein Isomorphismus ist. Teilweise geordnete Mengen, zwischen denen ein derartiger Isomorphismus besteht, heißen *isomorph*. Isomorphe teilweise geordnete Mengen werden gewöhnlich miteinander identifiziert, da sie im Hinblick auf die mit der Ordnung zusammenhängenden Eigenschaften nicht unterscheidbar sind. Eine Abbildung φ heißt *isoton*[3]), wenn die Ungleichung $x \leqq y$ $\varphi(x) \leqq \varphi(y)$ nach sich zieht. Eine isomorphe Abbildung ist stets isoton (aber

---

[1]) Grundkenntnisse aus der Theorie der teilweise geordneten Mengen werden im Anhang gegeben.

[2]) Genauer: Die Abbildung φ ist ein Isomorphismus (Ordnungsisomorphismus), wenn sie eineindeutig und nicht nur φ selbst, sondern auch ihre Umkehrabbildung φ^{-1} ordnungstreu (ein Ordnungshomomorphismus) ist. Man beachte, daß eine eineindeutige ordnungshomomorphe Abbildung noch keinen Ordnungsisomorphismus darzustellen braucht, weil hierbei unvergleichbare Elemente in vergleichbare übergehen können. So ist es durchaus möglich, daß eine endliche halbgeordnete Menge $\mathcal{X}$ und ihr ordnungshomomorphes Bild bei der Abbildung φ aus der gleichen Anzahl von Elementen bestehen, ohne daß φ einen Isomorphismus darstellt. – Anm. d. Red. d. dt. Ausg.

[3]) Auch als monotone Abbildung oder als Ordnungshomomorphismus bezeichnet. – Anm. d. Red. d. dt. Ausg.

nicht umgekehrt!). Eine eineindeutige Abbildung ψ der Menge $\mathcal{X}$ auf $\mathcal{Y}$ heißt ein *dualer Isomorphismus*, wenn die Ungleichungen $x \leqq y$ und $\psi(x) \geqq \psi(y)$ gleichbedeutend sind. Falls eine solche Abbildung existiert, so sagen wir, $\mathcal{X}$ und $\mathcal{Y}$ seien *dual isomorph*.

3. Schranken von Mengen. Es sei $\mathcal{X}$ eine halbgeordnete Menge und E eine Untermenge der Menge $\mathcal{X}$. Wir sagen dann, das Element $y \in \mathcal{X}$ sei *obere* (*untere*) *Schranke* der Menge E, wenn für beliebiges $x \in E$ die Ungleichung $x \leqq y$ (bzw. $x \geqq y$) gilt. Die Gesamtheit aller oberen Schranken von E bezeichnen wir mit E^s, diejenige aller unteren Schranken mit E^i. Falls E^s (E^i) nicht leer ist, so sagen wir, E sei *nach oben* (*nach unten*) *beschränkt*. Wenn ein Element z dem Durchschnitt $E \cap E^s$ (bzw. $E \cap E^i$) angehört, so ist es *größtes* (*kleinstes*) Element der Menge E. In Ausdrücken von der Art $(E^s)^i$ werden wir gewöhnlich die Klammern weglassen und kurz E^{si} schreiben. Daß der Durchschnitt $E^s \cap E^{si}$ ($E^i \cap E^{is}$) nicht leer ist, bedeutet, daß es unter den oberen (unteren) Schranken von E eine kleinste (größte) gibt; diese heißt *obere* (*untere*) *Grenze* oder auch *Supremum* (*Infimum*) der Menge E. Es ist leicht zu zeigen, daß die Durchschnitte $E^s \cap E^{si}$, $E^i \cap E^{is}$ höchstens ein Element enthalten können[1]); die obere (untere) Grenze ist daher, falls sie existiert, notwendig eindeutig bestimmt. Die obere Grenze (Supremum) der Menge E wird mit dem Symbol $\sup E$, die untere Grenze (Infimum) mit dem Symbol $\inf E$ bezeichnet. Sind die Elemente von E mittels einer gewissen Indexmenge $\Xi = \{\xi\}$ durchnumeriert, so wendet man auch die Bezeichnungen

$$\sup E = \bigvee_{\xi \in \Xi} x_\xi\,, \qquad \inf E = \bigwedge_{\xi \in \Xi} x_\xi$$

an.

Besteht schließlich E aus endlich vielen Elementen $x_1, x_2, \ldots, x_n$, so schreibt man

$$\sup E = x_1 \vee x_2 \vee \cdots \vee x_n \quad \text{oder} \quad \sup E = \bigvee_{k=1}^{n} x_k$$

$$\inf E = x_1 \wedge x_2 \wedge \cdots \wedge x_n \quad \text{oder} \quad \inf E = \bigwedge_{k=1}^{n} x_k\,.$$

Als grundlegende Eigenschaften der oberen und unteren Grenzen in beliebigen teilweise geordneten Mengen seien genannt:

1) *Aus* $E_1 \subset E_2$ *folgt*

$$E_1^s \supset E_2^s\,, \quad E_1^i \supset E_2^i\,.$$

2) *Wenn* $E_1 \subset E_2$ *ist und* $\sup E_1$ *und* $\sup E_2$ ($\inf E_1$ *und* $\inf E_2$) *existieren, so gilt*

$$\sup E_1 \leqq \sup E_2\,,$$

$$\inf E_1 \geqq \inf E_2\,.$$

---

[1]) In der Tat sei beispielsweise $x, y \in E^s \cap E^{si}$. Dann ist $x \leqq y$, da $y \in E^s$, $x \in E^{si}$ gilt. Analog überzeugt man sich von der Gültigkeit der entgegengesetzten Ungleichung $y \leqq x$. Dann ist aber $x = y$.

3) *Die Beziehungen* $x \leqq y$, $x = x \wedge y$ *und* $y = x \vee y$ *sind gleichbedeutend.*

4) *Es sei* $\mathcal{E} = \{E\}$ *eine nichtleere Klasse von Untermengen von* $\mathfrak{X}$, *von denen jede eine obere (untere) Grenze besitzt. Ferner werde vorausgesetzt, daß die Menge dieser Grenzen ihrerseits ein Supremum (bzw. Infimum) besitzt. Dann ist letzteres zugleich obere (untere) Grenze der Vereinigungsmenge* $F = \bigcup_{E \in \mathcal{E}} E$.

Diese Eigenschaft heißt die *Assoziativitäts*eigenschaft der Grenzen. Sie läßt sich auch durch die Formeln

$$\sup F = \bigvee_{E \in \mathcal{E}} \sup E$$

und

$$\inf F = \bigwedge_{E \in \mathcal{E}} \inf E$$

ausdrücken, vorausgesetzt, die auf der rechten Seite auftretenden Grenzen existieren.

Die Eigenschaften 1)—3) sind evident. Konzentrieren wir uns daher auf den Beweis der Assoziativität und beschränken uns dabei auf den Fall der oberen Grenzen! Wir führen die Bezeichnungen

$$y_E = \sup E \ (E \in \mathcal{E}) , \qquad y = \bigvee_{E \in \mathcal{E}} y_E$$

ein. Zu jedem Element $x \in F$ läßt sich eine Menge $E \in \mathcal{E}$ aufweisen, die es enthält. Daher ist $x \leqq y_E \leqq y$ und $y \in F^s$. Nunmehr bemerken wir, daß nach 1) bei beliebiger Wahl von $z \in F^s$ für jedes $E \in \mathcal{E}$ $z \in E^s$ und damit $z \geqq y_E$ gilt. Wir sehen also, daß das Element z obere Schranke der Menge aller y_E und daher $z \geqq \bigvee_{E \in \mathcal{E}} y_E = y$ ist. Wir haben somit bewiesen, daß das Element y die kleinste der oberen Schranken der Menge F ist, das heißt, ihre obere Grenze.

Evident sind auch die folgenden Eigenschaften, die damit zusammenhängen, wie sich die Schranken und Grenzen bei Isomorphismen und dualen Isomorphismen transformieren:

5) *Für einen Isomorphismus* φ *gilt stets*

$$\varphi(E^s) = [\varphi(E)]^s ,$$
$$\varphi(E^i) = [\varphi(E)]^i .$$

6) *Für einen Isomorphismus* φ *gilt stets*

$$\varphi(\sup E) = \sup \varphi(E) ,$$
$$\varphi(\inf E) = \inf \varphi(E) ,$$

vorausgesetzt, wenigstens eine der in der Gleichung auftretenden Grenzen existiert.

7) *Für einen dualen Isomorphismus* ψ *gilt stets*

$$\psi(E^s) = [\psi(E)]^i ,$$
$$\psi(E^i) = [\psi(E)]^s .$$

8) *Für einen dualen Isomorphismus* ψ *gilt* (unter demselben Vorbehalt wie in 6)) *stets*

$$\psi(\sup E) = \inf \psi(E) ,$$

$$\psi(\inf E) = \sup \psi(E) .$$

Zum Schluß sei noch auf die offensichtliche Isotonie der Operationen $\vee$ und $\wedge$ hingewiesen.

9) *Wenn* $x_1 \leqq y_1, x_2 \leqq y_2, \ldots, x_n \leqq y_n$ *ist, so gilt*

$$\bigvee_{k=1}^{n} x_k \leqq \bigvee_{k=1}^{n} y_k , \qquad \bigwedge_{k=1}^{n} x_k \leqq \bigwedge_{k=1}^{n} y_k .$$

4. Dualitätsprinzip. So evident auch die Aussagen 7) und 8) von Nr. 3 sind, so kommt ihnen doch eine außerordentlich große Bedeutung zu. Es sei $\mathfrak{K}$ eine gewisse Klasse halbgeordneter Mengen, die zusammen mit jeder zu ihr gehörigen teilweise geordneten Menge $\mathcal{X}$ auch eine gewisse zu ihr dual isomorphe enthält. Auf Grund der genannten Eigenschaften 7), 8) können wir dann feststellen, *daß jede Aussage, die sich auf die Ordnungseigenschaften bezieht und für jedes* $\mathcal{X} \in \mathfrak{K}$ *gilt, in eine gleichfalls für alle* $\mathcal{X} \in \mathfrak{K}$ *gültige Aussage übergeht, wenn man die in ihre Formulierung eingehenden Ungleichungen umkehrt, die oberen Grenzen durch die unteren und die unteren Grenzen durch die oberen ersetzt.* Das damit formulierte Prinzip werden wir das *allgemeine Dualitätsprinzip* für teilweise geordnete Mengen nennen.

5. Zwei wichtige Beispiele. Beispiel A. Es sei Q eine beliebige nichtleere Menge, Σ irgendeine Gesamtheit von Untermengen von ihr. Wir führen in Σ eine Halbordnung ein, indem wir $e_1 \leqq e_2$ setzen, wenn $e_1 \subset e_2$ ist. Es ist evident, daß die Operation $\leqq$ transitiv ist und daß das gleichzeitige Bestehen der Ungleichungen $e_1 \geqq e_2$ und $e_1 \leqq e_2$ die Gleichung $e_1 = e_2$ nach sich zieht. Die Axiome für eine Halbordnung sind somit erfüllt. Die damit für ein beliebiges Mengensystem definierte Ordnungsrelation heißt gewöhnlich *natürliche Ordnungsrelation* oder *Ordnungsrelation auf Grund der mengentheoretischen Inklusion*. Wenn E eine gewisse Klasse zu Σ gehöriger Mengen ist, so ist eine beliebige Menge e_0, die jedes $e \in E$ enthält, obere Schranke von E. Analog läßt sich in diesem Beispiel der Begriff der unteren Schranke behandeln. (Dabei ist durchaus nicht der Fall ausgeschlossen, daß es überhaupt keine oberen oder unteren Schranken gibt.)

Beispiel B. Es sei wieder Q eine beliebige nichtleere Menge. Wir betrachten eine gewisse Gesamtheit S, die aus auf Q definierten reellen Funktionen besteht. In S führen wir gemäß folgender Bedingung eine Halbordnung ein: $f \leqq g$, wenn für alle $q \in Q$ die Ungleichung $f(q) \leqq g(q)$ gilt. Man prüft ebenso leicht wie im vorstehenden Beispiel nach, daß die Axiome einer Halbordnung erfüllt sind. Eine derartige in der Menge der reellen Funktionen definierte Ordnungsrelation heißt auch *natürlich*. Es ist evident, daß jede gemeinsame Majorante f_0 einer gewissen Menge E zu S gehöriger Funktionen obere Schranke von E ist; die Ungleichung $f_0(q) \geqq f(q)$ muß dann bei beliebiger Wahl von $f \in E$ und $q \in Q$ erfüllt sein. Analog kann man auch den Begriff der unteren Schranke behandeln. Es ist verständlich, daß es auch in diesem Beispiel *unbeschränkte* Mengen geben kann, die keine oberen oder unteren Schranken besitzen.

Wir wollen für diese beiden Beispiele äußerst wichtige Fälle der Existenz von *Grenzen* aufweisen. Die Mengenklasse $E = \{e\} \subset \Sigma$ sei so beschaffen, daß ihre Vereinigung $\bar{e} = \bigcup_{e \in E} e$ (oder ihr Durchschnitt $\underline{e} = \bigcap_{e \in E} e$) in Σ enthalten ist. Dann ist $\bar{e} = \sup E$ ($\underline{e} = \inf E$). In der Tat ist evident, daß $\bar{e}$ ($\underline{e}$) mengenmäßig [und damit auch im Sinne der natürlichen Ordnungsbeziehung] die kleinste (größte) Menge ist, die alle $e \in E$ enthält (in jedem $e \in E$ enthalten ist). Das bedeutet gerade, daß $\bar{e}$ obere Grenze von E ($\underline{e}$ untere Grenze von E) ist.

Im Beispiel B existiert *sicher* zu jeder Menge von Funktionen $E = \{f\}$ eine obere Grenze, für welche die durch die Gleichung

$$f_0(q) = \sup_{f \in E} f(q) \qquad (q \in Q)$$

definierte Funktion f_0 zu S gehört. Diese Funktion f_0 ist dann gerade die obere Grenze von E. Analog stellt die Funktion

$$g_0(q) = \inf_{f \in E} f(q) \qquad (q \in Q)$$

die untere Grenze von E dar, wenn sie S angehört. Der Beweis hierfür sei dem Leser überlassen.

Die Beispiele A und B bieten uns eine gute Möglichkeit, den Begriff des Isomorphismus zu veranschaulichen. Betrachten wir dazu wiederum ein beliebiges System $\Sigma = \{e\}$ von Untermengen von Q und nehmen als S das System aller ihrer *charakteristischen Funktionen*[1]) χ_e, $e \in \Sigma$. Mit φ bezeichnen wir die Abbildung, die jedem $e \in \Sigma$ seine charakteristische Funktion χ_e zuordnet. Dann ist klar, daß φ eine eineindeutige Zuordnung zwischen Σ und S vermittelt. Die Inklusion $e_1 \subset e_2$ bedeutet, daß $\chi_{e_1} \leqq \chi_{e_2}$ ist; die Ungleichungen $e_1 \leqq e_2$ und $\varphi(e_1) \leqq \varphi(e_2)$ sind infolgedessen gleichbedeutend. φ stellt somit einen Isomorphismus dar, und Σ und S sind isomorph. Grob gesprochen, ist es allein unter dem Gesichtspunkt der Ordnung nicht auszumachen, ob wir Mengen oder die ihnen entsprechenden charakteristischen Funktionen betrachten.

6. Der Begriff des Verbands. Eine teilweise geordnete Menge $\mathfrak{X}$ heißt ein *Verband*[2]), wenn jede beliebige zweielementige Menge $\{x, y\}$ in ihr eine obere Grenze $x \vee y$ und eine untere Grenze $x \wedge y$ besitzt.

---

[1]) Die charakteristische Funktion oder *Indikatorfunktion* der Menge e wird bekanntlich durch die Gleichung $\chi_e(q) = \begin{cases} 0, & q \notin e, \\ 1, & q \in e \end{cases}$ definiert.

[2]) Engl. lattice, russ. структура. Manchmal wird an Stelle des Ausdrucks структура auch das Wort решетка verwendet, die wörtliche Übersetzung des englischen „lattice“. Die Bezeichnung „structure“ hat O. Ore [67] eingeführt.

Lemma 1. *In einem beliebigen Verband besitzt jede endliche Menge von Elementen eine untere und eine obere Grenze.*

Dieses Lemma läßt sich unter Benutzung der Assoziativitätseigenschaft der Grenzen leicht durch Induktion beweisen.

7. Distributivität. Eine große Rolle in der Verbandstheorie spielen verschiedene Bedingungen, die unter der Bezeichnung „Distributivitätsbedingungen“ bekannt sind. Wir führen hier vorerst die einfachste derartige Bedingung an. Wir nennen den Verband $\mathfrak{X}$ *distributiv*, wenn in ihm für beliebige Elemente x, y, z die Relation

$$(x \vee y) \wedge z = (x \wedge z) \vee (y \wedge z) \tag{I}$$

besteht. Wir merken an, daß in einem beliebigen Verband stets die Ungleichung

$$(x \vee y) \wedge z \geqq (x \wedge z) \vee (y \wedge z) \tag{I*}$$

gilt. Dies folgt aus den Ungleichungen

$$x \wedge z \leqq (x \vee y) \wedge z, \qquad y \wedge z \leqq (x \vee y) \wedge z\,,$$

die durchweg evident sind. Daher reduziert sich der Distributivitätsbeweis in Wahrheit auf den Nachweis der zu (I*) entgegengesetzten Ungleichung

$$(x \vee y) \wedge z \leqq (x \wedge z) \vee (y \wedge z)\,.$$

Die „duale“ Form der Beziehung (I) hat die Gestalt

$$(x \wedge y) \vee z = (x \vee z) \wedge (y \vee z)\,. \tag{II}$$

Wir überlassen es dem Leser, selbständig die folgende interessante Aussage zu beweisen: *Für die Distributivität des Verbandes $\mathfrak{X}$ ist notwendig und hinreichend, daß für beliebige $x, y, z \in \mathfrak{X}$ die Gleichung (II) erfüllt ist.* Damit bekommen wir im Grunde genommen eine zweite Distributivitätsdefinition, die zu der ursprünglichen Definition äquivalent ist.

8. Halbgeordnete Mengen mit Null- und Einselement. *Null-* und *Einselement* einer teilweise geordneten Menge $\mathfrak{X}$ nennen wir ihr kleinstes bzw. größtes Element, wenn derartige Elemente existieren.

So haben wir im Beispiel A (Nr. 5) eine halbgeordnete Menge Σ betrachtet, die aus Untermengen einer gewissen Grundmenge Q besteht. Wenn wir zusätzlich voraussetzen, daß zum System Σ auch ganz Q und die leere Menge Λ gehören, so spielen sie dort auch zugleich die Rolle des Eins- und Nullelements.

Null- und Einselement in $\mathfrak{X}$ werden gewöhnlich mit **0**, **1**, manchmal auch mit $\mathbf{0}_{\mathfrak{X}}$, $\mathbf{1}_{\mathfrak{X}}$ bezeichnet. Übrigens benutzt man häufig selbst dann, wenn gleichzeitig mehrere teilweise geordnete Mengen betrachtet werden, für jede derselben ein und dieselben gemeinsamen Symbole **0**, **1**.

Wir wollen gleichfalls ein für allemal verabreden, mit E^+ die Gesamtheit aller *vom Nullelement verschiedenen* Elemente der Menge E zu bezeichnen. Es erscheint sachgemäß, in einer teilweise geordneten Menge mit Null- und Einselement als *obere Grenze der leeren Menge* **0**, *als untere Grenze derselben* *dagegen* 1 *anzusetzen*. (Im Falle eines nichtleeren E ist natürlich stets $\sup E \geqq \inf E$.)

9. Beispiel. Wir wollen uns erneut dem Beispiel A (Nr. 5) zuwenden und annehmen, daß die Grundmenge Q ein Segment $[a, b]$ (mit $a < b$) darstellt, während das System Σ aus allen in Q liegenden (offenen, halboffenen und abgeschlossenen) Intervallen besteht. Die leere Menge rechnen wir gleichfalls zu unserem System (und zwar rechtens, da wir sie als „Intervall" der Form (p, p) ansehen können). Die auf diese Weise entstehende halbgeordnete Menge bezeichnen wir mit $\mathfrak{J}$. Da der Durchschnitt von Intervallen stets wieder ein Intervall ist, besitzt offensichtlich eine beliebige (nicht etwa nur eine endliche) Untermenge von $\mathfrak{J}$ eine untere Grenze, die mit dem Durchschnitt ihrer Elemente zusammenfällt. Dagegen ist die Vereinigungsmenge von Intervallen nicht notwendig wieder ein Intervall, ohne daß dies jedoch die Nichtexistenz oberer Grenzen bedeutet: wie auch das System $E \subset \mathfrak{J}$ beschaffen ist, so existiert doch immer ein *kleinstes* Intervall, das alle $e \in E$ enthält; dieses ist zugleich die obere Grenze von E. Somit sind in unserem Falle die in der Verbandsdefinition enthaltenen Forderungen überreichlich erfüllt, und die Menge $\mathfrak{J}$ stellt einen Verband dar. Es ist klar, daß es sich hierbei um einen Verband mit Null- und Einselement handelt. Es ist unschwer zu zeigen, daß er nicht distributiv ist.

10. Disjunkte Elemente. Komplemente. Es sei $\mathfrak{X}$ eine halbgeordnete Menge mit Nullelement $\mathbf{0}$. Die Elemente $x, y \in \mathfrak{X}$ heißen *disjunkt*, wenn $x \wedge y = \mathbf{0}$ ist. Für die Disjunktheit ist notwendig und hinreichend, daß das Paar $\{x, y\}$ keine vom Nullelement verschiedene untere Grenze besitzt. Falls x und y disjunkt sind, schreiben wir $x \mathrm{~d~} y$. Das Element x heißt zu einer gewissen Menge E disjunkt, wenn es zu jedem Element von E disjunkt ist; das wird durch die Formel $x \mathrm{~d~} E$ zum Ausdruck gebracht. Schließlich wollen wir die Menge E *disjunkt* nennen, wenn ihre Elemente paarweise disjunkt sind: $x \neq y$, $x, y \in E$ zieht $x \mathrm{~d~} y$ nach sich. Es ist leicht einzusehen, daß das *Nullelement zu sich selbst disjunkt* ist und daß *es keine weiteren Elemente mit dieser Eigenschaft gibt*. Falls das im Beispiel A betrachtete Mengensystem Σ die leere Menge enthält, so sind zwei beliebige Elemente dieses Systems, die einen leeren Durchschnitt haben, notwendig disjunkt.

In einer teilweise geordneten Menge mit Nullelement $\mathbf{0}$ und Einselement $\mathbf{1}$ können Paare disjunkter Elemente vorkommen, deren Supremum gleich dem Einselement ist. Von den Elementen eines derartigen Paares sagt man, jedes von ihnen sei *Komplement* des anderen. Es ist also x Komplement von y (und y Komplement von x), wenn gleichzeitig $x \wedge y = \mathbf{0}$ und $x \vee y = \mathbf{1}$ ist.

Als Beispiel wollen wieder den Verband $\mathfrak{J}$ aller im Segment $[a, b]$ gelegenen Intervalle betrachten. Hierfür sind offensichtlich die Elemente $x = [a, c]$ und $y = (c, b]$ $(a < c < b)$ Komplemente voneinander. Wir überlassen es dem Leser zu beweisen, daß das Element $x = [c, d]$ $(a < c < d < b)$ kein Komplement besitzt.

§ 2. Boolesche Algebren

1. Definition und Haupteigenschaften. Als Boole*sche Algebra*[1][2]) bezeichnen wir einen distributiven Verband mit voneinander verschiedenem Einselement **1** und Nullelement **0**, in dem jedes Element ein Komplement besitzt. Eine B. A. enthält also mindestens zwei Elemente. Eine Algebra, die nur **0** und **1** enthält, heißt *ausgeartet.*

Satz 1. *In einer* Boole*schen Algebra besitzt jedes Element nur ein Komplement.*

Beweis. Es seien y_1 und y_2 Komplemente eines gewissen Elements x. Dann bekommen wir unter Benutzung der Distributivitätseigenschaft

$$y_1 = y_1 \wedge \mathbf{1} = y_1 \wedge (x \vee y_2) = (y_1 \wedge x) \vee (y_1 \wedge y_2) = \mathbf{0} \vee (y_1 \wedge y_2) = y_1 \wedge y_2 \,.$$

Hieraus folgt, daß $y_1 \leqq y_2$ ist. Analog läßt sich die Ungleichung $y_1 \geqq y_2$ beweisen. Daher ist $y_1 = y_2$, und der Satz ist damit bewiesen.

Das Komplement des Elements x werden wir mit $C\,x$ bezeichnen (üblich sind auch die Bezeichnungen x', $-\,x$, $\bar{x}$, $\neg\, x$, $\sim\! x$). Damit wird zugleich eine Abbildung C der gegebenen B. A. $\mathfrak{X}$ in sich definiert, die jedem $x \in \mathfrak{X}$ sein Komplement $C\,x$ zuordnet.

Die wichtigsten Eigenschaften dieser Abbildung sind:

1) *Für jedes x ist*

$$C\,(C\,x) = x \,.$$

In der Tat ist, wenn y Komplement zu x ist, x seinerseits Komplement zu $y = C\,x$. Darin besteht aber gerade die Eigenschaft 1).

2) *Wenn $x \wedge y = \mathbf{0}$ ist, so ist $y \leqq C\,x$.*

Zum Beweis brauchen wir lediglich die Gleichung $C\,x = C\,x \vee y$ abzuleiten. Wir haben

$$C\,x = C\,x \vee \mathbf{0} = C\,x \vee (x \wedge y) = (C\,x \vee x) \wedge (C\,x \vee y) = \mathbf{1} \wedge (C\,x \vee y)$$
$$= C\,x \vee y \,.$$

(Hierbei ist vom Distributivgesetz Gebrauch gemacht worden.) Wir können die Eigenschaft 2) auch anders formulieren, indem wir sagen, daß *das Komplement eines Elements das größte der zu ihm disjunkten Elemente der Algebra ist.*

3) *Die Ungleichungen $x \leqq y$ und $C\,x \geqq C\,y$ sind gleichbedeutend.*

Es genügt zu beweisen, daß aus der Ungleichung $x \leqq y$ die Ungleichung $C\,x \geqq C\,y$ folgt. Wegen $x \leqq y$ ist $C\,y \wedge x \leqq C\,y \wedge y = \mathbf{0}$. Wir sehen also, daß $C\,y \;\mathrm{d}\; x$ gilt, woraus nach 2) $C\,y \leqq C\,x$ folgt.

Aus der Eigenschaft 1) folgt, daß *C eine eineindeutige Abbildung der Algebra $\mathfrak{X}$ auf sich darstellt, die mit ihrer Inversen C^{-1} zusammenfällt. Die Eigenschaft* 3)

[1]) Im weiteren verwenden wir oft die Abkürzung „B. A.“.

[2]) Auch als Boolescher Verband bezeichnet. – Anm. d. Red. d. dt. Ausg.

sagt aus, daß C *ein dualer Isomorphismus der Algebra $\mathfrak{X}$ auf sich selbst ist. Eine* BOOLE*sche Algebra ist* somit *stets zu sich dual isomorph.*

Auf Grund der Aussage 8) von Nr. 3 § 1 *bestehen für eine beliebige nichtleere Menge $E \subset \mathfrak{X}$ die Gleichungen*

$$C \bigvee_{x \in E} x = \bigwedge_{x \in E} C\, x\,, \tag{III}$$

$$C \bigwedge_{x \in E} x = \bigvee_{x \in E} C\, x\,, \tag{IV}$$

die unter der Bezeichnung *Dualitätsbeziehungen* für BOOLEsche Algebren bekannt sind. Ihr genauer Sinn ist der: *Wenn auf einer Seite der Gleichung die dort auftretende Grenze existiert, so hat auch die andere Seite einen Sinn, und es gilt die entsprechende Beziehung.* Wenn E endlich ist, so sind die oben aufgeschriebenen Gleichungen ohne jegliche Einschränkung gültig. Für eine zweielementige Menge $E = \{x, y\}$ nehmen sie die Form

$$C\,(x \vee y) = C\, x \wedge C\, y\,, \tag{V}$$

$$C\,(x \wedge y) = C\, x \vee C\, y \tag{VI}$$

an.

2. Die wichtigsten BOOLEschen Operationen. Wir haben bereits drei Operationen mit den Elementen einer BOOLEschen Algebra kennengelernt: nämlich die beiden Operationen $\vee$ und $\wedge$ sowie die Operation C, die einen dualen Isomorphismus der Algebra auf sich darstellt. Es ist üblich zu sagen, f und g seien *zueinander duale* Operationen, wenn sie durch die Identität

$$f(x_1, x_2, \ldots, x_n) = C\, g(C\, x_1, C\, x_2, \ldots, C\, x_n)$$

oder, was auf dasselbe hinausläuft, durch die Identität

$$g(x_1, x_2, \ldots, x_n) = C\, f(C\, x_1, C\, x_2, \ldots, C\, x_n)$$

miteinander zusammenhängen.

Auf Grund der oben hergeleiteten Dualitätsbeziehungen sind die Operationen $\vee$ und $\wedge$ dual zueinander. Von Interesse sind Operationen, die gegenüber dem dualen Isomorphismus C invariant sind. Als Beispiel einer „C-invarianten" Operation dient die durch die Gleichung

$$|x - y| = (x \wedge C\, y) \vee (C\, x \wedge y)$$

definierbare binäre Operation der *symmetrischen Differenz*. Die symmetrische Differenz von x und y wird auch mit $x \mathbin{\Delta} y$, manchmal auch (s. unten S. 55) mit $x +_2 y$ bezeichnet. Die Identität

$$|C\, x - C\, y| = |x - y|\,,$$

die gerade die Eigenschaft der „C-Invarianz" dieser Operation zum Ausdruck bringt, ist unmittelbar klar.

Als weiteres Beispiel für eine C-invariante binäre Operation möge die zur vorhergehenden duale Operation $\sim$ („Äquivalenz") dienen, die durch die

Gleichung

$$x \sim y = C\,|x - y|$$

oder auch

$$x \sim y = (x \vee C\,y) \wedge (C\,x \vee y)$$

definiert wird. Offensichtlich ist $x \sim y = C\,x \sim C\,y$. Diese Operation findet in der Logik häufig Anwendung.

Evident ist

Satz 2. *Jede der drei Gleichungen*

$$|x - y| = 0\,,$$
$$x \sim y = 1\,,$$
$$x = y$$

zieht die beiden übrigen nach sich.

Jedes der Elemente $|x - y|$, $x \sim y$ kann somit als ein eigentümliches Maß für die Benachbartheit von x und y angesehen werden.

Eine weitere binäre BOOLEsche Operation $\rightarrow$ (*Implikation*) wird durch die Gleichung[1])

$$x \rightarrow y = y \vee C\,x$$

definiert. Es ist leicht zu verifizieren, daß die Beziehungen $x \leqq y$ und $x \rightarrow y = 1$ gleichbedeutend sind.

Schließlich wollen wir noch die SHEFFERsche *Strichoperation* | nennen [102]. Sie wird durch die Gleichung[2])

$$x \mid y = C\,x \wedge C\,y$$

eingeführt und ist insofern bemerkenswert, als man alle übrigen Grundoperationen $\vee$, $\wedge$, C durch sie ausdrücken kann. Entsprechende Formeln werden später angegeben (S. 32).

Wir definieren jetzt für die Elemente einer B. A. die Operationen *Addition* und *Subtraktion*. Es sei E eine beliebige disjunkte Menge. Wenn sie eine obere Grenze besitzt, so heißt diese die *Summe* der Elemente von x. In diesem Falle schreiben wir an Stelle von

$$y = \sup E$$

auch

$$y = \sum_{x \in E} x\,.$$

Für endliche disjunkte Mengen werden auch die Bezeichnungen

$$y = x_1 + x_2 + \cdots + x_n$$

oder

$$y = \sum_{k=1}^{n} x_k$$

verwendet. Es liegt auf der Hand, daß die Operation der Addition kommutativ

---

1) Häufig wird das Symbol $\supset$ verwendet.

2) Viele Autoren bezeichnen als „SHEFFERsche Operation" die zu der von uns oben eingeführten duale Operation.

ist. Verständlich ist auch der Sinn der Symbole

$$\sum_{\xi \in \Xi} x_\xi , \qquad \sum_{k=1}^{\infty} x_k ,$$

die auf Familien von Elementen anwendbar sind. Wir weisen nachdrücklich darauf hin, daß wir im folgenden mit dem Gebrauch der Zeichen $+$ und Σ zugleich zum Ausdruck bringen wollen, daß die Elemente der betrachteten Menge oder Familie paarweise disjunkt sind.

Im Falle $x \leqq y$ heißt das Element $z = y \wedge C\,x$ auch *Differenz* $y - x$. Es ist leicht einzusehen, daß dies das einzige Element ist, das die Beziehung $x + z = y$ befriedigt.

Den Operationen mit den Elementen entsprechen die auf natürliche Weise definierbaren Mengenoperationen:

$$E_1 \vee E_2 = \{y \mid y = x_1 \vee x_2, x_1 \in E_1, x_2 \in E_2\} ,$$
$$E_1 \wedge E_2 = \{y \mid y = x_1 \wedge x_2, x_1 \in E_1, x_2 \in E_2\} ,$$
$$C\,E = \{y \mid y = C\,x, x \in E\} .$$

Besteht eine der Mengen nur aus einem Element, so schreiben wir an Stelle von $\{u\} \vee E$ oder $\{u\} \wedge E$ auch $u \vee E$ und $u \wedge E$. Klar ist auch die Bedeutung der Bezeichnungen $E_1 \vee E_2 \vee \cdots \vee E_n$, $E_1 \wedge E_2 \wedge \cdots \wedge E_n$ usw.

3. Das Distributivgesetz in einer BOOLEschen Algebra. In jeder B. A. muß nach der Grunddefinition das Distributivgesetz (I) von Nr. 7 des vorangegangenen Paragraphen erfüllt sein. Es zeigt sich, daß in Wahrheit sogar eine noch stärkere Aussage gilt.

Satz 3. *Es sei $\mathfrak{X}$ eine beliebige B. A. und E eine Untermenge von $\mathfrak{X}$, die eine obere Grenze besitzt. Dann gilt für ein beliebiges Element $x \in \mathfrak{X}$ die Gleichung*

$$x \wedge \bigvee_{y \in E} y = \bigvee_{y \in E} (x \wedge y) . \tag{VII}$$

Unter Benutzung der zum Schluß von Nr. 2 eingeführten Bezeichnungen kann man (VII) auch in der Form

$$x \wedge \sup E = \sup (x \wedge E) \tag{VII'}$$

schreiben.

Beweis. Da für beliebiges $y \in E$ $x \wedge y \leqq x \wedge \sup E$ sein muß, ist $\sup (x \wedge E) \leqq x \wedge \sup E$. Es sei $z \in (x \wedge E)^s$. Dann haben wir bei beliebigem $y \in E$

$$z \vee C\,x \geqq (x \wedge y) \vee C\,x = (x \vee C\,x) \wedge (y \vee C\,x) = y \vee C\,x \geqq y .$$

Daher ist $z \vee C\,x \geqq \sup E$ und

$$z = z \vee 0 = z \vee (x \wedge C\,x) = (z \vee x) \wedge (z \vee C\,x) \geqq (z \vee x) \wedge \sup E \geqq x \wedge \sup E .$$

Da z ein beliebiges Element von $(x \wedge E)^s$ ist, schließen wir hieraus auf

$$x \wedge \sup E = \sup (x \wedge E) .$$

Der Satz ist damit bewiesen. Aus ihm ziehen wir unter Benutzung der Dualitätsrelation die

Folgerung. *Wenn E eine untere Grenze besitzt, so gilt für ein beliebiges $x \in \mathfrak{X}$ die Gleichung*

$$x \vee \bigwedge_{y \in E} y = \bigwedge_{y \in E} (x \vee y) \tag{VIII}$$

oder

$$x \vee \inf E = \inf (x \vee E) . \tag{VIII'}$$

Wir geben auch noch die bei verschiedenen Umformungen nützliche Formel

$$\bigwedge_{i=1}^{n} \bigvee_{k=1}^{m_i} x_{ik} = \bigvee_{\substack{1 \leq k_1 \leq m_1 \\ 1 \leq k_2 \leq m_2 \\ \cdots\cdots \\ 1 \leq k_n \leq m_n}} (x_{1k_1} \wedge x_{2k_2} \wedge \cdots \wedge x_{nk_n}) \tag{VII*}$$

an, die die Eigenschaft der endlichen Distributivität im allgemeinsten Sinne ausdrückt. Der Beweis der letzteren läßt sich durch sukzessive Anwendung der Gleichung (VII) erbringen. Ein anderes, praktisch überaus bequemes Verfahren zur Aufstellung ähnlicher Identitäten, das auf mengentheoretischen Überlegungen beruht, werden wir später nennen (s. S. 32).

4. Einfachste Beispiele für BOOLEsche Algebren. Beispiel 1. Um ein erstes Beispiel für eine BOOLEsche Algebra zu gewinnen, wenden wir uns dem Beispiel A des vorangegangenen Paragraphen zu. Als Σ nehmen wir das System aller Untermengen der Grundmenge Q. Wie aus dem auf S. 10 Gesagten folgt, stellt dies einen Verband mit Null- und Einselement dar:

$$x \vee y = x \cup y , \quad x \wedge y = x \cap y , \quad 0 = \Lambda , \quad 1 = Q .$$

Er ist distributiv, da die Operationen $\vee$, $\wedge$ im vorliegenden Beispiel mit den mengentheoretischen Operationen $\cup$, $\cap$ zusammenfallen, deren Distributivität wohlbekannt ist: Die Gleichung

$$x \wedge (y \vee z) = (x \wedge y) \vee (x \wedge z)$$

ist zu der evidenten Beziehung

$$x \cap (y \cup z) = (x \cap y) \cup (x \cap z)$$

äquivalent.

Das Komplement Cx des Elements x ist im vorliegenden Falle sein mengentheoretisches Komplement (die Komplementärmenge von x), d. h. die Differenz $Q \setminus x$. (Offensichtlich ist $x \cap (Q \setminus x) = \Lambda$, $x \cup (Q \setminus x) = Q$.)

Schließlich ist klar, daß das System Σ, weil Q nichtleer ist, wenigstens zwei verschiedene Elemente enthält. Somit *stellt die Gesamtheit aller Untermengen einer beliebigen nichtleeren Menge Q, in natürlicher Weise geordnet, eine BOOLEsche Algebra dar.* Wir werden diese BOOLEsche Algebra mit 2^Q bezeichnen.

Wir weisen noch auf die folgende, für das Weitere wichtige Tatsache hin: *In der B. A. 2^Q besitzt eine beliebige* (nicht etwa nur eine endliche) *Gesamtheit* *von Elementen eine obere und eine untere Grenze*, die mit der Vereinigungsmenge bzw. dem Durchschnitt aller zu ihr gehörigen Mengen zusammenfällt.

Satz 4. *Dafür, daß die BOOLEschen Algebren 2^{Q_1} und 2^{Q_2} isomorph sind, ist notwendig und hinreichend, daß die Mengen Q_1 und Q_2 gleichmächtig sind.*

Beweis. Notwendigkeit. Es sei φ ein Isomorphismus der B. A. $\mathscr{X}_1 = 2^{Q_1}$ auf $\mathscr{X}_2 = 2^{Q_2}$. Es ist klar, daß die Abbildungen φ und φ^{-1} einpunktige Mengen in einpunktige überführen. Infolgedessen gibt es eine eineindeutige Zuordnung zwischen Q_1 und Q_2, d. h., diese Mengen sind gleichmächtig.

Hinlänglichkeit. Wenn Q_1 und Q_2 die gleiche Mächtigkeit aufweisen, so existiert eine eineindeutige Abbildung φ_0 der Menge Q_1 auf Q_2. Wir ordnen jedem $e \subset Q_1$ die Menge $\varphi_0(e) \subset Q_2$ (das Bild der Menge e) zu. Es ist leicht einzusehen, daß damit ein Isomorphismus zwischen den Algebren $\mathscr{X}_1$ und $\mathscr{X}_2$ hergestellt wird.

Beispiel 2. Es sei wiederum Q eine beliebige nichtleere Menge. Wir betrachten die aus den charakteristischen Funktionen aller Untermengen der Menge Q bestehende Gesamtheit X_Q (mit anderen Worten, die Gesamtheit aller Funktionen, die nur die Werte 0 und 1 annehmen). Wir wollen ebenso wie im Beispiel B des vorangegangenen Paragraphen annehmen, daß diese Funktionenmenge mit der natürlichen Halbordnung versehen ist. Indem wir dann, wie schon am Ende von Nr. 5 § 1 bemerkt wurde, jeder Menge $e \subset Q$ ihre charakteristische Funktion χ_e zuordnen, erhalten wir einen Isomorphismus zwischen zwei teilweise geordneten Mengen, von denen jede eine BOOLEsche Algebra ist.

Die BOOLEschen Algebren 2^Q und X_Q sind somit isomorph. Die zweite dieser Algebren wird als mathematisches Modell in der formalen Logik und in der Schaltalgebra in ausgedehntem Maße verwendet. In der Tat ist eine „Aussage" etwas, das je nach den Umständen wahr oder falsch sein kann; ein „Kontakt" („Zweipol") etwas, das stromführend sein kann oder nicht. Dabei sehen wir vollständig vom Inhalt der Aussagen ab und interessieren uns auch nicht für die technische Realisierung der Kontakte. Ein Türklingelschaltknopf und ein Ölschalter, der für einen Strom von Tausenden von Ampere ausgelegt ist und in sich zahlreiche Relais und Kontakte enthält, sind für uns vollkommen dasselbe. In beiden Fällen haben wir es mit Objekten zu tun, die sich nur in zwei einander ausschließenden Zuständen befinden können. Als einfachstes mathematisches Analogon für ein derartiges Objekt kommt eine Funktion in Betracht, die zwei Werte annimmt: 0 und 1. Wollen wir ein ganzes System von Aussagen oder ein System von Kontakten (eine Kontaktschaltung) mit den Mitteln der Mathematik nachbilden, so müssen wir die Gesamtheit der auf einer gewissen festen Menge T vorgegebenen zweiwertigen Funktionen oder, was auf dasselbe hinausläuft, die Gesamtheit der charakteristischen Funktionen der Untermengen von T in Betracht ziehen. In angewandten Aufgaben aus der Logik[1]) und der Schaltalgebra ist die Menge T gewöhnlich endlich. Auch die Algebra X_T

---

[1]) Dem Wesen nach sind die von uns betrachteten „Aussagenvariablen" „einstellige Prädikate", für die die Menge T als „Objektbereich" dient.

stellt ein bekanntes Modell dar. Um die Rolle der Menge T besser zu veranschaulichen, kann man T als Definitionsbereich eines Parameters behandeln, von dem die Wahrheit oder Falschheit jeder der betrachteten Aussagen (im Falle der „logischen" Interpretation) oder der Zustand aller Kontakte der betrachteten Schaltung (im Falle der Deutung als „Schaltung") abhängen. Im zweiten Falle ist es angebracht, diesen Parameter als Zeit zu deuten.

Es sei bekannt, daß der Wert der Funktion $x \in X_T$ im Punkte $t = t_0$ gleich Eins (Null) ist. In der „Sprache der Schaltungen" beschreiben wir diese selbe Tatsache, indem wir sagen, der *Kontakt* x sei zum Zeitpunkt t_0 *geschlossen* (*offen*). Gehen wir schließlich zur „Sprache der Aussagenalgebra" über, so sagen wir, die *Aussage* x sei bei $t = t_0$ *wahr* (*falsch*). Die Übersetzung in die „Sprache der Mengenalgebra" überlassen wir dem Leser.

Wir wollen zum Abschluß ein Wörterbuch angeben, mit dessen Hilfe man von einer Sprache in die andere übersetzen kann. Die folgende Tab. 1 enthält Erklärungen verschiedener Beziehungen zwischen den Elementen einer Booleschen Algebra $\mathscr{X}$, die zu den Algebren 2^T und X_T isomorph ist, in den verschiedenen Sprachen[1]). Dabei werden die Menge, die charakteristische Funktion, die Aussage und der Kontakt, die einander entsprechen, mit ein und demselben Buchstaben bezeichnet. Die Erläuterung in der Sprache der Aussagenalgebra wird mittels sogenannter „Wahrheitstafeln" gegeben, worin die Buchstaben w und f „wahr" bzw. „falsch" bedeuten. Das Verstehen dieser Tafeln bereitet dem Leser keine Schwierigkeiten. Die Erläuterung in der Sprache der Schaltalgebra wird in Form einer Skizze gegeben, die auf eine der möglichen Realisierungen der betrachteten Beziehung hinweist. In einem derartigen Schema entsprechen jedem Kontakt Punkte (die „Pole des Kontakts), zwischen denen je nach dem Zustand des Kontakts ein Strom fließen kann oder nicht.

Schließlich sei noch die „logische" Deutung der Dualitätsbeziehungen (V), (VI) angeführt:

$$C\,(x \vee y) = C\,x \wedge C\,y\,,$$

$$C\,(x \wedge y) = C\,x \vee C\,y\,.$$

Sie bringen die Regeln für die Negation von Disjunktionen und Konjunktionen zum Ausdruck: „*Die Disjunktion $x \vee y$ ist dann und nur dann falsch, wenn die beiden Negationen $C\,x$, $C\,y$ wahr sind*"; „*die Konjunktion $x \wedge y$ ist dann und nur dann falsch, wenn wenigstens eine der beiden Negationen $C\,x$, $C\,y$ wahr ist*". In der Logik heißen sie manchmal auch „de Morgansche Regeln".

Wir bemerken auch, daß die Grundidentitäten $x \vee C\,x = \mathbf{1}$, $x \wedge C\,x = \mathbf{0}$ logisch als Gesetz vom ausgeschlossenen Dritten[2]) interpretiert werden können: „*Von den Aussagen x und $C\,x$ ist stets eine und nur eine wahr*". Zu logischen Theorien, die nicht das Prinzip des „tertium non datur" enthalten, gehören nicht mehr Boolesche Algebren, sondern kompliziertere teilweise geordnete Mengen.

---

[1]) Siehe S. 19.

[2]) Lat. – tertium non datur.

Tabelle 1

	$z = x \vee y$	$z = x \wedge y$	$z = Cx$	$z = \vert x - y \vert$

Mengenalgebra

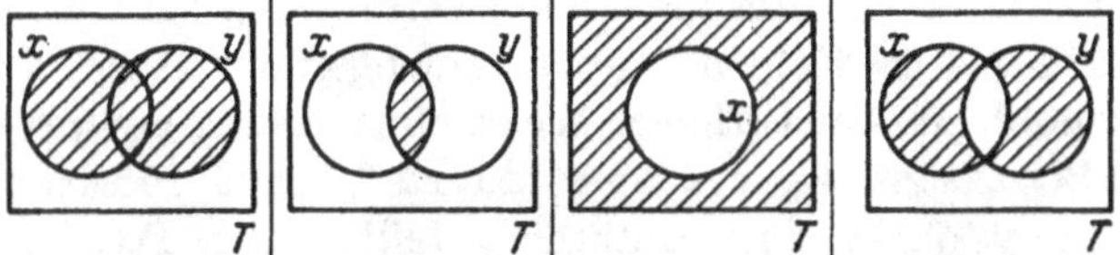

„Vereinigungsmenge" — „Durchschnitt" — „Komplementärmenge" — „symmetrische Differenz"

Aussagenalgebra

„Disjunktion"

x	y	z
w	w	w
w	f	w
f	w	w
f	f	f

„Konjunktion"

x	y	z
w	w	w
w	f	f
f	w	f
f	f	f

„Negation"

x	z
w	f
f	w

(symmetrische Differenz)

x	y	z
w	w	f
w	f	w
f	w	w
f	f	f

Schaltalgebra

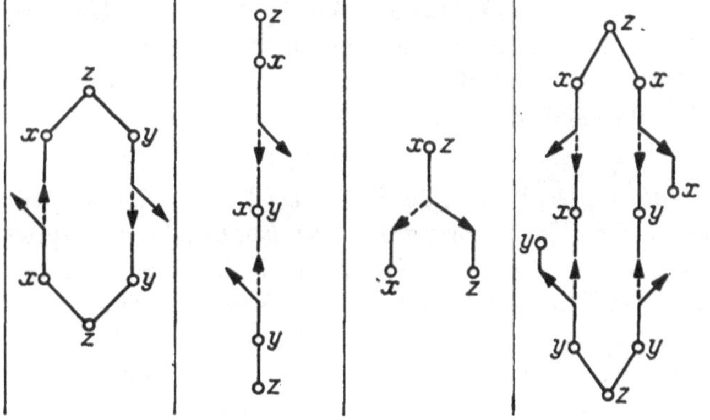

Die Anwendungen der Booleschen Algebren auf die Logik und Kybernetik finden in der in russischer Sprache vorliegenden Literatur ausgedehnte Beleuchtung. Im vorliegenden Buch werden wir uns nicht weiter mit derartigen Fragen aufhalten, da die entsprechenden Anwendungen für uns lediglich als Anschauungsmaterial interessant sind. Den Leser, der sich diese Dinge aneignen will, verweisen wir auf das Buch von J. Culbertson [37] und auf den Artikel von I. M. Jaglom [105]. Für das erste sind Aufgaben, wie sie beispielsweise in dem Buch von Culbertson oder in der Aufgabensammlung von A. V. Gochman u. a. [30] zusammengestellt sind, von großem Nutzen. Über den gegenwärtigen Stand der Algebra der Logik schließlich kann man sich an Hand der Monographie von S. V. Jablonskij, G. P. Gavrilov und V. B. Kudrjavcev [104] informieren.

Betrachten wir noch einige Beispiele Boolescher Algebren!

Beispiel 3 [6]. Es sei $\mathcal{X}_p$ die Gesamtheit aller natürlichen Zahlen der Form

$$n = 1 \cdot p \cdot p_2 \cdots p_{k(n)},$$

worin die Faktoren p_i prim, paarweise verschieden sind und die Zahl p nicht übersteigen. Da diese Zahlen den Untermengen der Menge P aller Primzahlen des Segments $[2, p]$ in natürlicher Weise eineindeutig entsprechen, geht hierbei $\mathcal{X}_p$ in eine BOOLEsche Algebra über, die zu 2^P isomorph ist. Die Ungleichung $n \leqq m$ bedeutet dabei, daß m durch n teilbar ist. Das Einselement ist das Produkt $\prod_{q \in P} q$, das Nullelement die gewöhnliche Eins. Die Rolle der oberen Grenze einer Menge von Zahlen spielt ihr kleinstes gemeinschaftliches Vielfaches, die Rolle der unteren Grenze ihr größter gemeinsamer Teiler.

Beispiel 4. Wir betrachten ein beliebiges vollständiges Orthonormalsystem $\mathfrak{E}$ von Elementen eines HILBERT-Raums H[1]). *$\mathfrak{E}$-Unterraum* nennen wir jeden Unterraum des Raumes H, der von einer gewissen Teilmenge $\mathfrak{E}' \subset \mathfrak{E}$ auf gespannt wird. Den Nullunterraum sehen wir dabei als von der leeren Untermenge von $\mathfrak{E}$ aufgespannt an. Das System $\mathcal{L}_{\mathfrak{E}}$ aller $\mathfrak{E}$-Unterräume läßt sich in natürlicher Weise eineindeutig auf das System aller Untermengen von $\mathfrak{E}$ abbilden. Daher kann man $\mathcal{L}_{\mathfrak{E}}$ als eine zu $2^{\mathfrak{E}}$ isomorphe BOOLEsche Algebra betrachten. Dabei ist die Ungleichung $L_1 \leqq L_2$ zu der Inklusion $L_1 \subset L_2$ äquivalent; sie bedeutet, daß sich L_2 als eine orthogonale Summe

$$L_2 = L_1 \oplus L$$

mit $L \in \mathcal{L}_{\mathfrak{E}}$ darstellen läßt. Die Rolle des Einselements spielt ganz H, die des Nullelements der Nullunterraum. Das BOOLEsche Komplement von $L \in \mathcal{L}_{\mathfrak{E}}$ wird von seinem orthogonalen Komplement $H \ominus L$ geliefert.

Bemerkung. Das System aller Unterräume des HILBERT-Raums H mit der natürlichen Halbordnung erweist sich gleichfalls als ein Verband mit Null- und Einselement. Damit erhalten wir jedoch keine BOOLEsche Algebra mehr: die Distributivitätsbedingung ist nicht erfüllt. Dieses System spielt in der Quantenmechanik eine wesentliche Rolle (s. MACKEY [57]).

Beispiel 4*. Das im vorstehenden Beispiel vorkommende orthogonale System $\mathfrak{E}$ könnte insbesondere aus den Eigenelementen eines gewissen im Raume H wirkenden vollstetigen selbstadjungierten Operators A bestehen. Dann stellen die $\mathfrak{E}$-Unterräume nichts anderes als die invarianten Unterräume des Operators A dar. Man kann zeigen, daß das in natürlicher Weise halbgeordnete System aller invarianten Unterräume eines beliebigen (nicht notwendig vollstetigen) in H definierten selbstadjungierten Operators eine BOOLEsche Algebra ist. Die Rolle des Einselements spielt in dieser Algebra wie oben ganz H, und das BOOLEsche Komplement fällt mit dem orthogonalen Komplement zusammen. Das bleibt auch in dem Fall gültig, daß der Operator nicht beschränkt ist und daher nicht auf dem ganzen Raume H, sondern auf einer gewissen überall dichten linearen Mannigfaltigkeit definiert ist.

Wir wollen weitere, einfachste Beispiele für BOOLEsche Algebren kennenlernen. Es sei wieder Q eine beliebige nichtleere Menge. Dann kann man an

---

[1]) Der Leser mag meinetwegen H als reellen oder komplexen endlichdimensionalen Raum annehmen.

Stelle der Klasse 2^Q aller Untermengen von Q eine gewisse nichtleere Unterklasse $\mathcal{X}_0 \subset 2^Q$ davon betrachten, die gleichfalls auf Grund der Inklusion halbgeordnet ist. Damit die hierbei entstehende teilweise geordnete Menge eine BOOLEsche Algebra wird, muß man an $\mathcal{X}_0$ gewisse zusätzliche Forderungen stellen. Meistens nimmt man an, daß die Gesamtheit $\mathcal{X}_0$ eine sog. „Mengenalgebra“ (einen „Mengenkörper“) darstellt. Das bedeutet bekanntlich, daß

1) mit $e_1, e_2 \in \mathcal{X}_0$ auch $a = e_1 \cup e_2 \in \mathcal{X}_0$;

1') mit $e_1, e_2 \in \mathcal{X}_0$ auch $e = e_1 \cap e_2 \in \mathcal{X}_0$;

2) mit $e \in \mathcal{X}_0$ auch $e' = Q \setminus e \in \mathcal{X}_0$

gilt. Zugleich bemerken wir, wie man leicht aus der Definition ersehen kann, daß jede Mengenalgebra notwendig ganz Q und die leere Menge Λ enthalten muß. Außerdem ist es wichtig festzustellen, daß die in der Definition genannten Bedingungen nicht unabhängig voneinander sind: 1) und 2) zieht 1') nach sich, und aus 1') und 2 folgt 1). Das ist aus den Identitäten

$$e_1 \cap e_2 = Q \setminus [(Q \setminus e_1) \cup (Q \setminus e_2)] \,,$$

$$e_1 \cup e_2 = Q \setminus [(Q \setminus e_1) \cap (Q \setminus e_2)]$$

ersichtlich. Durch gewöhnliche Induktion verifiziert man leicht, daß eine Mengenalgebra mit beliebigen endlichen Systemen von Mengen auch deren Vereinigung und deren Durchschnitt enthält. Man kann eine Mengenalgebra kurz als eine solche Gesamtheit von Untermengen des Grundraums Q charakterisieren, die gegenüber den mengentheoretischen Grundoperationen $\cup$, $\cap$, $\setminus$ abgeschlossen ist und Q selbst enthält.

Die Überlegungen, mittels derer wir uns davon überzeugt haben, daß das System 2^Q aller Untermengen von Q eine BOOLEsche Algebra ist, sind auch auf eine beliebige Mengenalgebra wörtlich anwendbar. Daher *stellt jede Mengenalgebra hinsichtlich der natürlichen Halbordnung eine* BOOLE*sche Algebra dar. Mit jeder derartigen Algebra ist automatisch die zu ihr isomorphe* BOOLE*sche Algebra der entsprechenden charakteristischen Funktionen verbunden.*

Beispiel 5. Q sei das Segment $[0, 1]$, $\mathcal{X}_0$ das System aller seiner LEBESGUE-meßbaren Untermengen. Nun ist wohlbekannt, daß die Klasse der meßbaren Mengen bezüglich aller mengentheoretischen Grundoperationen abgeschlossen ist, wenn man diese auf höchstens abzählbare Gesamtheiten von Mengen anwendet. Daher ist $\mathcal{X}_0$ eine Mengenalgebra, erst recht also auch eine BOOLEsche Algebra, und dabei wesentlich weniger umfassend als 2^Q. In diesem Beispiel kann man an Stelle von $[0, 1]$ als Q auch eine beliebige LEBESGUE-meßbare Menge auf der reellen Geraden nehmen.

Beispiel 6. Ganz genauso kann man die Gesamtheit aller BORELschen Untermengen des Segments $[0, 1] = Q$ betrachten. Sie stellt ähnlich der vorangegangenen eine Mengenalgebra und damit auch eine BOOLEsche Algebra dar.

Beispiel 7. Es sei Q das Quadrat

$$Q = \{(s, t) \mid 0 \leqq s, t \leqq 1\} \,.$$

Wir bilden $\mathcal{X}_0$, indem wir hierzu alle „vertikalen Zylinder" rechnen, d. h. Mengen, die aus vertikalen Segmenten bestehen. Genauer: die Inklusion $e \in \mathcal{X}_0$ bedeute, daß aus den Beziehungen $(s_0, t_0) \in e$ folgt, daß für alle t $(s_0, t) \in e$ ist. Die Gesamtheit aller derartiger Zylinder bildet, wie der Leser mühelos zeigt, eine Mengenalgebra. Infolgedessen ist $\mathcal{X}_0$ bezüglich der natürlichen Halbordnung eine BOOLEsche Algebra. Diese Algebra ist zur Algebra aller Untermengen eines Segments isomorph. Von der Existenz eines Isomorphismus kann man sich überzeugen, indem man jedem $e \in \mathcal{X}_0$ seine Projektion auf die Abszissenachse zuordnet.

Wir wollen hier zur vorläufigen Kenntnisnahme noch etwas über eine wichtige BOOLEsche Algebra sagen.

In der Maßtheorie und in verwandten Gebieten der Mathematik (zum Beispiel in der Ergodentheorie) gibt es eine große Zahl von Aussagen, die sich nicht auf individuelle meßbare Mengen, sondern auf Klassen beziehen, die aus allen möglichen „fast identischen" Mengen bestehen. Mit anderen Worten, die Mengen, die einer einzelnen Klasse angehören, müssen sich um eine Menge vom Maße Null unterscheiden. Wir werden in der Folge sehen, daß das System aller Klassen, in natürlicher Weise geordnet, eine BOOLEsche Algebra darstellt. Eine genaue Beschreibung dieser Algebra können wir erst im folgenden Kapitel geben, nachdem wir die Idee der Faktorisierung kennengelernt haben. Im weiteren wird sich die Algebra derartiger Klassen ständig als wichtigstes aller Modelle im Mittelpunkt unserer Aufmerksamkeit befinden.

Beispiel 8. Wir wollen, ohne eingehende Beweise zu geben, noch ein Beispiel einer BOOLEschen Algebra beschreiben, das für die Spektraltheorie von Operatoren wichtig ist. Es sei $\mathcal{E}$ eine beliebige σ-Algebra von Mengen, Σ die Klasse aller auf $\mathcal{E}$ definierten abzählbar-additiven nichtnegativen Mengenfunktionen („Maße"). Bekanntlich heißen zwei solche Funktionen äquivalent, wenn jede von ihnen bezüglich der anderen absolutstetig ist. Diese Äquivalenzrelation definiert eine Zerlegung von Σ in elementfremde Klassen untereinander äquivalenter Funktionen. Nach A. I. PLESNER [72] nennen wir derartige Klassen *Spektraltypen* oder HELLINGER-*Typen*. Der Spektraltyp τ_1 ist dem Spektraltyp τ_2 untergeordnet, wenn eine beliebige Funktion $\sigma_1 \in \tau_1$ bezüglich jeder Funktion $\sigma_2 \in \tau_2$ absolutstetig ist. Die Relation der Unterordnung werden wir mit $\leqq$ bezeichnen; es ist unschwer einzusehen, daß dies eine Halbordnungsrelation ist. Man kann beweisen, daß bei einer solchen Einführung einer Halbordnung das System T aller Spektraltypen einen distributiven Verband mit Nullelement bildet; eine wichtige Eigenschaft dieses Verbands besteht darin, daß jede beschränkte Menge eine obere und eine untere Grenze besitzt. Wenn wir einen willkürlich herausgegriffenen von Null verschiedenen Typ τ_0 herausgreifen und die Menge T_0 aller ihm untergeordneten Spektraltypen betrachten, erhalten wir eine BOOLEsche Algebra. Einen Beweis für diese Tatsache kann der Leser in der bereits genannten Monographie von A. I. PLESNER [72] oder in einem früheren Aufsatz von A. I. PLESNER und V. A. ROCHLIN [73] finden. Die Rolle des Einselements in der BOOLEschen Algebra T_0 übernimmt der Typ τ_0; Disjunktheit der Typen τ' und τ'' bedeutet, daß beliebige Funktionen $\sigma' \in \tau'$ und $\sigma'' \in \tau''$ zueinander singulär sind.

Die Menge T selbst ist keine BOOLEsche Algebra, weil sie kein Einselement besitzt. Um eine BOOLEsche Algebra zu bekommen, muß man zu T als ideale Elemente alle möglichen darunter auch nichtabzählbare) formale Summen paarweise disjunkter Typen hinzufügen. Derartige Summen heißen *verallgemeinerte Spektraltypen*; die Ordnungsrelation läßt sich auf sie in natürlicher Weise ausdehnen. In der auf diese Weise entstehenden BOOLEschen Algebra besitzt jede Menge eine obere und eine untere Grenze.

Ein natürlich halbgeordnetes Mengensystem kann eine BOOLEsche Algebra darstellen, *ohne doch eine Mengenalgebra zu sein.* Wir geben hierzu zunächst ein ganz einfaches Beispiel.

Beispiel 9. Wir betrachten das aus vier Mengen bestehende System

$$(0, 1)\,, \quad \left(0, \frac{1}{2}\right), \quad \left(\frac{1}{2}, 1\right), \quad \Lambda\,.$$

Es ist klar, daß dies bezüglich der natürlichen Halbordnung eine BOOLEsche Algebra darstellt, wobei das Intervall (0, 1) die Rolle des Einselements spielt. Das gegebene System ist jedoch keine Mengenalgebra. Die obere Grenze des Paares $\left\{\left(0, \frac{1}{2}\right), \left(\frac{1}{2}, 1\right)\right\}$ ist das Intervall (0, 1), die Vereinigung $\left(0, \frac{1}{2}\right) \cup \left(\frac{1}{2}, 1\right)$ gehört unserem System jedoch nicht an.

Beispiel 10. Wir nehmen als Q das Segment $[a, b]$ mit $a < b$ und verabreden, jede Menge *einfach* zu nennen, die sich als Summe endlich vieler nichtausgearteter[1]) Segmente darstellen läßt. Die Gesamtheit aller einfacher Mengen bezeichnen wir mit dem Buchstaben $\mathcal{P}$. Mit diesem Vorrat an Mengen hat man es in den ersten Kapiteln der Analysis zu tun.

Wir zeigen jetzt, daß dieses System $\mathcal{P}$, mit der natürlichen Halbordnung versehen, eine BOOLEsche Algebra bildet. Zunächst ist klar, daß die Vereinigung zweier einfacher Mengen wiederum eine einfache Menge ist. Daher besitzt jedes Paar $x, y \in \mathcal{P}$ in $\mathcal{P}$ eine obere Grenze, die mit der Summe $x \cup y$ zusammenfällt. Ferner ist klar, daß es in $\mathcal{P}$ ein Null- und ein Einselement gibt: nämlich die leere Menge Λ und das ganze Segment $[a, b]$. Haben wir es jetzt mit einem beliebigen $e \in \mathcal{P}$ zu tun, so stellen wir es als Vereinigung aus einer endlichen Anzahl paarweise disjunkter Segmente dar[2]):

$$e = \bigcup_{k=1}^{n} [p_k, q_k]\,, \qquad p_1 < q_1 < p_2 < q_2 < \cdots < q_n\,.$$

Wir bezeichnen mit e' die Vereinigung aller komplementären Segmente

$$e' = \Delta_0 \cup \left(\bigcup_{k=1}^{n-1} \Delta_k\right) \cup \Delta_n$$

mit

$$\Delta_k = [q_k, p_{k+1}] \qquad (k = 1, 2, \ldots, n-1)\,,$$

$$\Delta_0 = \begin{cases} \Lambda\,, & \text{falls } p_1 = a\,, \\ [a, p_1]\,, & \text{falls } p_1 > a\,, \end{cases}$$

$$\Delta_n = \begin{cases} \Lambda\,, & \text{falls } q_n = b\,, \\ [q_n, b]\,, & \text{falls } q_n < b\,. \end{cases}$$

---

1) D. h. von Segmenten der Form $[p, q]$ mit $p < q$.

2) Wir lassen den unkomplizierten Beweis für die Möglichkeit einer derartigen Darstellung weg.

Es ist klar, daß $e \vee e' = e \cup e' = [a, b]$ gilt und daß der Durchschnitt $e \cap e'$ keine einzige einfache Menge enthält. Somit sind e und e' disjunkt. Wir haben damit bewiesen, daß zu einem beliebigen $e \in \mathcal{P}$ ein Komplement existiert.

Wir wollen jetzt für irgendzwei Mengen $e_1, e_2 \in \mathcal{P}$ die Existenz einer unteren Grenze nachweisen. Hierbei ist eine gewisse Vorsicht vonnöten, weil der Durchschnitt zweier einfacher Mengen nicht wieder von dieser Art zu sein braucht (beispielsweise von $[a, c]$ und $[c, b]$). Wenn wir jedoch mit $\tilde{e}$ die Menge bezeichnen, die man aus $e_1 \cap e_2$ erhält, indem man alle isolierten Punkte wegläßt, so wird $\tilde{e}$, wie man leicht einsieht, die größte einfache Menge, die gleichzeitig in e_1 und e_2 enthalten ist. Mit anderen Worten, $\tilde{e}$ ist die untere Grenze von e_1 und e_2. Somit ist $\mathcal{P}$ ein Verband, der Null- und Einselement enthält und komplementär ist; es bleibt noch seine Distributivität nachzuprüfen. Für beliebige $e_1, e_2, e_3 \in \mathcal{P}$ besteht die offensichtliche Gleichung

$$e_1 \cap (e_2 \cup e_3) = (e_1 \cap e_2) \cup (e_1 \cap e_3) .$$

Indem wir der Kürze halber die linke Seite dieser Gleichung mit A und die Summanden auf der rechten Seite mit B und C bezeichnen, bemerken wir, daß die einfachen Mengen $e_1 \wedge (e_2 \vee e_3)$, $e_1 \wedge e_2$ und $e_1 \wedge e_3$ mit den abgeleiteten Mengen[1]) von A, B bzw. C zusammenfallen. Die Ableitung von A ist jedoch auf Grund der Gleichhung $A = B \cup C$ gleich der Vereinigungsmenge der Ableitungen von B und der von C. Mit anderen Worten, es ist

$$e_1 \wedge (e_2 \vee e_3) = (e_1 \wedge e_2) \cup (e_1 \wedge e_3) = (e_1 \wedge e_2) \vee (e_1 \wedge e_3) ,$$

die Distributivität ist also festgestellt. $\mathcal{P}$ ist somit eine BOOLEsche Algebra. $\mathcal{P}$ ist jedoch *keine Mengenalgebra*, da, wie bereits bemerkt, die Gesamtheit der einfachen Mengen gegenüber Durchschnittsbildung nicht abgeschlossen ist.

Trotz der Existenz derartiger Beispiele kann man zeigen, daß *jede B. A. zu einer gewissen Mengenalgebra isomorph ist.* Der Beweis dieser Tatsache erfordert noch einige Vorbereitungen.

5. Ideale und Filter. Man sagt, eine gewisse Menge E sei in einer gegebenen BOOLEschen Algebra $\mathfrak{X}$ *normal enthalten* (oder in $\mathfrak{X}$ *normal eingebettet*), wenn E nichtleer ist und aus $y \in E$, $x \leqq y$ folgt, daß $x \in E$ ist. In diesem Falle werden wir E eine *normale Menge* nennen. Eine normale Menge, die die oberen Grenzen aller ihrer endlichen Untermengen enthält, heißt *Ideal*.

Lemma 2. *Der Durchschnitt einer beliebigen Gesamtheit von Idealen ist, falls er nicht leer ist, selbst ein Ideal.*

Beweis. Es sei $K = \{I\}$ eine Klasse von Idealen, $I_0 = \bigcap_{I \in K} I$, $I_0 \neq \Lambda$. Wenn $x \leqq y \in I_0$ ist, so gehört mit y auch x allen $I \in K$ an und damit auch dem Durchschnitt I_0. Somit ist I_0 eine normale Menge. Gleichermaßen ist das Supremum einer beliebigen endlichen Untermenge der Menge I_0 in jedem Ideal

[1]) Wie üblich nennen wir *Ableitung* einer gegebenen Menge die Menge aller ihrer Häufungspunkte.

$I \in K$ und infolgedessen auch in ihrem Durchschnitt I_0 enthalten. Das Lemma ist damit bewiesen.

Indem wir einer beliebigen nichtleeren Menge $E \subset \mathcal{X}$ den Durchschnitt aller E enthaltenden Ideale zuordnen, erhalten wir offensichtlich das kleinste Ideal, das E umfaßt; dieses Ideal werden wir mit $\mathfrak{J}\{E\}$ bezeichnen und es *das von der Menge E erzeugte Ideal* nennen.

In einer Reihe von Fällen kann das Ideal $\mathfrak{J}\{E\}$ „konstruktiv" beschrieben werden. Es gilt nämlich das

Lemma 3. *Wenn die Menge E normal ist, so besteht das Ideal $\mathfrak{J}\{E\}$ aus allen möglichen oberen Grenzen endlicher Untermengen von E.*

Beweis. Es sei E^* die Gesamtheit aller oberer Grenzen in E enthaltener endlicher Mengen. Dann ist offensichtlich $E^* \subset \mathfrak{J}\{E\}$. Das Lemma wird bewiesen sein, wenn wir nachgewiesen haben, daß E^* ein Ideal ist (wir erinnern daran, daß $\mathfrak{J}\{E\}$ definitionsgemäß das kleinste E enthaltende Ideal ist). Die Menge E^* enthält, wie unmittelbar aus ihrer Definition folgt, die oberen Grenzen aller ihrer endlichen Untermengen; es bleibt also zu zeigen, daß sie normal ist. Es sei $x \leqq y \in E^*$, $y = y_1 \vee y_2 \vee \cdots \vee y_m$, $y_1, y_2, \ldots, y_m \in E$. Setzen wir $x_i' = x \wedge y_i$ $(i = 1, 2, \ldots, m)$, so sehen wir, daß der Normalität von E zufolge alle x_i' zu E gehören. Ferner ist

$$x_1' \vee x_2' \vee \cdots \vee x_m' = x \wedge (y_1 \vee y_2 \vee \cdots \vee y_m) = x \wedge y = x$$

und daher $x \in E^*$. Das Lemma ist damit bewiesen.

Am meisten interessieren Ideale, die von $\mathcal{X}$ verschieden sind (d. h., die nicht das Einselement enthalten); sie heißen auch *eigentliche* Ideale.

Lemma 4. *Zu jedem vom Einselement verschiedenen Element $u \in \mathcal{X}$ gibt es ein eigentliches Ideal, das dieses Element enthält.*

Der Beweis besteht darin, das gesuchte Ideal aufzuzeigen. Man verifiziert leicht, daß die Menge

$$\mathcal{X}_u = [0, u] = \{x \mid x \leqq u\}$$

allen gestellten Forderungen genügt: sie enthält u und ist ein eigentliches Ideal. Ideale der Form $\mathcal{X}_u$ (diese Bezeichnung wollen wir auch im weiteren beibehalten) heißen *Hauptideale.* Zu ihnen gehört auch die B. A. $\mathcal{X}$ selbst (als Hauptideal $\mathcal{X}_1$ betrachtet).

Ein sehr einfaches Beispiel: In der BOOLEschen Algebra der Form 2^Q (ebenso wie in einer beliebigen Mengenalgebra) stellt das Hauptideal $\mathcal{X}_u$ die Gesamtheit aller Mengen dar, die in der Menge u enthalten sind.

Wir wollen uns mit den Bedingungen dafür befassen, daß das Ideal $\mathfrak{J}\{E\}$ eigentlich ist. Wir beschränken uns dabei auf den Fall, daß E normal ist.

Lemma 5. *Es sei E normal, und bei einer beliebigen endlichen Untermenge $E' \subset E$ sei das Ideal $\mathfrak{J}\{E'\}$ eigentlich. Dann ist $\mathfrak{J}\{E\}$ ein eigentliches Ideal.*

Dieses Lemma ist eine unmittelbare Folge des Lemmas 3. Man kann nämlich wenn $\mathfrak{J}\{E\}$ das Einselement enthält, eine endliche Untermenge $E' \subset E$ finden, deren obere Grenze gleich dem Einselement ist. Das bedeutet aber gerade, daß $\mathfrak{J}\{E'\}$ ein uneigentliches Ideal darstellt. Trotz seiner Einfachheit wird uns das Lemma 5 im weiteren sehr von Nutzen sein.

Unter den eigentlichen Idealen spielen diejenigen eine besondere Rolle, die in keinem echt umfassenderen eigentlichen Ideal enthalten sind; derartige Ideale heißen *maximal*[1]). Wir wollen ihre wichtigsten Eigenschaften angeben.

Lemma 6. *Zu jedem eigentlichen Ideal I existiert ein maximales Ideal, das I enthält.*

Der Beweis gründet sich auf die Anwendung des ZORNschen Lemmas[2]). Wir betrachten eine beliebige durch Inklusion linear geordnete Gesamtheit eigentlicher Ideale. Es ist evident, daß die mengentheoretische Vereinigung der Ideale dieses Systems wiederum ein eigentliches Ideal darstellt. Wir sehen somit, daß in der durch Inklusion halbgeordneten Menge aller eigentlichen Ideale der gegebenen Algebra jede Kette nach oben beschränkt ist. Nach dem ZORNschen Lemma ist somit ein beliebiges Ideal in ein maximales eingebettet.

Durch Vergleich der Lemmata 4 und 6 läßt sich beweisen

Lemma 7. *Jedes Element $x \neq 1$ ist in einem gewissen maximalen Ideal enthalten.*

Lemma 8. *Wie auch das maximale Ideal I und das Element u gewählt sind, eines der beiden Elemente u, Cu muß I angehören.*

Beweis. Es sei $u \notin I$, $Cu \notin I$; dann ist $u < 1$, $Cu < 1$. Wir betrachten das Hauptideal $I^* = \mathcal{X}_u$ und bilden die aus allen möglichen oberen Grenzen der Form $x \vee x^*$ mit $x \in I$, $x^* \in I^*$ bestehende Menge $K = I \vee I^*$. Wir wollen zeigen, daß K ein Ideal darstellt. Prüfen wir dazu zunächst nach, daß es normal eingebettet ist! Es sei $z \leqq w \in K$. Das Element w stellen wir in der Form

$$w = y \vee y^*, \quad y \in I, \quad y^* \in I^*$$

dar. Dann gehören die Elemente

$$x = z \wedge y, \quad x^* = z \wedge y^*$$

(wegen der Normalität von I und I^*) den Idealen I bzw. I^* an. Gleichzeitig haben wir

$$z = z \wedge w = z \wedge (y \vee y^*) = (z \wedge y) \vee (z \wedge y^*) = x \vee x^*,$$

woraus ersichtlich ist, daß $z \in K$ gilt. Nachdem wir so die Normalität festgestellt haben, wollen wir zeigen, daß K die oberen Grenzen aller möglichen Paare seiner Elemente enthält. Es sei $v, w \in K$; dann ist

$$v = x \vee x^*, \quad w = y \vee y^*; \quad x, y \in I, \quad x^*, y^* \in I^*,$$
$$v \vee w = (x \vee x^*) \vee (y \vee y^*) = (x \vee y) \vee (x^* \vee y^*) \in K.$$

---

[1]) In einer BOOLEschen Algebra ist der Begriff des maximalen Ideals gleichbedeutend mit dem (in einem beliebigen Verband definierbaren) Begriff des Primideals: Ein Ideal $\mathfrak{p}$ im Verband L ist genau dann Primideal, wenn es von der leeren Menge und von ganz L verschieden ist und aus $a \wedge b \in \mathfrak{p}$ mit $a, b \in L$, $a \notin \mathfrak{p}$ folgt, daß $b \in \mathfrak{p}$ ist. (Vgl. hierzu die Folgerung zu Lemma 8.) — Anm. d. Red. d. dt. Ausg.

[2]) Im Original stets als Lemma von KURATOWSKI–ZORN bezeichnet. — Anm. d. Red. d. dt. Ausg.

K ist somit ein Ideal. Wäre nun $\mathbf{1} \in K$, so gäbe es Elemente $v' \in I$, $w' \in I^*$ mit $v' \vee w' = \mathbf{1}$. Es ist aber $w' \leqq u$, also $v' \geqq C\,u$, das Element $C\,u$ müßte somit entgegen der Annahme I angehören. Infolgedessen ist K ein eigentliches Ideal, das zugleich I echt umfaßt. Das ist aber wegen der Maximalität von I unmöglich. Das Lemma ist damit bewiesen.

Folgerung. *Wenn das maximale Ideal I den Durchschnitt der beiden Ideale I_1 und I_2 enthält, so enthält es notwendig wenigstens eines dieser Ideale vollständig.*

Anderenfalls gäbe es nämlich Elemente $x_1 \in I_1 \setminus I$ und $x_2 \in I_2 \setminus I$. Nach dem soeben bewiesenen Lemma wäre dann $C\,x_1 \in I$, $C\,x_2 \in I$; außerdem ist offensichtlich $x_1 \wedge x_2 \in I_1 \cap I_2 \subset I$. Damit würde aber $\mathbf{1} = C\,x_1 \vee C\,x_2 \vee (x_1 \wedge x_2) \in I$ gelten, was unmöglich ist, da das Ideal I eigentlich ist.

Die eben hergeleitete Folgerung bleibt natürlich auch für eine beliebige endliche Anzahl von Idealen in Kraft.

Lemma 9. *Die Elemente u und $C\,u$ können nicht gleichzeitig einem eigentlichen Ideal angehören.*

Dieses Lemma ist evident.

Filter heißt eine zu einem Ideal duale Menge. Genauer: Die Menge F ist ein Filter, wenn $I = C\,F$ ein Ideal ist. Wenn I ein maximales Ideal ist, so heißt auch der Filter *maximal*. Zu einem beliebigen Satz über Ideale gehört als duales Analogon ein entsprechender Satz über Filter und umgekehrt. Ein zu einem eigentlichen Ideal dualer Filter heißt *eigentlich* oder *zentriert*. Ein derartiger Filter enthält nicht das Nullelement.

§ 3. Realisierung einer BOOLEschen Algebra als eine Mengenalgebra

1. Total unzusammenhängende topologische Räume. Wir betrachten einen gewissen topologischen Raum R. Es sei $\mathfrak{G}$ eine gewisse Gesamtheit in R enthaltener offener Mengen. Kann ein solches System eine Mengenalgebra sein? Dazu ist jedenfalls notwendig, daß es von allen zu ihm gehörigen Mengen auch die mengentheoretischen Komplemente enthält. Dies ist jedoch nur dann möglich, wenn alle $G \in \mathfrak{G}$ gleichzeitig abgeschlossen und offen sind. Evident ist.

Satz 5. *Das System aller zugleich offenen und abgeschlossenen Mengen eines beliebigen topologischen Raumes ist eine Mengenalgebra.*

In denjenigen topologischen Räumen jedoch, mit denen man es, wie beispielsweise in der mathematischen Analysis, meistens zu tun hat, kommen nur wenige zugleich offene und abgeschlossene Mengen vor, gewöhnlich nur zwei: der ganze Raum und die leere Menge. Damit die Algebra der abgeschlossenen offenen Mengen nicht trivial ist, muß man dem Raum R zusätzliche Beschränkungen auferlegen. Wir werden sagen, daß R *total unzusammenhängend* ist, wenn die abgeschlossenen offenen Mengen eine Basis von ihm bilden (d. h., wenn jede offene Menge Summe zugleich offener und abgeschlossener Mengen ist). Die Bedingung, total unzusammenhängend zu sein, garantiert, daß es in R „genügend" viele gleichzeitig offene und abgeschlossene Mengen gibt. Wir werden des weiteren zeigen, daß jede B. A. zur Algebra der abgeschlossenen offenen Mengen eines gewissen topologischen Raumes R isomorph ist. Dabei kann R selbst äußerst ,,gutartig'' gewählt werden, nämlich als Kompaktum.

2. Der Satz von M. Stone. Wir beweisen jetzt den auf M. STONE zurückgehenden Hauptsatz über die Realisierung BOOLEscher Algebren.

Satz 6. *Zu jeder B. A. $\mathcal{X}$ existiert ein total unzusammenhängender kompakter Raum $\mathfrak{Q}$, so daß die Algebra aller zugleich abgeschlossenen und offenen Mengen von $\mathfrak{Q}$ zu $\mathcal{X}$ isomorph ist.*

Beweis. Wir bilden die Menge $\mathfrak{Q} = \{q\}$, deren Elemente alle maximalen Ideale der BOOLEschen Algebra $\mathcal{X}$ sind. In $\mathfrak{Q}$ zeichnen wir eine Klasse von Untermengen aus, die in natürlicher Weise mit den Idealen der ursprünglichen Algebra zusammenhängen, und zwar verknüpfen wir mit jedem Ideal I die Menge $\mathfrak{M}(I)$ aller I enthaltenden maximalen Ideale. Wir wollen zunächst einige sehr wichtige Eigenschaften dieser Mengen feststellen.

1) *Für eine beliebige Menge $\mathfrak{E}$ von Idealen gilt die Gleichung*

$$\bigcap_{I \in \mathfrak{E}} \mathfrak{M}(I) = \mathfrak{M}\,(\mathfrak{J}\{\bigcup_{I \in \mathfrak{E}} I\})\,.$$

Wir bezeichnen der Kürze halber die linke Seite dieser Gleichung mit P, die rechte mit Q und wollen zunächst annehmen, das maximale Ideal q gehöre P an. Das bedeutet, daß $q \supset \bigcup_{I \in \mathfrak{E}} I$ ist, und zwar enthält q auch das kleinste Ideal, das alle $I \in \mathfrak{E}$ umfaßt, d. h. das Ideal $\mathfrak{J}\{\bigcup_{I \in \mathfrak{E}} I\}$. Wir erhalten mit anderen Worten, daß $q \in \mathfrak{M}\,(\mathfrak{J}\{\bigcup_{I \in \mathfrak{E}} I\}) = Q$ und $P \subset Q$ ist. Es sei jetzt $q \in Q$. Gehen wir auf die Bedeutung dieser Inklusion zurück, erhalten wir

$$q \supset \bigcup_{I \in \mathfrak{E}} I$$

und

$$q \in \bigcap_{I \in \mathfrak{E}} \mathfrak{M}(I) = P\,.$$

Somit ist $P \subset Q$. Die Aussage 1) ist damit bewiesen.

2) *Für zwei beliebige Ideale I_1 und I_2 gilt stets*

$$\mathfrak{M}(I_1) \cup \mathfrak{M}(I_2) = \mathfrak{M}\,(I_1 \cap I_2)\,.$$

Ebenso wie in der vorstehenden Überlegung bezeichnen wir die beiden Seiten der zu beweisenden Gleichung mit P und Q. Jedes $q \in P$ enthält entweder I_1 oder I_2, also auch ihren Durchschnitt. Daher ist $q \in Q$ und $P \subset Q$. Wenn andererseits $q \in Q$ ist, so ist $I_1 \cap I_2 \subset q$. Auf Grund der Folgerung aus Lemma 8 (S. 27) muß dann eines der Ideale I_1, I_2 in q enthalten sein. Das bedeutet gerade, daß $q \in \mathfrak{M}(I_1) \cup \mathfrak{M}(I_2) = P$ ist. Somit ist $Q \subset P$ und die Gleichung damit bewiesen.

Wir merken an, daß die Menge $\mathfrak{M}(I)$ im Falle eines eigentlichen Ideals I Lemma 6 zufolge notwendig nichtleer ist. Ist dagegen $I = \mathcal{X}$, so gilt natürlich $\mathfrak{M}(I) = \Lambda$.

Von den Mengen der Form $\mathfrak{M}(I)$ interessieren vor allem diejenigen, die Hauptidealen oder, was auf dasselbe hinausläuft, Elementen der Algebra $\mathcal{X}$ entsprechen. Wir wollen die Bezeichnungen

$$G_u = \mathfrak{M}(\mathcal{X}_u)\,, \tag{IX}$$

$$G'_u = \mathfrak{Q} \setminus G_u \tag{IX'}$$

einführen. Auf Grund der Lemmata 8 und 9 gilt für jedes $u \subset \mathcal{X}$ die Gleichung

$$G'_u = G_{Cu}\,, \tag{IX''}$$

aus der hervorgeht, daß die Mengen der Form (IX) dieselbe Klasse wie die Mengen der Form (IX') bilden. Wir werden diese Klasse mit Γ bezeichnen und die zu ihr gehörigen Mengen *Basismengen* nennen. Wir wollen zeigen, daß Γ eine *Mengenalgebra* darstellt, *die zur B. A. $\mathcal{X}$ isomorph ist.*

Wir definieren eine Abbildung φ der BOOLEschen Algebra $\mathcal{X}$ auf das in natürlicher Weise halbgeordnete Mengensystem Γ durch die Beziehung

$$\varphi(x) = G'_x$$

und wollen nachprüfen, daß diese Abbildung einen Isomorphismus darstellt.

Zunächst bemerken wir, daß Γ offensichtlich durch die Elemente der Form $\varphi(x)$ ausgeschöpft wird. Ferner schließen wir unter Benutzung der Normalitätseigenschaft von Idealen, daß die Ungleichung $x \leqq y$ die Inklusion $G'_x \subset G'_y$ nach sich zieht. Andererseits gibt es, wenn $v = C\,y \wedge x > 0$ ist, auf Grund der Lemmata 7 und 9 ein maximales Ideal q, das $C\,v$, aber nicht $C\,y$ enthält[1]). Dann ist $G'_x \supset G'_v$ und $G'_v \not\subset G'_y$, d. h. $G'_x \not\subset G'_y$. Wir können schließen, daß die Inklusion $G'_x \subset G'_y$ ihrerseits die Ungleichung $x \leqq y$ nach sich zieht. Somit *sind diese Beziehungen einander äquivalent, die Abbildung φ ist ordnungstreu und eineindeutig.* Wir haben damit bewiesen, daß das durch Inklusion halbgeordnete System Γ zur BOOLEschen Algebra $\mathcal{X}$ isomorph ist. Wir wollen jetzt zeigen, daß dieses System eine Mengenalgebra darstellt (aus dem Vorstehenden folgt nur, daß Γ eine BOOLEsche Algebra ist). Aus den Gleichungen (IX'), (IX'') folgt

$$\varphi\,(C\,x) = G'_{Cx} = \mathfrak{Q} \setminus G_{Cx} = \mathfrak{Q} \setminus G'_x = \mathfrak{Q} \setminus \varphi(x)\,,$$

Γ enthält also zusammen mit jeder Menge auch ihre Komplementärmenge. Wir stellen die Identität

$$\varphi(u) \cap \varphi(v) = \varphi(u \wedge v) \tag{$*$}$$

fest, die man auch in der Form

$$G'_u \cap G'_v = G'_{u \wedge v}$$

oder

$$\mathfrak{M}(\mathcal{X}_{Cu}) \cap \mathfrak{M}(\mathcal{X}_{Cv}) = \mathfrak{M}(\mathcal{X}_{Cu \vee Cv})$$

schreiben kann. Wir sehen, daß (*) aus 1) folgt, da $\mathcal{X}_{Cu \vee Cv} = \mathfrak{J}\,\{\mathcal{X}_{Cu} \cup \mathcal{X}_{Cv}\}$ ist. Die Gleichung (*) zeigt, daß das System Γ gegenüber Durchschnittsbildung

---

[1]) Als q kann man ein beliebiges maximales Ideal nehmen, das y enthält.

abgeschlossen ist. Das reicht jedoch bereits aus, um zu bestätigen, daß Γ eine Mengenalgebra ist.

Wir wollen jetzt in $\mathfrak{Q}$ eine Topologie einführen, indem wir als abgeschlossen alle Mengen $\mathfrak{M}(I)$ und nur diese erklären. Die Aussagen 1) und 2) zeigen, daß die Gesamtheit dieser Mengen gegenüber Durchschnittsbildung und endlicher Vereinigungsbildung abgeschlossen ist, das ist aber bereits alles, was zur Einführung einer Topologie benötigt wird (s. Anhang). Die Basismengen sind dabei auf Grund der Formel (IX'') nicht nur abgeschlossen, sondern auch offen. Es ist leicht einzusehen, daß das System Γ eine Basis unserer Topologie darstellt. Jede offene Menge hat nämlich die Bauart $\mathfrak{Q} \setminus \mathfrak{M}(I)$; sie besteht aus allen maximalen Idealen, die das Ideal I nicht enthalten. Diejenigen und nur diejenigen maximalen Ideale können aber das Ideal I nicht enthalten, die von wenigstens einem seiner Elemente das Komplement enthalten (Lemma 8 und 9). Daher ist

$$\mathfrak{Q}\setminus\mathfrak{M}(I) = \bigcup_{u \in I} G_{Cu} .$$

Wir sehen somit, daß jede offene Menge Vereinigung von Basismengen ist, die von uns eingeführte Topologie also in der Tat von dem System Γ erzeugt wird; damit ist zugleich auch der Ausdruck „Basismenge" gerechtfertigt. Da die Basis der Topologie aus abgeschlossenen offenen Mengen besteht, ist der Raum $\mathfrak{Q}$ total unzusammenhängend.

Wir haben somit bereits festgestellt, daß *sich die* BOOLE*sche Algebra* $\mathfrak{X}$, von der wir ausgegangen sind, *eineindeutig und ordnungstreu auf eine gewisse Mengenalgebra abbilden läßt, die aus zugleich offenen und abgeschlossenen Mengen des total unzusammenhängenden topologischen Raumes* $\mathfrak{Q}$ *besteht.*

Wir zeigen jetzt, daß $\mathfrak{Q}$ bezüglich der eingeführten Topologie kompakt ist. Dazu muß man das Vorhandensein zweier Eigenschaften verifizieren: der Separiertheit und der Kompaktheit. Es seien q_1 und q_2 verschiedene Punkte von $\mathfrak{Q}$, d. h. verschiedene maximale Ideale. Dann existiert ein Element $u \in \mathfrak{X}$ mit $u \in q_1 \setminus q_2$. Daher ist auf Grund der Lemmata 8 und 9 $C\,u \in q_2 \setminus q_1$. Es ist mit anderen Worten $q_1 \in G_u$ und $q_2 \in G_{Cu}$. Nach Lemma 9 können die Mengen G_u und G_{Cu} keine Elemente gemeinsam haben, sie trennen also die Punkte q_1, q_2, und somit ist in $\mathfrak{Q}$ das HAUSDORFFsche Trennungsaxiom erfüllt. Wir wollen jetzt die Kompaktheit von $\mathfrak{Q}$ nachweisen.

Es sei ein System $\pi = \{F\}$ abgeschlossener Mengen gegeben, von dem ein beliebiges endliches Untersystem einen nichtleeren Durchschnitt besitzt. Wir zeigen, daß dann auch der Durchschnitt des ganzen Systems π nichtleer ist; das wird dann zugleich die Kompaktheit von $\mathfrak{Q}$ bedeuten. Nach 1) haben wir

$$\bigcap_{F \in \pi} F = \mathfrak{M}\,(\mathfrak{J}\{\bigcup_{I \in \pi^*} I\}) ,$$

wo π^* die Gesamtheit aller Ideale darstellt, die Mengen des Systems π entsprechen. Wäre nun der betrachtete Durchschnitt leer, so würde $\mathfrak{J}\{\bigcup_{I \in \pi^*} I\}$ ein uneigentliches Ideal sein. Dann gäbe es nach Lemma 5 ein endliches System von Idealen $I_1, I_2, \ldots, I_m \in \pi^*$, deren Vereinigung gleichfalls das uneigentliche Ideal erzeugt[1]). Unter neuerlicher Benutzung von 1) könnten wir hieraus schließen, daß der Durchschnitt

$$\bigcap_{k=1}^{m} \mathfrak{M}(I_k)$$

leer ist, was unmöglich ist, weil $\mathfrak{M}(I_k) \in \pi$ $(k = 1, 2, \ldots, m)$ ist.

Der Beweis wird vollständig, wenn wir uns noch davon überzeugen, daß andere abgeschlossene offene Mengen außer den Mengen G_x in dem Kompaktum $\mathfrak{Q}$ nicht enthalten sind. Das ist jedoch offensichtlich, da der Kompaktheit zufolge jede abgeschlossene offene Menge Summe endlich vieler Basismengen der Form G_x ist. Der Satz ist damit vollständig bewiesen. Den im Verlauf des Beweises konstruierten Isomorphismus φ werden wir im folgenden als *kanonisch* bezeichnen; für das Kompaktum $\mathfrak{Q}$ werden wir manchmal auch $\mathfrak{Q}[\mathcal{X}]$ schreiben.

Die Algebra der zugleich offenen und abgeschlossenen Mengen des Kompaktums $\mathfrak{Q}$ stellt, wie man gewöhnlich sagt, eine *Realisierung* der ursprünglichen BOOLEschen Algebra $\mathcal{X}$ dar. Neben ihr kann man wie stets auch eine Realisierung von $\mathcal{X}$ durch Funktionen betrachten, indem man zu den charakteristischen Funktionen der abgeschlossenen offenen Untermengen von $\mathfrak{Q}$ übergeht. Wir merken an, daß alle diese Funktionen stetig sind. Jedem maximalen Ideal $q \in \mathfrak{Q}$ entspricht die Menge der Funktionen, die im Punkte q verschwinden.

Es ist unschwer zu beweisen, daß das an der Realisierung beteiligte total unzusammenhängende Kompaktum nur bis auf einen Homöomorphismus bestimmt ist. Derartige Kompakta heißen auch „BOOLEsche“ oder „STONEsche Räume“.

Es ist hervorzuheben, wir fruchtbar die Idee ist, die dem Satz von M. STONE zugrundeliegt. Räume maximaler Ideale finden bei der Realisierung normierter Ringe weitgehend Verwendung. Ähnliche Grundgedanken sind auch in der von E. ČECH entwickelten Theorie kompakter Erweiterungen von vollständig regulären topologischen Räumen enthalten.

Gelegentlich dient der Satz über die Realisierung BOOLEscher Algebren als wichtigstes Hilfsmittel zur Untersuchung BOOLEscher Algebren. Im vorliegenden Buch werden wir nicht diesen Weg beschreiten. Unseres Erachtens trägt die Verwendung mengentheoretischer Realisierungen, insbesondere solcher wie der STONEschen, durchaus nicht immer zur Anschaulichkeit bei. Wenn es sich um prinzipiell schwierige Probleme der Theorie handelt, ist das Herangehen vom Standpunkt einer „abstrakten“ BOOLEschen Algebra aus zweckmäßiger. In einer Reihe von Fällen ist es jedoch äußerst nützlich, eine BOOLEsche Algebra als Mengenalgebra darzustellen. Insbesondere wird es durch eine derartige Darstellung möglich, eine beliebige Beziehung, durch die endlich viele Elemente der Algebra miteinander verknüpft werden, als Beziehung zwischen Mengen zu deuten. Dadurch reduziert sich der Beweis verschiedener

---

[1]) Lemma 5 ist anwendbar, weil die Vereinigungsmenge von Idealen eine normale Menge ist.

Identitäten und Ungleichungen auf den Beweis mengentheoretischer Inklusionen und läßt sich in praxi durch die Betrachtung hinreichend allgemeiner Skizzen („Euler-Vennsche Diagramme“) ersetzen.

3. Einige nützliche Identitäten und Ungleichungen. Wir geben eine Reihe von Beziehungen an, die in einer beliebigen B. A. gelten. Ihr Beweis läßt sich nach dem am Ende der vorstehenden Nummer vorgeschlagenen Schema mühelos erbringen.

1) $x = |y - |x - y||$.
2) $|x \vee y - x \vee z| \leqq |y - z|$.
3) $|x \wedge y - x \wedge z| \leqq |y - z|$.
4) $x \leqq y \vee |x - y|$.
5) $|x - y| = x \vee y - x \wedge y$.
6) $|x - y| \leqq |x - z| \vee |z - y|$.
7) $(x \wedge C\,y) \vee (C\,x \wedge y) \vee (C\,x \wedge C\,y) = C\,(x \wedge y)$.
8) $|x \vee y - z \vee u| \leqq |x - z| \vee |y - u|$.
9) $|x \wedge y - z \wedge u| \leqq |x - z| \vee |y - u|$.
10) $x \vee y = (x|y) \mid (x|y)$.
11) $x \wedge y = (x|x) \mid (y|y)$.
12) $C\,x = x|x$.

Hierin bedeutet das |-Symbol die in Nr. 2 § 2 eingeführte Sheffersche Operation. Wir haben bereits darauf hingewiesen, daß sich mittels dieser Operation alle übrigen Booleschen Operationen $\vee$, $\wedge$, C ausdrücken lassen. Hiervon handeln gerade die Identitäten 10)—12). Diese Beziehungen erweisen sich beim Entwurf elektrischer Schaltungen als nützlich.

§ 4. Komponenten und disjunkte Zerlegungen

1. Disjunkte Komplemente von Mengen. Wir betrachten eine beliebige Menge E von Elementen einer gewissen B. A. $\mathfrak{X}$. Die Gesamtheit aller zu der Menge E disjunkten (d. h. zu jedem $y \in E$ disjunkten) $x \in \mathfrak{X}$ heißt *disjunktes Komplement* der Menge E und wird mit E^{d} bezeichnet. Wenn E^{d} nur aus dem Nullelement besteht, sagt man, E sei *vollständig* in $\mathfrak{X}$. Wir wollen die wichtigsten Eigenschaften disjunkter Komplemente aufzählen. An Stelle von $(E^{\mathrm{d}})^{\mathrm{d}}$ schreiben wir im folgenden $E^{\mathrm{d\,d}}$.

1) *Aus* $E_1 \subset E_2$ *folgt* $E_1^{\mathrm{d}} \supset E_2^{\mathrm{d}}$.
2) *Das disjunkte Komplement ist stets normal.*
3) *Die Inklusionen* $y \in E^{\mathrm{s}}$ *und* $C\,y \in E^{\mathrm{d}}$ *sind gleichbedeutend.*
4) *Es ist stets* $E \subset E^{\mathrm{d\,d}}$.

Diese Eigenschaften lassen sich unmittelbar verifizieren.

5) *Wenn* sup E *existiert und das Element* y *zu* E^d *gehört, so gilt* $y \, \mathrm{d} \sup E$.

Der Beweis beruht auf dem verschärften Distributivgesetz (VII). Wir haben $y \wedge \sup E = \sup (y \wedge E) = 0$.

6) *Wenn* $E_1 \subset E^d$ *ist und* sup E_1 *existiert, so ist* $\sup E_1 \in E^d$.

In der Tat gilt mit $E_1 \subset E^d$ auch $E \subset (E_1)^d$, und nach 5) ist jedes $x \in E$ zu dem Element sup E_1 disjunkt. Das bedeutet aber gerade, daß $\sup E_1 \subset E^d$ ist.

7) *Wenn* $x = \sup E$ *ist, so ist* $C\,x = \sup E^d$.

Beweis. Mit einem beliebigen $y \in E$ haben wir $C\,x \wedge y \leqq C\,x \wedge x = 0$, woraus man erkennt, daß $C\,x \in E^d$ ist. Andererseits gilt nach 6) $x \, \mathrm{d} \, E^d$; das Komplement $C\,x$ ist aber das größte zu x disjunkte Element und daher $C\,x \in (E^d)^s \wedge E^d$ und $C\,x = \sup E^d$.

8) *Das disjunkte Komplement einer beliebigen Menge ist ein Ideal.*

Das ist fast evident: aus $x \leqq y$ und $y \, \mathrm{d} \, E$ folgt $x \, \mathrm{d} \, E$; wenn $x, y \, \mathrm{d} \, E$ ist, kann man unter Benutzung der Distributivität leicht zeigen, daß $(x \vee y) \, \mathrm{d} \, E$ gilt.

9) *Das disjunkte Komplement eines Hauptideals* $\mathcal{X}_u$ *fällt mit dem Hauptideal* $\mathcal{X}_{Cu}$ *zusammen.*

Beweis. Es sei das Hauptideal $\mathcal{X}_u$ gegeben und u sein größtes Element. Ein beliebiges $y \in (\mathcal{X}_u)^d$ ist zu u disjunkt und daher nicht größer als $C\,u$. Das bedeutet, daß $(\mathcal{X}_u)^d \subset \mathcal{X}_{Cu}$ ist. Da die umgekehrte Inklusion evident ist, gelangen wir zu der Gleichung $(\mathcal{X}_u)^d = \mathcal{X}_{Cu}$, die gerade zu beweisen war.

10) *Es sei* $\mathcal{E}$ *eine beliebige nichtleere Klasse von Untermengen von* $\mathcal{X}$. *Dann gilt die Gleichung*

$$\bigcap_{E \in \mathcal{E}} E^d = \Big(\bigcup_{E \in \mathcal{E}} E\Big)^d .$$

Beweis. Jedes Element, das zu jedem $E \in \mathcal{E}$ disjunkt ist, ist offensichtlich auch zu ihrer Vereinigung disjunkt; es ist also $\bigcap E^d \subset (\bigcup E)^d$. Ferner gehört jedes x aus $(\bigcup E)^d$ erst recht auch einem beliebigen E^d und damit dem Durchschnitt $\bigcap E^d$ an. Wir sehen also, daß $(\bigcup E)^d \subset \bigcap E^d$ ist. Wir brauchen nun nur noch die erhaltenen Inklusionen miteinander zu vergleichen.

Wir geben noch ein Lemma an, das beim Beweis von Gleichungen vom Typ $y = \sup E$ von Nutzen ist.

Lemma 10. *Dafür, daß das Element* y *obere Grenze der Menge* E *ist, ist notwendig und hinreichend, daß gleichzeitig die Beziehungen* $y \, \mathrm{d} \, E^d$ *und* $Cy \, \mathrm{d} \, E$ *bestehen.*

Beweis. Die Notwendigkeit ergibt sich unmittelbar aus den oben angeführten Eigenschaften 5) und 7). Wir wollen die Hinlänglichkeit beweisen. Aus $Cy \, \mathrm{d} \, E$ folgt auf Grund von 3) $y \in E^s$. Wir nehmen ein beliebiges Element $z \in E^s$. Sein Komplement muß auf Grund derselben Eigenschaften 3) zu E^d gehören; da aber $y \, \mathrm{d} \, E^d$ gilt, ist $y \, \mathrm{d} \, Cz$ oder $y \leqq z$. Damit ist die Gleichung $y = \sup E$ bewiesen.

2. Der Begriff der Komponente. Eine Menge E heißt *Komponente*, wenn $E = E^{dd}$ ist. Hierfür ist das Bestehen der Inklusion $E \supset E^{dd}$ hinreichend. Aus der Eigenschaft 8) disjunkter Komplemente folgt

Satz 7. *Jede Komponente ist ein Ideal.*

Definitionsgemäß ist nämlich jede Komponente disjunktes Komplement einer gewissen Menge.

Die Umkehrung des Satzes gilt nicht; nicht jedes Ideal ist Komponente. Es gilt jedoch

Satz 8. *Ein Hauptideal $\mathcal{X}_u$ ist immer Komponente.*

Zum Beweis brauchen wir nur auf die Eigenschaft 9) disjunkter Komplemente zu verweisen, nach der $(\mathcal{X}_u)^d = \mathcal{X}_{Cu}$, $(\mathcal{X}_u)^{dd} = (\mathcal{X}_{Cu})^d = \mathcal{X}_{CCu} = \mathcal{X}_u$ ist.

Im dritten Kapitel werden wir die Klasse der BOOLEschen Algebren charakterisieren, in denen die Begriffe Komponente und Hauptideal zusammenfallen. Von dieser Art sind insbesondere alle Algebren des Typs 2^Q.

Wir führen jetzt einen Satz an, der den vorstehenden verallgemeinert.

Satz 9. *Das disjunkte Komplement einer beliebigen Menge ist eine Komponente.*

Beweis. Wir brauchen nur für beliebiges $E \subset \mathcal{X}$ die Inklusion $E^d \supset E^{ddd}$ zu beweisen. Es sei $x \in E^{ddd}$. Das bedeutet, daß $x \,\mathrm{d}\, E^{dd}$ gilt. Da aber $E \subset E^{dd}$ ist, gilt damit erst recht $x \,\mathrm{d}\, E$, d. h. $x \in E^d$. Der Satz ist somit bewiesen.

Satz 10. *Der Durchschnitt einer beliebigen nichtleeren Klasse von Komponenten ist eine Komponente.*

Beweis. Es sei $K = \{E\}$ eine gewisse Klasse von Komponenten, $E_0 = \bigcap\limits_{E \in K} E$. Da jedes E eine Komponente darstellt, ist $E = E^{dd}$, und unter Benutzung der Gleichung 10) (S. 33) erhalten wir

$$E_0 = \bigcap E^{dd} = (\bigcup E^d)^d .$$

Dem vorstehenden Satz zufolge ist also E_0 eine Komponente.

Folgerung. *Zu jeder Menge $E \subset \mathcal{X}$ existiert eine kleinste Komponente, die E enthält.*

In der Tat ist der Durchschnitt aller E enthaltenden Komponenten eine derartige Komponente. Sie heißt die *von der Menge E erzeugte Komponente* und wird mit $\mathcal{X}_E$ bezeichnet.

Wir wollen auf ein Verfahren zur Konstruktion von Komponenten der Form $\mathcal{X}_E$ hinweisen. Es zeigt sich, daß man dazu nur disjunkte Komponenten konstruieren zu können braucht.

Satz 11. $\mathcal{X}_E = E^{dd}$.

Beweis. Da E^{dd} eine E enthaltende Komponente ist, gilt $\mathcal{X}_E \subset E^{dd}$. Andererseits ist $\mathcal{X}_E \supset E$, und damit (Eigenschaft 1)) $\mathcal{X}_E = \mathcal{X}_E^{dd} \supset E^{dd}$. Somit ist $\mathcal{X}_E = E^{dd}$.

Wir wollen jetzt untersuchen, unter welchen Bedingungen ein Ideal $\mathcal{X}_E$ Hauptideal ist.

Satz 12. *Folgende drei Beziehungen sind gleichbedeutend:*

1) $$u = \sup E\,,$$

2) $$\mathcal{X}_u = \mathcal{X}_E\,,$$

3) $$\mathcal{X}_{Cu} = E^{\mathrm{d}}\,.$$

Beweis. Es sei 1) erfüllt. Auf Grund von Lemma 10 ist $u \,\mathrm{d}\, E^{\mathrm{d}}$ und $Cu \,\mathrm{d}\, E$, d. h. $u \in E^{\mathrm{dd}}$, $C\,u \in E^{\mathrm{d}}$. Aus der ersten Inklusion folgt $\mathcal{X}_u \subset E^{\mathrm{dd}}$; aus der zweiten $\mathcal{X}_{Cu} \subset E^{\mathrm{d}}$ oder [1]) $\mathcal{X}_u = (\mathcal{X}_{Cu})^{\mathrm{d}} \supset E^{\mathrm{dd}}$. Somit ist $\mathcal{X}_u = E^{\mathrm{dd}} = \mathcal{X}_E$ und die Gleichung 2) bewiesen. Aus ihr leiten wir ihrerseits die Bedingung 3) her. Wenn $\mathcal{X}_u = \mathcal{X}_E$ ist, so gilt $\mathcal{X}_{Cu} = (\mathcal{X}_u)^{\mathrm{d}} = (\mathcal{X}_E)^{\mathrm{d}} = E^{\mathrm{ddd}} = E^{\mathrm{d}}$, d. h., wir sind zu der Gleichung 3) gelangt. Jetzt wollen wir, auf 3) gestützt, 1) beweisen. Wir haben $Cu \,\mathrm{d}\, E$, $u \,\mathrm{d}\, E^{\mathrm{d}}$ (da $\mathcal{X}_u = (\mathcal{X}_{Cu})^{\mathrm{d}} = E^{\mathrm{dd}}$ ist). Wir brauchen nun nur noch auf das Lemma 10 zu verweisen. Somit zieht 1) 2), 2) 3) und schließlich 3) 1) nach sich. Infolgedessen sind alle drei Aussagen äquivalent, und der Satz ist bewiesen.

3. Das Hauptideal als selbständige Boolesche Algebra. Wir betrachten das Hauptideal $\mathcal{X}_u$, das von dem vom Nullelement verschiedenen Element u erzeugt wird. Das stellt eine halbgeordnete Menge mit von außen induzierter Halbordnung dar. Ferner ist klar, daß $\mathcal{X}_u$, mit einer derartigen Halbordnung versehen, einen distributiven Verband mit Null- und Einselement darstellt, wobei u — das größte Element der Komponente $\mathcal{X}_u$ — die Rolle des Einselements spielt. In $\mathcal{X}_u$ besitzt jedes Element x ein Komplement, das gleich der Differenz $u - x$ ist. In der Tat ist $x \vee (u - x) = u$, $x \wedge (u - x) = 0$. Somit ist $\mathcal{X}_u$ bezüglich der durch $\mathcal{X}$ induzierten Halbordnung eine Boolesche Algebra.

4. Die Operation der Projektion in ein Hauptideal. Mit jedem Hauptideal $\mathcal{X}_u$ ist eine Operation P_u verbunden, die jedem $x \in \mathcal{X}$ das Element $x \wedge u \in \mathcal{X}_u$ zuordnet. Sie heißt *Projektionsoperation* (oder *Projektor*) *in das Hauptideal* $\mathcal{X}_u$. Es ist evident, daß P_u eine *isotone Abbildung der B. A.* $\mathcal{X}$ *auf* $\mathcal{X}_u$ darstellt. Offensichtlich sind auch die folgenden Eigenschaften

1) $$P_u(x \wedge y) = P_u(x) \wedge P_u(y)\,;$$

2) $$P_u(x \vee y) = P_u(x) \vee P_u(y)\,;$$

3) $$P_u(C\,x) = u \wedge C\,x\,;$$

4) $$P_u(1) = u\,;$$

5) $$P_u(0) = 0\,.$$

[1]) Wir wenden die Eigenschaft 9) disjunkter Komplemente an.

Das Bild $P_u(E) = u \wedge E$ der beliebigen Menge $E \subset \mathscr{X}$ heißt *Projektion* oder *Spur* der Menge E im Hauptideal $\mathscr{X}_u$. Dieses Bild werden wir im folgenden mit $[E]_u$ bezeichnen.

5. Disjunkte Zerlegungen und Vereinigungen. Es sei in der Booleschen Algebra $\mathscr{X}$ eine vollständige[1]) disjunkte Menge U ausgezeichnet. Gestützt auf das Lemma 10, kann man leicht zeigen, daß ihre obere Grenze existiert und gleich **1** ist. Ferner überzeugen wir uns unter Benutzung der Distributivität sogleich davon, daß für beliebiges $x \in \mathscr{X}$ die Gleichung

$$x = \sup (x \wedge U) = \bigvee_{u \in U} P_u(x)$$

besteht.

Man sagt in diesem Falle, das System der Komponenten $\{\mathscr{X}_u\}$ bilde eine *disjunkte Zerlegung* der Booleschen Algebra $\mathscr{X}$ und die B. A. $\mathscr{X}$ selbst sei *Vereinigung* oder *direkte Summe* der Komponenten dieses Systems. Beschrieben wird dies durch die Formel

$$\mathscr{X} = \mathop{\mathbf{S}}_{u \in U} \mathscr{X}_u \,.$$

(Verwendung finden auch die Symbole $\oplus$, $\oplus \sum$ usw.) Disjunkte Zerlegungen werden sehr oft dazu benutzt, um eine gegebene B. A. als direkte Summe von Algebren einfacherer Bauart darzustellen. So ist beispielsweise die B. A. 2^Q direkte Summe der Hauptideale, die den einzelnen Punkten $q \in Q$ entsprechen.

Wir wollen jetzt die Aufgabenstellung modifizieren. Es sei eine beliebige Menge Ξ Boolescher Algebren gegeben. Wir betrachten das mengentheoretische Produkt $\mathfrak{X}$ aller dieser Algebren. Das bedeutet, $\mathfrak{X} = \{z\}$ ist die Gesamtheit aller auf Ξ vorgegebenen Funktionen mit der Eigenschaft: Für jedes $\mathscr{X} \in \Xi$ ist $z(\mathscr{X}) \in \mathscr{X}$. Ferner führen wir in $\mathfrak{X}$ eine „natürliche" Halbordnung ein, indem wir $z_1 \leqq z_2$ setzen, wenn im Sinne der in $\mathscr{X}$ bestehenden Halbordnung für alle $\mathscr{X} \in \Xi$ $z_1(\mathscr{X}) \leq z_2(\mathscr{X})$ ist. Der Leser bestätigt mühelos, daß hierdurch aus $\mathfrak{X}$ eine Boolesche Algebra wird, in der die Funktion $z_1(\mathscr{X}) \equiv \mathbf{1}_{\mathscr{X}}$ die Rolle des Einselements spielt, während das Nullelement durch die Funktion $z_0(\mathscr{X}) = \mathbf{0}_{\mathscr{X}}$ gegeben wird. Jedem $\mathscr{X}_0 \in \Xi$ entspricht in $\mathfrak{X}$ das Hauptideal $\mathfrak{X}_{u_0}$ mit

$$u_0(\mathscr{X}) = \begin{cases} \mathbf{0}_{\mathscr{X}}\,, & \text{wenn } \mathscr{X} \neq \mathscr{X}_0\,, \\ \mathbf{1}_{\mathscr{X}_0}\,, & \text{wenn } \mathscr{X} = \mathscr{X}_0\,. \end{cases}$$

Diese Komponente ist, als selbständige B. A. betrachtet, offensichtlich zur Algebra $\mathscr{X}_0$ isomorph. Die damit konstruierte B. A. $\mathfrak{X}$ heißt *Vereinigung* oder *direkte Summe* der Algebren der Klasse Ξ.

Es ist klar, daß die diesen Algebren entsprechenden Hauptideale eine disjunkte Zerlegung von $\mathfrak{X}$ bilden. Derartige Vereinigungen bezeichnen wir mit $\mathop{\mathbf{S}}_{\mathscr{X} \in \Xi} \mathscr{X}$.

---

[1]) Siehe S. 32.

§ 5. Die Boolesche Algebra der Komponenten

1. Hauptsatz. Satz 13. *Es sei $\mathfrak{X}$ eine beliebige B. A., $\overline{\mathfrak{X}}$ die Gesamtheit aller ihrer Komponenten. Das System $\overline{\mathfrak{X}}$ stellt, mit der natürlichen Halbordnung versehen, eine* Boolesche *Algebra dar, in der jede Menge eine obere und eine untere Grenze besitzt.*

Den Beweis dieses Satzes haben wir bereits im vorstehenden Paragraphen weitgehend vorbereitet. Wir haben nämlich festgestellt, daß *in der teilweise geordneten Menge $\overline{\mathfrak{X}}$ jede Untermenge eine obere und eine untere Grenze besitzt.* Dabei fällt die untere Grenze einer Menge von Komponenten mit ihrem Durchschnitt zusammen, während die obere Grenze diejenige Komponente ist, die von der Vereinigung der Komponenten der gegebenen Menge erzeugt wird (§ 4, Satz 10 und seine Folgerung).

Zur Vermeidung von Verwechslungen werden wir die Grenzen in $\overline{\mathfrak{X}}$ mit den von den früher gebrauchten abweichenden Zeichen $\bigvee$ und $\bigwedge$ bezeichnen. $\overline{\mathfrak{X}}$ ist somit ein Verband. Es ist auch klar, daß in $\overline{\mathfrak{X}}$ Null- und Einselement existieren, die nicht zusammenfallen: als Nullelement fungiert die nur aus dem Nullelement von $\mathfrak{X}$ bestehende Komponente, während das Einselement die ganze B. A. $\mathfrak{X}$ ist. Wir wollen jetzt beweisen, daß das disjunkte Komplement E^{d} einer beliebigen Komponente E das Komplement von E im Sinne der Halbordnung in $\overline{\mathfrak{X}}$ ist. Zunächst besteht der Durchschnitt $E \cap E^{\mathrm{d}}$ nur aus dem Nullelement, wir schließen daher, indem wir uns der Bedeutung der unteren Grenze erinnern, daß $E \cap E^{\mathrm{d}} = E \bigwedge E^{\mathrm{d}} = 0_{\overline{\mathfrak{X}}}$ ist. Ferner ist leicht einzusehen, daß das System E, E^{d} in $\overline{\mathfrak{X}}$ vollständig ist[1]), folglich ist die einzige Komponente, die dieses Paar enthält, $\mathfrak{X} = 1_{\overline{\mathfrak{X}}}$ (s. Satz 11). Somit gilt

$$E \bigwedge E^{\mathrm{d}} = 0_{\overline{\mathfrak{X}}}, \qquad E \bigvee E^{\mathrm{d}} = 1_{\overline{\mathfrak{X}}},$$

d. h., E^{d} ist Komplement von E. Es bleibt noch die Distributivität von $\overline{\mathfrak{X}}$ zu beweisen. Es sei

$$A = (E_1 \bigvee E_2) \bigwedge E_3, \qquad B = (E_1 \bigwedge E_3) \bigvee (E_2 \bigwedge E_3).$$

Wir wissen (s. S. 10), daß es genügt, die Ungleichung $A \leqq B$ zu beweisen. Wenn diese Ungleichung nicht erfüllt ist, so gibt es ein Element $u \in A \setminus B$. Wir wollen zeigen, daß ein vom Nullelement verschiedenes Element $w \leqq u$ existiert, das zu B^{d} gehört. In der Tat wären anderenfalls alle Elemente der Form $u \wedge z$ mit $z \in B^{\mathrm{d}}$ gleich dem Nullelement. Das würde aber bedeuten, daß $u \,\mathrm{d}\, B^{\mathrm{d}}$ ist, d. h. $u \in B^{\mathrm{d\,d}} = B$, obgleich nach Voraussetzung $u \notin B$ ist. Somit gibt es das geforderte Element w. Unter Benutzung von Satz 11 erhalten wir, indem wir auf die Bedeutung der Grenzen in $\overline{\mathfrak{X}}$ zurückgehen,

$$B = [(E_1 \cap E_3) \cup (E_2 \cap E_3)]^{\mathrm{d\,d}},$$

$$B^{\mathrm{d}} = [(E_1 \cap E_3) \cup (E_2 \cap E_3)]^{\mathrm{d}}.$$

---

[1]) Ein zur Summe $E \cup E^{\mathrm{d}}$ disjunktes Element ist zu E disjunkt, es gehört daher zu E^{d} und ist zugleich zu E^{d} disjunkt. Daher ist es gleich dem Nullelement.

Infolgedessen ist

$$w \in [(E_1 \cap E_3) \cup (E_2 \cap E_3)]^{\mathrm{d}} = [(E_1 \cup E_2) \cap E_3]^{\mathrm{d}} .$$

Wir wissen, daß $w \in A = (E_1 \vee E_2) \wedge E_3$ ist. Daher ist $w \in E_3$, $w \in E_1 \vee E_2$. Das letztere bedeutet, daß $w \notin (E_1 \cup E_2)^{\mathrm{d}}$ ist und ein vom Nullelement verschiedenes Element $w' \leqq w$ existiert, das $E_1 \cup E_2$ angehört. Es ist klar, daß $w' \in (E_1 \cup E_2) \cap E_3$ ist, während gleichzeitig $w' \in [(E_1 \cup E_2) \cap E_3]^{\mathrm{d}}$ gilt, was unmöglich ist, da $w' > 0$ ist. Der erhaltene Widerspruch beweist gerade die Ungleichung $A \leqq B$ und damit auch den Satz 13.

Beispiel 11. Boolesche Algebra der regulären offenen Mengen. Eine in einem beliebigen topologischen Raum gelegene offene Menge G heißt *regulär*, wenn sie alle inneren Punkte ihrer abgeschlossenen Hülle enthält, also mit dem offenen Kern derselben zusammenfällt. Regulär sind somit alle abgeschlossenen offenen Mengen des von uns beim Beweis des Stoneschen Realisierungssatzes konstruierten Kompaktums $\mathfrak{Q}$ (Satz 6, § 3). Hier wollen wir reguläre offene Mengen auf der reellen Geraden betrachten. Als Beispiel einer derartigen Menge kann jedes Intervall (α, β) dienen; dagegen ist eine offene Menge der Form $(\alpha, \beta) \cup (\beta, \gamma)$ nicht regulär. Es sei (a, b) ein beliebiges Intervall, $\mathcal{P}$ die B. A. der „einfachen" Untermengen des Segments $[a, b]$, die wir früher betrachtet haben (Beispiel 10, S. 23—24). Wir untersuchen zunächst gewisse Eigenschaften der Komponenten dieser Algebra.

Wir ordnen jeder offenen Menge $G \subset [a, b]$ die Gesamtheit $\mathcal{P}_G$ aller einfachen Mengen zu, deren offene Kerne in G enthalten sind.

Lemma 11. *Dafür, daß $\mathcal{P}_G$ eine Komponente der B. A. $\mathcal{P}$ ist, ist notwendig und hinreichend, daß G regulär ist.*

Beweis. Notwendigkeit. Es sei $\mathcal{P}_G$ Komponente, $\Delta = (\alpha, \beta)$ ein beliebiges, in der abgeschlossenen Hülle von G enthaltenes Intervall. Wir betrachten die zu $\mathcal{P}_G$ komplementäre Komponente Q. Wir wollen zeigen, daß das Intervall Δ mit keiner der einfachen Mengen, die Elemente dieser Komponente sind, Punkte gemeinsam hat. Anderenfalls würde es nämlich ein nichtausgeartetes Segment $\Delta^* \in Q$ geben, das einen der Punkte des Intervalls Δ enthält. Man kann annehmen, daß $\Delta^* \subset \Delta$ ist.

Die Inklusion $\Delta \subset \overline{G}$ zeigt, daß der Durchschnitt $\tilde{\Delta} \cap \Delta^*$ für ein gewisses Intervall $\tilde{\Delta} \in \mathcal{P}_G$ nicht leer sein kann und innere Punkte enthalten muß. Das ist aber unmöglich, weil $\tilde{\Delta}$ und Δ^* zu zueinander komplementären Komponenten gehören und daher disjunkt sind. Wir sehen somit, daß $\overline{\Delta} \in Q^{\mathrm{d}} = \mathcal{P}_G$ und folglich $\Delta \subset G$ ist. Wir erkennen, daß alle inneren Punkte der Menge $\overline{G}$ zu G gehören, so daß G regulär ist.

Hinlänglichkeit. Wir betrachten eine reguläre offene Menge G und wollen zeigen, daß $\mathcal{P}_G$ Komponente ist. Wir setzen $G' = (a, b) \backslash \overline{G}$ und betrachten eine beliebige einfache Menge $e \in (\mathcal{P}_{G'})^{\mathrm{d}}$. Da e zu allen Elementen von $\mathcal{P}_{G'}$ disjunkt ist, kann es mit G' keine Punkte gemeinsam haben. Infolgedessen ist $e \subset (a, b) \backslash G' = \overline{G}$, während infolge der Regularität von G alle inneren Punkte von e zu G gehören. Der offene Kern einer beliebigen zu $(\mathcal{P}_{G'})^d$ gehörigen Menge ist somit in G enthalten. Das bedeutet, daß $(\mathcal{P}_{G'})^d \subset \mathcal{P}_G$ ist. Außerdem gilt offensichtlich auch die umgekehrte Inklusion $\mathcal{P}_G \subset (\mathcal{P}_{G'})^d$. Wir sehen somit, daß $\mathcal{P}_G = (\mathcal{P}_{G'})^d$ ist. Als disjunktes Komplement ist $\mathcal{P}_G$ somit nach Satz 9 eine Komponente. Das Lemma ist damit bewiesen.

Es sei jetzt Q eine beliebige Komponente der B. A. $\mathcal{P}$. Wir bezeichnen mit G die Vereinigung aller offenen Kerne der einfachen Mengen, die Elemente von Q sind.

Lemma 12. *Es gilt die Gleichung*

$$Q = \mathcal{P}_G .$$

Beweis. Es ist klar, daß $Q \subset \mathcal{P}_G$ ist. Andererseits muß das Innere jeder einfachen Menge $e \in \mathcal{P}_G$ in G enthalten sein. Hieraus schließt man leicht, daß e zu allen Elementen der Komponente Q^d disjunkt ist und demnach zu Q gehört. Somit ist $Q = \mathcal{P}_G$.

Die Lemmata 11 und 12 zeigen, daß die Abbildung $G \to \mathcal{P}_G$ eine eineindeutige Zuordnung zwischen der Gesamtheit aller regulären offenen Mengen des Intervalls (a, b) und der BOOLEschen Algebra der Komponenten der Algebra $\mathcal{P}$ herstellt. Es ist evident, daß die Inklusionen $G_1 \subset G_2$ und $\mathcal{P}_{G_1} \subset \mathcal{P}_{G_2}$ gleichbedeutend sind. Somit *erhalten wir, wenn wir das System der regulären offenen Untermengen eines Intervalls durch Inklusion halbordnen, eine zur Algebra der Komponenten isomorphe Algebra.*

Wir wollen die B. A. der regulären offenen Untermengen des Intervalls $(0, 1)$ mit G_0 bezeichnen. Diese Algebra besitzt viele interessante Besonderheiten. Wir bemerken, daß sie, da sie zur Algebra der Komponenten isomorph ist, insbesondere als wichtigste Eigenschaft die folgende aufweist: *Jede Untermenge von G_0 hat eine untere und eine obere Grenze.* Derartige Algebren (sie heißen „vollständig") sollen in den folgenden Kapiteln eingehend untersucht werden.

§ 6. Additive Funktionen auf BOOLEschen Algebren. Maße. Zusammenhang mit der Wahrscheinlichkeitstheorie

1. Der Begriff einer additiven Funktion. Eine auf einer BOOLEschen Algebra $\mathfrak{X}$ definierte reelle[1]) Funktion φ heißt *additiv*, wenn für ein beliebiges endliches disjunktes System E von Elementen aus $\mathfrak{X}$ die Gleichung

$$\varphi\left(\bigvee_{x \in E} x\right) = \sum_{x \in E} \varphi(x)$$

besteht. Es ist klar, daß man sich für den Additivitätsbeweis auf den Fall beschränken kann, daß E aus zwei Elementen besteht, da man durch einfache Induktion leicht zum allgemeinen Fall übergehen kann. Evident ist

Lemma 13. *Wenn φ additiv ist, so ist $\varphi(0) = 0$.*

[1]) Wir betrachten in diesem Buch nur endliche Funktionen.

2. Quasimaße. Eine auf einer B. A. $\mathfrak{X}$ vorgegebene additive Funktion ψ heißt ein *Quasimaß*, wenn alle ihre Werte nichtnegativ sind. Jedes Quasimaß ist *monoton*: wenn $y \geqq x$ ist, so sind die Elemente x und $y - x = y \wedge C x$ disjunkt, und daher gilt

$$\psi(y) = \psi(x) + \psi(y - x) \geqq \psi(x) .$$

Wir werden zeigen, daß jede B. A. „genügend viele Quasimaße" besitzt.

Satz 14. *Zu jeder reellen Zahl m und jedem von Null verschiedenem Element x der BOOLEschen Algebra $\mathfrak{X}$ existiert immer ein Quasimaß ψ auf $\mathfrak{X}$ mit $\psi(x) = m$.*

Beweis. Es ist zweckmäßig, die Realisierung von $\mathfrak{X}$ als Mengenalgebra zu benutzen[1]). Ohne Beschränkung der Allgemeinheit kann man annehmen, daß $\mathfrak{X}$ eine in einem gewissen Raum $\mathfrak{Q}$ (beispielsweise in einem STONEschen Raum) gelegene Mengenalgebra ist. Da $x > 0$ ist, gibt es einen Punkt $q_0 \in x$. Wir definieren jetzt das Quasimaß ψ durch die Bedingung

$$\psi(y) = \begin{cases} m\,, & \text{wenn} \quad q_0 \in y\,, \\ 0\,, & \text{wenn} \quad q_0 \notin y\,. \end{cases}$$

Es ist klar, daß ψ ein Quasimaß und $\psi(x) = m$ ist. Der Satz ist damit bewiesen.

Von dem beim Beweis konstruierten Quasimaß ψ sagt man, es sei *im Punkte* q_0 des Grundraums *konzentriert*. Das größte Interesse beanspruchen jedoch Quasimaße anderer Art, zu denen wir jetzt übergehen. Zunächst sondern wir die Klasse der *strikt positiven* Quasimaße aus, zu der wir diejenigen Quasimaße rechnen, die nur auf dem Nullelement der Algebra verschwinden: $\psi(x) = 0$ zieht $x = 0$ nach sich. Quasimaße, die in Punkten des zur Realisierung dienenden Raumes konzentriert sind, besitzen diese Eigenschaft nicht. Auf vielen BOOLEschen Algebren gibt es überhaupt keine strikt positiven Quasimaße. Wir haben damit eine gewisse Klasse BOOLEscher Algebren ausgezeichnet, der jede BOOLEsche Algebra angehören muß, die ein strikt positives Quasimaß besitzt.

3. BOOLEsche Algebren von abzählbarem Typus. Die B. A. $\mathfrak{X}$ heißt *BOOLEsche Algebra von abzählbarem Typus*, wenn sie keine nichtabzählbaren disjunkten Untermengen besitzt.

Satz 15. *Wenn es auf der B. A. $\mathfrak{X}$ ein strikt positives Quasimaß ψ gibt, so ist $\mathfrak{X}$ eine B. A. von abzählbarem Typus.*

Beweis. Angenommen, der Satz sei falsch; dann gibt es in $\mathfrak{X}$ eine nichtabzählbare disjunkte Menge E. Man kann annehmen, daß $0 \notin E$ ist. Wir definieren die Mengen $E_1, E_2, \ldots, E_n, \ldots$ durch die Gleichungen

$$E_n = \left\{x \in E \mid \psi(x) \geqq \frac{1}{n}\right\}, \qquad n = 1, 2, \ldots .$$

[1]) Eine aufmerksame Analyse zeigt, daß Satz 14 selbst nichts anderes als eine maskierte Form des Realisierungssatzes ist.

Nun gilt die Gleichung[1]) $E = \bigcup_{n=1}^{\infty} E_n$; daher ist wenigstens eine der Mengen E_n nichtabzählbar und damit auch unendlich. E_{n_0} sei eine derartige Menge. Nach Wahl einer natürlichen Zahl m mit $m > n_0\, \psi(1)$ zeichnen wir in E_{n_0} eine Untermenge E' aus, die genau m Elemente enthält. Wir erhalten die unmögliche Ungleichung

$$\psi(1) \geqq \psi(\sup E') = \sum_{x \in E'} \psi(x) \geqq \frac{m}{n_0} > \psi(1) .$$

Der erhaltene Widerspruch beweist unseren Satz.

Satz 15 gibt nur eine notwendige Bedingung für die Existenz eines strikt positiven Quasimaßes an. 1964 hat H. GAIFMAN ein äußerst feinsinniges Beispiel für eine B. A. von abzählbarem Typus konstruiert, die kein strikt positives Quasimaß besitzt [24].

Der Leser beweist mühelos, daß die Algebra 2^Q dann und nur dann Algebra von abzählbarem Typus ist, wenn die Menge Q höchstens abzählbar ist.

4. Volladditive und abzählbar-additive Funktionen. Eine auf einer B. A. $\mathfrak{X}$ definierte reelle Funktion φ heißt *volladditiv*, wenn die Gleichung

$$\varphi\left(\bigvee_{x \in E} x\right) = \sum_{x \in E} \varphi(x) \tag{X}$$

für eine beliebige disjunkte Menge von Elementen von $\mathfrak{X}$ besteht, die ein Supremum besitzt[2]). Wenn wir fordern, daß die Gleichung (X) für eine beliebige höchstens abzählbare disjunkte Menge E gilt, so gelangen wir zur Definition einer *abzählbar-additiven Funktion.* Für Algebren abzählbaren Typs fallen natürlich Volladditivität und abzählbare Additivität zusammen.

5. Der Begriff des Maßes. Normierte Algebren. *Maß* auf einer B. A. $\mathfrak{X}$ heißt ein volladditives strikt positives Quasimaß.

Aus Satz 15 folgt, daß die abzählbare Additivität eines strikt positiven Quasimaßes hinreichend dafür ist, daß dieses Quasimaß ein Maß im jetzigen Sinne ist.

Ein *Wahrscheinlichkeitsmaß* ist ein Maß μ, das der Bedingung $\mu(1) = 1$ genügt. Wenn auf der B. A. $\mathfrak{X}$ ein gewisses Maß definiert ist, so heißt $\mathfrak{X}$ eine *normierte* (oder „normierbare") BOOLEsche Algebra. Auf einer derartigen Algebra gibt es natürlich auch ein Wahrscheinlichkeitsmaß.

Eine normierbare Algebra ist immer eine Algebra von abzählbarem Typus, die Algebra 2^Q kann also nur im Falle eines endlichen oder abzählbaren Q

---

[1]) Hier wird gerade die strikte Positivität des Quasimaßes ausgenutzt.

[2]) Die Gleichung $S = \sum_{\alpha \in A} \varphi(\alpha)$ bedeutet, daß zu beliebigem $\varepsilon > 0$ eine endliche Untermenge $A_\varepsilon \subset A$ existiert, so daß aus der Inklusion $A_\varepsilon \subset A' \subset A$ mit endlichem A' die Ungleichung $|S - \sum_{\alpha \in A'} \varphi(\alpha)| < \varepsilon$ folgt. (Das Summenzeichen in der letzten Ungleichung ist in üblicher Weise zu verstehen.) Näheres über „summierbare Familien" kann man in dem Buch von N. BOURBAKI [11] nachlesen.

normierbar sein. Wir wollen zeigen, daß in diesem Falle tatsächlich ein Maß existiert. Um ein Maß zu konstruieren, muß man jedem $q \in Q$ eine echt positive Zahl μ_q zuordnen, und zwar so, daß die Summe $\sum_{q \in Q} \mu_q$ endlich ist. (Beispielsweise kann man, wenn $Q = \{q_1, q_2, \ldots\}$ ist, $\mu\, q_n = \frac{1}{2^n}$ $(n = 1, 2, \ldots)$ wählen.) Indem wir dann für ein beliebiges $e \subset Q$

$$\mu(e) = \sum_{q \in e} \mu_q$$

setzen, erhalten wir, wie man leicht verifiziert, eine strikt positive abzählbar-additive Funktion, d. h. ein Maß. Ist insbesondere die Menge Q endlich und m die Zahl ihrer Elemente, so ist es sachgemäß, $\mu\, q_n = \frac{1}{m}$ für alle $n = 1, 2, \ldots, m$ zu setzen. Das entsprechende Maß werden wir *Grund*maß nennen; es ist das wichtigste der auf einer B. A. 2^Q vorgegebenen Wahrscheinlichkeitsmaße.

Als Beispiel für eine nichtnormierbare Algebra kann eine beliebige B. A. dienen, die nicht Algebra von abzählbarem Typus ist, beispielsweise die B. A. aller BORELschen (oder LEBESGUE-meßbaren) Untermengen eines Segments. Beispiele für nichtnormierbare Algebren von abzählbarem Typus sind jedoch von feinerer Art. Auf eines derartiger, auf H. GAIFMAN zurückgehender Beispiele haben wir bereits hingewiesen. In Kapitel VI werden wir zeigen, daß die im vorangegangenen Paragraphen betrachtete B. A. der regulären offenen Mengen gleichfalls als ein solches Beispiel dienen kann. Die Frage danach, ob diese oder jene B. A. normierbar ist, gehört zu den schwierigsten und aktuellsten, da die normierbaren Algebren die für die Anwendungen wichtigste Klasse BOOLEscher Algebren bilden. Ihnen ist auch gerade ein großer Teil des vorliegenden Buches gewidmet.

6. BOOLEsche Algebren und Wahrscheinlichkeitsrechnung. Die in diesem Kapitel angeführten Beispiele zeigen, wie groß die Mannigfaltigkeit der Deutungen und damit erst recht der Anwendungen der BOOLEschen Algebren ist. Auf die wichtigste dieser Interpretationen haben wir schon in der Einleitung hingewiesen, das ist die Deutung einer BOOLEschen Algebra als ein System von Ereignissen. Da jede B. A. zu einer gewissen Mengenalgebra isomorph ist, kann man das „System von Ereignissen" erforderlichenfalls als eine Gesamtheit von Mengen darstellen, die in einem gewissen Grundraum Ω liegen. Dabei ist es für die Wahrscheinlichkeitstheorie wichtig, daß die gegebene Gesamtheit eine σ-Algebra[1]) darstellt; ein auf dieser σ-Algebra vorgegebenes abzählbar-additives Maß ist, grob gesprochen, auch eine Wahrscheinlichkeit. Auf diese Weise werden die Begriffe des „Ereignisses" und der meßbaren Menge, des „Maßes"[2]) und der „Wahrscheinlichkeit" identifiziert. Die Punkte des Raumes Ω heißen gewöhnlich „Elementarereignisse".

[1]) S. unten, Kapitel III, § 1.

[2]) Man hat dabei ein *Wahrscheinlichkeitsmaß* im Auge: $\mu\ \Omega = 1$.

Die Identifizierung von Ereignissen und Mengen hat in den einfachsten Fällen einen äußerst anschaulichen Grund. Das Eintreten oder Nichteintreten eines gewissen Ereignisses e deutet man beispielsweise zweckmäßigerweise so, daß ein „aufs Geratewohl" ausgewählter Punkt $\omega \in \Omega$ in die entsprechende meßbare Untermenge $e \subset \Omega$ fällt oder nicht. Die Inklusion $e_1 \subset e_2$ bedeutet, daß das Ereignis e_2 Folge des Ereignisses e_1 ist. (Das „Fallen" in e_1 zieht das „Fallen" in die umfassendere Menge e_2 nach sich.)

Der eben beschriebene Zugang zu den Grundbegriffen der Wahrscheinlichkeitsrechnung ist nach dem Erscheinen der Monographie von A. N. KOLMOGOROV [47] der am meisten verbreitete geworden. Er ermöglicht es, in der Wahrscheinlichkeitstheorie unmittelbar den fertigen Apparat der Maß- und Integraltheorie, insbesondere der Theorie des Produkts von Maßen, des Satzes von RADON-NIKODYM (zur Definition der bedingten Wahrscheinlichkeiten) usw. zu benutzen. Gelegentlich wird sogar gesagt, die Wahrscheinlichkeitstheorie habe sich in einen selbständigen Teil der allgemeinen Maßtheorie verwandelt; dabei berücksichtigt man jedoch nicht, daß die Maßtheorie im Verlauf der letzten Jahrzehnte ihr Gesicht stark geändert hat und immer mehr eine „stochastische" Färbung angenommen hat.

Die „mengentheoretische" oder, wie man auch sagt, „geometrische" Deutung der Wahrscheinlichkeitstheorie hat auch ihre schwachen Seiten, wie von vielen Autoren bemerkt worden ist [48, 40]. So ist beispielsweise ein notwendiger Bestandteil von ihr der Begriff des „Elementarereignisses". Diese Ereignisse haben in der Regel die Wahrscheinlichkeit Null, sind jedoch von dem „unmöglichen" Ereignis (der leeren Menge) verschieden. Die Wahrscheinlichkeit ist keine volladditive Funktion, sondern nur eine abzählbar-additive. Nicht gerade selten treten auch pathologische Situationen auf, die nicht durch das Wesen der Sache bedingt sind, sondern mit den Besonderheiten des Raumes Ω zusammenhängen, der „mehr" oder „weniger" Punkte als notwendig enthält. Die Darstellung realer Ereignisse als meßbare Untermengen eines gewissen Raumes mutet zuweilen etwas gekünstelt an.

In diesem Buch wird die Ansicht entwickelt, daß gerade eine „abstrakte" BOOLEsche Algebra mit einem Wahrscheinlichkeitsmaß ein adäquates mathematisches Modell für das abgibt, was ein „System von Ereignissen" heißt. Auf Grund zahlreicher Realisierungssätze wird es möglich, erforderlichenfalls zur Sprache konkreter Realisierungen überzugehen und dabei die Fakten auszunutzen, die sich in anderen Gebieten der Mathematik angesammelt haben. Wir vermeiden dabei „bevorzugte" Realisierungen und streben danach, die ganze Darlegung in rein algebraischer Sprache zu führen. Die Theorie der BOOLEschen Algebren ist gegenwärtig hierzu in ausreichendem Maße entwickelt. Eine sehr wesentliche Rolle in ihrer Entwicklung hat dabei der Einfluß der Funktionalanalysis gespielt, insbesondere der Theorie der halbgeordneten Räume.

Wir geben zum Abschluß eine Tabelle an, die die Deutung der einfachsten Beziehungen zwischen den Elementen einer BOOLEschen Algebra als Beziehungen zwischen Ereignissen enthält.

Tabelle 2

Relation	Deutung
$x \leqq y$	x zieht y nach sich
$x \mathrm{d} y$	x und y sind unvereinbar
$y = C x \, (x = C y)$	x und y sind entgegengesetzte Ereignisse
$x = \mathbf{0}$	x ist ein unmögliches Ereignis
$x = \mathbf{1}$	x ist ein sicheres Ereignis
$z = x \vee y$	z ist Summe der Ereignisse x und y
$z = x \wedge y$	z ist Produkt (Vereinigung) der Ereignisse x und y
$\sum_{x \in E} x = 1$	E ist vollständiges System von Ereignissen

§ 7. Automorphismen und invariante Maße

Automorphismus einer B. A. $\mathfrak{X}$ heißt ein Isomorphismus von $\mathfrak{X}$ auf sich, d. h. eine eineindeutige ordnungstreue Abbildung[1]) von $\mathfrak{X}$ auf $\mathfrak{X}$. Die Gesamtheit aller Automorphismen der gegebenen B. A. $\mathfrak{X}$ stellt eine Gruppe dar, deren Gruppenoperation („Multiplikation") üblicherweise durch

$$(A\, B)\,(x) = A\big(B(x)\big)$$

definiert wird. Diese Gruppe ist in der Regel nichtkommutativ; die Rolle des Einselements spielt der identische Automorphismus E:

$$E(x) = x\,, \qquad x \in \mathfrak{X}\,.$$

Es kann vorkommen, daß die betreffende B. A. überhaupt keine anderen Automorphismen besitzt; die Frage nach den Bedingungen dafür, daß nichttriviale Automorphismen existieren, wird als äußerst schwierig angesehen[2]). Außer der Gruppe aller Automorphismen der betreffenden B. A. kann man verschiedene Untergruppen von ihr betrachten; auch sie heißen gewöhnlich Automorphismengruppen. Besondere Bedeutung haben zyklische Gruppen, die aus den Potenzen eines Automorphismus bestehen.

Wir wollen auf eine weitere wichtige Klasse von Automorphismen hinweisen. Wir nennen eine Gruppe $\mathfrak{A}$ *ergodisch*, wenn für beliebiges $x > \mathbf{0}$ die Gleichung

$$\bigvee_{A \in \mathfrak{A}} A\, x = \mathbf{1}$$

besteht. Besteht die ergodische Gruppe aus den Potenzen eines einzigen Automorphismus, so heißt dieser Automorphismus gleichfalls *ergodisch*. Die Ergodizitätsbedingung hat einen einfachen Sinn: sie bedeutet, daß sich zwei

[1]) mit ordnungstreuer Umkehrabbildung. — Anm. d. Red. d. dt. Ausg.

[2]) Man erkennt leicht, daß die Automorphismen einer B. A. in natürlicher Weise eineindeutig den Homöomorphismen des entsprechenden STONEschen Kompaktums $\mathfrak{O}$ entsprechen, so daß man dem Problem der Existenz eines nichttrivialen Automorphismus einen rein topologischen Anstrich geben kann. Siehe B. JONSON [35], L. RIEGER [74], M. KATĚTOV [43].

beliebige Elemente $x, y > 0$ mittels eines Automorphismus der betreffenden Gruppe miteinander „verketten“ lassen, d. h., daß es ein $A \in \mathfrak{A}$ gibt mit $A\, x \wedge y > 0$.

Die Komponente Y heißt *$\mathfrak{A}$-invariant*, wenn für beliebige $A \in \mathfrak{A}$ und $x \in Y$ $A\, x \in Y$ gilt. Es gilt folgende Aussage:

Lemma 14. *Die Gruppe $\mathfrak{A}$ ist dann und nur dann ergodisch, wenn die einzige vom Nullelement verschiedene $\mathfrak{A}$-invariante Komponente der* Booleschen *Algebra $\mathfrak{X}$ die Algebra $\mathfrak{X}$ selbst ist.*

Den unkomplizierten Beweis dieser Tatsache überlassen wir dem Leser.

Als Beispiel betrachten wir die Boolesche Algebra 2^Q. Wir haben bereits bemerkt, daß einpunktige Untermengen von Q bei jedem Isomorphismus und insbesondere bei einem Automorphismus wieder in einpunktige übergehen. Daher bewirkt jeder Automorphismus unserer B. A. eine eineindeutige Transformation der Grundmenge Q. Hiervon gilt auch die Umkehrung: Wenn φ eine eineindeutige Abbildung von Q auf sich ist, so erhalten wir, indem wir jedem $e \subset Q$ sein Bild $\varphi(e)$ zuordnen, einen Automorphismus der Algebra 2^Q. Auf diese Weise läßt sich jede Gruppe $\mathfrak{A}$ von Automorphismen der Algebra 2^Q mit einer gewissen Transformationsgruppe $\tilde{\mathfrak{A}}$ der Menge Q identifizieren; Ergodizität der Gruppe $\mathfrak{A}$ bedeutet, daß sich zwei beliebige Punkte $q_1, q_2 \in Q$ durch eine gewisse Transformation aus $\tilde{\mathfrak{A}}$ ineinander überführen lassen (derartige Transformationsgruppen heißen „transitiv“). *Die Gruppe aller Automorphismen einer B. A. 2^Q ist notwendig ergodisch*; den unkomplizierten Beweis dieser Aussage findet der Leser selbst.

Im allgemeinen erhöhen sich die Chancen dafür, ergodisch zu sein, wenn man von einer gegebenen Untergruppe zu einer umfassenderen übergeht; jedoch selbst die Gruppe aller Automorphismen braucht nicht ergodisch zu sein.

Es sei $\mathfrak{A}$ eine gewisse Gruppe von Automorphismen einer B. A. $\mathfrak{X}$ und φ ein Quasimaß auf $\mathfrak{X}$. Wir sagen, daß φ ein *$\mathfrak{A}$-invariantes Quasimaß* ist, wenn für beliebige $\mathfrak{A}$-kongruente Elemente $x, y \in \mathfrak{X}$ die Gleichung $\varphi(x) = \varphi(y)$ besteht. (*$\mathfrak{A}$-Kongruenz* von x und y bedeutet, daß $y = A\, x$ für ein gewisses $A \in \mathfrak{A}$ ist.) Wenn $\mathfrak{A}$ eine ergodische Automorphismengruppe der B. A. $\mathfrak{X} = 2^Q$ und φ ein $\mathfrak{A}$-invariantes Quasimaß ist, so wird allen einpunktigen Untermengen von Q ein und derselbe Wert von φ zugeordnet. Daher kann ein strikt positives Quasimaß nur dann $\mathfrak{A}$-invariant sein,wenn Q eine endliche Menge ist; in diesem Falle unterscheidet es sich von dem von uns in § 6 betrachteten Grundmaß nur um einen Faktor. Somit ist, *wenn $\mathfrak{A}$ ergodisch ist, das einzige $\mathfrak{A}$-invariante Wahrscheinlichkeitsmaß auf 2^Q das Grundmaß.* Dieses Maß ist überdies offensichtlich gegenüber allen Automorphismen invariant.

Später werden wir zu den Automorphismengruppen und invarianten Maßen zurückkehren. Insbesondere werden wir für den allgemeinen Fall die Eindeutigkeit eines gegenüber einer ergodischen Automorphismengruppe invarianten Wahrscheinlichkeitmaßes beweisen (s. S. 84—85).

Aufgaben zu Kapitel I

1. Man beweise die Äquivalenz der folgenden Aussagen:

a) die Boolesche Algebra $\mathcal{X}$ ist endlich;

b) die Algebra $\mathcal{X}$ ist zu einer gewissen Algebra der Form 2^Q isomorph, wobei Q eine endliche Menge ist;

c) jedes Ideal der Algebra $\mathcal{X}$ ist Hauptideal;

d) jedes System paarweise disjunkter Elemente von $\mathcal{X}$ ist endlich;

e) jedes Quasimaß auf $\mathcal{X}$ ist volladditiv.

2. Man beweise, daß im Falle einer unendlichen Booleschen Algebra das System aller abgeschlossenen offenen Mengen eines Stoneschen Kompaktums keine σ-Algebra von Mengen sein kann.

3. Man beweise, daß die Mächtigkeit einer unendlichen Algebra mit dem topologischen Gewicht des Kompaktums zusammenfällt, durch das sie realisiert wird.

4. Man beweise, daß die B. A. 2^Q dann und nur dann ergodische Automorphismen besitzt, wenn die Menge Q höchstens abzählbar ist.

5. Man konstruiere ein Beispiel für eine Boolesche Algebra, die keine von Null verschiedenen Komponenten von abzählbarem Typus besitzt.

6. Jedes eigentliche Ideal ist Durchschnitt maximaler Ideale.

7. Für ein beliebiges Quasimaß μ und beliebige Elemente $x_1, x_2, \ldots, x_n$ gilt die Gleichung

$$\mu(x_1 \vee x_2 \vee \cdots \vee x_n) = \sum_{p=1}^{n} (-1)^{p-1} \sum_{1 \leqq i_1 < i_2 < \cdots < i_p \leqq n} \mu(x_{i_1} \wedge x_{i_2} \wedge \cdots \wedge x_{i_p}).$$

8. Es sei μ ein strikt positives Quasimaß auf der B. A. $\mathcal{X}$. Wir führen in $\mathcal{X}$ durch die Beziehung

$$\varrho(x, y) = \mu(|x - y|)$$

eine Metrik ein. Man zeige, daß zwei auf diese Weise metrisierte B. A. sicher dann isomorph sind, wenn sie als metrische Räume isometrisch sind (I. J. Dorfman).

KAPITEL II

DER GRUNDLEGENDE APPARAT

Das in diesem Kapitel zusammengefaßte Material bezieht sich ausnahmslos auf alle BOOLEschen Algebren. Der Leser wird mit den Grundlagen des „BOOLEschen Apparates" bekanntgemacht, der sowohl in der Theorie als auch in den Anwendungen BOOLEscher Algebren auf Probleme der Wahrscheinlichkeitstheorie, Funktionalanalysis, Logik und Kybernetik verwendet wird.

§ 1. Unteralgebren. Erzeugende

1. Der Begriff der Unteralgebra. Eine Untermenge $\mathcal{X}_0$ der BOOLEschen Algebra $\mathcal{X}$ heißt *Unteralgebra* [oder Teilalgebra] *der Algebra* $\mathcal{X}$, wenn sie **0** und **1** enthält und gegenüber den BOOLEschen Grundoperationen $\vee$, $\wedge$, C abgeschlossen ist: mit $x, y \in \mathcal{X}_0$ muß auch $x \vee y$, $x \wedge y$, $C\,x$, $C\,y \in \mathcal{X}_0$ sein. Es ist klar, daß $\mathcal{X}_0$ bezüglich der induzierten Halbordnung eine BOOLEsche Algebra mit demselben Null- und Einselement wie $\mathcal{X}$ wird. Unter Benutzung der Dualitätsziehungen kann man leicht zeigen, daß eine Untermenge $\mathcal{X}$ *bereits dann eine Unteralgebra wird, wenn sie bezüglich der Operationen* $\vee$, C *oder* $\wedge$, C *abgeschlossen ist.* Schließlich ergibt sich durch gewöhnliche Induktion, daß jede Unteralgebra von allen ihren endlichen Untermengen die Grenzen enthält.

Beispiele, die den Begriff der Unteralgebra illustrieren, sind bereits im vorangegangenen Kapitel zu finden. In den Beispielen 5, 6, 7 haben wir es nämlich im wesentlichen mit Unteralgebren der Algebra $\mathcal{X} = 2^Q$ zu tun gehabt. Überhaupt ist jede Mengenalgebra definitionsgemäß Unteralgebra der Algebra 2^Q. In jeder B. A. kann man zwei triviale Unteralgebren aufweisen: ganz $\mathcal{X}$ und die *ausgeartete Unteralgebra*, die nur die Elemente **0** und **1** enthält. Außerdem zeichnen wir die wichtige Klasse der *einfachsten Unteralgebren* aus; so werden wir Unteralgebren nennen, die genau vier verschiedene Elemente enthalten. Jede einfachste Unteralgebra hat die Bauart

$$\mathcal{X}' = \{u, C\,u, \mathbf{0}, \mathbf{1}\}\,, \qquad \mathbf{0} < u\,,\ C\,u < \mathbf{1}\,.$$

Sie wird durch eines der Elemente u, $C\,u$ eindeutig bestimmt.

Das Hauptideal $\mathcal{X}_u$ der Algebra $\mathcal{X}$ stellt, wie wir wissen, bei $u \neq \mathbf{0}$ eine BOOLEsche Algebra mit der induzierten Halbordnung dar. Wenn $u \neq \mathbf{1}$ ist, ist es jedoch keine Unteralgebra. Nichtsdestoweniger können wir seine Unteralgebren betrachten; wir werden sie *u-Unteralgebren* der B. A. $\mathcal{X}$ nennen.

Unter verschiedenen Lebensumständen haben wir es außerordentlich oft mit Unteralgebren zu tun. Wenn es sich um irgendeine Gesamtheit von Ereignissen handelt, sondern wir in der Regel (bewußt oder unbewußt) einen gewissen Teil dieser Gesamtheit aus, der aus für uns wichtigen Ereignissen besteht. So denkt der Eigentümer von Obligationen am Vorabend der Ziehung einer Staatsanleihe nicht an alle Ereignisse, die morgen bei der Ziehung eintreten können, sondern in erster Linie an diejenigen, an denen die ihm gehörende Obligation beteiligt sein wird. Dabei muß ein vernünftig ausgewählter Teil des Ausgangssystems von Ereignissen eine Unteralgebra darstellen, sonst „fehlen" in ihm noch Ereignisse.

2. Rechenoperationen mit Unteralgebren. Das System aller Unteralgebren einer gegebenen B. A. $\mathcal{X}$ ist in natürlicher Weise „durch Inklusion" halbgeordnet. Wir wollen zeigen, daß im Sinne dieser Halbordnung eine beliebige Klasse von Unteralgebren eine obere und eine untere Grenze besitzt. Fast evident ist der wichtige.

Satz 1. *Wie auch die nichtleere Klasse $\mathcal{E} = \{\mathcal{Y}\}$ von Unteralgebren der beliebigen B. A. $\mathcal{X}$ gewählt ist, der Durchschnitt $\mathcal{Y}_0 = \bigcap_{\mathcal{Y} \in \mathcal{E}} \mathcal{Y}$ stellt wieder eine Unteralgebra dar.*

In der Tat muß offensichtlich, wenn man von den BOOLEschen Operationen $\vee$, $\wedge$, C eine beliebige auf die Elemente von $\mathcal{Y}_0$ anwendet, das Ergebnis in jeder Unteralgebra der Klasse $\mathcal{E}$ enthalten sein, also auch in ihrem Durchschnitt $\mathcal{Y}_0$. Außerdem gehören $\mathbf{0}$ und $\mathbf{1}$ offenbar zu $\mathcal{Y}_0$. Wir sehen somit, daß $\mathcal{Y}_0$ eine Unteralgebra ist. Das ist die im Sinne der natürlichen Halbordnung größte Unteralgebra, die in jedem $\mathcal{Y} \in \mathcal{E}$ enthalten ist, mit anderen Worten, die untere Grenze von $\mathcal{E}$.

Es sei jetzt E eine beliebige Menge von Elementen der BOOLEschen Algebra $\mathcal{X}$. Es existieren Unteralgebren, die E enthalten, z. B. die B. A. $\mathcal{X}$ selbst. Zufolge von Satz 1 gibt es unter diesen Unteralgebren eine kleinste; sie heißt die *von der Menge E erzeugte Unteralgebra.* Wir werden diese Unteralgebra mit $\mathcal{X}\langle E\rangle$ bezeichnen. Wenn $E = E_1 \cup E_2 \cup \cdots \cup E_n$ ist, werden wir manchmal an Stelle von $\mathcal{X}\langle E\rangle$ auch

$$\mathcal{X}\langle E_1, E_2, \ldots, E_n\rangle$$

schreiben, im Falle einelementiger Mengen $E_1 = \{u_1\}, \ldots, E_s = \{u_s\}$ dagegen

$$\mathcal{X}\langle u_1, u_2, \ldots, u_s, \quad E_{s+1}, \ldots, E_n\rangle\,.$$

Wenn $\mathcal{X}_0 = \mathcal{X}\langle E\rangle$ ist, so heißt die Menge E *Erzeugendensystem* und ihre Elemente *Erzeugende* der Unteralgebra $\mathcal{X}_0$. Für u-Unteralgebren sind die Terminologie und die Bezeichnungen analog. Die kleinste u-Unteralgebra, die die Menge E enthält, wird mit $\mathcal{X}_u\langle E\rangle$ bezeichnet.

In einer einfachsten Unteralgebra $\{u, C\,u, \mathbf{0}, \mathbf{1}\}$ gibt es ein Erzeugendensystem, das aus dem einzigen Element u oder $C\,u$ besteht. Die einfachsten Unteralgebren können dadurch vollständig charakterisiert werden, daß sie nichtausgeartete Unteralgebren mit einer Erzeugenden sind. Der auf S. 48 erwähnte Besitzer einer Obligation interessiert sich „in erster Näherung" gerade für die einfachste Unteralgebra, die außer **0** und **1** (dem „unmöglichen" und dem „sicheren" Ereignis) auch die Ereignisse

u — „auf die betreffende Obligation entfällt ein nichtverschwindender Gewinn"

und

Cu — „die betreffende Obligation gewinnt nicht"

enthält.

3. Unteralgebren und Zerlegungen. Wir wollen *Zerlegung* des Elementes $x \in \mathcal{X}$ jede disjunkte Menge τ_x nennen, die nicht das Nullelement enthält und deren Supremum gleich x ist. Im Moment interessieren uns in erster Linie Zerlegungen des Einselements der Algebra; wir werden sie mit $\tau, \tau', \ldots$ usw. ohne untere Indizes bezeichnen.

Mit jeder endlichen Zerlegung τ des Einselementes ist eine gewisse Unteralgebra $\mathcal{X}^{(\tau)}$ verknüpft, und zwar ist als $\mathcal{X}^{(\tau)}$ die Gesamtheit aller Elemente von $\mathcal{X}$ zu nehmen, die obere Grenzen von Untermengen von τ darstellen. Es gilt

Lemma 1. *$\mathcal{X}^{(\tau)}$ ist eine Unteralgebra von $\mathcal{X}$, die zur B. A. 2^τ isomorph ist.*

Beweis. Wir definieren die Abbildung φ der B. A. 2^τ in $\mathcal{X}^{(\tau)}$ dadurch, daß wir für ein beliebiges $e \subset \tau$

$$\varphi(e) = \sup e$$

setzen (es sei daran erinnert, daß wir das Supremum der leeren Menge als Null ansehen).

Nach Definition von $\mathcal{X}^{(\tau)}$ hat jedes Element, das dieser Menge angehört, die Form $\varphi(e)$ mit $e \subset \tau$. Infolgedessen wird 2^τ durch φ auf $\mathcal{X}^{(\tau)}$ abgebildet. Die Abbildung φ ist offensichtlich isoton: mit $e' \subset e$ ist immer $\varphi(e') \leqq \varphi(e)$. Ist jedoch $e' \not\subset e$, so gibt es ein vom Nullelement verschiedenes Element $x_0 \in e' \setminus e$. Dann gilt $x_0 \,\mathrm{d}\, e$ und offensichtlich $\sup e' \nleqq \sup e$. Wir sehen also, daß die Ungleichung $\varphi(e') \leqq \varphi(e)$ zur Inklusion $e' \subset e$ äquivalent ist; φ ist somit ein Isomorphismus. Das Lemma ist damit bewiesen. Man kann es auch für eine unendliche Zerlegung beweisen, wenn man die Existenz der oberen Grenzen aller möglichen Untermengen von τ voraussetzt.

Wir werden sagen, die Unteralgebra $\mathcal{X}^{(\tau)}$ werde von der Zerlegung τ *erzeugt*. Es zeigt sich, daß sich auf diese Weise jede endliche Unteralgebra ergibt.

Lemma 2. *Zu jeder endlichen Unteralgebra $\mathcal{X}_0$ der* Booleschen *Algebra $\mathcal{X}$ gibt es eine endliche Zerlegung τ des Einselements, die diese Unteralgebra erzeugt: $\mathcal{X}_0 = \mathcal{X}^{(\tau)}$.*

Der Beweis des Lemmas gründet sich auf folgende offensichtliche Bemerkung: Da die Unteralgebra $\mathcal{X}_0$ endlich ist, kann man zu jedem von Null verschiedenen Element x von ihr ein Element $y \in \mathcal{X}_0$ angeben, das der Ungleichung

$0 < y \leqq x$ genügt und für das die Ungleichung $0 < z < y$ mit $z \in \mathscr{X}_0$ unmöglich ist. Die Menge aller derartiger y nehmen wir gerade als τ. Es ist klar, daß sie disjunkt ist und daß jedes vom Nullelement verschiedene Element von $\mathscr{X}_0$ (das Einselement eingeschlossen) obere Grenze einer gewissen Untermenge von τ ist.

Vom „wahrscheinlichkeitstheoretischen" Standpunkt aus stellt die Zerlegung τ des Einselements ein „vollständiges System von Ereignissen" dar; gewöhnlich ist sie mit einem gewissen „Versuch" verknüpft, durch den festgelegt wird, welches von den τ ausmachenden paarweise unvereinbaren Ereignissen in Wahrheit gerade eintritt. Damit werden automatisch auch die Ausgänge aller Ereignisse aus der Unteralgebra $\mathscr{X}^{(\tau)}$ bestimmt; auf andere Ereignisse jedoch hat ein derartiger Versuch keinen Einfluß. Wir sehen jetzt, wie man den außermathematischen Begriff des „Versuchs" genau umschreiben kann. Wenn wir von einem „Versuch" sprechen, haben wir es in der Mathematik faktisch immer mit einer gewissen Unteralgebra zu tun, die aus denjenigen Ereignissen besteht, deren Ausgänge durch diesen Versuch gleichzeitig festgelegt werden. Da der Begriff des „Ereignisses" keinerlei anderen mathematischen Inhalt hat, ist es nur natürlich, im Begriff der Unteralgebra gerade sein innermathematisches Äquivalent zu sehen [25].

Man kann leicht ein Beispiel für eine Unteralgebra angeben, die von einer unendlichen Zerlegung erzeugt wird. So stellt die im Beispiel 7 des vorangegangenen Kapitels betrachtete BOOLEsche Algebra eine Unteralgebra der Algebra aller Untermengen des Quadrats dar, die von der Zerlegung dieses Quadrats in vertikale Segmente erzeugt wird: eine beliebige Vereinigung derartiger Intervalle gehört der Unteralgebra an, und weitere Elemente enthält sie nicht.

Es wird natürlich bei weitem nicht jede Unteralgebra durch eine gewisse, endliche oder unendliche, Zerlegung erzeugt.

In der von der Zerlegung τ erzeugten Unteralgebra können die Elemente der Zerlegung τ selbst die Rolle der Erzeugenden spielen. Wenn es von ihnen n Stück gibt, so enthält die Unteralgebra 2^n Elemente. Es wäre nicht schwer zu zeigen, daß sie eine geringere Zahl disjunkter Erzeugender nicht besitzen kann.

Wenn eine Algebra der Form 2^Q N Elemente enthält, so besteht jedes disjunkte Erzeugendensystem von ihr aus ${}^2\log N$ Elementen. Wir werden jedoch unten sehen, daß man, wenn man von der Disjunktheitsforderung Abstand nimmt, für eine solche Unteralgebra auch ein Erzeugendensystem konstruieren kann, das etwa ${}^2\log {}^2\log N$ Elemente enthält.

Durch Vergleich der Lemmata 1 und 2 mit Satz 4 des vorangegangenen Kapitels bekommen wir folgende wichtige Aussage:

Satz 2. *Zwei gleichmächtige endliche* BOOLE*sche Algebren sind isomorph; jede endliche* BOOLE*sche Algebra ist zu einer Algebra der Form* 2^Q *isomorph, und ihre Elementezahl hat die Gestalt* 2^n $(n = 1, 2, \ldots)$.

4. Konstruktion der von einer gegebenen Menge erzeugten Unteralgebra. Es sei E eine nichtleere Menge, $\mathcal{X}_0 = \mathcal{X}\langle E\rangle$ die von dieser Menge erzeugte Unteralgebra. Aus welchen Elementen besteht diese Unteralgebra? Zunächst muß sie natürlich alle Elemente der Form

$$y = \left(\bigwedge_{u\in\Delta} u\right) \wedge \left(\bigwedge_{v\in\Delta'} C\,v\right) \tag{I}$$

enthalten, worin Δ und Δ' endliche Untermengen von E sind. Die in der Form (I) darstellbaren Elemente werden wir *Elementarpolynome* nennen; die Menge derselben bezeichnen wir mit M_E. Außer Elementarpolynomen gehören zu der Unteralgebra alle möglichen oberen Grenzen endlicher Untermengen der Menge M_E, d. h. Elemente der Bauart

$$z = \bigvee_{k=1}^{n(z)} \left(\bigwedge_{u\in\Delta_k} u\right) \wedge \left(\bigwedge_{v\in\Delta_k'} C\,v\right). \tag{II}$$

Sie lassen sich auch in der Form

$$z = \bigvee_{k=1}^{n(z)} (u_{k1} \wedge u_{k2} \wedge \cdots \wedge u_{kp_k}) \wedge (C\,v_{k1} \wedge C\,v_{k2} \wedge \cdots \wedge C\,v_{kq_k}) \tag{II'}$$

mit

$$u_{ki}, v_{kj} \in E \qquad \big(1 \leqq i \leqq p_k;\ 1 \leqq j \leqq q_k;\ k = 1, 2, \ldots, n(z)\big)$$

oder noch kürzer

$$z = \bigvee_{k=1}^{n(z)} (w_{k1} \wedge w_{k2} \wedge \cdots \wedge w_{km_k}), \tag{II''}$$

$$w_{ki} \in E \cup C\,E, \qquad 1 \leqq i \leqq m_k; \qquad k = 1, 2, \ldots, n(z)$$

schreiben.

Elemente, die in der Form (II), ((II'), (II'')) darstellbar sind, heißen *Polynome*[1]) (oder Booleesche Polynome). Die Menge derselben wollen wir mit dem Symbol P_E bezeichnen. Die Ausgangsmenge E spielt bei der jetzt gegebenen Definition eine wesentliche Rolle; um dies zum Ausdruck zu bringen, spricht man manchmal von „Polynomen aus Elementen der Menge E“. Es zeigt sich, daß sich mit derartigen Polynomen gerade der ganze Vorrat von Elementen der Unteralgebra $\mathcal{X}_0$ erschöpft. Das wird klar, wenn wir erst bewiesen haben

Lemma 3. *Die Menge P_E ist eine Unteralgebra.*

Zum Beweis brauchen wir uns nur davon zu überzeugen, daß P_E bezüglich der Operationen $\wedge$ und C abgeschlossen ist. Am einfachsten ist dies aus den leicht zu verifizierenden Identitäten

$$\left[\bigvee_{k=1}^{n} (u_{k1} \wedge u_{k2} \wedge \cdots \wedge u_{kp_k})\right] \wedge \left[\bigvee_{i=1}^{m} (v_{i1} \wedge v_{i2} \wedge \cdots \wedge v_{iq_i})\right] =$$

$$= \bigvee_{\substack{1\leqq k\leqq n\\ 1\leqq i\leqq m}} (u_{k1} \wedge u_{k2} \wedge \cdots \wedge u_{kp_k} \wedge v_{i1} \wedge v_{i2} \wedge \cdots \wedge v_{iq_i})$$

---

[1]) Der Ausdruck „Polynom“ bezeichnet häufig auch den durch die Gleichung (II) definierten Operator; wir werden uns jedoch nirgends nach dieser Deutung richten.

und

$$C\left[\bigvee_{k=1}^{n}(u_{k1}\wedge u_{k2}\wedge\cdots\wedge u_{k\,p_k})\right]=\bigvee_{\substack{1\leqq k_1\leqq p_1\\1\leqq k_2\leqq p_2\\\cdots\cdots\\1\leqq k_n\leqq p_n}}(C\,u_{1\,k_1}\wedge C\,u_{2\,k_2}\wedge\cdots\wedge C\,u_{n\,k_n})$$

zu erkennen. Wählen wir in diesen Identitäten als u_{ks} und v_{ij} beliebige Elemente der Menge $E \cup C\,E$, so gewinnen wir gerade Formeln, durch die die Infima und Komplemente der Elemente von P_E als Polynome in den Erzeugenden ausgedrückt werden.

Das Lemma ist damit bewiesen. Aus ihm folgt unmittelbar ein Satz, der die Struktur der von der gegebenen Menge E erzeugten Unteralgebra beschreibt.

Satz 3. *Die Unteralgebra $\mathscr{X}_0 = \mathscr{X}\langle E\rangle$ fällt mengenmäßig mit der Menge P_E aller Polynome der Form* (II) *zusammen.*

In der Tat folgt daraus, daß P_E Unteralgebra und $P_E \subset \mathscr{X}_0$ ist, daß $P_E = \mathscr{X}_0$ ist.

Aus Satz 3 ergibt sich die offensichtliche

Folgerung. *Eine von einer endlichen Menge erzeugte Unteralgebra ist endlich.*

Wir haben gezeigt, daß ein beliebiges Element der Unteralgebra $\mathscr{X}\langle E\rangle$ als obere Grenze endlich vieler Elementarpolynome darstellbar ist. Zu einer derartigen Darstellung gibt es ein duales Analogon, das der Leser selbständig finden kann. Wir wollen die Bedeutung derartiger Darstellungen am Beispiel der Booleschen Algebra X_Q aller charakteristischen Funktionen von Untermengen von Q illustrieren. Unter Berücksichtigung der auf S. 9 und 17 gegebenen Deutung der Booleschen Operationen in X_Q bemerken wir, daß der Wert einer beliebigen charakteristischen Funktion $z \in X_Q\langle E\rangle$ in einem beliebigen Punkt $q \in Q$ auf Grund der Werte, die die „Basis"funktionen aus der Menge E in diesem Punkte annehmen, eindeutig bestimmt wird. Das geht aus Formel (I) hervor. Interpretiert man die Elemente von X_Q als Aussagen, so kann man sagen, daß die „Wahrheit" oder „Falschheit" der Aussage z durch die Wahrheit oder Falschheit der „Basis"aussagen, die die Menge E bilden, eindeutig festgelegt wird. Ganz genau so läßt sich in der „schalttechnischen" Deutung die Frage, ob ein beliebiger zur Unteralgebra gehöriger Kontakt z geschlossen oder offen ist, vollständig lösen, wenn die Zustände aller „Basis"-kontakte aus der Menge E bekannt sind.

E möge aus m Elementen $e_1, e_2, \ldots, e_m$ bestehen. Die Werte dieser charakteristischen Funktionen in einem gewissen Punkt $q_0 \in Q$ bilden ein endliches geordnetes System $\sigma = \big(e_1(q_0), e_2(q_0), \ldots, e_m(q_0)\big)$ von Nullen und Einsen, das heißt mit anderen Worten eine Binärzahl. Wenn wir es mit einer Rechenmaschine zu tun haben, geben wir nämlich die Information in sie in Form derartiger Zahlen ein: dazu werden m Binärstellen benutzt. Jede Binärzahl enthält in sich die Kenntnisse über die Werte aller Funktionen $z \in X\langle E\rangle$ im Punkte q_0; um diese Kenntnisse zu extrahieren, muß man z als Polynom darstellen. Somit ist die Zahl der Erzeugenden gleichzeitig die Anzahl der Binärstellen, die erforderlich ist, um die vollständige Information über den „Zustand unserer Unteralgebra zum Zeitpunkt q_0", d. h. über die Werte aller $z \in X_Q\langle E\rangle$ für $q = q_0$, aufzuschreiben. Uns liegt natürlich daran, mit einer möglichst geringen Stellenzahl auszukommen, um nicht den Speicher der Maschine zu überfordern. Daraus ergibt sich die auch praktisch wichtige Aufgabe festzustellen, wieviel Elemente das Erzeugendensystem enthalten kann.

5. Erzeugendensysteme in Mengenalgebren. Wir kehren zu Algebren der Form 2^Q zurück, wobei die Menge Q beliebig sein kann. Wir stellen uns die Frage: welches System von Untermengen kann in einer derartigen B. A. Erzeugendensystem sein?

Definition. Man sagt, das System $\mathscr{E} = \{e\}$ von Untermengen von Q *trenne die Punkte von* Q, wenn man zu beliebigen verschiedenen Punkten $q_1, q_2 \in Q$ eine Menge $e \in \mathscr{E}$ finden kann, die einen und nur einen dieser Punkte enthält.

Satz 4. *Es sei* $\mathscr{X} = 2^Q$, *Q eine endliche Menge und* $\mathscr{E} = \{e\}$ *ein System von Untermengen von Q. Dafür, daß $\mathscr{E}$ Erzeugendensystem in $\mathscr{X}$ ist, ist notwendig und hinreichend, daß es die Punkte von Q trennt.*

Beweis. Notwendigkeit. Es sei $q_1, q_2 \in Q$, $q_1 \neq q_2$. Die einpunktigen Mengen $x = \{q_1\}$, $y = \{q_2\}$ gehören als Element zu der Algebra $\mathscr{X}$. Nach Satz 3 läßt sich das Element x als Polynom $x = \bigvee_{k=1}^{n} y_k$ mit Elementarpolynomen $y_1, \ldots, y_n$ darstellen. Da offensichtlich $x \,\mathrm{d}\, y$ gilt, enthält keine der Mengen y_k den Punkt q_2, während mindestens eine dieser Mengen den Punkt q_1 enthalten muß. Es sei $q_1 \in y_{k_0}$. Das Element y_{k_0} hat die Bauart

$$y_{k_0} = e_1 \wedge e_2 \wedge \cdots \wedge e_p \wedge C\, e_{p+1} \wedge \cdots \wedge C\, e_m;$$

$$e_1, e_2, \ldots, e_m \in \mathscr{E}\,.$$

Mindestens eine der Mengen $e_1, e_2, \ldots, e_m$ enthält genau einen der Punkte q_1, q_2.

Hinlänglichkeit. Da jedes Element $x \in \mathscr{X}$ Vereinigung endlich vieler einpunktiger Mengen ist, wird unser Ziel erreicht sein, wenn wir gezeigt haben, daß die einpunktige Menge $x = \{q_0\}$ mit beliebigem $q_0 \in Q$ der Unteralgebra $\mathscr{X}\langle\mathscr{E}\rangle$ angehört. Das System $\mathscr{E}$ trennt die Punkte; daher kann man jedem $q \neq q_0$ eine Menge e_q zuordnen, die wohl q_0, aber nicht q enthält und so beschaffen ist, daß entweder e_q oder $C\, e_q$ zu $\mathscr{E}$ gehört. Wir bilden den Durchschnitt $y = \bigwedge_{q \in Q} e_q$. Es ist klar, daß dies ein Elementarpolynom ist und daß $y = x$ gilt. Der Satz ist damit bewiesen. Wir verbinden mit ihm die

Bemerkung. *Beim Beweis des Satzes ist für die Notwendigkeit die Endlichkeit von Q nicht benutzt worden.*

Ein wichtiges Beispiel für ein System, das Punkte trennt, bekommen wir, wenn wir die Booleсche Algebra $\mathscr{X} = 2^Q$ betrachten, wo als Q seinerseits die Gesamtheit 2^P aller Untermengen einer gewissen Menge P fungiert; die Mächtigkeit von P bezeichnen wir mit π (ohne daß wir sie bisher als endlich voraussetzen). Dann enthält Q 2^π Punkte, und die Mächtigkeit der Algebra $\mathscr{X}$ ist gleich 2^{2^π}. Es ist klar, daß beispielsweise das System aller einpunktigen Untermengen von Q die Punkte der Menge Q trennt; im vorliegenden Fall kann man jedoch auch ein „ökonomischeres“ System angeben, das die Punkte trennt, aber nicht 2^π, sondern insgesamt π Mengen enthält. Wir verknüpfen nämlich mit jedem $p \in P$ die Untermenge $Q_p \subset Q$, die aus allen $q \subset P$ besteht, die das Element p enthalten:

$$Q_p = \{q | p \in q\} .$$

Wir wollen uns davon überzeugen, daß *das System $\mathscr{E}$ aller Mengen der Form Q_p mit $p \in P$ die Punkte von Q trennt.* Das ist jedoch evident, da die Punkte von Q selbst Untermengen von P darstellen; wenn $q_1, q_2 \in Q$ und $q_1 \neq q_2$ ist, so gibt es einen Punkt p, der einer und nur einer der Mengen q_1, q_2 angehört.

Wir wollen jetzt annehmen, daß π eine endliche Mächtigkeit ist. Dann erzeugt das System $\mathscr{E}$, wie aus Satz 4 folgt, eine Algebra $\mathscr{X}$. Im Hinblick darauf, daß nach Satz 2 eine beliebige B. A., die 2^{2^π} Elemente enthält, zu $\mathscr{X}$ isomorph sein muß, gelangen wir zu folgender Schlußfolgerung: *In einer endlichen* Boole*schen Algebra, die 2^{2^π} Elemente enthält, existiert stets ein aus π Elementen bestehendes Erzeugendensystem.* Man kann leicht feststellen, daß es in diesem Fall kein Erzeugendensystem mit einer geringeren Elementezahl geben kann.

Es sei jetzt $\mathscr{X}$ eine beliebige endliche B. A. und n die Anzahl ihrer Elemente. Es läßt sich mühelos zeigen, daß für eine derartige Algebra die minimale Erzeugendenzahl entweder gleich ${}^2\log {}^2\log n$ oder gleich $[{}^2\log {}^2\log n] + 1$ ist. So lautet die Antwort auf die am Ende von Nr. 4 von uns gestellte Frage.

§ 2. Die Boolesche Algebra als algebraisches System

1. Der Begriff des Booleschen Ringes. Wir haben in Kapitel I den Begriff der Booleschen Algebra als einer teilweise geordneten Menge definiert, die gewissen Axiomen genügt. Es ist auch noch ein anderer Zugang möglich, bei dem als Ausgangspunkt nicht eine Ordnungsrelation dient, sondern ein System Boolescher Grundoperationen, deren Eigenschaften gleichfalls in Axiomen festgehalten werden. Bei einem derartigen Verfahren erweisen sich die Booleschen Algebren als Ringe besonderer Art. Damit wird es möglich, bekannte Sätze der Ringtheorie auf Boolesche Algebren anzuwenden. Wir beginnen mit einer Definition.

Ein Boole*scher Ring* ist ein assoziativer Ring mit Einselement, dessen sämtliche Elemente idempotent sind. Wir werden die Operation der Addition in einem Booleschen Ring $\mathscr{X}$ mit $+_2$ bezeichnen (die Gründe für die Wahl dieser Bezeichnung werden gleich klar werden); die Multiplikation werden wir wie üblich mit einem Punkt bezeichnen, den wir manchmal auch weglassen können. Die *Bedingung der Idempotenz* bedeutet, daß für jedes $x \in \mathscr{X}$

$$x^2 = x\,x = x$$

gilt. Es ist leicht zu bestätigen, daß *ein* Boole*scher Ring stets kommutativ ist* und daß für jedes $x \in \mathcal{X}$ die Gleichung

$$x +_2 x = 0$$

erfüllt ist.

Unser Interesse an Booleschen Ringen rührt von folgendem Satz her:

Satz 5. *Jede* Boolesche *Algebra $\mathcal{X}$ stellt bezüglich der durch die Gleichungen*

$$x +_2 y = |x - y| ,$$
$$x \cdot y = x \wedge y$$

definierten Operationen $+_2$ und $\cdot$ einen Booleschen *Ring dar. Dabei fallen das Null- und Einselement des Ringes mit dem Null- und Einselement der Algebra zusammen.*

Zum Beweis braucht man bloß nachzurechnen, daß die Axiome eines Booleschen Ringes erfüllt sind. Diese Verifizierung ist nicht schwer und kann ganz dem Leser überlassen werden. Es ist beispielsweise klar, daß die Grundbedingung der Idempotenz erfüllt ist, da stets

$$x x = x \wedge x = x$$

gilt.

Es gilt auch ein Satz, der in gewissem Sinne eine Umkehrung von Satz 5 darstellt. Jeder Boolesche Ring $\mathcal{X}$ läßt sich nämlich in eine halbgeordnete Menge umwandeln, indem man $x \leqq y$ annimmt, wenn $x y = x$ ist. Es zeigt sich, daß *$\mathcal{X}$ bezüglich dieser Halbordnung eine* Boolesche *Algebra wird, deren Null- und Einselement mit dem Null- und Einselement des Ringes zusammenfallen.*

Es wird Vieles klar, wenn wir die Algebra $\mathcal{X}$ auf Grund von Satz I.6 als System gleichzeitig offener und abgeschlossener Mengen eines gewissen Kompaktums $\mathfrak{Q}$ realisieren und die Gesamtheit $E(\mathcal{X})$ der *charakteristischen Funktionen* dieser Mengen betrachten. Jedem $x \in \mathcal{X}$ entspricht eindeutig die charakteristische Funktion $\chi_{e(x)}$ einer gewissen abgeschlossenen offenen Untermenge $e(x) \subset \mathfrak{Q}$. Diese Zuordnung stellt einen Isomorphismus dar, wenn man die Menge der Funktionen wie üblich in natürlicher Weise geordnet ansieht. Somit ist die B. A. $E(\mathcal{X})$ aller charakteristischen Funktionen abgeschlossener offener Mengen zur ursprünglichen Algebra $\mathcal{X}$ isomorph. Wir machen nun die Gesamtheit F aller reellen Funktionen auf $\mathfrak{Q}$ zu einem Ring, indem wir darin die Multiplikation auf übliche Weise definieren:

$$(x\, y)\,(q) = x(q)\, y(q)\, , \qquad q \in \mathfrak{Q}\, , \tag{III}$$

die Addition dagegen als Addition mod 2:

$$(x +_2 y)\,(q) = x(q) + y(q) \pmod 2 \tag{IV}$$

(bekanntlich ist die Summe modulo 2 der Rest, der bei der Division der gewöhnlichen Summe durch 2 bleibt). Dann wird $E(\mathcal{X})$ ein *Unterring* des Ringes F, und zwar fallen auf $E(\mathcal{X})$, wie man leicht bestätigt, die Ringoperationen der Addition und Multiplikation mit den durch die Formeln (III), (IV) definierten Operationen zusammen.

Die Interpretation der Algebra der Logik als Zahlentheorie der Reste modulo 2 ist 1927 von I. I. Žegal'kin [34] gegeben worden.

Wie der Leser bereits bemerkt haben wird, gebrauchen wir zur Bezeichnung der Booleschen Algebra und des ihr entsprechenden Booleschen Ringes ein und denselben Buchstaben $\mathfrak{X}$, der gleichzeitig selbst die Menge ihrer Elemente bezeichnet. Diese für den Mathematiker übliche Ungenauigkeit birgt keinerlei Gefahren, ermöglicht uns aber, bei der Untersuchung von $\mathfrak{X}$ je nach den Umständen die „Verbands"- oder die „Ring"-terminologie anzuwenden. Der Leser mag sich selbst ein Wörterbuch für den Übergang von der einen Sprache in die andere aufstellen. So entspricht beispielsweise dem Ausdruck „Unteralgebra" vollständig der Ausdruck „Unterring" in der „Ring"variante. Gewisse Worte lauten zwar in beiden Sprachen gleich, wie etwa das Wort „Ideal": Man stellt aber leicht fest, daß jedes Ideal im Sinne der auf S. 29 gegebenen Definition mit einem Ideal im Sinne der Ringtheorie zusammenfällt und umgekehrt.

2. Faktoralgebren. Es sei $\mathfrak{X}$ eine Boolesche Algebra und I ein von $\mathfrak{X}$ verschiedenes Ideal von ihr. Wir führen in $\mathfrak{X}$ die durch das betreffende Ideal erzeugte Äquivalenzrelation ein, indem wir $x \underset{I}{\sim} y$ schreiben wollen, wenn $|x - y| \in I$ ist. Die Elemente x und y werden wir dabei *I-äquivalent* nennen[1]).

Wie üblich wird dadurch die Menge aller Elemente von $\mathfrak{X}$ in durchschnittsfremde Äquivalenzklassen zerlegt, die wir *I-Klassen* nennen wollen. Daß die Elemente x und y ein und derselben derartigen Klasse angehören, bedeutet gerade, daß sie I-äquivalent sind. Es sei $\hat{\mathfrak{X}} = \{\hat{x}\}$ die Gesamtheit aller I-Klassen. Es zeigt sich, daß man aus dieser Gesamtheit in natürlicher Weise eine Boolesche Algebra machen kann.

Satz 6. *Es sei $x \underset{I}{\sim} x'$ und $y \underset{I}{\sim} y'$. Dann gelten die Beziehungen*

a) $C\,x \underset{I}{\sim} C\,x'$;

b) $x \vee y \underset{I}{\sim} x' \vee y'$;

c) $x \wedge y \underset{I}{\sim} x' \wedge y'$.

Beweis. a) ist evident, weil $|x - x'| = |C\,x - C\,x'|$ ist. Um die Aussagen b) und c) zu beweisen, machen wir von den Ungleichungen 8 und 9 (S. 32) Gebrauch

$$|x \vee y - x' \vee y'| \leqq |x - x'| \vee |y - y'|,$$
$$|x \wedge y - x' \wedge y'| \leqq |x - x'| \vee |y - y'|.$$

Aus $|x - x'|$, $|y - y'| \in I$ schließen wir unter Berücksichtigung der Haupteigenschaft eines Ideals, daß

$$|x \vee y - x' \vee y'|, \qquad |x \wedge y - x' \wedge y'| \in I$$

gilt, was gerade zu zeigen war.

---

[1]) Die soeben definierte Relation ist in der Tat eine Äquivalenzrelation: Ihre Symmetrie und Reflexivität ist evident, während die Transitivität aus der Ungleichung

$$|x - y| \leqq |x - z| \vee |z - y|$$

folgt, die zeigt, daß mit $x \underset{I}{\sim} z$, $z \underset{I}{\sim} y$ auch $x \underset{I}{\sim} y$ sein muß.

Folgerung 1. *Aus* $x' \leqq y \leqq x''$ *und* $x' \underset{I}{\sim} x''$ *folgt* $y \underset{I}{\sim} x'$ *und* $y \underset{I}{\sim} x''$.

In der Tat ist $y = y \vee x' \underset{I}{\sim} y \vee x'' = x''$. Analog gilt $y \underset{I}{\sim} x'$.

Folgerung 2. *Wenn* $x \leqq y$ *und* $x' \underset{I}{\sim} x$ *gilt, so gibt es ein Element* $y' \geqq x'$, *das zu dem Element* y *I-äquivalent ist.*

Ein solches Element ist $y' = y \vee x'$. Analog stellt man fest

Folgerung 3. *Wenn* $x \leqq y$ *und* $y' \underset{I}{\sim} y$ *ist, so gibt es ein Element* $x' \leqq y'$, *das zu dem Element* x *I-äquivalent ist.*

Wir führen jetzt in der Menge der Äquivalenzklassen von $\hat{\mathfrak{X}}$ eine Halbordnung ein, indem wir $\hat{x} \leqq \hat{y}$ setzen, wenn es Elemente $x \in \hat{x}$, $y \in \hat{y}$ mit $x \leqq y$ gibt. (Wir verwenden für $\mathfrak{X}$ und $\hat{\mathfrak{X}}$ ein und dasselbe Symbol $\leqq$, ohne Verwechslungen befürchten zu müssen.) Infolge der oben angeführten Folgerungen 2 und 3 gibt es bei $\hat{x} \leqq \hat{y}$ zu jedem $x \in \hat{x}$ (jedem $y \in \hat{y}$) ein $y' \in \hat{y}$ ($x' \in \hat{x}$), das der Ungleichung $x \leqq y'$ ($x' \leqq y$) genügt.

Wir wollen jetzt beweisen, daß *die von uns eingeführte* $\leqq$*-Beziehung in der Tat eine Ordnungsrelation darstellt.* Es ist klar, daß mit $\hat{x} = \hat{y}$ auch $\hat{x} \leqq \hat{y}$ und $\hat{y} \geqq \hat{y}$ ist. Es seien jetzt die beiden letzteren Ungleichungen erfüllt. Dann gibt es zu beliebigem $x \in \hat{x}$ Elemente $y', y'' \in \hat{y}$, die der Ungleichung $y' \leqq x \leqq y''$ genügen. Auf Grund von Folgerung 1 ist $x \in \hat{y}$. Daher ist $\hat{x} \subset \hat{y}$. Analog gilt $\hat{x} \supset \hat{y}$, die Klassen $\hat{x}$ und $\hat{y}$ fallen also zusammen.

Es bleibt noch die Transitivität der $\leqq$-Beziehung nachzuprüfen. Es sei $\hat{x} \leqq \hat{y}$, $\hat{y} \leqq \hat{z}$. Nach Wahl eines beliebigen $y \in \hat{y}$ finden wir unter Benutzung der Folgerungen 2 und 3 aus Satz 6 Elemente $x \in \hat{x}$, $z \in \hat{z}$, für welche die Ungleichung $x \leqq y \leqq z$ erfüllt ist. Damit ist bewiesen, daß $\hat{x} \leqq \hat{z}$ ist. Wir haben also wirklich in $\mathfrak{X}$ eine Halbordnung eingeführt. Wir werden sehen, daß wir sogar eine BOOLEsche Algebra konstruiert haben; vorher bemerken wir jedoch erst noch eine für das Weitere wichtige Tatsache.

Lemma 4. *Es sei* $z \underset{I}{\sim} x \vee y$ ($z \underset{I}{\sim} x \wedge y$); *dann gibt es Elemente* $x' \underset{I}{\sim} x$, $y' \underset{I}{\sim} y$ *mit* $z = x' \vee y'$ ($z = x' \wedge y'$).

Wir führen den Beweis für den Fall der oberen Grenze. Er reduziert sich darauf, Elemente x', y' der gewünschten Art aufzuweisen. Man kann nämlich

$$x' = x \wedge z\,, \qquad y' = (y \wedge z) \vee \big(z \wedge C\,(x \vee y)\big)$$

setzen. Es ist klar, daß dann $x' \vee y' = z$ ist; außerdem geht aus den Beziehungen

$$|x' - x| = x \wedge C\,z \leqq (x \vee y) \wedge C\,z \leqq |x \vee y - z| \in I\,,$$

$$|y' - y| = (C\,z \wedge y) \vee \big(z \wedge C\,(x \vee y)\big) \leqq \big(C\,z \wedge (x \vee y)\big) \vee \big(z \wedge C\,(x \vee y)\big) = |x \vee y - z| \in I$$

die Äquivalenz von x und x' bzw. von y und y' hervor. Der Fall der unteren Grenze läßt sich analog behandeln.

Satz 7. *Die Menge* $\hat{\mathfrak{X}}$ *ist eine* BOOLE*sche Algebra.*

Beweis. Zunächst bemerken wir, daß die Klassen, die 0 bzw. 1 enthalten, in $\hat{\mathfrak{X}}$ das kleinste und das größte Element darstellen, d. h. das Nullelement und das Einselement. Die erste davon fällt mit dem Ideal I zusammen, die zweite ist zu ihm dual. Wir wollen die Existenz der Grenzen beweisen. Es sei $\hat{x}, \hat{y} \in \hat{\mathfrak{X}}$; $\hat{z}$ sei die I-Klasse, die von allen Elementen der Form $x \vee y$ mit $x \in \hat{x}$, $y \in \hat{y}$ gebildet wird (diese Menge stellt nach Satz 6 und Lemma 4 eine I-Klasse dar). Offensichtlich ist $\hat{z} \geqq \hat{x}, \hat{y}$. Es sei jetzt $\hat{u}$ irgendeine obere Schranke für das Paar $\hat{x}, \hat{y}$. Nach Wahl eines beliebigen „Repräsentanten" $u \in \hat{u}$ können wir auf Grund der Folgerung 2 und 3 aus Satz 6 Elemente $x \in \hat{x}$ und $y \in \hat{y}$ mit $x, y \leqq u$ finden. Dann ist aber $x \vee y \leqq u$ und $x \vee y \in \hat{z}$ und damit $\hat{z} \leqq \hat{u}$, d. h. $\hat{z} = \sup \{\hat{x}, \hat{y}\}$. Analog läßt sich beweisen, daß die Klasse $\{z \mid z = x \wedge y, x \in \hat{x}, y \in \hat{y}\}$ untere Grenze des Paares $\hat{x}, \hat{y}$ ist. Wir sehen, daß $\hat{\mathfrak{X}}$ ein Verband ist. Seine Distributivität ist leicht zu beweisen: für beliebige $\hat{x}, \hat{y}, \hat{z}$ bestehen die Klassen $(\hat{x} \vee \hat{y}) \wedge \hat{z}$ und $(\hat{x} \wedge \hat{z}) \vee (\hat{y} \wedge \hat{z})$ aus allen Elementen von $\mathfrak{X}$ der Form $(x \vee y) \wedge z = (x \wedge z) \vee (y \wedge z)$ $(x \in \hat{x}, y \in \hat{y}, z \in \hat{z})$ und fallen infolgedessen zusammen. Wir müssen uns noch von der Existenz der Komplemente überzeugen. Wenn $\hat{x} \in \hat{\mathfrak{X}}$ ist, so ist die Gesamtheit aller $C\,x$ mit $x \in \hat{x}$ nach Satz 6 eine I-Klasse. Bezeichnen wir sie mit $\hat{x}'$, so sehen wir, daß die Grenzen $\hat{x} \wedge \hat{x}'$ und $\hat{x} \vee \hat{x}'$ I-Klassen darstellen, die 0 bzw. 1 enthalten, d. h., das Nullelement und das Einselement der Algebra $\hat{\mathfrak{X}}$ bilden. Der Satz ist damit bewiesen. Aus seinem Beweis entnimmt man leicht die Bedeutung der BOOLEschen Operationen $\vee$, $\wedge$ und C in $\hat{\mathfrak{X}}$: diese Operationen für die Klassen können als Mengenoperationen behandelt werden (s. S. 15).

Die BOOLEsche Algebra $\hat{\mathfrak{X}}$ heißt die *Faktoralgebra der Algebra $\mathfrak{X}$ nach dem Ideal I* und wird gewöhnlich mit $\mathfrak{X}/I$ bezeichnet[1]). Man kann sie auch als *Restklassenring* des Booleschen Rings $\mathfrak{X}$ nach dem Ideal I betrachten.

3. Homomorphismen. Es seien $\mathfrak{X}$ und $\mathfrak{Y}$ zwei BOOLEsche Algebren. Eine Abbildung φ der B. A. $\mathfrak{X}$ in die B. A. $\mathfrak{Y}$ heißt ein *Homomorphismus*, wenn sie folgende Eigenschaften besitzt:

a) $\varphi\,(x \vee y) = \varphi(x) \vee \varphi(y)$;

b) $\varphi\,(x \wedge y) = \varphi(x) \wedge \varphi(y)$;

c) $\varphi\,(C\,x) \quad = C\,\varphi(x)$.

Ein Homomorphismus ist mit anderen Worten eine Abbildung, die mit allen BOOLEschen Grundoperationen vertauschbar ist. Offensichtlich gilt, wenn φ ein Homomorphismus ist, für eine beliebige endliche Menge $E \subset \mathfrak{X}$

$$\varphi\,(\sup E) = \sup \varphi(E)\,, \qquad \varphi\,(\inf E) = \inf \varphi(E)\,.$$

Evident sind auch die Gleichungen $\varphi(0) = 0$, $\varphi(1) = 1$. (Wie üblich benutzen wir für die BOOLEschen Operationen sowie für das Null- und das Einselement der beiden Algebren $\mathfrak{X}$ und $\mathfrak{Y}$ ein und dieselben Symbole.)

---

[1]) Man sagt gewöhnlich, sie ergebe sich aus der B. A. $\mathfrak{X}$ durch „Faktorisierung nach dem Ideal I".

Die Gleichungen

$$\varphi(x \wedge y) = \varphi[C(Cx \vee Cy)]$$

und

$$\varphi(x \vee y) = \varphi[C(Cx \wedge Cy)]$$

zeigen, daß bei der Definition des Homomorphismus eine der Bedingungen a), b) überflüssig ist: es genügt, beispielsweise nachzuweisen, daß die Gleichungen a) und c) erfüllt sind.

Zu den Grundeigenschaften jedes Homomorphismus gehört die Eigenschaft der *Isotonie*: mit $x \leqq y$ ist auch $\varphi(x) = \varphi(x \wedge y) = \varphi(x) \wedge \varphi(y) \leqq \varphi(y)$ (Wir weisen jedoch darauf hin, daß nicht jede isotone Abbildung einer B. A. in eine andere ein Homomorphismus ist.)

Kern des Homomorphismus φ heißt die Menge

$$N_\varphi = \{x \mid \varphi(x) = 0\}.$$

Evident ist

Lemma 5. *Der Kern jedes Homomorphismus ist ein Ideal.*

Der Kern des Homomorphismus φ besteht dann und nur dann nur aus dem Nullelement, wenn die Abbildung φ eineindeutig ist. Ein derartiger Homomorphismus heißt ein *Monomorphismus.* Wenn $\varphi(\mathcal{X}) = \mathcal{Y}$ ist, spricht man von einem *Epimorphismus.* (Ein Monomorphismus, der gleichzeitig Epimorphismus ist, stellt offensichtlich einen Isomorphismus dar.)

Die Begriffe Homomorphismus und Faktoralgebra hängen eng miteinander zusammen. Dieser Zusammenhang wird durch folgende Homomorphiesätze beschrieben.

Satz 8. *Es sei $\mathcal{X}$ eine B. A., I ein Ideal von ihr. Die Abbildung φ, die jedem $x \in \mathcal{X}$ die I-Klasse $\hat{x}$ zuordnet, die x enthält, ist ein Homomorphismus der B. A. $\mathcal{X}$ in die Faktoralgebra $\mathcal{X}/I$.*

Dieser Homomorphismus heißt der *natürliche Homomorphismus* von $\mathcal{X}$ in $\mathcal{X}/I$.

Satz 9. *Es seien $\mathcal{X}$ und $\mathcal{Y}$ Boolesche Algebren, φ ein Homomorphismus von $\mathcal{X}$ in $\mathcal{Y}$ und I der Kern von φ. Das homomorphe Bild $\varphi(\mathcal{X})$ ist eine Unteralgebra der B. A. $\mathcal{Y}$, die zur Faktoralgebra $\mathcal{X}/I$ isomorph ist.*

Den ersten dieser Sätze haben wir im wesentlichen schon zusammen mit Satz 7 bewiesen, als wir die Bedeutung der Booleschen Operationen in $\hat{\mathcal{X}} = \mathcal{X}/I$ erklärt haben. Konzentrieren wir uns daher auf den Beweis des zweiten Satzes! Aus der Definition des Homomorphismusbegriffs ist offensichtlich, daß $\varphi(\mathcal{X})$ Unteralgebra der B. A. $\mathcal{Y}$ ist. Es ist gleichfalls klar, daß durch den Homomorphismus φ jede I-Klasse $\hat{x} \in \hat{\mathcal{X}}$ auf einen einzigen Punkt $y \in \mathcal{Y}$ abgebildet wird, während die Bilder von Elementen, die verschiedenen I-Klassen angehören, nicht zusammenfallen können[1]). Wir sehen also, daß die I-Klassen die vollständigen Urbilder der Punkte der Menge $\varphi(\mathcal{X})$ sind. Infolgedessen bewirkt der Homomorphismus φ eine eineindeutige Zuordnung $\tilde{\varphi}$ zwischen $\mathcal{X}/I$

[1]) Wenn $\varphi(x_1) = \varphi(x_2)$ ist, so ist $\varphi(|x_1 - x_2|) = 0$ und $x_1 \underset{I}{\sim} x_2$.

und $\varphi(\mathcal{X})$. Wenn $\hat{x} \leqq \hat{y}$ ist, so existieren Elemente $x \in \hat{x}$, $y \in \hat{y}$ mit $\varphi(x) \leqq \varphi(y)$; es ist also $\tilde{\varphi}(\hat{x}) \leqq \tilde{\varphi}(\hat{y})$. Analog zieht die Ungleichung $\hat{x} \geqq \hat{y}$ $\tilde{\varphi}(\hat{x}) \geqq \tilde{\varphi}(\hat{y})$ nach sich. Wir haben damit bewiesen, daß $\tilde{\varphi}$ ein Isomorphismus von $\mathcal{X}/I$ auf $\varphi(\mathcal{X})$ ist. Der Satz ist somit bewiesen. Er stellt einen Spezialfall eines allgemeinen Homomorphiesatzes für sog. „universelle Algebren" dar[1]).

Satz 8 zeigt, daß mit jedem Ideal einer B. A. $\mathcal{X}$ ein gewisser Homomorphismus verknüpft ist, nämlich der natürliche Homomorphismus dieser Algebra in die Faktoralgebra $\mathcal{X}/I$. Andererseits läßt sich nach Satz 9 jeder Homomorphismus als Homomorphismus in eine gewisse Faktoralgebra betrachten: Das zu dieser Faktoralgebra gehörige Ideal ist der Kern des betreffenden Homomorphismus. Man kann daher sagen, daß die Begriffe Ideal, Faktoralgebra und Homomorphismus in gewissem Sinne einander äquivalent sind: Das Studium eines beliebigen dieser Begriffe läßt sich durch die Untersuchung der übrigen ersetzen.

Ein weiteres Äquivalent zu den Begriffen Ideal, Homomorphismus und Faktoralgebra erhalten wir, wenn wir die abgeschlossenen Untermengen des STONEschen Kompaktums $\mathfrak{Q}[\mathcal{X}]$ betrachten, das die betreffende B. A. $\mathcal{X}$ realisiert. Führen wir nämlich in $\mathfrak{Q}$ eine Topologie ein, so erweisen sich gerade alle Mengen $\mathfrak{M}(I)$, die Idealen entsprechen, und nur diese als abgeschlossen[2]). Als abgeschlossene Menge ist jede dieser Mengen, als Unterraum des Raumes $\mathfrak{Q}$ betrachtet, kompakt und zugleich total unzusammenhängend. Das Kompaktum $\mathfrak{M}(I)$ kann man als STONEsches Kompaktum ansehen, das die Faktoralgebra $\mathcal{X}/I$ realisiert. In der Tat besteht jedes $\mathfrak{M}(I)$ aus allen maximalen Idealen, die I enthalten. Das bedeutet, daß die einem $x \in I$ entsprechende abgeschlossene offene Menge $\varphi(x) = G_x'$ ganz außerhalb $\mathfrak{M}(I)$ liegt; die Vereinigung aller dieser Mengen ergibt $\mathfrak{Q} \setminus \mathfrak{M}(I)$. Somit haben die zugleich offenen und abgeschlossenen Mengen und nur diese mit $\mathfrak{M}(I)$ einen nichtleeren Durchschnitt, die bei dem kanonischen Isomorphismus φ in Elemente übergehen, die nicht dem Ideal I angehören. Dabei erweisen sich die Beziehungen

$$x \underset{I}{\sim} y$$

und

$$\varphi(x) \cap \mathfrak{M}(I) = \varphi(y) \cap \mathfrak{M}(I)$$

als äquivalent. Ordnen wir jeder Äquivalenzklasse $\hat{x} \in \mathcal{X}/I$ den von der Wahl des Elements $x \in \hat{x}$ unabhängigen Durchschnitt $\varphi(x) \cap \mathfrak{M}(I)$ zu, so bekommen wir eine eineindeutige Abbildung der Faktoralgebra $\mathcal{X}/I$ auf die Algebra aller abgeschlossenen offenen Mengen[3]) des topologischen Raums $\mathfrak{M}(I)$ oder, was auf dasselbe hinausläuft, auf das System aller Durchschnitte der Form $\varphi(x) \cap \mathfrak{M}(I)$ mit $x \in \mathcal{X}$. Diese Abbildung stellt einen Ordnungsisomorphismus dar, da die Ungleichung $\hat{x} \leqq \hat{y}$, wie man unschwer nachprüft, mit der Inklusion $\varphi(x) \cap \mathfrak{M}(I) \subset \varphi(y) \cap \mathfrak{M}(I)$ genau gleichbedeutend ist.

[1]) A. G. KUROŠ [52], S. 113 [deutsche Übersetzung S. 81].

[2]) Hier und im folgenden wenden wir die in Kapitel I (S. 28) eingeführten Bezeichnungen an.

[3]) Die Gesamtheit aller zugleich offenen und abgeschlossenen Mengen eines beliebigen topologischen Raumes ist stets eine Mengenalgebra.

Wir haben damit festgestellt, daß die Algebra der abgeschlossene noffenen Mengen des total unzusammenhängenden Kompaktums $\mathfrak{M}(I)$ zur Faktoralgebra $\mathcal{X}/I$ isomorph ist. Die STONE*schen Kompakta aller möglichen Faktoralgebren der B. A. $\mathcal{X}$ sind also gerade die abgeschlossenen Mengen des Kompaktums* $\mathfrak{Q}[\mathcal{X}]$. *Die* BOOLE*sche Algebra $\mathcal{Y}$ ist dann und nur dann zu einer gewissen Faktoralgebra der Algebra $\mathcal{X}$ isomorph, wenn sich ihr* STONE*sches Kompaktum $\mathfrak{Q}[\mathcal{Y}]$ topologisch in $\mathfrak{Q}[\mathcal{X}]$ einbetten läßt.*

4. Beispiele für Faktoralgebren. Viele BOOLEsche Algebren werden gerade durch Restklassenbildung gewonnen. Wir geben zunächst die wichtigste derartige Konstruktion an.

Es sei $\mathcal{X}$ eine beliebige B. A. und m ein Quasimaß auf $\mathcal{X}$. Wir betrachten die Menge I aller Elemente vom Quasimaß Null:

$$I = \{x \mid m\,x = 0\}\,.$$

Es ist klar, daß I ein Ideal darstellt. Wir bilden die Faktoralgebra $\hat{\mathcal{X}} = \mathcal{X}/I$. Es seien x' und x'' zwei I-äquivalente Elemente; das heißt, daß $m\,|x' - x''| = 0$ ist. Die Ungleichungen

$$m\,(x' \wedge x'') \leq m\,x'\,,$$

$$m\,x'' \leqq m\,(x' \vee x'') = m\,|x' - x''| + m\,|x' \wedge x''| = m\,(x' \wedge x'')\ ^{1})$$

zeigen, daß in diesem Falle $m\,x' = m\,x''$ ist. Wir definieren auf der Faktoralgebra $\hat{\mathcal{X}}$ eine reelle Funktion $\hat{m}$, indem wir $\hat{m}(\hat{x})$ für jedes $\hat{x} \in \hat{\mathcal{X}}$ gleich dem gemeinsamen Wert aller Zahlen $m(x)$ mit $x \in \hat{x}$ setzen. Schließlich überzeugen wir uns noch davon, daß die so definierte Funktion $\hat{m}$ ein strikt positives Quasimaß auf $\hat{\mathcal{X}}$ darstellt. Wir prüfen zunächst die Additivität nach. Es seien $\hat{x}$ und $\hat{y}$ disjunkte Elemente von $\hat{\mathcal{X}}$ und x und y willkürlich gewählte Repräsentanten dieser Klassen. Wir haben dann

$$\begin{aligned} \hat{m}\,(\hat{x} \vee \hat{y}) = m\,(x \vee y) &= m\,[(x \wedge C\,y) + (x \wedge y) + (y \wedge C\,x)] \\ &= m\,(x \wedge C\,y) + m\,(x \wedge y) + m\,(y \wedge C\,x)\,. \end{aligned}$$

Berücksichtigen wir, daß infolge der Disjunktheit von $\hat{x}$ und $\hat{y}$

$$m\,(x \wedge y) = 0\,, \qquad m\,x = m\,(x \wedge C\,y) + m\,(x \wedge y) = m\,(x \wedge C\,y)\,,$$
$$m\,y = m\,(y \wedge C\,x) + m\,(y \wedge x) = m\,(y \wedge C\,x)$$

ist, so erhalten wir endgültig

$$\hat{m}\,(\hat{x} \vee \hat{y}) = m\,x + m\,y = m\,\hat{x} + m\,\hat{y}\,.$$

$\hat{m}$ ist somit ein Quasimaß. Die Gleichung $\hat{m}\,\hat{x} = 0$ bedeutet, daß $\hat{x} = I$ ist, d. h., daß $\hat{x}$ mit dem Nullelement der Algebra $\hat{\mathcal{X}}$ zusammenfällt. Das Quasimaß $\hat{m}$ ist somit strikt positiv. Wir haben damit festgestellt, daß *es auf der Faktoralgebra $\mathcal{X}/I = \hat{\mathcal{X}}$ ein strikt positives Quasimaß gibt.* Hieraus folgt, daß $\hat{\mathcal{X}}$ eine BOOLE*sche Algebra von abzählbarem Typus* ist.

---

[1]) Wir wenden die Identität 5) (S. 32) an.

Beispiel. Wir betrachten einen beliebigen Maßraum, d. h. ein Tripel $\{\Omega, \mathscr{E}, m\}$, wo Ω eine gewisse Menge, $\mathscr{E}$ eine σ-Algebra von Untermengen von ihr und m eine auf $\mathscr{E}$ definierte positive abzählbar-additive Mengenfunktion („Maß") ist. Wenden wir die vorstehende Konstruktion auf die Algebra $\mathscr{X} = \mathscr{E}$ an, so gelangen wir zur Faktoralgebra $\hat{\mathscr{X}}$ und definieren auf ihr ein strikt positives Quasimaß $\hat{m}$. Man bestätigt leicht, daß dieses Quasimaß in Wahrheit ein Maß im Sinne der in Kapitel I, § 7 gegebenen Definition ist. Wir wollen auf die wichtigsten Spezialfälle hinweisen. Wenn man als $\mathscr{X}$ die Algebra aller LEBESGUE-meßbaren Untermengen des Segments $[0, 1]$ nimmt und m das LEBESGUEsche „Maß" ist, so wird die Faktoralgebra $\hat{\mathscr{X}}$ mit E_0 bezeichnet. Dieser wichtigsten aller BOOLEschen Algebren begegnen wir in der Analysis. An Stelle des Intervalls $[0, 1]$ kann man den Einheitswürfel im n-dimensionalen euklidischen Raum nehmen; die entsprechende Faktoralgebra bezeichnen wir mit E_0^n. (Wenn der obere Index gleich Eins ist, braucht man ihn also nicht zu schreiben.) Alle diese B. A. werden wir LEBESGUEsche B. A. nennen.

Schließlich kann man eine noch umfassendere Klasse von Maßräumen betrachten. Es sei $\Gamma = \{\gamma\}$ eine beliebige nichtleere Menge und Ω die Gesamtheit aller auf Γ vorgegebenen Funktionen, deren Werte im Intervall $[0, 1]$ liegen. Die Menge Ω ist das Produkt aller Segmente $I_\gamma = [0, 1]$ mit $\gamma \in \Gamma$; sie wird mit $\Omega = \Omega_\Gamma = \prod_{\gamma \in \Gamma} I_\gamma$ bezeichnet. Jeder endlichen Untermenge $\Gamma' \in \Gamma$ kann man das „Teil"produkt $\Omega_{\Gamma'} = \prod_{\gamma \in \Gamma'} I_\gamma$ zuordnen, das einen endlichdimensionalen Einheitswürfel darstellt. Indem wir eine beliebige LEBESGUE-meßbare Untermenge A dieses Würfels wählen, können wir in Ω die Zylindermenge C_A mit der „Basis" A betrachten, die wir durch die Gleichung

$$C_A = A \times \prod_{\gamma \in \Gamma \setminus \Gamma'} I_\gamma = A \times \Omega_{\Gamma \setminus \Gamma'}$$

definieren. Das bedeutet, daß

$$C_A = \{\omega \in \Omega \mid \omega|_{\Gamma'} \in A\}$$

ist, wo $\omega|_{\Gamma'}$ die Einschränkung der Funktion ω auf die Menge Γ' darstellt. Es ist leicht zu beweisen, daß die Gesamtheit Z aller so definierten Zylindermengen des Raumes Ω eine Mengenalgebra bildet. Auf dieser Algebra wird durch die Bedingung

$$m\, C_A = m_{\Gamma'} A$$

ein Quasimaß eingeführt, wobei $m_{\Gamma'}$ das LEBESGUEsche „Maß" in dem endlichdimensionalen Einheitswürfel $\Omega_{\Gamma'}$ ist. Diese Definition ist korrekt, obgleich, wie man leicht einsieht, jede Zylindermenge auf unendlich viele Weisen in der Form C_A mit $A \subset \Gamma'$ und verschiedenen $\Gamma' \subset \Gamma$ darstellbar ist. Man kann verifizieren, daß das Quasimaß m allen Bedingungen des klassischen Satzes von LEBESGUE-CARATHÉODORY[1]) genügt. Es existiert eine σ-Algebra $\mathscr{E}$ und eine abzählbar-additive positive Funktion μ auf $\mathscr{E}$, wobei Z in $\mathscr{E}$ enthalten ist und

[1]) Den Beweis dieses Satzes kann der Leser in Kapitel IV finden.

für eine beliebige Zylindermenge $\mu C_A = m C_A$ ist[1]). Wenden wir den oben beschriebenen Prozeß der Restklassenbildung auf den Maßraum $\{\Omega, \mathscr{E}, \mu\}$ an, so erhalten wir eine Boolesche Algebra, die wir mit E^Γ bezeichnen werden. Auf E^Γ gibt es ein strikt positives Quasimaß $\hat{\mu}$; wir erkennen ferner, daß es auch ein Maß im Sinne der in Kapitel I gegebenen Definition ist. Wenn die Mächtigkeit von Γ gleich $\aleph_\alpha$ ist, werden wir manchmal an Stelle von E^Γ auch E^Γ_α schreiben. Im weiteren werden wir erkennen, daß die Algebra E^Γ_0 bei beliebiger Wahl von Γ zu der Lebesgueschen Algebra E_0 isomorph ist.

Die oben konstruierte Faktoralgebra $\hat{\mathscr{X}}$ heißt gewöhnlich „Algebra der meßbaren Mengen mod 0" oder dem Maßraum $\{\Omega, \mathscr{E}, m\}$ assoziierter „metrischer Verband".

5. Konstruktion eines Homomorphismus auf Grund seiner Werte auf den Erzeugenden. Wir wollen folgende Aufgabe betrachten. Es seien zwei Boolesche Algebren $\mathscr{X}$ und $\mathscr{Y}$ gegeben. Wir wollen ferner annehmen, E sei ein Erzeugendensystem der Algebra $\mathscr{X}$ und φ_0 eine auf E vorgegebene Abbildung mit Werten in $\mathscr{Y}$. Außerdem möge φ_0 auch auf den Elementen von $C E$ definiert sein und stets $\varphi_0 (C x) = C \varphi_0(x)$ gelten. Es sei festzustellen, unter welchen Bedingungen ein Homomorphismus von $\mathscr{X}$ in $\mathscr{Y}$ existiert, der auf E mit φ_0 zusammenfällt. Die Antwort hierauf gibt folgender Satz, der auf R. Sikorski[2]) zurückgeht.

Satz 10. *Notwendig und hinreichend für die Existenz eines Homomorphismus, der auf der Menge der Erzeugenden E mit der Abbildung φ_0 zusammenfällt, ist, daß für jedes endliche System $u_1, u_2, \ldots, u_m$ von Elementen der Menge $E \cup C E$, das der Bedingung $u_1 \wedge u_2 \wedge \cdots \wedge u_m = 0$ genügt, die Gleichung $\varphi_0(u_1) \wedge \varphi_0(u_2) \wedge \cdots \wedge \varphi_0(u_m) = 0$ besteht.*

Beweis. Die Notwendigkeit unserer Bedingung ist evident; beweisen wir also ihre Hinlänglichkeit.

Jedes Element $z \in \mathscr{X}$ läßt sich als Polynom in den Erzeugenden

$$z = \bigvee_{k=1}^{n} (u_{k1} \wedge u_{k2} \wedge \cdots \wedge u_{kp_k}) \qquad (*)$$

$$u_{kj} \in E \cup C E \qquad (1 \leqq j \leqq p_k, 1 \leqq k \leqq n)$$

darstellen. Angenommen, es gäbe noch eine Darstellung desselben Elements:

$$z = \bigvee_{i=1}^{m} (v_{i1} \wedge v_{i2} \wedge \cdots \wedge v_{iq_i}) , \qquad (**)$$

$$v_{is} \in E \cup C E \qquad (1 \leqq s \leqq q_i, 1 \leqq i \leqq m) .$$

---

[1]) Siehe beispielsweise N. Dunford und J. Schwartz [31], S. 219–229 (Original S. 200ff.).

[2]) R. Sikorski [83], S. 36.

Dann erhalten wir unter Benutzung der Identitäten aus dem Beweis von Lemma 3 (S. 51)

$$0 = |z - z| = \left\{\left[\bigvee_{k=1}^{n} (u_{k1} \wedge u_{k2} \wedge \cdots \wedge u_{kp_k})\right] \wedge C\left[\bigvee_{i=1}^{m} (v_{i1} \wedge v_{i2} \wedge \cdots \wedge v_{iq_i})\right]\right\}$$
$$+ \left\{\left[\bigvee_{i=1}^{m} (v_{i1} \wedge v_{i2} \wedge \cdots \wedge v_{iq_i})\right] \wedge C\left[\bigvee_{k=1}^{n} (u_{k1} \wedge u_{k2} \wedge \cdots \wedge u_{kp_k})\right]\right\}$$
$$= \left\{\left[\bigvee_{k=1}^{n} (u_{k1} \wedge u_{k2} \wedge \cdots \wedge u_{kp_k})\right] \wedge \left[\bigvee_{\substack{1 \leqq i_1 \leqq q_1 \\ 1 \leqq i_2 \leqq q_2 \\ \cdots\cdots \\ 1 \leqq i_m \leqq q_m}} (C\, v_{1i_1} \wedge C\, v_{2i_2} \wedge \cdots \wedge C\, v_{mi_m})\right]\right\}$$
$$+ \left\{\left[\bigvee_{i=1}^{m}(v_{i1} \wedge v_{i2} \wedge \cdots \wedge v_{iq_i})\right] \wedge \left[\bigvee_{\substack{1 \leqq k_1 \leqq p_1 \\ 1 \leqq k_2 \leqq p_2 \\ \cdots\cdots \\ 1 \leqq k_n \leqq p_n}} (C\, u_{1k_1} \wedge C\, u_{2k_2} \wedge \cdots \wedge C\, u_{nk_n})\right]\right\}$$
$$= \bigvee_{\substack{k=1,2,\ldots,n \\ 1 \leqq i_1 \leqq q_1 \\ 1 \leqq i_2 \leqq q_2 \\ \cdots\cdots \\ 1 \leqq i_m \leqq q_m}} (u_{k1} \wedge u_{k2} \wedge \cdots \wedge u_{kp_k} \wedge C\, v_{1i_1} \wedge C\, v_{2i_2} \wedge \cdots \wedge C\, v_{mi_m})$$
$$+ \bigvee_{\substack{i=1,2,\ldots,m \\ 1 \leqq k_1 \leqq p_1 \\ 1 \leqq k_2 \leqq p_2 \\ \cdots\cdots \\ 1 \leqq k_n \leqq p_n}} (v_{i1} \wedge v_{i2} \wedge \cdots \wedge v_{iq_i} \wedge C\, u_{1k_1} \wedge C\, u_{2k_2} \wedge \cdots \wedge C\, u_{nk_n}) .$$

Wir sehen, daß die unter den beiden letzten Supremumsymbolen in den runden Klammern stehenden Ausdrücke gleich Null sind. Der Grundannahme des Satzes zufolge erhalten wir, wenn wir in jedem dieser Ausdrücke alle u_{kj} und v_{is} durch $\varphi_0(u_{kj})$ und $\varphi_0(v_{is})$ ersetzen, wiederum das Nullelement. Indem wir die symmetrische Differenz

$$\Delta = \left|\bigvee_{k=1}^{n} [\varphi_0(u_{k1}) \wedge \varphi_0(u_{k2}) \wedge \cdots \wedge \varphi_0(u_{kp_k})] - \bigvee_{i=1}^{m} [\varphi_0(v_{i1}) \wedge \varphi_0(v_{i2}) \wedge \cdots \wedge \varphi_0(v_{iq_i})]\right|$$

ganz genauso wie eben die Differenz $|z - z|$ umformen, können wir Δ auf die Form

$$\Delta = \bigvee_{\substack{k=1,2,\ldots,n \\ 1 \leqq i_1 \leqq q_1 \\ 1 \leqq i_2 \leqq q_2 \\ \cdots\cdots \\ 1 \leqq i_m \leqq q_m}} [\varphi_0(u_{k1}) \wedge \varphi_0(u_{k2}) \wedge \cdots \wedge \varphi_0(u_{kp_k}) \wedge C\, \varphi_0(v_{1i_1}) \wedge \cdots \wedge C\, \varphi_0(v_{mi_m})]$$
$$+ \bigvee_{\substack{i=1,2,\ldots,m \\ 1 \leqq k_1 \leqq p_1 \\ 1 \leqq k_2 \leqq p_2 \\ \cdots\cdots \\ 1 \leqq k_n \leqq p_n}} [\varphi_0(v_{i1}) \wedge \varphi_0(v_{i2}) \wedge \cdots \wedge \varphi_0(v_{iq_i}) \wedge C\, \varphi_0(u_{1k_1}) \wedge \cdots \wedge C\, \varphi_0(u_{nk_n})]$$

bringen, aus der ersichtlich ist, daß $\Delta = 0$ und

$$\bigvee_{k=1}^{n} [\varphi_0(u_{k1}) \wedge \varphi_0(u_{k2}) \wedge \cdots \wedge \varphi_0(u_{kp_k})] = \bigvee_{i=1}^{m} [\varphi_0(v_{i1}) \wedge \varphi_0(v_{i2}) \wedge \cdots \wedge \varphi_0(v_{iq_i})]$$

ist.

Wir sind somit berechtigt, die unbekannte Abbildung φ durch die Gleichung

$$\varphi(z) = \bigvee_{k=1}^{n} [\varphi_0(u_{k1}) \wedge \varphi_0(u_{k2}) \wedge \cdots \wedge \varphi_0(u_{kp_k})]$$

zu definieren und hierbei eine beliebige Darstellung von z in der Form (*) zu verwenden. Es bereitet keine Mühe nachzuweisen, daß die konstruierte Abbildung einen Homomorphismus darstellt. In der Tat ist ja die Gleichung $\varphi(z_1) \vee \varphi(z_2) = \varphi(z_1 \vee z_2)$ unmittelbar evident; und die Identität (VII*) aus Kapitel I zeigt, daß zugleich

$$C\,z = \bigvee_{\substack{1 \leq k_1 \leq p_1 \\ 1 \leq k_2 \leq p_2 \\ \cdots\cdots \\ 1 \leq k_n \leq p_n}} [C\,u_{1k_1} \wedge C\,u_{2k_2} \wedge \cdots \wedge C\,u_{nk_n}]$$

und

$$C\,\varphi(z) = \bigvee_{\substack{1 \leq k_1 \leq p_1 \\ 1 \leq k_2 \leq p_2 \\ \cdots\cdots \\ 1 \leq k_n \leq p_n}} [C\,\varphi_0(u_{1k_1}) \wedge C\,\varphi_0(u_{2k_2}) \wedge \cdots \wedge C\,\varphi_0(u_{nk_n})]\,,$$

d. h. $\varphi(C\,z) = C\,\varphi(z)$ gilt. Damit kann man auf Grund des auf S. 59 Gesagten die Nachprüfung abbrechen. Der Satz ist bewiesen.

Anmerkung. Aus dem Beweis des Satzes ist ersichtlich, daß der Homomorphismus φ dann und nur dann *eineindeutig* ist, wenn aus der Gleichung

$$\varphi_0(u_1) \wedge \varphi_0(u_2) \wedge \cdots \wedge \varphi_0(u_m) = 0$$

stets

$$u_1 \wedge u_2 \wedge \cdots \wedge u_m = 0$$

folgt.

Die Anwendung des Satzes von R. SIKORSKI läßt sich gut am Beispiel der Unteralgebra demonstrieren, die von einem linear geordneten Erzeugendensystem erzeugt wird.

Es sei $E = \{e\}$ eine aus Elementen der BOOLEschen Algebra $\mathscr{X}$ gebildete Kette; φ_0 eine Abbildung von E in eine gewisse BOOLEsche Algebra $\mathscr{Y}$. Es ist klar, daß die Isotonie dieser Abbildung notwendig dafür ist, daß sich φ_0 zu einem Homomorphismus der Unteralgebra $\mathscr{X}\langle E\rangle$ in $\mathscr{Y}$ fortsetzen läßt. Beweisen wir also ihre Hinlänglichkeit. Die Abbildung φ_0 sei monoton: $e_1 \leqq e_2$ ziehe $\varphi_0(e_1) \leqq \varphi_0(e_2)$ nach sich. Angenommen, für einen gewissen Satz von Erzeugenden $e_1, e_2, \ldots, e_m \in E$ gelte die Gleichung

$$e_1 \wedge e_2 \wedge \cdots \wedge e_p \wedge C\,e_{p+1} \wedge \cdots \wedge C\,e_m = 0\,,$$

wo p eine gewisse Zahl zwischen 1 und m ist. Da E eine Kette ist, gibt es unter den Elementen $e_1, e_2, \ldots, e_p$ ein kleinstes und unter den Elementen $e_{p+1}, \ldots, e_m$

ein größtes. Wir wollen sie mit $\underline{e}$ bzw. $\bar{e}$ bezeichnen. Dann gilt offensichtlich

$$e_1 \wedge e_2 \wedge \cdots \wedge e_p = \underline{e}\,, \qquad C\,e_{p+1} \wedge \cdots \wedge C\,e_m = C\,\bar{e}$$

und

$$\underline{e} \wedge C\,\bar{e} = 0\,,$$

woraus $\underline{e} \leqq \bar{e}$ folgt. Dann muß aber der Isotonie zufolge auch $\varphi_0(\underline{e}) \leqq \varphi_0(\bar{e})$,

$$\varphi_0(\underline{e}) \wedge \varphi_0(e_1) \wedge \cdots \wedge \varphi_0(e_p)\,, \quad C\,\varphi_0(\bar{e}) = C\varphi_0(e_{p+1}) \wedge \cdots \wedge C\,\varphi_0(e_m)$$

und

$$0 = \varphi_0(\underline{e}) \wedge C\,\varphi_0(\bar{e}) = \varphi_0(e_1) \wedge \varphi_0(e_2) \wedge \cdots \wedge \varphi_0(e_p) \wedge C\,\varphi_0(e_{p+1}) \wedge \cdots \wedge C\,\varphi_0(e_m)$$

sein.

Die Bedingung des Satzes von R. SIKORSKI, der die Existenz des gewünschten Homomorphismus garantiert, ist also erfüllt.[1])

Im folgenden werden wir Satz 10 auch auf eine Situation anwenden, die der eben betrachteten diametral entgegengesetzt ist. Es soll nämlich der Fall untersucht werden, daß die Abbildung φ_0 auf einem u n a b h ä n g i g e n Erzeugendensystem vorgegeben ist. Ein solches System enthält überhaupt keine vergleichbaren Elemente; genaue Definitionen werden unten gegeben werden.

Wir merken an, daß wir im Verlauf der vorangegangenen Diskussionen faktisch die Struktur einer Unteralgebra aufgeklärt haben, die von einem linear geordneten Erzeugendensystem E erzeugt wird. In diesem Falle haben die Elementarpolynome die Form

$$e' \wedge C\,e'' \quad (e', e'' \in E)\,.$$

Die allgemeine Gestalt eines Elements der Unteralgebra $\mathcal{X}\langle E\rangle$ wird infolgedessen durch die Formel

$$x = (e_1' \wedge C\,e_1'') \vee (e_2' \wedge C\,e_2'') \vee \cdots \vee (e_m' \wedge C\,e_m'')$$

gegeben, wo $e_1', e_1'', e_2', e_2'', \ldots, e_m', e_m''$ Elemente des Systems E sind.

Man kann annehmen, daß die auf der rechten Seite der Gleichung stehenden Elemente $e_k' \wedge C\,e_k''$ paarweise disjunkt sind. Wenn nämlich

$$(e_k' \wedge C\,e_k'') \wedge (e_i' \wedge C\,e_i'') > 0$$

ist, so gilt, wie man unschwer einsieht,

$$(e_k' \wedge C\,e_k'') \vee (e_i' \wedge C\,e_i'') = \bar{e} \wedge C\,\underline{e}$$

mit[2])

$$\bar{e} = \max\{e_k', e_i'\}\,, \qquad \underline{e} = \min\{e_k'', e_i''\}\,.$$

Infolgedessen gelangen wir, indem wir von nichtdisjunkten Elementen die Vereinigungsmenge bilden, nach endlich vielen Schritten zu einer Darstellung des Elements x als Summe endlich vieler paarweise disjunkter Summanden der Form $\bar{e} \wedge C\,\underline{e}$ mit $\bar{e}, \underline{e} \in E$.

[1]) Wir haben die Darstellung des Originals etwas abgeändert. — Anm. d. Red. d. dt. Ausg.

[2]) Mit den Bezeichnungen max ..., min ... (an Stelle der üblichen $\bigvee$, $\bigwedge$) unterstreichen wir, daß das System E linear geordnet ist. Daher ist z. B. $\bar{e}$ entweder gleich e_k' oder gleich e_i'.

Wir wollen noch ein für das Weitere wichtiges Beispiel angeben. Es sei Q ein beliebiges nichtleeres Intervall $\langle a, b\rangle$ ($Q = (-\infty, +\infty)$ nicht ausgeschlossen). Wir betrachten die BOOLEsche Algebra 2^Q und zeichnen in ihr die Unteralgebra $\mathfrak{R}_{\langle a, b\rangle}$ aus, die von der Menge E aller möglichen Intervalle der Form

$$\Delta_t^- = Q \cap (-\infty, t)\,,$$

$$\Delta_t^+ = Q \cap (-\infty, t]$$

erzeugt wird. Es ist klar, daß das System E durch Inklusion linear geordnet ist: bei $t_1 < t_2$ gilt $\Delta_{t_1}^-, \Delta_{t_1}^+ \subset \Delta_{t_2}^-, \Delta_{t_2}^+$, bei $t_1 = t_2 = t$ dagegen offensichtlich $\Delta_t^- \subset \Delta_t^+$. Daher besteht die B. A. $\mathfrak{R}_{\langle a, b\rangle}$ aus allen Mengen, die sich als endliche Vereinigungen paarweise durchschnittsfremder Intervalle darstellen lassen; von der Algebra $\mathcal{P}$ der einfachen Mengen unterscheidet sie sich dadurch, daß sie sowohl nichtabgeschlossene als auch ausgeartete Intervalle enthält. Manchmal betrachtet man auch die Unteralgebren $\mathfrak{R}_{\langle a, b\rangle}^-$ und $\mathfrak{R}_{\langle a, b\rangle}^+$, die von den Mengen $E^- = \{\Delta_t^-\}$ bzw. $E^+ = \{\Delta_t^+\}$ erzeugt werden. Welche Form die Elemente dieser Unteralgebren haben, mag der Leser selbständig feststellen. Auf Grund des oben Gesagten können wir behaupten, daß sich *jede isotone Abbildung des Systems E (E^-, E^+) in eine beliebige B. A. $\mathcal{X}$ zu einem Homomorphismus der Algebra $\mathfrak{R}_{\langle a, b\rangle}$ (bzw. $\mathfrak{R}_{\langle a, b\rangle}^-$, $\mathfrak{R}_{\langle a, b\rangle}^+$) in $\mathcal{X}$ fortsetzen läßt.* Derartige Homomorphismen (wie auch überhaupt auf Mengenalgebren gegebene Homomorphismen) werden häufig „BOOLEsche Maße" genannt.

6. Kanonische Darstellung eines Elements einer Unteralgebra. Die in Nr. 3 erhaltene Darstellung des Elements einer Unteralgebra $\mathcal{X}\langle E\rangle$ als Polynom in den Erzeugenden ist nicht eindeutig bestimmt: für ein und dasselbe z kann sowohl die Wahl der zur Festlegung des Polynoms erforderlichen Mengen Δ_k, Δ_k' als auch ihre Numerierung auf viele Arten erfolgen. Um einen Ausweg aus dieser Lage zu finden, liegt es zunächst einmal nahe, die Klasse der zulässigen Darstellungen einzuschränken. Am häufigsten werden sogenannte „kanonische Darstellungen" verwendet. Die Menge der Erzeugenden E sei endlich; dann wird die Unteralgebra $\mathcal{X}\langle E\rangle$, wie wir wissen, durch eine endliche Zerlegung τ des Einselements erzeugt; und jedes Element $x \in \mathcal{X}\langle E\rangle$ ist Summe einer gewissen Menge von Elementen von τ (Lemma 2, Folgerung aus Satz 3). Wir wollen uns darüber klar werden, was die Elemente dieser Zerlegung darstellen. Beim Beweis von Lemma 2 haben wir sie als minimale positive Elemente der Unteralgebra charakterisiert; die Inklusion $y \in \tau$ bedeutet, daß $y \in \mathcal{X}\langle E\rangle$, $y > 0$ ist und daß die Ungleichung $0 < z < y$ mit $z \in \mathcal{X}\langle E\rangle$ unmöglich ist. Jedes $y \in \tau$ muß nach Satz 3 ein Polynom der Form

$$y = \bigvee_{k=1}^{n} y_k$$

darstellen, worin $y_1, y_2, \ldots, y_n$ Elementarpolynome sind. Wegen der Minimalität ist nur eines der Elemente $y_1, y_2, \ldots, y_n$ vom Nullelement verschieden; y ist somit ein Elementarpolynom. Definitionsgemäß bedeutet das, daß

$$y = \Big(\bigwedge_{u \in \Delta} u\Big) \wedge \Big(\bigwedge_{v \in \Delta'} C\, v\Big) \tag{V}$$

mit $\Delta, \Delta' \subset E$ ist. Es ist klar, daß $\Delta \cap \Delta' = \Lambda$ gilt; anderenfalls würde nämlich das Element y Null sein. Für jedes $w \in E$ (wie auch für jedes Element der Unteralgebra $\mathscr{X}\langle E\rangle$) muß eine und nur eine der Relationen $y \leqq w$ oder $y \leqq C\, w$ bestehen. Im ersten Fall rechnen wir w zur Menge E_1, im zweiten zur Menge E_2. Die auf diese Weise definierten Mengen E_1 und E_2 besitzen die offensichtlichen Eigenschaften:

a) $E_1 \cap E_2 = \Lambda$,

b) $E_1 \cup E_2 = E$,

c) $\Delta \subset E_1, \Delta' \subset E_2$.

Es ist gleichfalls klar, daß wir, wenn wir in der Formel (V) Δ durch E_1 und Δ' durch E_2 ersetzen, ein Element erhalten, das jedenfalls nicht größer als das frühere ist:

$$\Big(\bigwedge_{u \in E_1} u\Big) \wedge \Big(\bigwedge_{v \in E_2} C\, v\Big) \leqq y\,.$$

Da aber das Element y minimal ist, muß in der letzteren Formel in Wahrheit das Gleichheitszeichen stehen. Bevor wir das Ergebnis formulieren, geben wir noch eine grundlegende Definition.

Wir werden (E)-*kanonisches Elementarpolynom* jedes Element der Form

$$y_\Delta = \Big(\bigwedge_{u \in \Delta} u\Big) \wedge \Big(\bigwedge_{v \in \Delta'} C\, v\Big)$$

nennen, wo Δ und Δ' durchschnittsfremde Mengen sind, deren Vereinigung gleich E ist. Grob gesprochen ist dies ein Elementarpolynom, an dessen Bildung sämtliche Elemente des Systems E beteiligt sind; derartige Polynome sind paarweise disjunkt und ergeben als Summe das Einselement (manchmal heißen sie auch „Konstituenten des Einselements").

Die vorstehenden Überlegungen zeigen, daß ebendies Elemente der die Unteralgebra $\mathscr{X}\langle E\rangle$ erzeugenden Zerlegung τ sind. Wir gelangen damit zu folgendem Satz:

Satz 11. *Jedes von Null verschiedene Element einer von einer endlichen Menge E erzeugten Unteralgebra ist als endliche Summe (E)-kanonischer Elementarpolynome darstellbar.*

Die Darstellung eines Elements als Summe (E)-kanonischer Elementarpolynome wollen wir (E)-*kanonisch* nennen. In diesem Begriff ist die Rolle der Menge E wesentlich; wenn $E \subset E'$ ist, so hat jedes $x \subset \mathscr{X}\langle E\rangle$ sowohl eine (E)- als auch eine (E')-kanonische Darstellung.

Wenn die Elemente der Menge E durchnumeriert sind: $E = \{w_k\}_{k=1}^s$, so schreibt man die (E)-kanonische Darstellung zweckmäßig in der Form

$$z = \sum_{\delta} w_1^{\delta_1} \wedge w_2^{\delta_2} \wedge \cdots \wedge w_s^{\delta_s}$$

mit

$$w_i^{\delta_i} = \begin{cases} w_i & \text{für} \quad \delta_i = 1\,, \\ C\,w_i & \text{für} \quad \delta_i = 0\,, \end{cases}$$

wobei sich die Summation auf eine gewisse von z abhängige Klasse von Binärzahlen $\delta = (\delta_1, \delta_2, \ldots, \delta_s)$ der Länge s erstreckt. Durch Summation über alle δ erhalten wir die (E)-kanonische Darstellung des Einselements.

Es gibt auch eine duale Variante der kanonischen Darstellung, von der wir hier aber nicht sprechen werden.

7. Unabhängige Systeme. Wir sind zum Begriff der kanonischen Darstellung in der Hoffnung gelangt, durch zusätzliche Einschränkungen zu erreichen, daß die Darstellung eines gegebenen Elements als Polynom in den Erzeugenden eindeutig wird. Bereits an einfachen Beispielen erkennt man jedoch leicht, daß wir das gestellte Ziel noch nicht erreicht haben. Der Grund dafür besteht darin, daß es (E)-kanonische Elementarpolynome gibt, die gleich Null sind. Derartige Polynome kann man nicht als Elemente der erzeugenden Zerlegung ansehen; man kann sie einer beliebigen Summe formal hinzufügen, ohne den Wert derselben zu ändern. Indem wir verbieten, daß (E)-kanonische Elementarpolynome verschwinden, gelangen wir zur Definition eines unabhängigen Erzeugendensystems. Dabei sehen wir von der Voraussetzung der Endlichkeit des Systems ab.

Definition. Das Elementsystem E heißt *unabhängig*, wenn es nichtleer ist und für jedwede endliche durchschnittsfremde Mengen Δ, $\Delta' \subset E$ die Ungleichung

$$\left(\bigwedge_{u \in \Delta} u\right) \wedge \left(\bigwedge_{v \in \Delta'} C\,v\right) > 0$$

gilt. Die Unabhängigkeit bedeutet mit anderen Worten, daß für beliebige paarweise verschiedene $w_1, w_2, \ldots, w_n \in E$ und eine beliebige ganze Zahl $p = 1, 2, \ldots, n$

$$w_1 \wedge w_2 \wedge \cdots \wedge w_p \wedge C\,w_{p+1} \wedge \cdots \wedge C\,w_n > 0$$

sein muß. Aus der Definition geht hervor, daß die Unabhängigkeit eines Systems zur gleichzeitigen Unabhängigkeit aller seiner endlichen Untersysteme äquivalent ist.

Satz 12. *Es sei E eine nichtleere Menge. Notwendig und hinreichend dafür, daß die (E)-kanonische Darstellung jedes Elements der Unteralgebra $\mathfrak{X}\langle E_1\rangle$ bei beliebigem endlichem nichtleerem $E_1 \subset E$ eindeutig ist, ist die Unabhängigkeit des Systems E.*

Dieser Satz ist im Grunde genommen bereits bewiesen. Wir haben nämlich bemerkt, daß aus der Eindeutigkeit (E_1)-kanonischer Darstellungen folgt, daß es keine verschwindende (E_1)-kanonischen Elementarpolynome gibt. Die Forderung der Unabhängigkeit von E bedeutet aber zugleich auch, daß alle derartigen Polynome bei beliebigem endlichem nichtleerem $E_1 \subset E$ vom Nullelement verschieden sind und daß sie zusammen gerade die die Unteralgebra $\mathcal{X}\langle E\rangle$ erzeugende Zerlegung ausmachen. Hieraus folgt offensichtlich die Eindeutigkeit aller kanonischen Darstellungen.

Die Darstellung der Elemente einer Unteralgebra als Summe (E)-kanonischer Elementarpolynome von unabhängigen Erzeugenden wird in der Logik und in der Schaltalgebra unter der Bezeichnung „vollständige disjunktive Normalformen" in ausgedehntem Maße benutzt.

8. Die Existenz unabhängiger Erzeugendensysteme. Wir haben bereits festgestellt, daß jede endliche Algebra $\mathcal{X}$ von einer gewissen Zerlegung τ erzeugt wird. Wir wollen annehmen, die gegebene Algebra besitze ein unabhängiges Erzeugendensystem E aus n Elementen. Damit können wir die Zahl der Elemente einer Zerlegung bestimmen: infolge der Unabhängigkeit stellen nämlich die Elemente von τ alle möglichen (E)-kanonischen Elementarpolynome der Form

$$y_\Delta = \Big(\bigwedge_{x \in \Delta} x\Big) \wedge \Big(\bigwedge_{y \in E \setminus \Delta} C\, y\Big)$$

dar. Von solchen Polynomen gibt es ebenso viele wie Untermengen $\Delta \subset E$, d. h. 2^n. Da die Algebra $\mathcal{X}$ zur Algebra 2^τ isomorph ist, ist die Anzahl ihrer Elemente gleich 2^{2^n}. Es kann somit nicht jede BOOLEsche Algebra von einem unabhängigen Erzeugendensystem erzeugt werden.

Satz 13. *Die notwendige und hinreichende Bedingung dafür, daß eine endliche B. A. $\mathcal{X}$ eine unabhängige Menge von n Erzeugenden enthält, besteht darin, daß ihre Elementezahl die Form 2^{2^n} hat.*

Die Notwendigkeit haben wir bereits einige Zeilen weiter oben festgestellt; beweisen wir also die Hinlänglichkeit!

Zunächst sei $\mathcal{X}$ eine Algebra der Form 2^Q mit $Q = 2^P$, und die Elementeanzahl von P sei gleich n. Wir wissen bereits, daß es in einer derartigen Algebra ein Erzeugendensystem $E = \{Q_p\}_{p \in P}$ gibt, das genau n Elemente enthält (s. S. 54). Wir wollen beweisen, daß das System E unabhängig ist. Dazu betrachten wir ein Element der Form

$$\overline{Q} = \overline{Q}^{p_1 \ldots p_k}_{p_{k+1} \ldots p_m} = Q_{p_1} \wedge \cdots \wedge Q_{p_k} \wedge C\, Q_{p_{k+1}} \wedge \cdots \wedge C\, Q_{p_m},$$

wo $p_1, p_2, \ldots, p_m$ beliebige, paarweise verschiedene Punkte von P sind. Wir wollen feststellen, was unter der Menge $\overline{Q}$ zu verstehen ist. Dafür, daß ein Punkt $q \in Q$ (wir erinnern daran, daß q eine gewisse Untermenge von P ist) zu $\overline{Q}$ gehört, ist notwendig und hinreichend, daß für $1 \leqq i \leqq k$ die Beziehung $p_i \in q$, bei $k + 1 \leqq i \leqq m$ dagegen $p_i \notin q$ gilt.

Somit ist

$$\overline{Q} = \{q \mid p_1, p_2, \ldots, p_k \in q;\, p_{k+1}, \ldots, p_m \notin q\}$$

Da alle p_i paarweise verschieden sind, ist $\overline{Q}$ offensichtlich nichtleer: es enthält als Element beispielsweise die nur aus den Punkten $p_1, p_2, \ldots, p_k$ bestehende Menge.

Um unsere Überlegungen auf eine beliebige Algebra $\mathscr{X}$ der Mächtigkeit 2^{2^n} ausdehnen zu können, brauchen wir lediglich zu bemerken, daß es, da alle endlichen gleichmächtigen Algebren isomorph sind (Satz 2), einen Isomorphismus zwischen $\mathscr{X}$ und einer gewissen Algebra 2^{2^R} gibt, wo R eine beliebige Menge ist, die n Elemente enthält. Die Eigenschaft der Unabhängigkeit eines Systems bleibt selbstverständlich bei einem Isomorphismus erhalten. Der Satz ist damit bewiesen.

Bemerkung 1. *Der Beweis für die Unabhängigkeit des Systems E hat sich nicht auf die Voraussetzung gestützt, daß die Algebra endlich ist.*

Bemerkung 2. *Es ist leicht zu zeigen, daß die Mächtigkeit der Menge $\overline{Q}^{p_1 \ldots p_k}_{p_{k+1} \ldots p_m}$ gleich 2^{n-m} ist, denn es gibt nämlich in Q gerade so viele Untermengen, die alle $p_1, p_2, \ldots, p_k$, dagegen kein $p_{k+1}, \ldots, p_m$ enthalten.* Wir überlassen es dem Leser, diese leichte Übung in Kombinatorik selbst durchzuführen.

Wenn $\mathscr{X} = 2^{\tilde{Q}}$ und von der Menge $\tilde{Q}$ lediglich bekannt ist, daß ihre Mächtigkeit 2^π beträgt, so erhalten wir automatisch verschiedene Erzeugendensysteme ähnlich dem oben konstruierten, indem wir $\tilde{Q}$ auf verschiedene Weisen auf die Gesamtheit aller Untermengen irgendeiner Menge der Mächtigkeit π abbilden. Wir wollen ein Beispiel anführen. Es sei $\tilde{Q}$ ein Abschnitt der natürlichen Zahlenreihe $\tilde{Q} = \{1, 2, \ldots, 2^n\}$. Wir betrachten einen anderen Abschnitt der Folge der natürlichen Zahlen $P = \{1, 2, \ldots, n\}$ und setzen $Q = 2^P$. Jedes $\tilde{q} \in \tilde{Q}$ gestattet eine eindeutige Darstellung in der Form

$$\tilde{q} = \sum_{k=1}^{n} \tilde{q}_k \, 2^{k-1} ,$$

wo die Koeffizienten $\tilde{q}_k$ gleich Null oder Eins sind und somit die Ziffern der Binärzerlegung der Zahl $\tilde{q}$ darstellen. Ordnen wir jetzt jeder Untermenge $\overline{P} \subset P$ die Zahl

$$\tilde{q}(\overline{P}) = \sum_{k \in \overline{P}} 2^k$$

zu, so bekommen wir eine eineindeutige Abbildung von 2^P auf $\tilde{Q}$. Wir bezeichnen diese Abbildung mit φ.

Wir konstruieren jetzt genauso wie oben ein System $E = \{Q_p\}_{p \in P}$ und betrachten in $\tilde{Q}$ das isomorphe System $\tilde{E} = \{\tilde{Q}_p\}_{p \in P}$, das aus allen Mengen der Form

$$\tilde{Q}_p = \varphi(Q_p)$$

besteht. Es ist klar, daß $\tilde{E}$ ein unabhängiges Erzeugendensystem in der Algebra $\mathscr{X}$ bildet. Jedes $\tilde{Q}_p$ stellt, wie aus der Definition hervorgeht, die Gesamtheit aller Zahlen $\tilde{q} \in \tilde{Q}$ dar, deren p-te Binärstelle gleich Eins ist. Wir haben also

$$\tilde{Q}_1 = \{1; 3; 5; \ldots; 2^{n-1}\} ,$$

$$\tilde{Q}_2 = \{2, 3; 6, 7; 10, 11; \ldots\} ,$$

$$\tilde{Q}_3 = \{4, 5, 6, 7; 12, 12, 14, 15; \ldots\}$$

usw.

An diesem Beispiel läßt sich auch leicht die Bemerkung 2 illustrieren, die wir oben in Zusammenhang mit Satz 13 gemacht haben. Der Durchschnitt beliebiger m Mengen, von denen jede entweder dem System $\tilde{E}$ angehört oder Komplementärmenge einer gewissen Menge dieses Systems ist, besteht aus allen Zahlen $\tilde{q} \in \tilde{Q}$ mit fester Binärstellenzahl m. Die Zahl dieser $\tilde{q}$ ist bekanntlich gleich 2^{n-m}.

9. Freie BooleSche Algebren. Wir haben gezeigt, daß die Frage nach der Existenz eines unabhängigen Erzeugendensystems im Falle einer endlichen Algebra durch einfaches Abzählen zu entscheiden ist. Für unendliche Algebren sieht die Sache wesentlich komplizierter aus. Die Algebren, die ein unabhängiges Erzeugendensystem besitzen, machen die wichtige Klasse der *freien* B. A. aus.

Die Haupteigenschaft einer freien B. A. wird von folgendem Satz beschrieben.

Satz 14. *Es sei $\mathcal{X}$ eine freie B. A. mit einem unabhängigen Erzeugendensystem E. Dann läßt sich eine beliebige Abbildung φ_0 der Menge E in eine beliebige B. A. $\mathcal{Y}$ zu einem Homomorphismus von $\mathcal{X}$ in $\mathcal{Y}$ fortsetzen.*

Dieser Satz ist eine offensichtliche Folgerung aus dem Satz von R. Sikorski (Satz 10 des vorliegenden Kapitels) . Er reduziert sich im wesentlichen auf die Aussage, daß jede durch die Symbole $\vee$, $\wedge$, C ausgedrückte Beziehung zwischen den „freien Erzeugenden" eine Identität darstellt, die in einer beliebigen Booleschen Algebra gilt. Eine ihrerseits unmittelbare Folge von Satz 14 ist

Satz 15. *Zwei beliebige freie* Boolesche *Algebren $\mathcal{X}$ und $\tilde{\mathcal{X}}$, die gleichmächtige unabhängige Erzeugendensysteme E und $\tilde{E}$ besitzen, sind einander isomorph. Dabei kann jede eineindeutige Abbildung von E auf $\tilde{E}$ zu einem Isomorphismus von $\mathcal{X}$ auf $\tilde{\mathcal{X}}$ fortgesetzt werden.*

Auf denselben Fragenkomplex bezieht sich

Satz 16. *Eine beliebige nichtleere Menge E läßt sich eineindeutig auf ein unabhängiges Erzeugendensystem einer gewissen* Booleschen *Algebra $\mathcal{X}$ abbilden.*

Zum Beweis muß man die Algebra $\mathcal{Y} = 2^{2^E}$ bilden; dann ist das System $\mathcal{E}$ der ebenso wie in Nr. 8 konstruierten Untermengen Q_e ($e \in E$) nach der Bemerkung 1 zu Satz 13 unabhängig. Man braucht also nur noch $\mathcal{X} = \mathcal{Y}\langle\mathcal{E}\rangle$ zu setzen.

Folgerung. *Es existieren freie* Boolesche *Algebren beliebiger Mächtigkeit.* In diesem Falle hat natürlich ein unabhängiges Erzeugendensystem dieselbe Mächtigkeit wie die Algebra selbst.

F. Hausdorff [96] hat gezeigt, daß sich bereits in der Algebra 2^P, wo für die Mächtigkeit π von P $\pi \geqq \aleph_0$ gilt, stets ein unabhängiges System der Mächtigkeit 2^π finden läßt. Früher ist diese Tatsache von G. M. Fichtenholz und L. V. Kantorovič [89] festgestellt worden.

Von Interesse sind konkrete Beispiele für unendliche freie B. A. Die Algebra aller gleichzeitig offenen und abgeschlossenen Untermengen des Cantorschen Diskontinuums beispielsweise ist eine freie B. A. mit einer abzählbaren Menge von Erzeugenden.

Wir haben gezeigt, daß zwei beliebige freie Boolesche Algebren mit gleichmächtigen unabhängigen Erzeugendensystemen isomorph sind. Damit ist zugleich für jede Kardinalzahl τ die Klasse $\mathfrak{F}_\tau$ aller zueinander isomorphen freien Algebren definiert, die ein unabhängiges Erzeugendensystem der Mächtigkeit τ besitzen. In jeder Klasse $\mathfrak{F}_\tau$ möchte man nun gern eine möglichst einfach gebaute Algebra auswählen, um an Hand deren Eigenschaften die Eigenschaften der übrigen studieren zu können. Ein solches einfachstes Modell wollen wir jetzt konstruieren.

Es sei τ eine beliebige Mächtigkeit und Ξ eine beliebige Menge der Mächtigkeit τ. (Als Ξ kann man zum Beispiel die Klasse aller transfiniten Zahlen nehmen, die kleiner als die erste transfinite Zahl der Mächtigkeit τ sind.) Wie früher bezeichnen wir mit X_Ξ das System aller charakteristischen Funktionen, die Untermengen der Menge Ξ entsprechen. Dieses System interessiert uns jetzt lediglich als Menge; man kann sagen, daß X_Ξ das Produkt $\prod_{\xi \in \Xi} \delta_\xi$ über die Schar zweipunktiger Mengen[1]), der Paare $\delta_\xi = \{0, 1\}$, ist, wofür Ξ die Rolle der Indexmenge spielt. Wir werden zweckmäßigerweise X_Ξ als „Grundraum" und seine Elemente als „Punkte" bezeichnen. Wir führen die aus allen Untermengen des Raums X_Ξ bestehende Boolesche Algebra $\mathscr{C}_\Xi = 2^{X_\Xi}$ ein und betrachten das Mengensystem

$$Q_\xi = \{\chi \in X_\Xi \mid \chi(\xi) = 1\}.$$

Ein derartiges System haben wir im Grunde genommen bereits beim Beweis von Satz 13 betrachtet[2]). Dann haben wir uns davon überzeugt, daß es unabhängig ist (s. Bemerkung 1 zu Satz 13). Wenn Ξ eine endliche Menge ist, so stellen die Mengen Q_ξ, als Elemente der Algebra $\mathscr{C}_\Xi$ betrachtet, nach Satz 4 ein Erzeugendensystem dar. In diesem Falle ist die B. A. $\mathscr{C}_\Xi$ frei. Ist jedoch τ eine unendliche Mächtigkeit, so kann das System $\{Q_\xi\}_{\xi \in \Xi}$, obgleich es die Punkte von X_Ξ trennt, nicht die ganze Algebra $\mathscr{C}_\Xi$ erzeugen. Wir bezeichnen mit $\mathscr{D}_\Xi$ die von dem System $\{Q_\xi\}_{\xi \in \Xi}$ erzeugte Unteralgebra. Diese Unteralgebra ist unendlich und weist, wie man leicht erkennt, die Mächtigkeit τ auf, während die Mächtigkeit von $\mathscr{C}_\Xi$ gleich 2^{2^τ} ist; hieraus folgt zugleich insbesondere, daß $\mathscr{D}_\Xi \neq \mathscr{C}_\Xi$ ist. Die Unteralgebra $\mathscr{D}_\Xi$ stellt ein einfaches und bequemes Modell einer freien Algebra mit τ unabhängigen Erzeugenden dar. Wir wollen diese Algebra etwas eingehender beschreiben. Die Elementarpolynome in den Erzeugenden haben die Gestalt

$$\overline{Q} = Q_{\xi_1} \wedge Q_{\xi_2} \wedge \cdots \wedge Q_{\xi_k} \wedge C\, Q_{\xi_{k+1}} \wedge \cdots \wedge C\, Q_{\xi_m}. \tag{VI}$$

Jedes derartige Polynom repräsentiert die Menge aller Punkte des Raumes (der charakteristischen Funktionen), deren Werte in den Punkten $\xi_1, \xi_2, \ldots, \xi_m$ fest vorgeschrieben sind. χ gehört nämlich dem Elementarpolynom (VI) dann und nur dann an, wenn

$$\chi(\xi_1) = \chi(\xi_2) = \cdots = \chi(\xi_k) = 1\,, \quad \chi(\xi_{k+1}) = \chi(\xi_{k+2}) = \cdots = \chi(\xi_m) = 0$$

gilt. Was jedoch die übrigen Elemente der Unteralgebra $\mathscr{D}_\Xi$ betrifft, so lassen sie sich, wie wir wissen, als Summen von Elementarpolynomen darstellen und haben infolgedessen die Form

$$\sum_{i=1}^{s} \left(Q_{\xi_1^i} \wedge \cdots \wedge Q_{\xi_{k_i}^i} \wedge C\, Q_{\xi_{k_i+1}^i} \wedge \cdots \wedge C\, Q_{\xi_{m_i}^i} \right). \tag{VII}$$

Wir wollen mit Ξ' die endliche Menge aller Indizes bezeichnen, die an der Bildung der letzteren Summe beteiligt sind: $\Xi' = \{\xi_1^1, \ldots, \xi_{m_s}^s\}$. Formel (VII) zeigt, daß jedes Element aus $\mathscr{D}_\Xi$ eine Menge der Form

$$Q' \times \prod_{\xi \in \Xi \setminus \Xi'} \delta_\xi \tag{VIII}$$

darstellt, wo Q' eine gewisse Untermenge des „Teil"produkts $\prod_{\xi \in \Xi'} \delta_\xi$ ist. Dabei erkennt man unschwer, daß jede Menge der Form (VIII) ein Polynom in den Erzeugenden der

[1]) Manchmal wird X_Ξ als Menge der Ecken eines τ-dimensionalen Würfels gedeutet.

[2]) Zum Unterschied von Satz 13 ziehen wir es jetzt vor, mit den charakteristischen Funktionen zu arbeiten und nicht mit den Untermengen des Raumes Ξ. Dieser Wechsel der Sprache ist natürlich völlig unerheblich.

Form (VII) darstellt und Element der Unteralgebra $\mathcal{D}_\Xi$ ist. Wir können daher schließen, daß $\mathcal{D}_\Xi$ aus allen Mengen der Form (VIII) besteht; es liegt auf der Hand, derartige Mengen „endlichdimensionale Zylinder" zu nennen. Somit ist die Algebra $\mathcal{D}_\Xi$ der endlichdimensionalen Zylinder im Produkt der Punktepaare eine freie Algebra, die ein unabhängiges Erzeugendensystem der Mächtigkeit $\tau = \text{card } \Xi$ besitzt.

Es ist unschwer (unter Benutzung des klassischen Satzes von TYCHONOFF) nachzuweisen, daß X_Ξ, als topologisches Produkt einfacher Punktepaare[1]) betrachtet, einen kompakten total unzusammenhängenden HAUSDORFFschen Raum ergibt. Er heißt *verallgemeinertes* CANTOR*sches Diskontinuum* vom Gewicht τ. Dabei besteht die Basis der TYCHONOFFschen Topologie aus allen möglichen abgeschlossenen offenen Mengen, die mit Zylindern der Form (VIII) zusammenfallen. X_Ξ läßt sich somit als STONEsches Kompaktum ansehen, das zur Realisierung der Algebra $\mathcal{D}_\Xi$ dient. Im Falle $\tau = \aleph_0$ ist wohlbekannt[2]), wie man X_Ξ auf die gewöhnliche („ternäre"), im Intervall $[0, 1]$ gelegene CANTORsche Menge homöomorph abbilden kann. Damit erhalten wir die bereits oben erwähnte Darstellung einer freien B. A. mit abzählbar vielen Erzeugenden als Algebra aller abgeschlossenen offenen Untermengen des „klassischen" CANTORschen Diskontinuums. Die freie Algebra ist insbesondere deshalb bemerkenswert, weil sie uns die seltene Möglichkeit bietet, ein STONEsches Kompaktum „anzuschauen", das in der Regel keine einfache und anschauliche Beschreibung zuläßt.

10. Metrische Unabhängigkeit. Es sei $\mathcal{X} = 2^Q$ und dabei Q eine endliche Menge aus 2^n Elementen. Wir wissen, daß es in $\mathcal{X}$ ein unabhängiges Erzeugendensystem $E = \{Q_k\}_{k=1}^n$ gibt, so daß jeder Durchschnitt der Form

$$Q^{i_1 i_2 \ldots i_k}_{i_{k+1} \ldots i_m} = Q_{i_1} \wedge Q_{i_2} \wedge \cdots \wedge Q_{i_k} \wedge C\, Q_{i_{k+1}} \wedge \cdots \wedge C\, Q_{i_m}$$

mit lauter paarweise verschiedenen i_s genau 2^{n-m} Punkte der Menge Q enthält. Neben $\mathcal{X}$ wollen wir eine andere freie Algebra $\mathcal{Y} = 2^{\tilde{Q}}$ derselben Mächtigkeit betrachten; es sei $\tilde{E} = \{\tilde{Q}_k\}_{k=1}^n$ ein gewisses unabhängiges Erzeugendensystem von ihr. Nach Satz 9 läßt sich die Abbildung $Q_k \to \tilde{Q}_k$ $(k = 1, 2, \ldots, n)$ zu einem Isomorphismus der Algebra $\mathcal{X}$ auf $\mathcal{Y}$ fortsetzen. Es ist klar, daß den einpunktigen Untermengen von Q bei diesem Isomorphismus wieder einpunktige Untermengen von $\tilde{Q}$ entsprechen und umgekehrt. Daher muß das System $\tilde{E}$ dieselbe Eigenschaft besitzen: jeder Durchschnitt

$$\tilde{Q}^{i_1 i_2 \ldots i_k}_{i_{k+1} \ldots i_m} = \tilde{Q}_{i_1} \wedge \tilde{Q}_{i_2} \wedge \cdots \wedge \tilde{Q}_{i_k} \wedge C\, \tilde{Q}_{i_{k+1}} \wedge \cdots \wedge C\, \tilde{Q}_{i_m}$$

mit paarweise verschiedenen $i_1, i_2, \ldots, i_m$ enthält genau 2^{n-m} Punkte von $\tilde{Q}$. Das ist die gemeinsame Eigenschaft aller unabhängigen Erzeugendensysteme in allen freien Algebren vom Typ 2^Q.

Indem wir jetzt ausnutzen, daß in jeder Algebra der Form 2^Q ein „Grundmaß" μ_0 existiert (das Maß des Elements x ist gleich der Anzahl der Punkte der Menge x, geteilt durch 2^n), sehen wir, daß in freien Algebren 2^Q jedes unabhängige Erzeugendensystem $E = \{e\}$ folgende wichtige Eigenschaft aufweist: Für beliebige paarweise verschiedene $e_1, e_2, \ldots, e_m \in E$ und beliebiges $p = 1, 2, \ldots, m$

[1]) Ein einfaches Punktepaar ist ein mit der diskreten Topologie versehener Raum aus zwei Punkten $\{0, 1\}$ (alle seine vier Untermengen sind offen und abgeschlossen).

[2]) Siehe KURATOWSKI [51], S. 32 (Original S. 11).

gilt die Gleichung

$$\mu_0 (e_1 \wedge e_2 \wedge \cdots \wedge e_p \wedge C\, e_{p+1} \wedge \cdots \wedge C\, e_m)$$
$$= \frac{1}{2^m} = \mu_0\, e_1 \cdots \mu_0\, e_p \cdots \mu_0\, C\, e_m\,. \qquad \text{(IX)}$$

Es sei jetzt $\mathfrak{X}$ eine beliebige normierte BOOLEsche Algebra, auf der ein gewisses Wahrscheinlichkeitsmaß μ_0 definiert ist (s. Kapitel I, § 6). Das Elementesystem $E = \{e\}$ heißt μ_0-unabhängig, wenn für beliebige paarweise verschiedene $e_1, e_2, \ldots, e_m$ und beliebiges $p = 1, 2, \ldots, m$ die Gleichung (IX) besteht. Das ist der in der Wahrscheinlichkeitstheorie übliche Begriff der *metrischen Unabhängigkeit*. Wir sehen, daß er in natürlicher Weise aus dem in Nr. 7 eingeführten Begriff der algebraischen Unabhängigkeit hervorgeht. *Ein algebraisch unabhängiges Erzeugendensystem einer endlichen freien Algebra ist notwendig auch bezüglich des Wahrscheinlichkeits„grund"maßes metrisch unabhängig.* Man erkennt auch leicht, daß die *metrische Unabhängigkeit stets die algebraische nach sich zieht*[1]).

11. Konstruktion eines Quasimaßes auf Grund seiner Werte auf den Erzeugenden. Es sei $\mathfrak{X}$ eine BOOLEsche Algebra und E ein Erzeugendensystem in $\mathfrak{X}$. Wir wollen annehmen, auf E sei eine endliche reelle Funktion φ_0 vorgegeben; dann erhebt sich die Frage, unter welchen Bedingungen läßt sie sich zu einem Quasimaß auf $\mathfrak{X}$ fortsetzen? Wir betrachten zunächst den Fall eines unabhängigen Systems E.

Satz 17. *Dafür, daß sich eine auf einem unabhängigen Erzeugendensystem E vorgegebene reelle Funktion zu einem gewissen Quasimaß φ auf $\mathfrak{X}$ fortsetzen läßt, ist notwendig und hinreichend, daß die Werte der Funktion φ_0 nichtnegativ und durch eine feste Schranke beschränkt sind.*

Beweis. Die Notwendigkeit der genannten Bedingungen ist evident. Beweisen wir ihre Hinlänglichkeit. Angenommen, alle Werte von φ_0 liegen im Intervall $[0, p]$. Wir betrachten die Algebra $\mathfrak{Y}$ aller LEBESGUE-meßbaren Untermengen des Intervalls $[0, p]$. Es sei ψ ein Quasimaß auf dieser Algebra, das mit dem LEBESGUEschen Maß zusammenfällt. Wir betrachten die Familie $\{e_t\}_{0 \leq t \leq p}$ aller Intervalle der Form $[0, t]$; offensichtlich ist $\psi(e_t) = t$, und unter den Werten des Quasimaßes ψ kommen alle Werte der Funktion φ_0 vor. Wir bilden E in $\mathfrak{Y}$ ab, indem wir jedem $x \in E$ dasjenige Element $e_t \in \mathfrak{Y}$ zuordnen, für das $\psi(e_t) = t = \varphi_0(x)$ ist. Diese Abbildung läßt sich Satz 10 zufolge zu einem Homomorphismus γ der Algebra $\mathfrak{X}$ in $\mathfrak{Y}$ fortsetzen. Jetzt setzen wir für beliebiges $x \in \mathfrak{X}$

$$\varphi(x) = \psi\big(\gamma(x)\big)\,.$$

Die Additivität der Funktion φ folgt aus den allgemeinen Eigenschaften eines Homomorphismus und aus der Additivität der Funktion ψ. Ihre Nichtnegativi-

[1]) Wir erinnern daran, daß in der bei uns üblichen Definition des Maßbegriffs die Forderung der strikten Positivität enthalten ist.

tät ist evident, ebenso wie der Umstand, daß sie die Ausgangsfunktion φ_0 fortsetzt. Das gesuchte Quasimaß ist somit konstruiert. Wir merken an, daß diese Konstruktion ohne irgendwelche Voraussetzungen bezüglich φ_0 möglich ist, wenn wir nicht fordern, daß die Fortsetzung φ ein Quasimaß ist, sondern uns auf die Konstruktion einer additiven reellen Funktion beschränken: *Eine beliebige endliche Funktion auf einem unabhängigen Erzeugendensystem gestattet eine additive Fortsetzung auf* $\mathfrak{X}$.

Wir wollen jetzt voraussetzen, daß das System E linear geordnet ist. Es gilt

Satz 18. *Dafür, daß sich eine auf einem linear geordneten Erzeugendensystem* E *vorgegebene reelle Funktion* φ_0 *zu einem Quasimaß* φ *auf* $\mathfrak{X}$ *fortsetzen läßt, ist notwendig und hinreichend, daß die Werte der Funktion* φ_0 *nichtnegativ und gleichmäßig beschränkt sind und daß aus der Ungleichung* $x \leqq y$ *mit* $x, y \in E$ *stets* $\varphi_0(x) \leqq \varphi_0(y)$ *folgt.*

Beweis. Auch hier können wir uns auf den Beweis der Hinlänglichkeit beschränken. Wir definieren ebenso wie im vorangegangenen Beweis eine Booleschen Algebra $\mathfrak{Y}$, eine Familie $\{e_t\}$ von Elementen von ihr und eine Abbildung des Systems E in die Algebra $\mathfrak{Y}$. Es ist klar, daß diese Abbildung in unserem Falle isoton ist; daher läßt sie sich zu einem Homomorphismus γ der Algebra $\mathfrak{X}$ in die Algebra $\mathfrak{Y}$ fortsetzen. Jetzt braucht man nur noch den Schlußteil des Beweises von Satz 17 zu wiederholen.

Aufgaben zu Kapitel II

1. Es sei I ein Ideal einer beliebigen B. A.. Man zeige, daß die Menge $I \cup C\,I$ eine Unteralgebra ist.

2. Man zeige, daß eine freie B. A. stets eine Algebra von abzählbarem Typus ist.

3. Man zeige, daß jede freie unendliche B. A. eine Untermenge enthält, die keine Grenzen besitzt.

4. Man beweise, daß jede B. A. zur Faktoralgebra einer gewissen freien Algebra isomorph ist.

5. Es sei Q eine abzählbare Menge, $\mathfrak{X} = 2^Q$ und I das von allen möglichen endlichen Untermengen der Menge Q gebildete Ideal in $\mathfrak{X}$. Man zeige, daß die Faktoralgebra $\mathfrak{X}/I$ eine disjunkte Untermenge von der Mächtigkeit des Kontinuums enthält.

6. Es sei B die Algebra der Borelschen Mengen auf der Geraden, I das Ideal von ihr, das von allen möglichen Mengen erster Kategorie gebildet wird. Man beweise, daß die Faktoralgebra B/I zur Algebra G_0 der regulären offenen Mengen isomorph ist (G. Birkhoff).

KAPITEL III

VOLLSTÄNDIGE BOOLESCHE ALGEBREN. TOPOLOGIEN

§ 1. Vollständige Algebren

1. Die Vollständigkeit einer Booleschen Algebra. Bis jetzt haben wir vorausgesetzt, daß in der von uns betrachteten Algebra ebenso wie in jedem Verband endliche Mengen eine obere und eine untere Grenze besitzen. Wir verschärfen jetzt die der Algebra auferlegten Forderungen.

Definition. Eine Boolesche Algebra heißt *vollständig*, wenn jede Untermenge von ihr eine obere und eine untere Grenze besitzt.

Lemma 1. *In einer vollständigen* Boole*schen Algebra fallen die Begriffe Hauptideal und Komponente zusammen.*

Dieses Lemma ist eine einfache Folgerung aus Satz I.12.

Definition. Eine Boolesche Algebra heißt *σ-vollständig*, wenn jede abzählbare Untermenge von ihr eine obere und eine untere Grenze besitzt.

Als wir in Kapitel I Beispiele Boolescher Algebren betrachtet hatten, haben wir es in der Regel besonders vermerkt, wenn es uns gelang, für eine beliebige Untermenge der betrachteten Algebra die Existenz von Grenzen zu beweisen. So verhielt es sich beispielsweise mit der Algebra 2^Q aller Untermengen einer beliebigen Menge Q (Beispiel 1); infolgedessen ist diese Algebra vollständig. Vollständig sind auch die Algebren der Beispiele 2, 3, 4, 7, 8, 9, 11. Der Beweis der Vollständigkeit (σ-Vollständigkeit) einer beliebigen Algebra wird häufig durch das folgende Lemma erleichtert.

Lemma 2. *Dafür, daß eine B. A. $\mathfrak{X}$ vollständig (σ-vollständig) ist, ist hinreichend, daß jede Untermenge (bzw. jede nichtleere abzählbare Untermenge) von ihr eine untere Grenze besitzt.*

Zum Beweis brauchen wir nur zu bemerken, daß die untere Grenze einer beliebigen Menge $E \subset \mathfrak{X}$ stets gleich dem Element $u = C \inf C E$ ist.

Wie gewöhnlich ist zusammen mit Lemma 2 automatisch auch die hierzu duale Aussage bewiesen, die der Leser selbständig formulieren mag. Wir werden auf sie als auf Lemma 2' verweisen.

Wir haben seinerzeit (Satz 1.13) bewiesen, daß für eine beliebige Algebra $\mathfrak{X}$ die Gesamtheit $\overline{\mathfrak{X}}$ aller ihrer Komponenten, mit der natürlichen Halbordnung versehen, eine Boolesche Algebra bildet. Dann ist auch gezeigt worden, daß jedes System von Komponenten $E = \{Y\}$ in $\overline{\mathfrak{X}}$ eine untere Grenze besitzt, die mit dem Durchschnitt aller $Y \in E$ zusammenfällt. Hieraus und aus Lemma 2 folgt der wichtige

Satz 1. *Für jede B. A.* $\overline{\mathscr{X}}$ *ist die Algebra* $\mathscr{X}$ *vollständig.*

Jede vollständige Algebra ist natürlich auch σ-vollständig. Interessantere Beispiele σ-vollständiger Algebren erhalten wir, wenn wir *σ-Algebren von Mengen* betrachten, d. h. Gesamtheiten von Mengen, die gegenüber abzählbaren mengentheoretischen Operationen abgeschlossen sind. Unter derartigen Algebren können auch unvollständige vorkommen. Von der Art sind beispielsweise die σ-Algebra aller BOREL-Mengen im Intervall $\langle a, b\rangle$ oder die σ-Algebra aller LEBESGUE-meßbaren Mengen. Mit σ-Mengenalgebren haben wir es in der klassischen Maßtheorie ständig zu tun.

Wir werden die Elemente der Algebra $\mathscr{X}$ als *Ereignisse* interpretieren. Was bedeutet dann praktisch die Vollständigkeit von $\mathscr{X}$?

Nach dem in § 6 von Kapitel I Gesagten gibt uns die Vollständigkeit des Systems von Ereignissen $\mathscr{X}$ stets das Recht, außer einer beliebigen nichtleeren Gesamtheit von Ereignissen $E \subset \mathscr{X}$ zwei weitere wichtige Ereignisse y_1, y_2 desselben Systems zu betrachten, von denen das erste in dem gleichzeitigen Eintreten aller Ereignisse $x \in E$, die zweite dagegen in dem Eintreten von wenigstens einem $x \in E$ besteht. Analog ist die σ-Vollständigkeit zu deuten.

Wir überlassen es dem Leser, die Begriffe Vollständigkeit und σ-Vollständigkeit in der Sprache der Aussagen zu erläutern.

In einer σ-vollständigen Algebra hat der Begriff des σ-Ideals einen Sinn; so heißt ein Ideal, das von allen seinen abzählbaren Untermengen auch die oberen Grenzen enthält. Diesen Begriff werden wir im weiteren benötigen.

2. Regulär eingebettete Unteralgebren. Es sei $\mathscr{X}_0$ Unteralgebra der BOOLEschen Algebra $\mathscr{X}$. Dann sind für jede endliche Untermenge $E \subset \mathscr{X}_0$ die in $\mathscr{X}$ berechnete obere und untere Grenze von E notwendig in $\mathscr{X}_0$ enthalten. Für eine unendliche Untermenge braucht es sich jedoch nicht so zu verhalten. Das gibt zu folgender Definition Anlaß.

Definition. Eine Unteralgebra $\mathscr{X}_0$ einer vollständigen BOOLEschen Algebra $\mathscr{X}$ heißt *regulär* (*σ-regulär*) *eingebettet*, wenn für jede nichtleere (bzw. abzählbare) Untermenge E von ihr $\sup E \in \mathscr{X}_0$ und $\inf E \in \mathscr{X}_0$ gilt[1]).

Bemerkung. Aus den Dualitätsrelationen (III), (IV) von Kapitel I geht hervor, daß jede Unteralgebra regulär eingebettet ist, die bezüglich einer der Operationen sup, inf abgeschlossen ist. Analog verhält es sich mit der σ-regulären Eingebettetheit.

Beispiele für regulär eingebettete Unteralgebren kann man in Kapitel I finden. So haben wir es zum Beispiel in Beispiel 7 mit einer regulär eingebetteten Unteralgebra der BOOLEschen Algebra 2^Q zu tun gehabt.

---

[1]) Der Begriff der regulär eingebetteten Unteralgebra (russ. правильная подалебра) ist wohl zu unterscheiden sowohl von dem Begriff der regulären Unteralgebra nach SIKORSKI [83] als auch von dem in Kapitel VI eingeführten Begriff einer regulären BOOLEschen Algebra. — Anm. d. Red. d. dt. Ausg.

Die Algebren aller BOREL-Mengen oder aller LEBESGUE-meßbaren Mengen im Intervall $Q = \langle a, b\rangle$ sind Beispiele für σ-regulär (aber nicht regulär) eingebettete Unteralgebren der BOOLEschen Algebra 2^Q.

Satz 2. *Es sei $\mathscr{X}$ eine vollständige (σ-vollständige) B. A., E eine nichtleere Untermenge von $\mathscr{X}$. Dann ist der Durchschnitt $\mathscr{Y}$ aller regulär (bzw. σ-regulär) eingebetteten Unteralgebren, die E enthalten, eine regulär (σ-regulär) eingebettete Unteralgebra.*

Der Beweis dieses Satzes stellt eine fast wörtliche Wiederholung des Beweises von Satz II.1 dar.

Es ist klar, daß die Unteralgebra $\mathscr{Y}$ als Menge die kleinste aller E enthaltenden regulär eingebetteten Unteralgebren ist.

Somit sind mit jeder nichtleeren Untermenge E einer vollständigen Algebra $\mathscr{X}$ in natürlicher Weise zwei Unteralgebren verknüpft: die kleinste Unteralgebra und die kleinste regulär eingebettete Unteralgebra, die E enthält. Die erste davon haben wir seinerzeit (s. S. 48 mit $\mathscr{X}\langle E\rangle$ bezeichnet; für die zweite werden wir die Bezeichnung $\overline{\mathscr{X}\langle E\rangle}$ anwenden. Es ist klar, daß stets $\mathscr{X}\langle E\rangle \subset \overline{\mathscr{X}\langle E\rangle}$ gilt. Wenn E endlich ist, so fallen beide Unteralgebren zusammen. Im Falle $E = E_1 \cup E_2 \cup \cdots \cup E_n$ verwenden wir die Bezeichnung

$$\overline{\mathscr{X}\langle E_1, E_2, \ldots, E_n\rangle}$$

und im Falle einelementiger Mengen $E_1 = \{u_1\}, \ldots, E_s = \{u_s\}$ die Bezeichnung

$$\overline{\mathscr{X}\langle u_1, u_2, \ldots, u_s, E_{s+1}, \ldots, E_n\rangle}\,.$$

Eine von Null verschiedene Komponente $\mathscr{X}_u$ einer vollständigen BOOLEschen Algebra kann, wie wir wissen, als selbständige Algebra angesehen werden. Es hat dann Sinn, nach ihren regulär eingebetteten Unteralgebren zu fragen; wir werden sie *regulär eingebettete u-Unteralgebren* von ihr nennen und für sie die Bezeichnung

$$\overline{\mathscr{X}_u\langle E\rangle}$$

anwenden.

Schließlich hat man oft (besonders in der Maßtheorie) die kleinste σ-regulär eingebettete Unteralgebra zu betrachten, die ein gewisses $E \subset \mathscr{X}$ enthält; eine derartige Unteralgebra heißt auch von der Menge E erzeugte BOREL*sche Unteralgebra.* Wir werden sie mit $\overset{-\,-\,-\,-}{\mathscr{X}\langle E\rangle}$ bezeichnen. Für viele wichtige Algebren fallen $\overline{\mathscr{X}\langle E\rangle}$ und $\overset{-\,-\,-\,-}{\mathscr{X}\langle E\rangle}$ stets zusammen.

Wir wollen zwei einfache, aber nützliche Aussagen anführen.

Lemma 3. *Es sei $\mathscr{E} = \{e\}$ eine gewisse Klasse von Untermengen der Menge $E \subset \mathscr{X}$ mit $E = \bigcup_{e \in \mathscr{E}} e$; die Unteralgebren $\widetilde{\mathscr{X}}_e$ mit $e \in \mathscr{E}$ seien durch die Gleichung*

$$\widetilde{\mathscr{X}}_e = \overline{\mathscr{X}\langle e\rangle}$$

definiert. Dann ist $\overline{\mathscr{X}\langle E\rangle} = \overline{\mathscr{X}\Big\langle \bigcup_{e \in \mathscr{E}} \widetilde{\mathscr{X}}_e\Big\rangle}$.

Beweis. Es ist klar, daß jede Unteralgebra $\widetilde{\mathscr{X}}_e$ in $\overline{\mathscr{X}\langle E\rangle}$ enthalten ist; daher gehört auch die von ihnen erzeugte regulär eingebettete Unteralgebra $\overline{\mathscr{X}\left\langle \bigcup_e \widetilde{\mathscr{X}}_e \right\rangle}$ zu $\overline{\mathscr{X}\langle E\rangle}$. Andererseits gilt $\overline{\mathscr{X}\left\langle \bigcup_e \widetilde{\mathscr{X}}_e \right\rangle} \supset E$; infolgedessen muß der Minimalität der Unteralgebra $\overline{\mathscr{X}\langle E\rangle}$ zufolge $\overline{\mathscr{X}\langle E\rangle} = \overline{\mathscr{X}\left\langle \bigcup_e \widetilde{\mathscr{X}}_e \right\rangle}$ sein. Das Lemma ist damit bewiesen.

Lemma 4. *Wenn $\overline{\mathscr{X}\langle E\rangle} = \mathscr{X}$ ist, so gilt bei beliebigem $u \neq 0$ die Gleichung*[1])

$$\overline{\mathscr{X}_u\langle [E_u]\rangle} = \mathscr{X}_u .$$

Beweis. Wir bilden die Menge

$$\mathscr{Y} = \{y \mid y \wedge u \in \overline{\mathscr{X}_u\langle [E]_u\rangle}\} .$$

Man bestätigt leicht, daß sie eine E enthaltende regulär eingebettete Unteralgebra von $\mathscr{X}$ darstellt. Daher ist $\mathscr{Y} = \mathscr{X}$ und

$$\overline{\mathscr{X}_u\langle [E]_u\rangle} = [\mathscr{Y}]_u = \mathscr{X}_u ,$$

was gerade zu beweisen war.

3. Der Satz von STONE-OGASAWARA. Wir behandeln jetzt folgende Frage: Wie muß das eine gegebene BOOLEsche Algebra realisierende Kompaktum beschaffen sein, damit die Algebra vollständig ist?

Definition. Das Kompaktum $\mathfrak{Q}$ heißt *extremal*, wenn in ihm die abgeschlossene Hülle einer beliebigen offenen Menge offen ist.

Satz 3. *Für die Vollständigkeit einer B. A. $\mathscr{X}$ ist notwendig und hinreichend, daß das zur Realisierung der Algebra dienende Kompaktum $\mathfrak{Q}$ extremal ist.*

Beweis. Wir beginnen mit dem Nachweis der Notwendigkeit. Die Algebra $\mathscr{X}$ sei vollständig, $G \subset \mathfrak{Q}$ sei eine beliebige offene Menge. Da das realisierende Kompaktum total unzusammenhängend ist, existiert eine Familie $\{e_\xi\}$ zugleich offener und abgeschlossener Mengen, für die

$$G = \bigcup_{\xi \in \Xi} e_\xi$$

ist. Es seien $x_\xi \in \mathscr{X}$ die Elemente, die den Mengen e_ξ bei dem kanonischen Isomorphismus entsprechen, $x = \sup_{\xi \in \Xi} x_\xi$ (hier wird von der Vollständigkeit von $\mathscr{X}$ Gebrauch gemacht). Das Element x entspricht einer gewissen abgeschlossenen

[1]) Wir erinnern daran, daß mit $[E]_u$ die Spur der Menge E bezeichnet wird (s. S. 36).

offenen Menge e; wir wollen uns davon überzeugen, daß es zugleich die abgeschlossene Hülle von G ist. Offensichtlich ist $G \subset e$, demzufolge auch $\overline{G} \subset e$. Die Differenz $e \setminus \overline{G}$ ist eine offene Menge; wenn sie nichtleer ist, gibt es ein zugleich offenes und abgeschlossenes $\bar{e} \subset e \setminus \overline{G}$, dem ein vom Nullelement verschiedenes $\bar{x} \in \mathcal{X}$ entspricht. Für jedes $\xi \in \Xi$ ist dann $x_\xi \leqq x - \bar{x} < x$, was unmöglich ist, weil $x = \sup\limits_\xi x_\xi$ ist. Infolgedessen ist $e \setminus \overline{G} = \Lambda$ und $e = \overline{G}$. Wir sehen somit, daß G offen ist.

Zum Beweis der Hinlänglichkeit betrachten wir eine beliebige Familie abgeschlossener offener Mengen $\{e_\xi\}$ $(\xi \in \Xi)$. Setzen wir $G = \bigcup\limits_{\xi \in \Xi} e_\xi$, so sehen wir, daß diese Menge offen ist. Da das Kompaktum extremal ist, ist ihre abgeschlossene Hülle $\overline{G} = e$ gleichfalls offen. Es ist klar, daß jedes zugleich abgeschlossene und offene e^*, das alle e_ξ enthält, auch e enthält, daher geht das Element x, das der Menge e entspricht, bei dem kanonischen Isomorphismus in die obere Grenze der Gesamtheit aller e_ξ über. Die Vollständigkeit der Algebra ist damit bewiesen.

Satz 3 geht im Grunde genommen auf M. Stone [87] zurück. In moderner Fassung ist er von T. Ogasawara [66] und danach unabhängig von B. Z. Vulich [23] ausgesprochen worden. Der Begriff des extremalen topologischen Raums stammt von P. S. Urysohn.

§ 2. Das Exhaustionsprinzip und der Satz von den normalen Kernen

1. Das Exhaustionsprinzip. Es sei $\mathcal{X}_*$ eine Komponente einer Booleschen Algebra $\mathcal{X}$. Wir werden sagen, eine gewisse Menge E sei *minorant* in $\mathcal{X}_*$, wenn es zu jedem $x \in \mathcal{X}_*^+$ ein $y \in E$ mit $0 < y \leqq x$ gibt. (In der Nullkomponente ist somit eine beliebige Menge minorant.) Die duale Definition einer *majoranten* Menge mag der Leser selbst formulieren.

Satz 4. *Es sei M eine nichtleere Menge von Null verschiedener Elemente einer vollständigen B. A. $\mathcal{X}$ und E eine in der Komponente $\mathcal{X}_* = \mathcal{X}_M$ minorante Menge. Dann existiert eine disjunkte Untermenge $E' \subset E$ mit den Eigenschaften:*

1) $\sup E' = \sup M$;

2) *zu einem beliebigen $x \in E'$ gibt es ein Element $y \in M$ mit $y \geqq x$.*

Beweis. Wir betrachten das System $D = \{d\}$ aller möglichen disjunkten Untermengen $d \subset E$ mit der Eigenschaft, daß kein Element $x \in d \in D$ ein gewisses $y \in M$ übersteigt. Wir ordnen die Klasse D durch Inklusion und überzeugen uns davon, daß sich auf sie das Zornsche Lemma anwenden läßt. Wenn D' eine beliebige in D enthaltene Kette ist und wir $d_0 = \bigcup\limits_{d \in D'} d$ setzen, erhalten wir nämlich, wie man leicht einsieht, eine disjunkte Untermenge der Menge E, die dem System D angehört und alle $d \in D'$ enthält. Wir sehen also, daß jede

Kette in D nach oben beschränkt ist, so daß es in D ein maximales Element d gibt. Es bleibt noch nachzuprüfen, daß $\sup d = \sup M$ ist. Es sei $\sup M > \sup d$. Es gibt ein Element $y \in M$ mit $y \wedge C \sup d > 0$. Da E minorant ist, existiert ein von Null verschiedenes Element $x \in E$, das der Ungleichung $x < y \wedge C \sup d$ genügt. Fügen wir es zu der Menge d hinzu, so bekommen wir, wie man leicht bestätigt, eine disjunkte Menge, die dem System D angehört und wesentlich umfassender als d ist. Wir sind damit zu einem Widerspruch zur Maximalität von d gelangt. Somit ist $\sup d = \sup M$, und man kann $E' = d$ setzen. Der Satz ist bewiesen.

Folgerung. („Exhaustionsprinzip".) *Wenn E in der Komponente $\mathcal{X}_u$ minorant ist, so ist jedes von Null verschiedene Element von $\mathcal{X}_u$ Supremum einer gewissen disjunkten Untermenge von E.*

Die Bedeutung dieses Prinzips, das auf *Eudoxus* und *Archimedes* zurückgeht, ist kaum überzubewerten. Es gilt auch in einer unvollständigen Booleschen Algebra.

Wir geben sogleich ein wichtiges Beispiel für die Benutzung des Exhaustionsprinzips an. In einer vollständigen Booleschen Algebra $\mathcal{X}$ sei eine Funktion φ definiert, deren Werte in einer gewissen total geordneten Menge W liegen; sie können beispielsweise Kardinal- oder Ordnungszahlen sein. Wir nehmen an, daß diese Funktion isoton ist: $x_1 \geqq x_2$ zieht $\varphi(x_1) \geqq \varphi(x_2)$ nach sich. Wir wollen jetzt ein Element $x_0 \in \mathcal{X}^+$ *φ-homogen* nennen, wenn aus der Ungleichung $x_0 \geqq x > 0$ folgt, daß $\varphi(x_0) = \varphi(x)$ ist. In diesem Falle nennen wir zugleich die ganze Komponente $\mathcal{X}_{x_0}$ *φ-homogen*. Es ist klar, daß die φ-homogenen Elemente eine in $\mathcal{X}$ minorante Menge bilden. Gestützt auf das Exhaustionsprinzip, schließen wir dann, daß sich die B. A. $\mathcal{X}$ als Vereinigung (direkte Summe) φ-homogener Komponenten darstellen läßt. Die Zerlegung von $\mathcal{X}$ in φ-homogene Komponenten werden wir *φ-Zerlegung* nennen.

Wir weisen noch auf die folgende wichtige Tatsache hin, die unmittelbar aus Satz 4 folgt.

Satz 5. *In einer vollständigen Booleschen Algebra von abzählbarem Typus enthält jede nichtleere Menge E eine höchstens abzählbare Untermenge E', deren Grenzen mit den Grenzen von E zusammenfallen.*

Aus Satz 5 folgt insbesondere, daß *in einer vollständigen Booleschen Algebra von abzählbarem Typus die Begriffe regulär und σ-regulär eingebettete Unteralgebra zusammenfallen.*

Wir wollen eine Menge $E \subset \mathcal{X}$ d-*regulär* nennen, wenn sie von allen ihren disjunkten Untermengen die oberen Grenzen enthält. Von dieser Art sind beispielsweise alle Hauptideale; es ist jedoch nicht jede d-reguläre Untermenge ein Ideal.

Lemma 5. *Dafür, daß eine* d-*reguläre Untermenge F einer vollständigen B. A. $\mathcal{X}$ ein Ideal darstellt, ist notwendig und hinreichend, daß sie normal ist; in diesem Falle stellt F eine Komponente dar.*

Eines Beweises bedarf lediglich die Hinlänglichkeit. Es sei M eine beliebige nichtleere Untermenge von F. Nach Satz 4 (die Rolle von E spielt ganz $\mathcal{X}$) existiert eine solche disjunkte Menge M', daß a) $\sup M' = \sup M$ ist und man b) zu jedem $x \in M'$ ein $y \in M$ mit $y \geqq x$ angeben kann.

Der Normalität von F zufolge haben wir $M' \subset F$, also $\sup M = \sup M' \in F$. Wir sehen also, daß F ein Ideal ist. Nehmen wir als M ganz F, so erkennen wir, daß $\sup F \in F$ ist. Daher ist F ein Hauptideal (eine Komponente).

Das Lemma ist damit bewiesen. Um den Preis einer gewissen Verkomplizierung könnte man von der Voraussetzung der Vollständigkeit von $\mathcal{X}$ absehen.

2. Normale Kerne. Es sei A eine beliebige Menge von Elementen einer B. A. $\mathcal{X}$. Die Menge $A \cup \{0\}$ ist jedenfalls nichtleer und enthält nichtleere normale Untermengen (zum Beispiel die nur aus dem Nullelement bestehende Untermenge). Es gilt folgendes „Lemma über den normalen Kern".

Lemma 6. *Wie auch die Menge A von Elementen der B. A. $\mathcal{X}$ gewählt ist, unter den normalen Untermengen der Menge $A \cup \{0\}$ gibt es stets eine größte; diese größte normale Untermenge wird durch die Gleichung*

$$A^0 = \{x \mid \mathcal{X}_x \subset A \cup \{0\}\}$$

bestimmt.

Beweis. Es ist klar, daß A^0 eine normale Untermenge der Menge $A \cup \{0\}$ ist (wenn $x' \leqq x \in A^0$ ist, so gilt $\mathcal{X}_{x'} \subset \mathcal{X}_x \subset A \cup \{0\}$, also $x' \in A^0$). Es sei jetzt B normal, nichtleer und in $A \cup \{0\}$ enthalten. Für jedes $x \in B$ folgt aus $x' \leqq x$ $x' \in B \subset A \cup \{0\}$, d. h. $x' \in A \cup \{0\}$. Somit ist $x \in A^0$. Hieraus folgt $B \subset A^0$. Das Lemma ist damit bewiesen. Die Menge A^0 werden wir den *normalen Kern* der Menge A nennen. Die Bezeichnung A^0 behalten wir auch in Zukunft bei.

Wir beweisen jetzt den einfachen, aber für das Weitere äußerst wichtigen Satz von den normalen Kernen zueinander komplementärer Mengen.

Satz 6. *Es sei A eine beliebige Untermenge der vollständigen* Booleschen *Algebra $\mathcal{X}$ und $A' = \mathcal{X} \setminus A$.*

Dann gilt:

1) *die normalen Kerne A^0 und $(A')^0$ der Mengen A und A' sind zueinander disjunkt;*

2) *jede der Mengen A, A' ist minorant im disjunkten Komplement des normalen Kerns der anderen;*

3) *wenn eine der Mengen A, A'* d-*regulär ist, so ist ihr normaler Kern eine Komponente, die mit dem disjunkten Komplement des normalen Kerns der anderen zusammenfällt;*

4) *wenn eine der Mengen A, A' eine Komponente ist, so fällt sie mit ihrem normalen Kern zusammen; dabei bilden die normalen Kerne beider Mengen zueinander komplementäre Komponenten.*

Beweis. 1) Es sei $x \in A^0$, $x' \in (A')^0$. Wegen der Normalität der Mengen A^0, $(A')^0$ muß dann

$$x \wedge x' \in A^0 \cap (A')^0 \subset (A \cap A') \cup \{0\} = \{0\}$$

gelten, woraus hervorgeht, daß $x \wedge x' = 0$ ist. Daher gilt

$$A^0 \, \mathrm{d} \, (A')^0 \, .$$

2) Nach Wahl eines beliebigen von Null verschiedenen Elements $x_0 \in (A^0)^{\mathrm{d}}$ bemerken wir, daß sich mit der Komponente $\mathcal{X}_{x_0}$ nicht die Elemente der Menge $A \cup \{0\}$ erschöpfen können, weil sie sonst im normalen Kern A^0 enthalten wäre, während $x_0 \, \mathrm{d} \, A^0$ gilt. Daher gibt es ein von Null verschiedenes Element $x' \in \mathcal{X}_{x_0} \cap A'$. Wir sehen, daß A' in $(A^0)^{\mathrm{d}}$ minorant ist. Analog überzeugen wir uns davon, daß A in $[(A')^0]^{\mathrm{d}}$ minorant ist.

3) Um etwas Bestimmtes vor Augen zu haben, sei etwa die Menge A d-regulär. Nach 2) ist sie in $[(A')^0]^{\mathrm{d}}$ minorant. Nach dem Exhaustionsprinzip kann man schließen, daß $A \cup \{0\} \supset [(A')^0]^{\mathrm{d}}$ ist. Da die Menge $[(A')^0]^{\mathrm{d}}$ normal ist, ist sie notwendig in der größten der normalen Untermengen von $A \cup \{0\}$ enthalten, d. h. im Kern A^0. Andererseits wissen wir, daß $A^0 \, \mathrm{d} \, (A')^0$ gilt. Daher ist $A^0 \subset [(A')^0]^{\mathrm{d}}$. Wir sehen also, daß $A^0 = [(A')^0]^{\mathrm{d}}$ ist. Hieraus folgt auch, daß A^0 Komponente ist.

Die Gültigkeit der Aussage 4) schließlich ist nunmehr bereits evident.

Wir wollen die Anwendung des Satzes 6 an einem wichtigen **Beispiel** illustrieren. Es sei $\mathfrak{A}$ eine ergodische Automorphismengruppe der vollständigen normierten B. A. $\mathcal{X}$; μ sei ein bezüglich aller Transformationen dieser Gruppe invariantes Wahrscheinlichkeitsmaß auf $\mathcal{X}$. Wir haben bereits in Kapitel I erwähnt, daß *nur ein einziges derartiges Maß existieren kann*; diese Aussage wollen wir jetzt beweisen. Es sei ν ein weiteres $\mathfrak{A}$-invariantes Maß. Wir definieren die Menge A durch die Gleichung

$$A = \{x \mid \mu(x) > \nu(x)\} \, .$$

Es ist klar, daß beide Mengen A, A' d-regulär sind, ihre normalen Kerne A^0 und $(A')^0$ also Satz 6 zufolge eine disjunkte Zerlegung der Algebra $\mathcal{X}$ bilden. Wir wollen zeigen, daß *eine von ihnen nur das Nullelement enthält.* Angenommen, beide Komponenten A^0, $(A')^0$ seien von Null verschieden. Wir wählen von Null verschiedene Elemente $u \in A^0$, $u' \in (A')^0$. Unter Verwendung der Ergodizität der Gruppe wählen wir einen Automorphismus $B \in \mathfrak{A}$ so, daß die Ungleichung

$$v' = B\,u \wedge u' > 0$$

erfüllt wird. Dann sind die Elemente $v' \in \mathcal{X}_{u'}$ und $v = B^{-1}\, v' \in \mathcal{X}_u$ $\mathfrak{A}$-kongruent (s. S. 45), und es ist infolgedessen

$$\mu(v) - \nu(v) = \mu(v') - \nu(v') > 0 \, ,$$

was unmöglich ist. Somit fällt eine der Komponenten A^0, $(A')^0$ mit $\mathcal{X}$ zusammen. Da μ und ν beides Wahrscheinlichkeitsmaße sind, ist $\mathbf{1} \in A'$ und

$\mathcal{X} = A' = (A')^0$. Somit gilt für alle $x \in \mathcal{X}$

$$\mu(x) \leqq \nu(x) .$$

Analog beweist sich die entgegengesetzte Ungleichung. Damit ist die Eindeutigkeit des invarianten Maßes festgestellt.

Die Bedingungen von Satz 6 schließen nicht den Fall aus, daß eine der Mengen A, A' leer ist; ihr normaler Kern besteht dann stets nur aus dem Nullelement. „Null" kann auch der normale Kern einer nichtleeren Menge sein. Es gilt jedoch

Satz 7. *Wenn A^+ nichtleer und A' d-regulär ist, so ist auch $(A^0)^+$ nichtleer.*

Beweis. Nach Nr. 3 des vorstehenden Satzes ist $(A')^0 = (A^0)^d$. Daß A^+ nichtleer ist, bedeutet, daß $(A')^0 \neq \mathcal{X}$, erst recht also $(A^0)^d \neq \mathcal{X}$ und $(A^0)^+$ nichtleer ist.

3. Atomare und atomlose Algebren. Definition. Die Booleſche Algebra $\mathcal{X}$ heißt *diskret* oder *atomar*[1]), wenn es eine in $\mathcal{X}$ minorante disjunkte Menge A gibt.

Es ist klar, daß zu keinem Element $a \in A$ ein Element a' existieren kann, das der Ungleichung $0 < a' < a$ genügt; die Elemente der Menge A sind „unteilbar". Für jedes von Null verschiedene $a \in A$ ist die Komponente $\mathcal{X}_a$ eine triviale Boolesche Algebra, die aus den beiden Elementen 0 und a besteht. Die von Null verschiedenen Elemente der Menge A heißen *Atome*. Eine atomare Algebra läßt sich also dadurch charakterisieren, daß es eine in ihr minorante Menge von Atomen gibt. Wie aus dem Exhaustionsprinzip hervorgeht, stellt jedes Element einer atomaren Algebra die obere Grenze einer gewissen disjunkten Menge von Atomen dar; man kann sagen, daß es in Atome „zerfällt". Als Beispiel für eine atomare Algebra kann eine beliebige B. A. der Form 2^Q dienen; in einer derartigen B. A. sind Atome alle möglichen nur aus einem Punkt bestehenden Untermengen der Grundmenge Q. Es ist leicht zu erkennen, daß sich *mit den Algebren von der Form 2^Q im wesentlichen die Klasse aller vollständigen atomaren Booleschen Algebren erschöpft:* die Elemente jeder vollständigen atomaren B. A. $\mathcal{X}$ lassen sich in natürlicher Weise den Untermengen der Menge A aller Atome von $\mathcal{X}$ eineindeutig zuordnen.

Diese Zuordnung bewirkt einen Isomorphismus zwischen den Algebren $\mathcal{X}$ und 2^A. Jede vollständige atomare Algebra ist Vereinigung ausgearteter Algebren, d. h. aus nur zwei Elementen bestehender Algebren[2]).

Man muß sagen, daß atomare Algebren vom Blickpunkt der Probleme her, die wir in diesem Buch in erster Linie behandeln, wenig interessant sind: sie sind sehr einfach gebaut. Für uns wichtiger sind die atomlosen B. A.: so heißen diejenigen B. A., die kein einziges Atom enthalten. In einer derartigen Algebra gibt es zu jedem vom Nullelement verschiedenen x ein x', das der

[1]) Im Deutschen ist hierfür ausschließlich die Bezeichnung *atomar* üblich, der wir uns im folgenden anschließen. — Anm. d. Red. d. dt. Ausg.

[2]) Daher heißen vollständige atomare Algebren manchmal auch „dyadisch".

Ungleichung $0 < x' < x$ genügt. Eine beliebige B. A. ist nicht notwendig atomar oder atomlos; es gilt jedoch ein Satz, durch den sich die Untersuchung einer beliebigen vollständigen Algebra auf einen dieser beiden Fälle zurückführen läßt.

Satz 8. *Jede vollständige B. A.* $\mathcal{X}$ *ist Vereinigung*[1]) *zweier Komponenten, von denen die eine atomar, die andere atomlos ist.*

Beweis. Es sei A die Gesamtheit aller Atome von $\mathcal{X}$. Angenommen, $A \neq \Lambda$. Wir setzen $\mathcal{X}' = [(\mathcal{X} \setminus A)^0]^d$. Die Menge $\mathcal{X}'$ ist eine Komponente, in der A minorant sein muß (Satz 6). Daher ist $\mathcal{X}'$, für sich betrachtet, eine atomare B. A. In ihrem disjunkten Komplement können keine Atome enthalten sein, weil $A \subset A^0 \subset [(\mathcal{X} \setminus A)^0]^d = \mathcal{X}'$ ist (Satz 6). Da sie kein einziges Atom enthält, stellt die Komponente $\mathcal{X}'' = (\mathcal{X}')^d$ eine atomlose BOOLEsche Algebra dar, und $\mathcal{X}'$ und $\mathcal{X}''$ bilden eine Zerlegung der B. A. $\mathcal{X}$. Da letztere vollständig ist, ist sie ihre Vereinigung. Der Satz ist damit bewiesen. Die Eindeutigkeit der Zerlegung in eine atomare und eine atomlose Komponente sei dem Leser zum Beweis überlassen.

Zum Abschluß dieses Paragraphen weisen wir noch auf einige sehr wichtige Eigenschaften atomloser Algebren hin.

1) *Zu jedem Element $u > 0$ einer atomlosen* BOOLE*schen Algebra $\mathcal{X}$ gibt es in der Komponente $\mathcal{X}_u$ eine Folge $\{x_n\}_{n=1}^{\infty}$, deren sämtliche Glieder vom Nullelement verschieden und paarweise disjunkt sind.*

Der Beweis besteht in der sukzessiven Konstruktion der Elemente $x_1, x_2, \ldots$, Zunächst finden wir nämlich ein x_1 mit $0 < x_1 < u$, danach ein x_2 mit $0 < x_2 < u - x_1$ usw.

2) *Ist auf der atomlosen Algebra $\mathcal{X}$ ein strikt positives Quasimaß μ definiert, so gibt es zu jedem $u > 0$ und zu einer beliebigen Zahl $\varepsilon \in (0, \mu\, u)$ ein Element $y \in \mathcal{X}_u^+$ mit $\mu\, y \leqq \varepsilon$.*

Bilden wir nämlich eine Folge $\{x_n\}$, deren Existenz in 1) festgestellt worden ist, so sehen wir, daß

$$\sum_{n=1}^{\infty} \mu\, x_n \leqq \mu\, u$$

gilt: es besitzen also alle hinreichend weit entfernten Glieder dieser Folge die gewünschte Eigenschaft.

3) *Ist auf einer atomlosen vollständigen Algebra $\mathcal{X}$ ein Maß μ definiert, so gibt es zu jedem $u > 0$ und jeder Zahl $\varepsilon \in (0, \mu\, u)$ ein Element $y \in \mathcal{X}_u$ mit $\mu\, y = \varepsilon$.*

Zum Beweis betrachten wir das in natürlicher Weise halbgeordnete System S_ε aller Elemente aus $\mathcal{X}_u$, deren Maße ε nicht übersteigen. Die Menge S_ε ist normal und minorant in $\mathcal{X}_u$. Wir wollen zeigen, daß auf sie das ZORNsche

---

[1]) Siehe S. 36.

Lemma anwendbar ist. Es sei $C \subset S_\varepsilon$ eine beliebige Kette und $\bar{x} = \sup C$. Nach Satz 4 gibt es eine disjunkte Menge $S' \subset S_\varepsilon$ mit den Eigenschaften

a) $\sup S' = \bar{x}$,

b) für jedes $x \in S'$ gilt die Ungleichung $x \leqq y$ mit einem gewissen $y \in C$.

Da C eine Kette ist, ist auch die stärkere Bedingung erfüllt:

b′) für jede endliche Untermenge $\sigma \subset S'$ gilt mit einem gewissen $y \in C$ die Ungleichung $\sup \sigma \leqq y$.

Infolge der Volladditivität des Maßes ist

$$\mu \bar{x} = \sum_{x \in S'} \mu x \leqq \varepsilon ,$$

d. h. $\bar{x} \in S_\varepsilon$. Somit erweist sich eine beliebig in S_ε gewählte Kette als in S_ε beschränkt, und das ZORNsche Lemma ist anwendbar. Wir können schließen, daß es in S_ε ein maximales Element y gibt. Es ist klar, daß $\mu y \leqq \varepsilon$ ist; wäre etwa $\mu y < \varepsilon$, so könnten wir, indem wir $\varepsilon_1 = \varepsilon - \mu y$ und $u_1 = u - y$ setzen, in der Komponente $\mathfrak{X}_{u_1}$ ein Element $y_1 \geqq 0$ finden, dessen Maß kleiner als ε_1 ist. Dann wäre aber $y + y_1 \leqq u$ und $\mu (y + y_1) < \mu y + \varepsilon_1 = \varepsilon$, d. h. $y + y_1 \in S_\varepsilon$, was offensichtlich mit der Maximalität von y unvereinbar ist. Das bedeutet, daß in der Tat $\mu y = \varepsilon$ und y das gesuchte Element ist. Wir merken an, daß sich die Anwendung des ZORNschen Lemmas erforderlichenfalls auch vermeiden ließe.

§ 3. Gerichtete Mengen und MOORE-SMITH-Folgen

1. MOORE-SMITH Folgen. Eine teilweise geordnete Menge A heißt *nach oben* (*nach unten*) *gerichtet*, wenn es zu zwei beliebigen Elementen $\alpha_1, \alpha_2 \in \mathrm{A}$ ein Element $\alpha \in \mathrm{A}$ gibt, für das gleichzeitig die Beziehungen[1] $\alpha > \alpha_1, \alpha > \alpha_2$ (bzw. $\alpha < \alpha_1$, $\alpha < \alpha_2$) bestehen. Gerichtete Mengen heißen auch *Richtungen* oder *Netze*. Das klassische Beispiel für eine gerichtete Menge ist die natürliche Zahlenreihe $\{1, 2, \ldots\}$ mit der gewöhnlichen Ordnungsbeziehung. Auf der Menge der natürlichen Zahlen vorgegebene Funktionen heißen bekanntlich *Folgen*; dementsprechend heißen Funktionen, die auf beliebigen gerichteten Mengen definiert sind, *verallgemeinerte Folgen* (MOORE-SMITH-*Folgen*)[2]. Es ist manchmal gebräuchlich, sie als Familien $\{x_\alpha\}_{\alpha \in \mathrm{A}}$ zu bezeichnen. Die Elemente x_α nennen wir dabei die *Glieder* der betreffenden MOORE-SMITH-Folge. Manchmal werden wir auch nur Folge sagen.

Es sei A eine nach oben (nach unten) gerichtete Menge; wir sagen, die Untermenge $\mathrm{A}' \subset \mathrm{A}$ sei *konfinal*, wenn es zu beliebigem $\alpha \in \mathrm{A}$ ein Element $\alpha' \in \mathrm{A}'$ gibt mit $\alpha' > \alpha$ ($\alpha' < \alpha$). Es ist klar, daß eine derartige Untermenge auch gerichtet ist.

---

[1]) Das Zeichen $>$ entspricht dem Symbol $\geqq$.

[2]) Wir verwenden im folgenden in der deutschen Übersetzung den in der angelsächsischen Literatur fast ausschließlich üblichen Begriff der MOORE-SMITH-Folge. — Anm. d. Red. d. dt. Ausg.

Ist $\xi = \{x_\alpha\}_{\alpha \in A}$ eine auf A vorgegebene MOORE-SMITH-Folge, so heißt *konfinale Teilfolge* von ihr jede Einschränkung der Form $\xi' = \xi|_{A'}$, wo $A' \subset A$ eine konfinale Untermenge von A ist. Es ist mit anderen Worten $\xi' = \{x_\alpha\}_{\alpha \in A'}$. Aus der Definition entspringt unmittelbar folgender wichtiger „Alternativsatz".

Satz 9. *Es sei $\xi = \{x_\alpha\}_{\alpha \in A}$ eine* MOORE-SMITH-*Folge, deren Werte in der Menge $\mathcal{X}$ liegen; $\mathcal{X}_1$ eine beliebige Untermenge von $\mathcal{X}$. Dann gibt es entweder einen Index α_0, so daß für alle $\alpha > \alpha_0$ $x_\alpha \in \mathcal{X}_1$ gilt, oder es existiert eine konfinale Teilfolge ξ', deren sämtliche Glieder in $\mathcal{X} \setminus \mathcal{X}_1$ liegen.*

Gerichtete Mengen und MOORE-SMITH-Folgen sind in Zusammenhang mit den Grundlagen der Grenzwerttheorie von S. O. ŠATUNOVSKIJ, MOORE und SMITH in die Mathematik eingeführt worden. Für MOORE-SMITH-Folgen mit Werten in einem gewissen topologischen Raum $\mathcal{X}$ hat nämlich der Begriff des *Grenzwerts* einen Sinn: Das Element $x \in \mathcal{X}$ heißt *Limes der* MOORE-SMITH-*Folge* $\xi = \{x_\alpha\}_{\alpha \in A}$, wenn man jeder beliebigen Umgebung V des Punktes x einen Index $\alpha_V \in A$ so zuordnen kann, daß für alle $\alpha > \alpha_V$ $x_\alpha \in V$ gilt. In diesem Falle schreiben wir $x = \lim \xi$ oder $x = \lim x_\alpha$. Es gilt der folgende Satz, der zeigt, wie nützlich die eingeführten Begriffe sind.

Satz 10. *Der Punkt x gehört dann und nur dann der abgeschlossenen Hülle $\overline{E}$ der nichtleeren Menge E an, wenn es eine* MOORE-SMITH-*Folge $\xi = \{x_\alpha\}_{\alpha \in A}$ gibt, deren sämtliche Glieder E angehören und für die* $\lim \xi = x$ *ist.*

Beweis. Es ist klar, daß alle Grenzwerte von MOORE-SMITH-Folgen, die aus Punkten von E bestehen, der abgeschlossenen Hülle $\overline{E}$ angehören müssen. Es sei jetzt umgekehrt bekannt, daß $x \in \overline{E}$ ist. Wir bilden die gerichtete Menge $\mathfrak{V}$, die aus allen Umgebungen des Punktes x besteht; die Ungleichung $V_1 > V_2$ wollen wir dabei als Inklusion $V_1 \subset V_2$ deuten. Auf Grund der Axiome der Topologie ist dann $\mathfrak{V}$ in der Tat eine gerichtete Menge. Wählen wir jetzt in jeder Umgebung $V \in \mathfrak{V}$ einen Punkt $x_V \in V$, so erhalten wir eine MOORE-SMITH-Folge, die x als Limes besitzt. Der bewiesene Satz geht auf G. BIRKHOFF zurück.

Satz 10 zeigt, daß eine Topologie τ_1 dann und nur dann stärker als eine andere Topologie τ_2 ist, wenn jede MOORE-SMITH-Folge, die in der Topologie τ_1 einen Grenzwert besitzt, denselben Limes auch in der Topologie τ_2 hat.

Wir weisen darauf hin, daß eine MOORE-SMITH-Folge in einem beliebigen topologischen Raum $\mathcal{X}$ mehr als einen Limes besitzen kann. *Die Eindeutigkeit des Limes ist gleichbedeutend mit der Separiertheit von $\mathcal{X}$*: In $\mathcal{X}$ muß das HAUSDORFFsche Trennungsaxiom gelten, nach dem zwei beliebige verschiedene Punkte durch durchschnittsfremde Umgebungen trennbar sind.

Zwei MOORE-SMITH-Folgen $\{x_\alpha\}_{\alpha \in A}$, $\{y_\alpha\}_{\alpha \in A}$ mit gemeinsamer Indexmenge A heißen *ähnlich* oder *von gleichem Typ*. Wenn A die natürliche Zahlenreihe ist, so heißt die Folge *gewöhnlich*.

Mittels verallgemeinerter Folgen läßt sich die Definition der Stetigkeit einer gewissen Abbildung in einem festen Punkte bequem formulieren: Eine Abbildung f, die den topologischen Raum $\mathcal{X}$ in den topologischen Raum $\mathcal{Y}$ überführt, ist im Punkte x_0 stetig, wenn aus $\lim_\alpha x_\alpha = x_0$ stets $\lim_\alpha f(x_\alpha) = f(x_0)$ folgt. Wir überlassen es dem Leser, sich selbst davon zu überzeugen, daß die genannte Definition zu der sonstigen, ihm bekannten äquivalent ist.

In den Fällen, in denen die betreffende gerichtete Menge A in einer umfassenderen halbgeordneten Menge $\mathcal{X}$ enthalten ist, nimmt man gewöhnlich an, daß die Halbordnung in A entweder mit der induzierten zusammenfällt oder zu ihr entgegengesetzt ist. In diesen Fällen sagen wir, daß A nach oben bzw. nach unten gerichtet ist.

Es sei $\mathcal{X}$ eine beliebige B. A. (oder sogar ein beliebiger Verband). Mit jeder nichtleeren Menge $S \subset \mathcal{X}$ verknüpfen wir zwei gerichtete Mengen $S^\uparrow$ und $S^\downarrow$, indem wir zur ersten davon die oberen Grenzen aller möglichen endlichen Untermengen von S, zur zweiten dagegen die unteren Grenzen rechnen. Dabei wird die Beziehung $>$ im ersten Falle als $\geqq$ und im zweiten als $\leqq$ gedeutet. Wir wollen sagen, daß $S^\uparrow$ und $S^\downarrow$ die *zu S assoziierten Standardrichtungen* sind. Die erste derselben ist nach oben, die zweite nach unten gerichtet. Ferner können wir zwei MOORE-SMITH-Folgen bilden, indem wir jedem Element von $S^\uparrow$ ($S^\downarrow$) (als Index) sich selbst zuordnen. Diese Folgen sind monoton. Wir wollen sie als *S zugeordnete monotone Standardfolgen* bezeichnen. Als Beispiel betrachten wir den Fall, daß S eine Unteralgebra, ein Ideal oder ein Filter darstellt; dann fallen die Mengen S, $S^\uparrow$, $S^\downarrow$ mengenmäßig offensichtlich zusammen, und beide verallgemeinerte Standardfolgen „bestehen" aus ein und denselben Gliedern (was freilich nicht dazu berechtigt, sie miteinander zu identifizieren).

Es sei S disjunkt, $\{x_\alpha\}$ die S assoziierte wachsende Standardfolge und φ eine additive Zahlenfunktion; dann läßt sich die Gleichung

$$\lim_\alpha \varphi(x_\alpha) = L \tag{I}$$

in der Form

$$\sum_{x \in S} \varphi(x) = L \tag{I'}$$

schreiben. In der Tat kann man, wenn (I) erfüllt ist, zu jedem beliebigen $\varepsilon > 0$ eine endliche Untermenge $S' \subset S$ so wählen, daß aus $\sup S'' \geqq \sup S'$ oder, was auf dasselbe hinausläuft, aus $S'' \supset S'$ die Ungleichung $\left|L - \sum_{x \in S''} \varphi(x)\right| < \varepsilon$ folgt. Damit gilt (I'). Analog bestätigt man, daß (I) aus (I') folgt.

2. Durch einen Konvergenzbegriff induzierte Topologie. Es sei Ξ eine beliebige Menge von MOORE-SMITH-Folgen, die aus Elementen einer gewissen Menge R gebildet sind. Wir wollen annehmen, daß jedem Element $\xi \in \Xi$ ein gewisses Element $x_\xi \in R$ entspricht. Es ist klar, daß es in R Topologien gibt, bezüglich derer jede der Folgen ξ das entsprechende Element x_ξ als ihren Limes hat; es sei T die Klasse aller derartiger Topologien. Man überzeugt sich leicht davon, daß die *schwächste aller Topologien, die diese Klasse majorisieren, selbst in* T *enthalten ist.* In einer derartigen Topologie läßt sich nämlich jede Umgebung des Punktes x_ξ als Durchschnitt der Form

$$V_1 \cap V_2 \cap \cdots \cap V_m$$

darstellen, wo jedes V_i in einer der Topologien der Klasse T Umgebung von x_ξ ist. Daher müssen alle „genügend weit draußen" liegenden Glieder der Folge ξ diesem Durchschnitt angehören, der Punkt x_ξ ist also in der betrachteten Topologie Grenzwert von ξ. Letztere gehört somit der Klasse T an. Wir sehen also, daß *es in der Klasse* T *eine stärkste Topologie gibt.* Diese Bemerkung wird uns im folgenden Paragraphen von Nutzen sein.

§ 4. Verschiedene Topologien in BOOLEschen Algebren

1. Vorbemerkungen. Bisher haben wir uns bei der Untersuchung BOOLEscher Algebren nur für solche Eigenschaften von ihnen interessiert, die unmittelbar mit der Halbordnung zusammenhängen. Außer mit einer Halbordnung kann jedoch die Menge der Elemente der betreffenden Algebra noch mit verschiedenen Topologien versehen sein; dann muß man die BOOLEsche Algebra nicht nur als halbgeordnete Menge, sondern auch als topologischen Raum untersuchen. Dabei interessieren uns natürlich von den verschiedenen Topologien, die in der betreffenden BOOLEschen Algebra möglich sind, in erster Linie diejenigen, die mit der Halbordnung hinreichend vernünftig in Einklang stehen. *Die Algebra $\mathfrak{X}$ wird in diesem Paragraphen immer als vollständig vorausgesetzt.* Der Leser wird selbst bemerken, wo man von dieser Annahme absehen könnte.

2. Die Topologien der Halbordnung. Ein Zusammenhang zwischen Topologie und Halbordnung kann mittels verschiedener Axiome beschrieben werden. In erster Linie werden wir Topologien betrachten, die einer der folgenden beiden Bedingungen (O), (OS) genügen.

(O) *Wenn die drei ähnlichen* MOORE-SMITH-*Folgen*

$$\xi = \{x_\alpha\}_{\alpha \in A}, \qquad \eta = \{y_\alpha\}_{\alpha \in A}, \qquad \zeta = \{z_\alpha\}_{\alpha \in A}$$

für alle $\alpha \in A$ der Ungleichung $y_\alpha \leqq x_\alpha \leqq z_\alpha$ genügen und dabei $\{y_\alpha\}$ wächst, $\{z_\alpha\}$ fällt und

$$\sup_{\alpha \in A} y_\alpha = \inf_{\alpha \in A} z_\alpha = x$$

ist, so konvergiert $\{x_\alpha\}$ im Sinne der Topologie gegen das Element x.

Es kann sein, daß eine Topologie nicht der Bedingung (O), wohl aber der schwächeren Bedingung (OS) genügt:

(*OS*) *Wenn die drei gewöhnlichen Folgen*

$$\xi = \{x_n\}_{n=1}^{\infty}, \qquad \eta = \{y_n\}_{n=1}^{\infty}, \qquad \zeta = \{z_n\}_{n=1}^{\infty}$$

für alle $n = 1, 2, 3, \ldots$ *der Ungleichung* $y_n \leqq x_n \leqq z_n$ *genügen und dabei* $\{y_n\}$ *wächst,* $\{z_n\}$ *fällt und* $\sup_n y_n = \inf_n z_n = x$ *ist, so konvergiert* $\{x_n\}$ *im Sinne der Topologie gegen das Element* x.

Unter den Topologien, die der Bedingung (*O*) (der Bedingung (*OS*)) genügen, gibt es eine stärkste (s. S. 90).

Definition. Die stärkste unter den Topologien, die der Bedingung (*O*) genügen, heißt (*o*)-*Topologie.*

Definition. Die stärkste unter den Topologien, die der Bedingung (*OS*) genügen, heißt (*os*)-*Topologie.*

Diese beiden Topologien heißen *Topologien der Halbordnung* oder *Ordnungstopologien.* Da die Bedingung (*O*) stärker als die Bedingung (*OS*) ist, ist die (*o*)-Topologie offensichtlich schwächer als die (*os*)-Topologie. In vielen wichtigen Fällen fallen, wie wir im folgenden sehen werden, diese Topologien zusammen.

Die Bedingungen (*O*) und (*OS*) hängen eng mit dem Begriff der sogenannten (*o*)-*Konvergenz* zusammen.

Definition. Eine MOORE-SMITH-Folge $\xi = \{x_\alpha\}_{\alpha \in A}$ heißt (*o*)-konvergent gegen das Element x, wenn es MOORE-SMITH-Folgen $\{y_\alpha\}_{\alpha \in A}$ und $\{z_\alpha\}_{\alpha \in A}$ gibt, die bei beliebigem $\alpha \in A$ der Ungleichung $y_\alpha \leqq x_\alpha \leqq z_\alpha$ genügen und für die $\{y_\alpha\}$ wächst, $\{z_\alpha\}$ fällt und

$$\sup_{\alpha \in A} y_\alpha = \inf_{\alpha \in A} z_\alpha = x$$

gilt. In diesem Falle schreiben wir $x_\alpha \xrightarrow{(o)} x$ oder $(o)\text{-}\lim_\alpha x_\alpha = x$ oder einfach $(o)\text{-}\lim \xi = x$. Ist A die natürliche Zahlenreihe (Fall einer gewöhnlichen Folge), so schreibt man $x_n \xrightarrow{(o)} x$ oder $(o)\text{-}\lim x_n = x$.

Wir können jetzt sagen, daß *die* (*o*)-*Topologie die stärkste Topologie ist, in der die* (*o*)-*Konvergenz die topologische Konvergenz nach sich zieht.* Später werden wir sehen (S. 99), daß eine (*o*)-konvergente MOORE-SMITH-Folge stets genau einen Grenzwert im Sinne der Topologie hat.

Wir weisen darauf hin, daß für die Definition der (*o*)-Topologie und die (*o*)-Konvergenz die Vollständigkeit der Algebra nicht benötigt wird.

Wir machen den Leser darauf aufmerksam, daß die (*o*)-Konvergenz in der Regel wesentlich stärker als die Konvergenz bezüglich der (*o*)- oder (*os*)-Topologie ist und mit letzerer nur in seltenen, „ausgearteten" Fällen zusammenfällt. Die topologische Konvergenz (Konvergenz im Sinne der (*o*)-Topologie) werden wir einfach mit einem Pfeil $\rightarrow$ bezeichnen.

Die bei der Definition der (o)-Konvergenz auftretenden MOORE-SMITH-Folgen $\{y_\alpha\}$ und $\{z_\alpha\}$ heißen üblicherweise *komprimierende* Folgen für $\{x_\alpha\}$.

Es ist klar, daß für alle $\alpha \in A$ die Ungleichung

$$y_\alpha \leqq \bigwedge_{\beta>\alpha} x_\beta \leqq x_\alpha \leqq \bigvee_{\beta>\alpha} x_\beta \leqq z_\alpha \tag{II}$$

erfüllt ist. Daher erhalten wir in

$$\bar{y}_\alpha = \bigwedge_{\beta>\alpha} x_\beta, \qquad \bar{z}_\alpha = \bigvee_{\beta>\alpha} x_\beta \tag{III}$$

zwei MOORE-SMITH-Folgen, die $\{x_\alpha\}$ „am engsten" komprimieren. Aus der Ungleichung (II) folgt zugleich, daß $\bigwedge \bar{z}_\alpha = \bigvee \bar{y}_\alpha = (o)\text{-}\lim\limits_\alpha x_\alpha$ ist, wenn dieser letztere Limes existiert. Wir bemerken jetzt, daß die Formeln (III) für eine *beliebige* MOORE-SMITH-Folge $\xi = \{x_\alpha\}$ einen Sinn haben. Die durch diese Formeln definierten MOORE-SMITH-Folgen $\{\bar{y}_\alpha\}$ und $\{\bar{z}_\alpha\}$ sind wachsend bzw. fallend.

Definition. Die Elemente

$$y = \bigvee_\alpha \bar{y}_\alpha, \qquad z = \bigwedge_\alpha \bar{z}_\alpha \tag{IV}$$

heißen *unterer* und *oberer Limes* der MOORE-SMITH-Folge $\xi = \{x_\alpha\}$.

Sie werden wie folgt bezeichnet:

$$y = \varliminf_\alpha x_\alpha, \qquad z = \varlimsup_\alpha x_\alpha$$

oder kürzer

$$y = \varliminf \xi, \qquad z = \varlimsup \xi.$$

Offensichtlich gilt stets

$$\varliminf \xi \leqq \varlimsup \xi.$$

Nach allem Gesagten ist der folgende Satz evident.

Satz 11. *Dafür, daß die* MOORE-SMITH-*Folge* $\{x_\alpha\}_{\alpha \in A}$ *gegen das Element* x *konvergiert, ist notwendig und hinreichend, daß die Gleichung*

$$\varliminf_\alpha x_\alpha = \varlimsup_\alpha x_\alpha = x \tag{V}$$

besteht.

Aus diesem Satz folgt insbesondere die *Eindeutigkeit des* (o)-*Limes*.

Formel (V) läßt sich in entwickelter Form schreiben:

$$\bigvee_{\beta \in A} \bigwedge_{\alpha>\beta} x_\alpha = \bigwedge_{\beta \in A} \bigvee_{\alpha>\beta} x_\alpha = x. \tag{V'}$$

Für eine wachsende oder eine fallende Folge bekommen wir

$$\bigvee_{\alpha \in A} x_\alpha = x$$

bzw.

$$\bigwedge_{\alpha \in A} x_\alpha = x .$$

In diesem Falle schreiben wir $x_\alpha \uparrow x$ oder $x_\alpha \downarrow x$.

Es sei eine MOORE-SMITH-Folge $\xi = \{x_\alpha\}_{\alpha \in A}$ gegeben. Wir betrachten eine beliebige konfinale Unterrichtung A′ der gerichteten Menge A und die ihr entsprechende konfinale Teilfolge $\xi' = \{x_\alpha\}_{\alpha \in A'}$. Da für jedes $\alpha_0 \in A'$

$$\{x \mid \alpha \in A', \alpha > \alpha_0\} \subset \{x \mid \alpha \in A, \alpha > \alpha_0\}$$

gilt, übersteigt das Supremum der ersten Menge nicht das Supremum der zweiten. Infolgedessen gilt (wir nutzen hierbei die Konfinalität von A′ aus!)

$$\overline{\lim}\, \xi' \leqq \overline{\lim}\, \xi .$$

Analog ist

$$\underline{\lim}\, \xi' \geqq \underline{\lim}\, \xi .$$

Somit *kann der obere Limes beim Übergang zu einer konfinalen Teilfolge höchstens abnehmen und der untere Limes höchstens größer werden.* Hieraus folgt insbesondere

Satz 12. *Eine konfinale Teilfolge einer (o)-konvergenten* MOORE-SMITH-*Folge (o)-konvergiert gegen denselben Limes.*

In der Tat gilt, wenn $x = (o)\text{-}\lim \xi$ und ξ' eine konfinale Teilfolge von ξ ist,

$$x = \underline{\lim}\, \xi \leqq \underline{\lim}\, \xi' \leqq \overline{\lim}\, \xi' \leqq \overline{\lim}\, \xi = x ,$$

d. h.

$$x = (o)\text{-}\lim \xi' .$$

Als Beispiel für eine (o)-konvergente Teilfolge kann jede unendliche MOORE-SMITH-Folge $\{x_\alpha\}_{\alpha \in A}$ dienen, deren Elementemenge disjunkt ist. In der Tat ist dann offensichtlich $\underline{\lim}\, x_\alpha = 0$. Außerdem gilt für $\alpha > \alpha_0$ $\left(\bigvee_{\beta > \alpha} x_\beta\right) \mathrm{d}\, x_{\alpha_0}$, woraus folgt, daß das Element $y = \overline{\lim}\, x_\alpha$ zu jedem x_{α_0} disjunkt ist. Dann gilt aber auch $\left(\bigvee_{\alpha \in A} x_\alpha\right) \mathrm{d}\, y$, wiewohl offensichtlich $y \leqq \bigvee_{\alpha \in A} x_\alpha$ ist. Dies ist nur möglich, wenn $y = 0$ ist. Somit ist $\underline{\lim}\, x_\alpha = \overline{\lim}\, x_\alpha = 0$, d. h. $(o)\text{-}\lim x_\alpha = 0$.

Wir zählen jetzt einige Grundtatsachen auf, die mit den oben eingeführten Begriffen zusammenhängen. Dabei wird von allen in den Formulierungen a)—f) genannten MOORE-SMITH-Folgen vorausgesetzt, daß sie mittels der Elemente ein und derselben gerichteten Menge $A = \{\alpha\}$ durchnumeriert sind. Die zugrundeliegende B. A. $\mathfrak{X}$ wird wie auch früher als vollständig angenommen.

a) *Wenn* $y_\alpha = C\, x_\alpha$ *ist, so gilt*

$$\overline{\lim}\, y_\alpha = C\, (\underline{\lim}\, x_\alpha) , \qquad \underline{\lim}\, y_\alpha = C\, (\overline{\lim}\, x_\alpha) .$$

Bei dem in Kapitel I beschriebenen dualen Isomorphismus der B. A. $\mathfrak{X}$ auf sich entspricht also ein oberer Limes einem unteren und umgekehrt.

b) *Wenn* $y_\alpha = C\, x_\alpha$ *und* $x_\alpha \xrightarrow{(o)} x$ *gilt, so auch*

$$y_\alpha \xrightarrow{(o)} C\, x\,.$$

c) *Wenn* $x_\alpha \leqq y_\alpha$ *für alle* $\alpha > \alpha_0 \in \mathrm{A}$ *ist, so gilt*

$$\overline{\lim_\alpha}\, x_\alpha \leqq \overline{\lim_\alpha}\, y_\alpha\,, \qquad \underline{\lim_\alpha}\, x_\alpha \leqq \underline{\lim_\alpha}\, y_\alpha\,.$$

Hieraus entspringt insbesondere die Möglichkeit, in Ungleichungen der Form $a \leqq x_\alpha \leqq b$ zum (o)-Limes überzugehen.

d) *Wenn* $x_\alpha \leqq y_\alpha \leqq z_\alpha$ *für alle* $\alpha > \alpha_0 \in \mathrm{A}$ *und dabei* $(o)\text{-}\lim_\alpha x_\alpha = (o)\text{-}\lim_\alpha z_\alpha = x$ *ist, so gilt*

$$y_\alpha \xrightarrow{(o)} x\,.$$

e) *Für eine beliebige endliche Familie ähnlicher* MOORE-SMITH-*Folgen* $\{x_\alpha^{(k)}\}_{\alpha \in \mathrm{A}}$ $(k = 1, 2, \ldots, n)$ *gilt*

$$\overline{\lim_\alpha} \bigvee_{k=1}^{n} x_\alpha^{(k)} = \bigvee_{k=1}^{n} \left(\overline{\lim_\alpha}\, x_\alpha^{(k)}\right),$$

$$\underline{\lim_\alpha} \bigvee_{k=1}^{n} x_\alpha^{(k)} = \bigvee_{k=1}^{n} \left(\underline{\lim_\alpha}\, x_\alpha^{(k)}\right).$$

f) *Für eine beliebige endliche Familie ähnlicher* MOORE-SMITH-*Folgen*

$$\{x_\alpha^{(k)}\}_{\alpha \in \mathrm{A}} \qquad (k = 1, 2, \ldots, n)$$

folgt aus den Beziehungen

$$x_\alpha^{(k)} \xrightarrow{(o)} x^{(k)} \qquad (k = 1, 2, \ldots, n)\,,$$

daß

$$\bigvee_{k=1}^{n} x_\alpha^{(k)} \xrightarrow{(o)} \bigvee_{k=1}^{n} x^{(k)}$$

und

$$\bigwedge_{k=1}^{n} x_\alpha^{(k)} \xrightarrow{(o)} \bigwedge_{k=1}^{n} x^{(k)}$$

gilt.

Die Aussagen b) und f) sagen aus, daß die Operationen C, $\wedge$ und $\vee$ „(o)-stetig" sind. Es wäre jedoch voreilig, die Stetigkeit dieser Operationen in der (o)-Topologie zu behaupten; wie wir unten[1]) sehen werden, braucht eine derartige Stetigkeit nicht vorzuliegen.

Was die Beweise der obengenannten Aussagen anbelangt, so sind sie in der Regel äußerst einfach. a) läßt sich nämlich durch einfachen Vergleich der

[1]) Siehe S. 109.

Definitionen (IV) mit den Dualitätsrelationen aus Kapitel I beweisen; b) folgt direkt aus a); c) ist offensichtliche Folgerung aus den Definitionen (IV) selbst; d) folgt aus c). Zum Beweis der Gleichungen e) benutzen wir das Distributivgesetz. Nach leichten Umformungen bekommen wir

$$\bigvee_{k=1}^{n}\left(\overline{\lim_{\alpha}}\, x_\alpha^{(k)}\right) = \bigvee_{k=1}^{n}\bigwedge_{\alpha\in A}\bigvee_{\beta>\alpha} x_\beta^{(k)} = \bigwedge_{\alpha_1,\ldots,\alpha_n\in A}\left[\left(\bigvee_{\beta>\alpha_1} x_\beta^{(1)}\right)\right]\vee\cdots\vee\left[\left(\bigvee_{\beta>\alpha_n} x_\beta^{(n)}\right)\right]$$

$$= \bigwedge_{\alpha\in A}\bigvee_{k=1}^{n}\bigvee_{\beta>\alpha} x_\alpha^{(k)} = \bigwedge_{\alpha\in A}\bigvee_{\beta>\alpha}\left(\bigvee_{k=1}^{n} x_\beta^{(k)}\right) = \overline{\lim_{\alpha}}\bigvee_{k=1}^{n} x_\alpha^{(k)},$$

die erste der Gleichungen e) ist damit bewiesen. Analog läßt sich auch die zweite Gleichung beweisen. Schließlich ist evident, daß f) als Spezialfall in d) enthalten ist.

Definition. Es seien $A = \{\alpha\}$ und $B = \{\beta\}$ beliebige gerichtete Mengen, $\xi = \{x_\alpha\}_{\alpha\in A}$ und $\eta = \{y_\beta\}_{\beta\in B}$ mittels dieser gerichteten Mengen numerierte MOORE-SMITH-Folgen. Wir werden sagen, daß η von ξ *majorisiert* wird (*minorisiert* wird), wenn man zu jedem $\beta \in B$ ein $\alpha_0 \in A$ aufweisen kann, daß aus $\alpha > \alpha_0$ stets $x_\alpha \geqq y_\beta$ ($x_\alpha \leqq y_\beta$) folgt. Wir werden folgende Bezeichnungen anwenden:

$$\xi \vdash \eta\,,$$

wenn η von ξ majorisiert wird, und

$$\xi \lhd \eta\,,$$

wenn η von ξ minorisiert wird.

Wir überlassen es dem Leser zu erraten, warum wir im zweiten Falle nicht das Zeichen $\dashv$ verwenden.

Lemma 7. *Wenn* $\xi \vdash \eta$ ($\xi \lhd \eta$) *gilt, so ist*

$$\overline{\lim}\,\eta \leqq \underline{\lim}\,\xi \qquad (\underline{\lim}\,\eta \geqq \overline{\lim}\,\xi)\,.$$

Beweis. Es sei $\xi \vdash \eta$. Dann haben wir nach Wahl eines willkürlichen $\beta \in B$ für alle $\alpha > \alpha_0(\beta)$ $x_\alpha \geqq y_\beta$. Dann gilt auch $\bigwedge_{\alpha>\alpha_0(\beta)} x_\alpha \geqq y_\beta$, woraus

$$\underline{\lim}\,\xi = \bigvee_{\alpha_0\in A}\bigwedge_{\alpha>\alpha_0} x_\alpha \geqq y_\beta$$

folgt. Ferner gilt wegen der Willkür von β $\underline{\lim}\,\xi \geqq \bigvee_{\beta'>\beta} y_{\beta'}$, und schließlich

$$\underline{\lim}\,\xi \geqq \bigwedge_{\beta\in B}\bigvee_{\beta'>\beta} y_{\beta'} = \overline{\lim}\,\eta\,.$$

Somit ist $\underline{\lim}\,\xi \geqq \overline{\lim}\,\eta$. Analog läßt sich im Falle $\xi \lhd \eta$ auch die Ungleichung $\underline{\lim}\,\eta \geqq \overline{\lim}\,\xi$ beweisen.

Folgerung. *Wenn die* MOORE-SMITH-*Folgen* ξ *und* ζ *ein und denselben* (o)-*Limes* x *besitzen und für die* MOORE-SMITH-*Folge* η *die Beziehungen* $\eta \vdash \xi$ *und* $\zeta \lhd \eta$ *gelten, so* (o)-*konvergiert* η *gleichfalls gegen das Element* x.

Lemma 8. *Dafür, daß die* MOORE-SMITH-*Folge* $\{x_\alpha\}$ *gegen das Element* x (o)-*konvergiert, ist notwendig und hinreichend, daß die symmetrische Differenz* $|x_\alpha - x|$ *gegen das Nullelement* (o)-*konvergiert.*

Der Beweis reduziert sich im Falle der Notwendigkeit auf die Anwendung der Identität

$$|x_\alpha - x| = (x_\alpha \wedge C\,x) \vee (x \wedge C\,x_\alpha)$$

und im Falle der Hinlänglichkeit auf die Identität

$$x_\alpha = |x - |\,x_\alpha - x|\,| = [x \wedge C\,|x_\alpha - x|] \vee [|x_\alpha - x| \wedge C\,x]$$

unter Benutzung der Grundeigenschaften b) und f).

Wir geben eine gleichfalls nützliche Formel für die Differenz des oberen und des unteren Limes einer gewöhnlichen Folge an.

Lemma 9. *Für eine beliebige Folge* $\{x_n\}_{n=1}^{\infty}$ *von Elementen einer vollständigen* BOOLE*schen Algebra gilt die Gleichung*

$$\overline{\lim}\, x_n - \underline{\lim}\, x_n = \overline{\lim}\, |x_n - x_{n+1}|\,.$$

Wir zeigen zunächst, daß für beliebiges $n = 1, 2, \ldots$ die Identität

$$\bigvee_{k=n}^{\infty} x_k = \bigvee_{k=n}^{\infty} |x_k - x_{k+1}| \vee x_n \tag{VI}$$

besteht.

Zum Beweis bezeichnen wir die linke und die rechte Seite der zu beweisenden Identität mit a bzw. b. Setzen wir ferner

$$x'_n = x_n\,, \quad x'_{n+1} = x_{n+1} \wedge C\,x_n, \ldots, x'_k = x_k \wedge C\,(x_n \vee x_{n+1} \vee \cdots \vee x_{k-1}), \ldots,$$

so bekommen wir

$$\bigvee_{k=n}^{\infty} x'_k = \bigvee_{k=n}^{\infty} x_k = a\,.$$

Für jedes $k \geqq n + 1$ haben wir

$$x'_k = x_k \wedge (C\,x_n \wedge C\,x_{n+1} \wedge \cdots \wedge C\,x_{k-1}) \leqq x_k \wedge C\,x_{k-1} \leqq |x_k - x_{k-1}| \leqq b\,.$$

Hieraus folgt

$$a = \left(\bigvee_{k=n+1}^{\infty} x_k\right) \vee x_n \leqq b \vee x_n = b\,.$$

Die erhaltene Ungleichung liefert uns zusammen mit der evidenten Ungleichung $b \leqq a$ die Identität (VI).

Weiter können wir unter Benutzung der Identität (VI)

$$\bigwedge_{k=n}^{\infty} x_k = C \bigvee_{k=n}^{\infty} C\,x_k = C\left\{\bigvee_{k=n}^{\infty} |C\,x_k - C\,x_{k+1}| \vee C\,x_n\right\}$$

schreiben. Berücksichtigen wir noch, daß $|C x_k - C x_{k+1}| = |x_k - x_{k+1}|$ ist, so erhalten wir eine weitere Gleichung

$$C \bigwedge_{k=n}^{\infty} x_k = \bigvee_{k=n}^{\infty} |x_k - x_{k+1}| \vee C x_n . \tag{VII}$$

Wir haben jetzt

$$\bigvee_{k=n}^{\infty} x_k - \bigwedge_{k=n}^{\infty} x_k = \left(\bigvee_{k=n}^{\infty} x_k\right) \wedge \left(C \bigwedge_{k=n}^{\infty} x_k\right)$$

$$= \left\{\bigvee_{k=n}^{\infty} |x_k - x_{k+1}| \vee x_n\right\} \wedge \left\{\bigvee_{k=n}^{\infty} |x_k - x_{k+1}| \vee C x_n\right\} = \bigvee_{k=n}^{\infty} |x_k - x_{k+1}| .$$

Schließlich wird

$$\overline{\lim}\, x_k - \underline{\lim}\, x_k = (o)\text{-}\lim_n \bigvee_{k=n}^{\infty} x_k - (o)\text{-}\lim \bigwedge_{k=n}^{\infty} x_k$$

$$= (o)\text{-}\lim_n \left[\bigvee_{k=n}^{\infty} x_k - \bigwedge_{k=n}^{\infty} x_k\right] = (o)\text{-}\lim_n \bigvee_{k=n}^{\infty} |x_k - x_{k+1}| = \overline{\lim_k}\, |x_k - x_{k+1}| .$$

Das Lemma ist damit bewiesen.

Folgerung. *Wenn* $|x_n - x_{n+1}| \xrightarrow{(o)} 0$ *gilt, so hat die Folge* $\{x_n\}_{n=1}^{\infty}$ *einen* (o)*-Limes.*

Wir wollen jetzt die Klasse der in der (o)-Topologie abgeschlossenen Mengen charakterisieren.

Satz 13. *Dafür, daß eine Menge* $E \subset \mathcal{X}$ *in der* (o)*-Topologie* ((os)*-Topologie*) *abgeschlossen ist, ist notwendig und hinreichend, daß sie von allen aus ihren Elementen gebildeten* (o)*-konvergenten* MOORE-SMITH- (*bzw. gewöhnlichen*) *Folgen die* (o)*-Limiten enthält.*

Beweis. Die Notwendigkeit unserer Bedingung ist evident. Für den Beweis der Hinlänglichkeit nehmen wir an, es existiere eine Menge F, die alle (o)-Limiten aus ihren Elementen gebildeter MOORE-SMITH-Folgen enthält und nicht (o)-abgeschlossen ist. Wir definieren in $\mathcal{X}$ eine neue Topologie, indem wir drei Mengen als abgeschlossen erklären: F, ganz $\mathcal{X}$ und die leere Menge. Es ist klar, daß diese Topologie mit der Ordnungstopologie nicht vergleichbar ist. Dagegen genügt sie der Bedingung (O). Es sei nämlich $x_\alpha \xrightarrow{(o)} x$. Offene Umgebungen von x in der neuen Topologie können nur $\mathcal{X}$ und $\mathcal{X} \setminus F$ (die einzigen nichtleeren offenen Mengen) sein.

Es sei Ω eine dieser beiden Mengen und dabei $x \in \Omega$. Dem Alternativsatz (Satz 9) zufolge enthält die Menge Ω entweder alle hinreichend weit entfernten Glieder der Folge $\{x_\alpha\}$ oder es existiert eine konfinale Teilfolge, deren Glieder außerhalb Ω liegen, d. h., F angehören. Im letzteren Falle bekommen wir eine gegen x (o)-konvergente Teilfolge; das Element x muß daher in F enthalten sein und kann Ω nicht angehören im Widerspruch zur Annahme. Somit muß die Umgebung Ω alle x_α mit hinreichend großen Indizes enthalten, es muß also Konvergenz im Sinne der Topologie vorliegen. Da die Bedingung (O) erfüllt ist, ist der Satz auch in dem Teil bewiesen, der sich auf die (o)-Topologie bezieht. Der Beweis für die (os)-Topologie verläuft vollkommen analog.

Mengen, die in der (o)- oder (os)-Topologie abgeschlossen sind, heißen (o)- oder (os)-*abgeschlossen.*

Folgerung 1. *Jede der durch die Gleichungen*

$$f_1(x) = x \vee x_0\,, \qquad f_2(x) = x \wedge x_0\,, \qquad f_3(x) = C\,x$$

definierten Funktionen, wo x_0 ein beliebiges Element von $\mathfrak{X}$ ist, ist in der (o)-*Topologie stetig.*

Zum Beweis braucht man nur nachzuprüfen, daß das Urbild $f_i^{-1}(F)$, wo F eine in der (o)-Topologie abgeschlossene Untermenge von $\mathfrak{X}$ darstellt, bei jedem $i = 1, 2, 3$ gleichfalls abgeschlossen ist. Wählen wir eine beliebige MOORE-SMITH-Folge $\{x_\alpha\}$, die von Elementen von $f_i^{-1}(F)$ gebildet wird und gegen ein gewisses x (o)-konvergiert, so sehen wir, daß infolge der Eigenschaften b) und f) der (o)-Konvergenz (s. S. 94)

$$f_i(x) = (o)\text{-}\lim_\alpha f_i(x_\alpha)$$

gilt. Auf Grund der Abgeschlossenheit von F haben wir $f_i(x) \in F$ und $x \in f_i^{-1}(F)$. Damit ist die Abgeschlossenheit der Menge $f_i^{-1}(F)$ festgestellt und zugleich die Folgerung 1 bewiesen.

Folgerung 2. *Wenn für alle $\alpha \in \mathrm{A}$ die Ungleichung $y \leqq x_\alpha \leqq z$ erfüllt ist und $x_\alpha \to x$ gilt, so ist $y \leqq x \leqq z$. Mit anderen Worten: Jedes Segment $[y, z]$ ist eine in der* (o)-*Topologie abgeschlossene Menge.*

Wir wissen nämlich, daß man in Ungleichungen der betrachteten Art zum (o)-Limes übergehen kann. Das bedeutet aber gerade die (o)-Abgeschlossenheit des Segments.

Folgerung 3. *Aus $x_\alpha \to x$ folgt* $\underline{\lim}\, x_\alpha \leqq x \leqq \overline{\lim}\, x_\alpha$.

Das läßt sich aus den offensichtlichen Ungleichungen $\bar{y}_\alpha \leqq x_\beta \leqq \bar{z}_\alpha$ $(\beta > \alpha)$ durch Grenzübergang bezüglich β beweisen (s. S. 92).

Folgerung 4. *Der Begriff der regulär eingebetteten Unteralgebra fällt mit dem Begriff der in der* (o)-*Topologie abgeschlossenen Unteralgebra zusammen.*

Es ist klar, daß eine regulär eingebettete Unteralgebra von allen aus ihren Elementen gebildeten gerichteten Mengen die oberen und die unteren Grenzen enthalten muß. Folglich enthält sie alle (o)-Limites derartiger gerichteter Mengen, ist also nach Satz 13 in der (o)-Topologie abgeschlossen. Andererseits läßt sich die obere Grenze jeder aus Elementen der abgeschlossenen Unteralgebra $\mathfrak{X}_0$ gebildeten Menge E stets als (o)-Limes einer gewissen wachsenden MOORE-SMITH-Folge von Elementen aus $\mathfrak{X}_0$ darstellen, nämlich von der zu E gehörigen wachsenden Standardfolge (s. S. 89); diese obere Grenze muß also gleichfalls in $\mathfrak{X}_0$ enthalten sein.

Folgerung 5. *Zu beliebigen voneinander verschiedenen Punkten x und y gibt es eine in der (o)-Topologie (in der (os)-Topologie) offene Menge, die x, aber nicht y enthält.*

Als eine derartige Menge kann nämlich die Differenz $G = \mathfrak{X} \setminus \{y\}$ dienen; denn da ihr Komplement abgeschlossen ist, weil der (o)-Limes einer stationären MOORE-SMITH-Folge $\{y_\alpha\}_{\alpha \in A}$ mit $y_\alpha = y$ nur gleich y sein kann, ist sie selbst offen.

Die Folgerung 4 bedeutet, daß *$\mathfrak{X}$ bezüglich jeder der Ordnungstopologien einen T_1-Raum darstellt.* Das HAUSDORFFsche Trennungsaxiom braucht jedoch nicht erfüllt zu sein; die Ordnungstopologie ist im allgemeinen nicht separiert. Insbesondere läßt sich auch nicht die Eindeutigkeit des topologischen Limes behaupten. *Bei $x_\alpha \xrightarrow{(o)} x$ gibt es jedoch nur einen topologischen Limes, nämlich x.* Das geht aus Folgerung 3 hervor.

Wir wollen uns jetzt mit der Frage befassen, was die abgeschlossene Hülle $\overline{E}$ einer gewissen Menge E bezüglich der (o)-Topologie darstellt. Es ist klar, daß $\overline{E}$ alle (o)-Limites von MOORE-SMITH-Folgen von Elementen aus E enthalten muß. Es genügt jedoch im allgemeinen nicht, zu E einfach alle derartigen Limiten hinzuzufügen, um eine abgeschlossene Menge zu erhalten. Um die abgeschlossene Hülle zu konstruieren, muß man eine transfinite Mengenfolge

$$E = E_0 \subset E_1 \subset \cdots \subset E_\alpha \subset \cdots$$

bilden, indem man zu jedem E_α ($\alpha \geqq 1$) alle möglichen Limiten von MOORE-SMITH-Folgen rechnet, die aus Elementen der Menge

$$\bigcup_{\beta < \alpha} E_\beta$$

gebildet sind. Ist τ die Mächtigkeit der Algebra $\mathfrak{X}$ und $\tilde{\omega}$ die kleinste transfinite Mächtigkeit größer als τ, so stellt die Vereinigungsmenge

$$\bigcup_{\alpha < \tilde{\omega}} E_\alpha ,$$

wie man leicht bestätigt, zugleich die abgeschlossene Hülle der Menge E in der (o)-Topologie dar. Der Abschluß im Falle der (os)-Topologie läßt sich analog beschreiben; der Unterschied besteht nur darin, daß hierbei gewöhnliche (keine verallgemeinerten) Folgen benutzt werden. Wir werden diese abgeschlossenen Hüllen als (o)- bzw. (os)-*Abschluß* bezeichnen.

Auf Grund der eben gegebenen „konstruktiven“ Beschreibung des Abschlusses kann man ohne besondere Mühe feststellen, daß der *(o)-Abschluß einer Unteralgebra $\mathfrak{X}_0$ stets wieder eine Unteralgebra ist.* Nach Folgerung 4 fällt dieser Abschluß mit der Unteralgebra $\overline{\mathfrak{X}\langle\mathfrak{X}_0\rangle}$ zusammen, der kleinsten regulär eingebetteten Unteralgebra, die $\mathfrak{X}_0$ enthält. Es ist klar, daß der (o)-Abschluß der

Unteralgebra $\mathcal{X}\langle E\rangle$ für ein beliebiges $E \subset \mathcal{X}$ die regulär eingebettete Unteralgebra $\overline{\mathcal{X}\langle E\rangle}$ darstellt (womit auch die auf S. 79 eingeführten Bezeichnungen gerechtfertigt werden). Im folgenden werden wir die von der Unteralgebra $\mathcal{X}_0$ erzeugte regulär eingebettete Unteralgebra $\overline{\mathcal{X}\langle \mathcal{X}_0\rangle}$ mit $\overline{\mathcal{X}}_0$ bezeichnen.

3. Zusammenhang zwischen (o)- und (os)-Topologie. Wir haben bereits bemerkt, daß von den beiden oben eingeführten Ordnungstopologien die (o)-Topologie die schwächere ist. Sie können jedoch auch zusammenfallen. Eine vollständige Beschreibung aller derartiger Fälle gibt

Satz 14. *Dafür, daß in einer vollständigen* BOOLE*schen Algebra $\mathcal{X}$ (o)- und (os)-Topologie zusammenfallen, ist notwendig und hinreichend, daß $\mathcal{X}$ eine Algebra von abzählbarem Typus ist.*

Beweis. Wir stellen zunächst die Notwendigkeit fest. Es sei $\mathcal{X}$ nicht Algebra von abzählbarem Typus. Dann gibt es in $\mathcal{X}$ eine nichtabzählbare disjunkte Menge M. Indem wir ihre Elemente mit Hilfe von Ordnungszahlen durchnumerieren, erhalten wir zugleich eine transfinite Folge $\{x_\alpha\}_{\alpha<\bar{\alpha}}$. Wir setzen ferner

$$y_\alpha = \bigvee_{\beta \leqq \alpha} x_\beta \, .$$

Damit bekommen wir eine wachsende MOORE-SMITH-Folge; ihre obere Grenze, die zugleich (o)-Limes ist, bezeichnen wir mit y. Wir wollen zeigen, daß die Menge der Glieder dieser Folge in der (os)-Topologie abgeschlossen ist. Wir betrachten dazu eine beliebige gewöhnliche Folge $\{y_{\alpha_n}\}_{n=1}^{\infty}$, die gegen ein gewisses $x \in \mathcal{X}$ (o)-konvergent ist. Es ist klar, daß man aus ihr eine wachsende Teilfolge $\{\bar{y}_k = y_{\alpha_{n_k}}\}_{k=1}^{\infty}$ mit demselben (o)-Limes x entnehmen kann. Wir wollen mit α_0 die kleinste Ordnungszahl bezeichnen, die allen α_{n_k} folgt. Es ist leicht einzusehen, daß $y = y_{\alpha_0}$ ist. Damit ist zugleich die Abgeschlossenheit unserer Menge in der (os)-Topologie bewiesen. Das Element y ist nicht Glied der MOORE-SMITH-Folge $\{y_\alpha\}$, stellt jedoch einen (o)-Limes von ihr dar. Das bedeutet, daß die Menge der Glieder der Folge in der (o)-Topologie nicht abgeschlossen ist. Die (o)-Topologie ist also dann, wenn die B. A. $\mathcal{X}$ nicht Algebra von abzählbarem Typus ist, wesentlich schwächer.

Wir wollen jetzt die Hinlänglichkeit beweisen. Es sei $\mathcal{X}$ eine B. A. von abzählbarem Typus und F eine in der (os)-Topologie abgeschlossene Menge. Wir wollen nachweisen, daß F auch in der (o)-Topologie abgeschlossen ist. Wir wählen dazu eine beliebige MOORE-SMITH-Folge $\{x_\alpha\}_{\alpha \in A}$, die ganz aus Elementen von F gebildet ist und den (o)-Limes x hat. Wie üblich setzen wir

$$\bar{y}_\alpha = \bigwedge_{\beta > \alpha} x_\beta \, , \qquad \bar{z}_\alpha = \bigvee_{\beta > \alpha} x_\beta \, .$$

Auf Grund der maßgeblichen Eigenschaft einer Algebra von abzählbarem Typus gibt es zwei abzählbare Indexfolgen $\{\alpha'_n\}_{n=1}^{\infty}$ und $\{\alpha''_n\}_{n=1}^{\infty}$ mit

$$\bigvee_{n=1}^{\infty} y_{\alpha'_n} = \bigwedge_{n=1}^{\infty} z_{\alpha''_n} = x \, .$$

Wir bilden nun eine Indexfolge $\alpha_1 < \alpha_2 < \cdots$ derart, daß

$$\alpha_n > \alpha_1', \alpha_2', \ldots, \alpha_n'; \alpha_1'', \alpha_2'', \ldots, \alpha_n''$$

gilt. Es ist klar, daß

$$\bigwedge_{n=1}^{\infty} y_{\alpha_n} = \bigvee_{n=1}^{\infty} z_{\alpha_n} = x$$

ist. Dann besitzt aber die gewöhnliche Folge $\{x_{\alpha_n}\}_{n=1}^{\infty}$ das Element x als (o)-Limes. Da jedoch F in der (os)-Topologie abgeschlossen ist, muß dieses Element zu F gehören. Wir sehen also, daß F auch in der (o)-Topologie abgeschlossen ist. Damit ist bewiesen, daß die Topologien zusammenfallen.

Anmerkung. Beim Beweis des Satzes haben wir nebenbei folgende wichtige Tatsache festgestellt: *In einer vollständigen Algebra von abzählbarem Typus gibt es zu jeder (o)-konvergenten* MOORE-SMITH-*Folge $\{x_\alpha\}_{\alpha \in A}$ eine wachsende Indexfolge $\{\alpha_n\}_{n=1}^{\infty}$ mit*

$$(o)\text{-}\lim_n x_{\alpha_n} = (o)\text{-}\lim_\alpha x_\alpha .$$

Wir sehen, daß in Algebren von abzählbarem Typus die gewöhnlichen Folgen die grundlegende Rolle spielen. In Zusammenhang damit ist ein Satz von Interesse, der eine wichtige Klasse gewöhnlicher Folgen beschreibt, die im Sinne der Topologie einen Limes besitzen.

Satz 15. *Dafür, daß eine gewöhnliche Folge $\{x_n\}$ von Elementen einer vollständigen B. A. in der (os)-Topologie gegen das Element x konvergiert, ist notwendig und hinreichend, daß jede Teilfolge*

$$\{x_{n_k}\}_{k=1}^{\infty} \qquad (n_1 < n_2 < \cdots < n_k < \cdots)$$

von ihr eine gegen x (o)-konvergente Teilfolge $\{x_{n_{k_i}}\}_{i=1}^{\infty}$ $(k_1 < k_2 < \cdots)$ enthält.

Beweis. Notwendigkeit. Es sei $x_n \to x$, dann gilt auch $x_{n_k} \to x$. Man kann annehmen, daß alle $x_{n_k} \neq x$ sind. Wir bemerken zunächst, daß man aus der Folge $\{x_{n_k}\}$ eine (o)-konvergente Teilfolge auswählen kann. Anderenfalls wäre nämlich die Menge aller Elemente x_{n_k} abgeschlossen, und ihr Komplement G würde eine Umgebung des Punktes x darstellen, die nicht unendlich viele Glieder der Ausgangsfolge der x_{n_k} enthält, was unmöglich ist. Es gelte jetzt $x_{n_{k_i}} \xrightarrow[i]{(o)} y$ mit $k_1 < k_2 < \cdots$. Sollte $x \neq y$ sein, so betrachten wir erneut die Menge aller $x_{n_{k_i}}$, der wir diesmal das Element y hinzufügen. Die damit erhaltene Menge ist dann (os)-abgeschlossen, während ihre Komplementärmenge G Umgebung des Punktes x ist, die nicht unendlich viele Elemente x_{n_k} enthält, was unmöglich ist.

Beweisen wir jetzt die Hinlänglichkeit! Es sei G eine beliebige Umgebung des Punktes x. Angenommen, eine ganze unendliche Teilfolge $\{x_{n_k}\}_{k=1}^{\infty}$ $(n_1 < n_2 < \cdots)$ bleibt außerhalb G. Wir extrahieren aus ihr den gegen x (o)-konvergenten Teil $\{x_{n_{k_i}}\}_{i=1}^{\infty}$ $(k_1 < k_2 < \cdots)$. Ihre Glieder mit hinreichend großem Index fallen dann notwendig in G, was unserer Annahme widerspricht. Es gilt also $x_n \to x$. Der Satz ist damit bewiesen.

Wir wollen ein nützliches Kriterium angeben, mittels dessen man über die Divergenz einer gewöhnlichen Folge urteilen kann.

Wir wollen

$$\overline{\lim_n} \operatorname{abs} x_n = y$$

schreiben, wenn für eine beliebige Teilfolge $\{x_{n_k}\}$ mit $n_1 < n_2 < n_3 < \cdots$ $\overline{\lim_k} x_{n_k} = y$ gilt (D. A. VLADIMIROV [20]).

Lemma 10. *Es sei $\mathfrak{X}$ eine vollständige* BOOLE*sche Algebra von abzählbarem Typus. Dafür, daß die Folge $\{x_n\}$ in der Ordnungstopologie nicht gegen Null strebt, ist notwendig und hinreichend, daß eine Teilfolge $\{x_{n_k}\}$ $(n_1 < n_2 < \cdots)$ mit*

$$\overline{\lim_k} \operatorname{abs} x_{n_k} > 0$$

existiert.

Beweis. Es sei zunächst $\{y_n\}$ eine beliebige Folge. Wir führen in der Menge aller echt wachsenden Folgen natürlicher Zahlen $\tau = \{n_k^\tau\}$ eine Halbordnung ein, indem wir $\tau' \gg \tau''$ setzen, wenn es ein $n_0 = n_0(\tau', \tau'')$ gibt, für das

$$\{n_k^{\tau'}\}_{k > n_0} \subset \{n_k^{\tau''}\}$$

und zugleich

$$\overline{\lim_k} y_{n_k^{\tau'}} < \overline{\lim_k} y_{n_k^{\tau''}}$$

gilt. Wir betrachten eine beliebige linear geordnete Menge $\mathrm{T} = \{\tau\}$ derartiger Folgen. Es sei

$$z = \bigwedge_{\tau \in T} \overline{\lim_k} y_{n_k^\tau} \, .$$

Da die Algebra von abzählbarem Typus ist, gibt es $\tau_1, \tau_2, \ldots, \tau_m, \ldots$ mit $\tau_m \in \mathrm{T}$ und

$$z = \bigwedge_m \overline{\lim_k} y_{n_k^{\tau_m}} \, .$$

Da die Menge T linear geordnet ist, existiert für jedes m unter den Folgen $\tau_1, \tau_2, \ldots, \tau_m$ eine „größte" im Sinne unserer Ordnung. Wir bezeichnen sie mit τ_m^* und setzen

$$n_m = n_m^{\tau_m^*} \qquad (m = 1, 2, \ldots) \, , \qquad \tau_0 = \{n_m\}_{m=1}^\infty \, .$$

Es ist leicht zu bestätigen, daß entweder $\tau_0 \gg \tau$ für alle $\tau \in \mathrm{T}$ gilt oder unter den Elementen von T ein im Sinne unserer Ordnung größtes Element existiert. Nach dem ZORNschen Lemma gibt es in der Klasse aller Folgen ein maximales Element $\tau^* = \{n_k^*\}$. Das bedeutet, daß für beliebige $k_1 < k_2 < \cdots$

$$\overline{\lim_k} y_{n_k^*} = \overline{\lim_k} y_{n_{k_s}^*}$$

gilt.

Wir betrachten jetzt eine beliebige Folge $\{x_n\}$, die nicht gegen 0 strebt. Das bedeutet, es gibt eine Teilfolge $\{x_{n_k}\}_{k=1}^{\infty}$, aus der man keine gegen Null (o)-konvergente Teilfolge auswählen kann. Indem wir hierauf die oben durchgeführten Überlegungen anwenden, erhalten wir gerade eine Teilfolge $\{x_{n_{k_i}}\}$ der gewünschten Art, für die $\overline{\lim}$ abs $x_{n_{k_i}} > 0$ ist. Damit ist die Notwendigkeit unserer Bedingung bewiesen; ihre Hinlänglichkeit ist evident.

4. Die Topologie in den Komponenten. Wir wollen den Zusammenhang zwischen den Ordnungstopologien in einer BOOLEschen Algebra $\mathscr{X}$ und ihren Komponenten untersuchen. Es sei wie bereits früher $\mathscr{X}_u$ Hauptideal[1]) der vollständigen BOOLEschen Algebra $\mathscr{X}$, das von einem gewissen $u \in \mathscr{X}^+$ erzeugt wird. Das ist eine BOOLEsche Algebra mit der durch $\mathscr{X}$ induzierten Halbordnung, in der u die Rolle des Einselements spielt. Die Ordnungstopologie in dieser BOOLEschen Algebra bezeichnen wir mit $(o)_u$. Es ist klar, daß $\mathscr{X}_u$ ein Unterverband von $\mathscr{X}$ ist und daß die in $\mathscr{X}_u$ berechneten Grenzen einer beliebigen Untermenge $E \subset \mathscr{X}_u$ mit den in $\mathscr{X}$ berechneten Grenzen zusammenfallen. Das bedeutet praktisch, daß man die Symbole der Verbandsoperationen ($\vee$, $\wedge$, $\overline{\lim}$ . . . , $\underline{\lim}$ . . . , (o)-lim . . .) auf die Elemente von $\mathscr{X}_u$ anwenden kann, ohne darüber nachzudenken, ob sie sich auf die Halbordnung in $\mathscr{X}$ oder in $\mathscr{X}_u$ beziehen.

Satz 16. *Die Komponente $\mathscr{X}_u$ stellt stets eine in der (o)-Topologie von $\mathscr{X}$ abgeschlossene Untermenge der B. A. $\mathscr{X}$ dar. Dabei fällt die Topologie $(o)_u$ mit der durch die (o)-Topologie von $\mathscr{X}$ in $\mathscr{X}_u$ induzierten Topologie zusammen.*

Beweis. Die Abgeschlossenheit von $\mathscr{X}_u$ ergibt sich unmittelbar aus der Folgerung 2 von Satz 13. Um das Zusammenfallen der Topologien zu beweisen, bemerken wir, daß die τ-Abgeschlossenheit einer Menge $E \subset \mathscr{X}_u$ wegen der Abgeschlossenheit von $\mathscr{X}_u$ in $\mathscr{X}$ zur Abgeschlossenheit von E in $\mathscr{X}$ bezüglich der (o)-Topologie äquivalent ist. Für die (o)-Abgeschlossenheit ist notwendig und hinreichend, daß E sämtliche (o)-Limiten seiner MOORE-SMITH-Folgen enthält. Genauso lautet aber auch die notwendige und hinreichende Bedingung für die Abgeschlossenheit von E in der $(o)_u$-Topologie. Der Vorrat an Untermengen von $\mathscr{X}_u$, die in der $(o)_u$-Topologie abgeschlossen sind, ist also derselbe wie der an in der Topologie τ abgeschlossenen Mengen; hieraus folgt, daß die beiden Topologien zusammenfallen. Der Satz ist damit bewiesen. Eine analoge Aussage gilt für die (os)-Topologie.

Früher (s. S. 35) haben wir mit jeder Komponente $\mathscr{X}_u$ einen Projektionsoperator P_u verknüpft. Wir haben bereits gesehen (Folgerung 1, S. 98), daß dieser als Operator aus $\mathscr{X}$ in $\mathscr{X}$ stetig ist. Jetzt können wir sagen, daß er als Operator aus $\mathscr{X}$ in $\mathscr{X}_u$ stetig ist. (Wir haben die Stetigkeit hinsichtlich der Ordnungstopologie im Auge.)

---

[1]) Wir erinnern daran, daß in einer vollständigen B. A. die Begriffe Hauptideal und Komponente zusammenfallen (Lemma 1, S. 77).

5. Verschiedene Topologien, die mit der Halbordnung verträglich sind. In BOOLEschen Algebren kann man außer den beiden oben eingeführten Topologien auch noch andere Topologien betrachten. Wir wollen jetzt zeigen, daß von diesen Topologien für die wichtigsten Algebren *nur die* (o)*-Topologie „vernünftig“ ist, und zwar in dem Sinne, daß sie mit der Halbordnung verträglich ist.*

Wir wollen zunächst diejenige Klasse von Topologien beschreiben, von denen man sagen kann, sie ständen mit der Halbordnung gut in Einklang.

Wir haben bereits bemerkt, daß jede B. A. $\mathfrak{X}$ bezüglich der binären Operation $x, y \to |x - y|$ eine ABELsche Gruppe darstellt. Es liegt daher auf der Hand, daß man sich in erster Linie für solche Topologien in $\mathfrak{X}$ interessiert, in denen diese Gruppenoperation stetig ist oder, was auf dasselbe hinausläuft, bezüglich derer $\mathfrak{X}$ eine *topologische Gruppe* darstellt. Aus der Identität

$$|x - y| = [C\,x \wedge y] \vee [x \wedge C\,y]$$

geht hervor, daß hierfür die Stetigkeit der BOOLEschen Grundoperationen $\vee$, $\wedge$, C hinreichend ist. Wir werden als *uniform* jede Topologie in $\mathfrak{X}$ bezeichnen, bezüglich derer die Operationen $\vee$, $\wedge$, C stetig sind[1]).

Die Wahl der Benennung hängt damit zusammen, daß sich im vorliegenden Falle alle topologischen Sachverhalt mit Begriffen beschreiben lassen, die sich auf Umgebungen des Nullelements beziehen; Umgebungen eines beliebigen Elements erhält man, wie stets in einer Gruppe, aus Umgebungen des Nullelements durch Translation. Das System $\mathfrak{B} = \{V\}$ aller Umgebungen des Nullelements erzeugt in $\mathfrak{X}$ eine *„uniforme Struktur“* im Sinne von A. WEIL. Um zur WEILschen „Umgebung der Diagonale“ zu gelangen, muß man alle Mengen der Form

$$E_V = \{(x, y) \mid |x - y| \in V\}$$

bilden, wo V eine Umgebung des Nullelements ist. Wir werden jedoch im folgenden nicht voraussetzen, daß dem Leser die allgemeine Theorie der uniformen Räume bekannt ist.

Ein weiteres wichtiges Charakteristikum einer Topologie ist ihre Monotonie. Wir wollen eine in einer B. A. vorgegebene Topologie *monoton* nennen, wenn zu jeder Umgebung V eines Punktes $x \in \mathfrak{X}$ eine Umgebung $W \subset V$ desselben Punktes existiert mit der Eigenschaft, daß aus $x' \in W$, $|x'' - x| \leqq |x' - x|$ stets $x'' \in W$ folgt. In $\mathfrak{X}$ eine monotone Topologie vorzugeben, läuft darauf hinaus, eine Klasse $\mathfrak{B} = \{V\}$ nichtleerer Mengen mit folgenden Eigenschaften auszuzeichnen:

1) *jedes* $V \in \mathfrak{B}$ *ist normal;*
2) *zu beliebigen* $V_1, V_2 \in \mathfrak{B}$ *gibt es ein* $V \in \mathfrak{B}$ *mit* $V \subset V_1 \cap V_2$;
3) *zu jedem* $V \in \mathfrak{B}$ *existiert ein* $V' \in \mathfrak{B}$ *mit* $V' \vee V' \subset V$.

Das System $\mathfrak{B}$ bildet eine Umgebungsbasis des Nullelements; eine Umgebungsbasis eines beliebigen anderen Punktes x läßt sich aus den Mengen der Form $x +_2 V$ mit $V \in \mathfrak{B}$ bilden. (Hierbei wird in der Tat eine gewisse monotone Topologie erzeugt; es ist nicht schwer (s. Anhang), die Bedingungen I und II nachzuprüfen.)

---

[1]) Es ist klar, daß es ausreicht, die Stetigkeit der Operationen $\vee$, C oder $\wedge$, C zu fordern.

Aus den Beziehungen

$$|x - y| = |C x - C y|,$$

$$|x \wedge y - x' \wedge y'| \leqq |x - x'| \vee |y - y'|,$$

$$|x \vee y - x' \vee y'| \leqq |x - x'| \vee |y - y'|$$

geht hervor, daß die Operationen $\vee$, $\wedge$, C in der mittels des Systems $\mathfrak{B}$ definierten Topologie stetig sind. Infolgedessen ist diese Topologie uniform.

Wollen wir schließlich eine separierte Topologie haben, so müssen wir fordern, daß die Bedingung

4) $\bigcap_{V \in \mathfrak{B}} V = \{0\}$

erfüllt ist.

Die Bedingung 4) garantiert in der Tat die Separiertheit der Topologie. Man braucht dazu nur zu zeigen, daß die Elemente 0 und $u > 0$ stets trennbar sind. Es sei $V \in \mathfrak{B}$ und $u \notin V$ (Bedingung 4) zufolge gibt es eine derartige Umgebung V). Im Hinblick auf 3) wählen wir eine Umgebung $V' \in \mathfrak{B}$ so, daß $V' \vee V' \subset V$ gilt, und setzen $W = u +_2 V'$. Wäre dann ein gewisses Element $x \in V' \cap W$, so müßte $u \leqq |u - x| \vee x \in V$ gelten, da $x \in V'$ ist, während die Inklusion $x \in W$ bedeutet, daß $|u - x| \in V'$ ist. Da aber V normal ist, folgt hieraus $u \in V$ im Widerspruch zur Annahme. Die nach dem HAUSDORFFschen Trennungsaxiom geforderten Umgebungen der Punkte 0 und u sind somit konstruiert.

Wir wollen eine weitere Bedingung formulieren, der die Basen vieler wichtiger Topologien genügen:

5) *die Mengen $V \in \mathfrak{B}$ enthalten von allen aus ihren Elementen gebildeten wachsenden* MOORE-SMITH-*Folgen die (o)-Limiten* („monotone Abgeschlossenheit" der Umgebungen des Nullelements.)

Ein Mengensystem $\mathfrak{B}$, das die Eigenschaften 1)—4) besitzt, wollen wir eine *Uniformitätsbasis* nennen, während wir die durch die Basis $\mathfrak{B}$ in $\mathfrak{X}$ erzeugte Topologie als ($\mathfrak{B}$)-*Topologie* bezeichnen. Es zeigt sich, daß jede ($\mathfrak{B}$)-Topologie „stark genug" ist: sie läßt sich durch die uns bereits bekannten Topologien nach unten abschätzen. Wir beschränken uns auf Algebren von abzählbarem Typus, da diese am einfachsten und für die Anwendungen am wichtigsten sind.

Satz 17[1]). *Wenn die Uniformitätsbasis $\mathfrak{B}$ in einer vollständigen B. A. von abzählbarem Typus die Eigenschaften* 1)—5) *besitzt, so ist die ihr entsprechende Topologie stärker als die (o)-Topologie.*

Beweis. Nach Wahl eines beliebigen Elements $z > 0$ nehmen wir eine Menge $V_1 \in \mathfrak{B}$, die z nicht enthält (wir nutzen dazu die Bedingung 4) aus). Ferner können wir auf Grund von Bedingung 2) ein $V_2 \in \mathfrak{B}$ finden, das der Beziehung $V_2 \vee V_2 \subset V_1$ genügt; danach ein V_3 mit $V_3 \vee V_3 \subset V_2$ usw. Wir

[1]) Die Sätze 17—18 mit den begleitenden Bemerkungen werden hier offenbar erstmalig veröffentlicht.

erhalten damit eine Folge $\{V_n\}$ von Mengen, die der Uniformitätsbasis $\mathfrak{B}$ angehören. Es ist leicht einzusehen, daß sie monoton fallend ist und daß für alle $m, k = 1, 2, \ldots$

$$V_{m+1} \vee V_{m+2} \vee \cdots \vee V_{m+k} \subset V_m$$

gilt. Wir setzen

$$\Omega = \bigcap_{n=1}^{\infty} V_n .$$

Es ist klar, daß Ω von allen seinen endlichen Untermengen die oberen Grenzen enthält und in $\mathcal{X}$ normal eingebettet ist. Daher stellt Ω ein Ideal dar. Nun ist das Element $v = \sup \Omega$ Limes einer wachsenden MOORE-SMITH-Folge von Elementen aus Ω und daher in jedem V_n enthalten, erst recht also in Ω. Somit ist Ω Hauptideal: $\Omega = \mathcal{X}_v$. Wir bemerken jetzt, daß das Element $u = z \wedge C v$ von Null verschieden ist, da $z \notin V_1 \supset \Omega$ gilt.

Wir sehen, daß es eine minorante Menge $U = \{u\}$ von Elementen der Algebra gibt, denen jeweils eine Folge $\{V_{n,u}\}_{n=1}^{\infty}$ von Umgebungen des Nullelements mit folgenden Eigenschaften zugeordnet ist:

1) $$V_{m+1,\,u} \vee V_{m+2,\,u} \vee \cdots \vee V_{m+k,\,u} \subset V_{m,\,u}$$

für alle $m, k = 1, 2, \ldots$;

2) $$\mathcal{X}_u \cap \bigcap_{n=1}^{\infty} V_{n,\,u} = \{0\} .$$

Nach Satz 4 enthält die Menge U eine disjunkte Untermenge U', deren obere Grenze gleich dem Einselement ist. Da $\mathcal{X}$ B. A. von abzählbarem Typus ist, kann die Menge U' nicht überabzählbar sein; wir können also ihre Elemente in eine gewöhnliche Folge $\{u_1, u_2, \ldots\}$ anordnen (wir beschränken uns auf die Betrachtung des Falls, daß U' unendlich ist). Wir setzen für beliebiges $n = 1, 2, \ldots$

$$V_n = V_{n,\,u_1} \cap V_{n,\,u_2} \cap \cdots \cap V_{n,\,u_n} .$$

Damit haben wir offensichtlich eine gewisse Folge von Umgebungen des Nullelements konstruiert. Wir wollen jetzt zeigen, daß jede Folge $\{x_n\}$ mit der Eigenschaft

$$x_n \in V_n \qquad (n = 1, 2, \ldots)$$

gegen Null (o)-konvergent sein muß. Unter Ausnutzung der Bedingung 1) und der Annahme der monotonen Abgeschlossenheit der Nullumgebungen stellt man nämlich leicht die Inklusion

$$\overline{\lim}\, x_n \in \bigcap_{n=1}^{\infty} V_n \tag{VIII}$$

fest, aus der wegen der Eigenschaft 2) folgt, daß $\overline{\lim}\, x_n = 0$ ist.

Es sei jetzt F eine beliebige (o)-abgeschlossene Menge und $\{x_\alpha\}$ eine aus Elementen von ihr bestehende MOORE-SMITH-Folge, die in der ($\mathfrak{B}$)-Topologie gegen ein gewisses $x \in \mathfrak{X}$ konvergiert. Dann können wir eine Indexfolge

$$\alpha_1 < \alpha_2 < \cdots$$

bilden, so daß

$$|x - x_{\alpha_n}| \in V_n$$

für alle $n = 1, 2, \ldots$ gilt. Die Folge $\{x_{\alpha_n}\}$ (o)-konvergiert gegen x. Da F (o)-abgeschlossen ist, gilt $x \in F$. Wir haben uns damit davon überzeugt, daß F auch in der betrachteten $(\mathfrak{B})$-Topologie abgeschlossen ist, die somit stärker als die Ordnungstopologie ist. Der Satz ist bewiesen.

Bemerkung. Aus dem Beweis des Satzes ist ersichtlich, daß *im allgemeinen Falle* (wenn $\mathfrak{X}$ nicht als Algebra von abzählbarem Typus vorausgesetzt wird) *eine disjunkte Zerlegung von* $\mathfrak{X}$ *in Komponenten existiert, so daß die gegebene* $(\mathfrak{B})$*-Topologie in jeder derselben die* (o)*-Topologie majorisiert.*

Satz 18. *Es sei* $\mathfrak{X}$ *eine vollständige B. A. von abzählbarem Typus. Jede* $(\mathfrak{B})$*-Topologie mit den Eigenschaften* 1)—5), *die der Bedingung* (O) *genügt, fällt mit der* (o)*-Topologie zusammen.*

Dieser Satz ist eine offensichtliche Folgerung aus dem vorangegangenen.

Bemerkung 1. *Läßt man unter den Bedingungen von Satz* 18 *die Voraussetzung weg, daß die Algebra* $\mathfrak{X}$ *von abzählbarem Typus sein soll, so kann man noch behaupten, daß es eine disjunkte Zerlegung von* $\mathfrak{X}$ *in Komponenten gibt, die ihrerseits* BOOLE*sche Algebren von abzählbarem Typus darstellen und in denen die gegebene* $(\mathfrak{B})$*-Topologie jeweils mit der Ordnungstopologie zusammenfällt.*

Bemerkung 2. *Unter den Bedingungen des Satzes gibt es eine abzählbare Umgebungsbasis des Nullelements.* Eine derartige Basis bilden beispielsweise die von uns beim Beweis von Satz 17 konstruierten Mengen V_n. Hieraus kann man, wenn man noch den bekannten Satz von KAKUTANI (s. KAKUTANI [36]) über die Metrisierbarkeit topologischer Gruppen heranzieht, auf die Metrisierbarkeit der Ordnungstopologie schließen.

Bemerkung 3. *Für die Gültigkeit von Satz* 18 *ist die Bedingung* 5) *überflüssig.*

Der Beweis des Satzes bleibt nämlich fast vollständig in Kraft; nur muß man bei der Konstruktion des Systems $\{V_{n,u}\}$ fordern, daß von jedem $V_{n,u}$ $(n \geqq 2)$ der (o)-Abschluß in $V_{n-1,u}$ enthalten ist (das wird zum Beweis der Inklusion (VIII) benötigt). Diese Forderung läßt sich erfüllen, da es in einer separierten topologischen Gruppe stets eine Basis aus abgeschlossenen Umgebungen der Null gibt; jede derartige Umgebung ist im vorliegenden Falle auch (o)-abgeschlossen.

Die Bedingungen (O) und 1)—5) charakterisieren die vorliegende Topologie als eine, die mit der Halbordnung in vernünftigster Weise verknüpft ist. Wir haben gezeigt: *Wenn in einer vollständigen B. A. von abzählbarem Typus eine solche Topologie existiert, so nur eine, nämlich die Ordnungstopologie.* Algebren mit derartigen Topologien sind von einer Reihe von Autoren unter der Bezeichnung „topologische BOOLEsche Algebren" [4] untersucht worden; sie stellen die für die Funktionalanalysis und Wahrscheinlichkeitstheorie natürlichste Klasse BOOLEscher Algebren dar.

Aus der Bemerkung 1 geht hervor, daß *sich eine „topologische" Algebra stets in Komponenten zerlegen läßt, in denen jeweils die zugrundeliegende Topologie metrisierbar ist und mit der* (o)*-Topologie zusammenfällt.* Jede dieser Komponenten stellt selbst eine B. A. von abzählbarem Typus dar. *Wie Satz* 18 *zeigt, fallen in solchen Algebren von abzählbarem Typus die beiden Topologien nicht nur „lokal", sondern sogar vollständig zusammen. Eine „topologische" B. A. ist also eine vollständige B. A. mit „hinreichend guter"* (o)*-Topologie.*

Als Beisiel für eine Algebra mit einer „schlechten" Ordnungstopologie kann die Algebra G_0 der regulären offenen Mengen dienen (Beispiel 11 aus Kapitel I, S. 38—39). Die pathologischen Eigenschaften der Algebra G_0 sind von E. FLOYD [90] bemerkt worden. Da G_0 eine Algebra von abzählbarem Typus ist, fallen hierin die (o)- und die (os)-Topologie zusammen.

Satz 19. *Die Ordnungstopologie in der B. A.* G_0 *genügt nicht dem* HAUSDORFF*schen Trennungsaxiom.*

Beweis. Wir betrachten beliebige offene Mengen Ω_0, Ω_1, die das Nullelement bzw. das Einselement enthalten. Wir wollen zeigen, daß ihr Durchschnitt nicht leer ist. Dazu ordnen wir alle rationalen Zahlen des Intervalls $(0, 1)$ in einer gewöhnlichen Folge $\{r_1, r_2, \ldots, r_n, \ldots\}$ an und setzen

$$x_{nm} = \left(r_n - \frac{1}{m},\ r_n + \frac{1}{m}\right) \quad (n, m = 1, 2, \ldots)\,.$$

Offensichtlich gilt dann $x_{nm} \downarrow 0$ für jedes feste $n = 1, 2, \ldots$

Es gibt einen Index m_1, für den die Inklusion $x_{1m_1} \in \Omega_0$ besteht.

Da

$$x_{1m_1} \vee x_{2m} \xrightarrow{(o)} x_{1m_1}$$

gilt, ist für ein gewisses m_2

$$x_{1m_1} \vee x_{2m_2} \in \Omega_0\,.$$

Indem wir diese Überlegung iterieren, gelangen wir zu einer Indexfolge $\{m_1, m_2, \ldots, m_n\}$ mit

$$x_{1m_1} \vee x_{2m_2} \vee \cdots \vee x_{nm_n} \in \Omega_0$$

für alle $n = 1, 2, \ldots$.

Indessen ist die Folge der Elemente

$$y_n = x_{1m_1} \vee x_{2m_2} \vee \cdots \vee x_{nm_n}$$

wachsend. Die obere Grenze aller y_n ist gleich dem Einselement, da die kleinste reguläre offene Untermenge des Intervalls $(0, 1)$, die alle rationalen Punkte enthält, dieses Intervall selbst ist. Somit gilt

$$y_n \xrightarrow{(o)} 1$$

und für genügend große n

$$y_n \in \Omega_1 \cap \Omega_0 .$$

Wir haben damit bewiesen, daß der Durchschnitt $\Omega_0 \cap \Omega_1$ nicht leer ist. Wir sehen, daß sich das Null- und das Einselement durch keine durchschnittsfremde Umgebungen trennen lassen; die Ordnungstopologie ist also nicht separiert. Der Satz ist damit bewiesen. Aus ihm ergibt sich, daß eine MOORE-SMITH-Folge von Elementen der Algebra G_0 im Sinne der Topologie gegen mehr als einen Grenzwert konvergieren kann.

Gestützt auf Satz 19, kann man zeigen, *daß in G_0 die* BOOLE*schen Operationen $\vee$ und $\wedge$ bezüglich der Ordnungstopologie nicht stetig sind und daß die Algebra G_0 infolgedessen keine topologische Gruppe darstellt.*

§ 5. Konstruktion vollständiger BOOLEscher Algebren

1. Aufgabenstellung. Es sei $\mathfrak{X}$ eine BOOLEsche Algebra, die im allgemeinen unvollständig sein wird. Den vielen Erschwernissen, die mit der Unvollständigkeit von $\mathfrak{X}$ zusammenhängen, könnten wir entgehen, wenn wir ein genügend universelles Verfahren fänden, um die gegebene Algebra in eine vollständige einzubetten. Unter „Einbettung" verstehen wir dabei die Herstellung eines Isomorphismus zwischen $\mathfrak{X}$ und einer gewissen Unteralgebra $\mathfrak{X}'$ einer vollständigen BOOLEschen Algebra $\hat{\mathfrak{X}}$, die wir auch *Vervollständigung* nennen. Genauer: *Einbettung* von $\mathfrak{X}$ in $\hat{\mathfrak{X}}$ ist ein Tripel $\{\mathfrak{X}, \varphi, \hat{\mathfrak{X}}\}$, wo $\mathfrak{X}$ und $\hat{\mathfrak{X}}$ BOOLEsche Algebren und φ eine eineindeutige ordnungstreue Abbildung von $\mathfrak{X}$ auf eine gewisse Unteralgebra $\mathfrak{X}' = \varphi(\mathfrak{X})$ der Algebra $\hat{\mathfrak{X}}$ ist. Die Algebra $\hat{\mathfrak{X}}$ wird dabei als vollständig vorausgesetzt. Uns ist in erster Linie an Vervollständigungen gelegen, die folgender „Minimalitätsbedingung" genügen:

(m) *Der Abschluß von $\mathfrak{X}'$ im Sinne der* (o)-*Topologie fällt mit $\hat{\mathfrak{X}}$ zusammen.*

Mit anderen Worten, $\hat{\mathfrak{X}}$ ist die kleinste ihrer regulär eingebetteten Unteralgebren, die $\mathfrak{X}'$ enthalten. Eine weitere Bedingung, deren Erfüllung natürlich zu erreichen ist, ist die „Bedingung der Erhaltung der Grenzen":

(b) *Wenn $E \subset X$ und $x = \sup E$ in $\mathfrak{X}$ ist, so gilt auch $\varphi(x) = \sup \varphi(E)$ in $\hat{\mathfrak{X}}$.*

Für endliche Mengen ist die Bedingung der Erhaltung der Grenzen automatisch erfüllt, da $\mathfrak{X}'$ Unteralgebra ist; im allgemeinen Falle braucht sie jedoch nicht zu gelten.

Es gibt verschiedene Methoden, Vervollständigungen von Algebren zu konstruieren. Wir wollen drei Verfahren beschreiben, mittels derer man, von einer gegebenen unvollständigen B. A. $\mathfrak{X}$ ausgehend, zu einer vollständigen Algebra gelangen kann, die mit der ursprünglichen eng zusammenhält.

2. Vervollständigung durch Schnitte. Wir haben bereits bemerkt (Satz I.13), daß die in natürlicher Weise halbgeordnete Menge der Komponenten $\overline{\mathfrak{X}}$ einer beliebigen B. A. $\mathcal{X}$ eine **vollständige** B. A. darstellt. Jedem $x \in \mathcal{X}$ kann man das Hauptideal $\mathcal{X}_x = [0, x]$ zuordnen, das, wie wir wissen, stets eine Komponente ist. Dabei ist die Zuordnung $x \to \mathcal{X}_x$ zwischen den Elementen und Hauptidealen eineindeutig und die Ungleichung $x_1 \leqq x_2$ zur Inklusion $\mathcal{X}_{x_1} \subset \mathcal{X}_{x_2}$ äquivalent. Daher *bildet das System aller Hauptideale eine zur Ausgangsalgebra $\mathcal{X}$ isomorphe Unteralgebra $\mathcal{X}'$ der* BOOLE*schen Algebra $\overline{\mathcal{X}}$*. Der eben definierte Isomorphismus von $\mathcal{X}$ auf $\mathcal{X}'$ ist eine Einbettung. Wir wollen sie *kanonische Einbettung* nennen und leger von $\mathcal{X}$ als von einer Unteralgebra der B. A. $\overline{\mathcal{X}}$ sprechen, indem wir $\mathcal{X}$ mit $\mathcal{X}'$ identifizieren.

In der Theorie der halbgeordneten Mengen findet die Idee der Vervollständigung einer gegebenen teilweise geordneten Menge durch Schnitte weite Anwendung. Dieser Gedanke geht auf R. DEDEKIND zurück; auf allgemeine halbgeordnete Mengen ist er von MACNEILLE [58], auf Vektorverbände von A. I. JUDIN [103] und auf BOOLEsche Algebren von M. STONE und V. I. GLIVENKO angewendet worden. Wir wollen diese Methode zunächst allgemein beschreiben.

Definition. Wir werden sagen, eine Untermenge E der teilweise geordneten Menge M sei eine *$\mathfrak{D}$-Klasse*, wenn die Gleichung $E^{si} = E$ besteht (s. S. 6).

Aus der Definition folgt sogleich, daß für eine beliebige Untermenge $C \subset E$ gelten muß $\sup C \in E$.

Die durch Inklusion halbgeordnete Gesamtheit aller $\mathfrak{D}$-Klassen einer gegebenen teilweise geordneten Menge M stellt stets einen vollständigen Verband dar; auf den Beweis dieser Tatsache brauchen wir hier nicht einzugehen. Wir machen auf folgende zwei Aussagen aufmerksam:

Lemma 11. *Für jedes $x \in M$ ist die Menge*

$$E_x = \{y \mid y \leqq x\}$$

eine $\mathfrak{D}$-Klasse; dabei sind die Beziehungen $x_1 \leqq x_2$ und $E_{x_1} \subset E_{x_2}$ gleichbede utend.

Beweis. Wie stets besteht die Inklusion $E_x \subset E_x^{si}$. Es sei jetzt $y \in E_x^{si}$. Da $x \in E^s$ ist, gilt $y \leqq x$, d. h. $y \in E_x$. Damit ist $E_x^{si} = E_x$, und der erste Teil der Behauptung ist bewiesen. Ferner ist klar, daß mit $x_1 \leqq x_2$ auch $E_{x_1} \subset E_{x_2}$ gilt; wenn umgekehrt die letztere Inklusion erfüllt ist, so muß wegen $x_1 \in E_{x_1}$ auch $x_1 \in E_{x_2}$ oder $x_1 \leqq x_2$ sein.

Lemma 12. *Mit $x = \inf A$ gilt $E_x = \bigcap_{y \in A} E_y$; wenn $x = \sup A$ ist, so ist E_x die kleinste $\mathfrak{D}$-Klasse, die alle E_y mit $y \in A$ enthält.*

Beweis. Es sei $z \in E_x$; dann gilt offensichtlich $z \in E_y$ mit beliebigem $y \in A$ und infolgedessen $z \in \bigcap_{y \in A} E_y$. Ist $z \in \bigcap_{y \in A} E_y$, so gilt für jedes $y \in A$ $z \leqq y$, woraus $z \leqq \inf A = x$ oder $z \in E_x$ folgt. Der erste Teil des Lemmas ist damit bewiesen. Wir wollen jetzt annehmen, daß $x = \sup A$ ist. Wir definieren eine Menge B durch die Gleichung

$$B = \Big(\bigcup_{y \in A} E_y\Big)^{si}.$$

Es ist leicht zu erkennen, daß

$$B^s = \Big(\bigcup_{y \in A} E_y\Big)^{sis} = \Big(\bigcup_{y \in A} E_y\Big)^s$$

und $B^{si} = B$ ist. Daher ist B eine $\mathfrak{D}$-Klasse, die offensichtlich alle E_y mit $y \in A$ enthält.

Betrachten wir eine beliebige andere $\mathfrak{D}$-Klasse C, die alle E_y enthält, so haben wir $(\bigcup E_y)^s \supset C^s$ und $B = (\bigcup E_y)^{si} \subset C^{si} = C$. Daher ist B die *kleinste* $\mathfrak{D}$-Klasse, die alle E_y enthält. Wir wollen zeigen, daß $B = E_x$ ist. Da die Menge B alle E_y mit $y \in A$ enthält, muß sie auch A enthalten. Daher gilt sup $A = x \in B$ und $E_x \subset B$[1]). Andererseits ist E_x eine $\mathfrak{D}$-Klasse, die alle A enthält; unter Berücksichtigung der Minimalität von B können wir daher schließen, daß $B \subset E_x$ ist. Das Lemma ist bewiesen.

Definition. Man sagt, die halbgeordnete Menge N sei *Vervollständigung der teilweise geordneten Menge M durch Schnitte*, wenn N zu der in natürlicher Weise halbgeordneten Gesamtheit aller $\mathfrak{D}$-Klassen der Menge M isomorph ist.

Als Begründung für diese Terminologie dient der Umstand, daß zwischen M und der Menge aller $\mathfrak{D}$-Klassen der speziellen Form E_x mit $x \in M$ ein offensichtlicher Isomorphismus besteht. Wir wollen jetzt erläutern, wie eine derartige Vervollständigung im Falle einer BOOLEschen Algebra aussieht.

Lemma 13. *In einer BOOLEschen Algebra fallen die Begriffe $\mathfrak{D}$-Klasse und Komponente zusammen.*

Beweis. Es sei E eine $\mathfrak{D}$-Klasse einer gewissen B. A. $\mathfrak{X}$. Wir wollen zeigen, daß $E^{dd} = E$ ist. Dazu braucht man, wie wir wissen, nur die Inklusion $E^{dd} \subset E$ zu beweisen. Es sei $x \in E^{dd}$ und $y \in E^s$. Für jedes $z \in E$ gilt $y \geqq z$ oder $C\,y\,\mathrm{d}\,z$. Infolgedessen ist $C\,y \in E^d$. Dann ist $x\,\mathrm{d}\,C\,y$ und $x \leqq y$. Da y beliebig gewählt war, kann man schließen, daß $x \in E^{si} = E$ gilt. Somit ist $E^{dd} = E$, und E stellt eine Komponente dar. Wir betrachten jetzt eine beliebige Komponente E und wollen beweisen, daß $E^{si} = E$ ist. Die Inklusion $E \subset E^{si}$ ist automatisch erfüllt; wir wollen beweisen, daß $E^{si} \subset E$ gilt. Wir wählen beliebige Elemente $x \in E^{si}$ und $y \in E^d$. Da offensichtlich $C\,y \in E^s$ gilt, ist $x \leqq C\,y$ oder $x\,\mathrm{d}\,y$. Infolgedessen ist $x \in E^{dd} = E$, und die gewünschte Inklusion ist bewiesen.

Alles oben Gesagte fassen wir in einem Satz zusammen, der unter dem Namen Satz von GLIVENKO und STONE [85, 27] bekannt ist:

Satz 20. *Die Vervollständigung einer beliebigen BOOLEschen Algebra $\mathfrak{X}$ durch Schnitte ist eine vollständige BOOLEsche Algebra, die zur B. A. $\overline{\mathfrak{X}}$ aller Komponenten von $\mathfrak{X}$ isomorph ist.*

Wir bezeichnen die kanonische Einbettung von $\mathfrak{X}$ in $\overline{\mathfrak{X}}$ mit φ und wollen die wichtigsten Eigenschaften dieser Abbildung angeben.

---

[1]) Für eine beliebige $\mathfrak{D}$-Klasse E folgt aus $y \leqq x$, $x \in E$, daß $y \in E$.

1) *Wenn die Menge* $A \subset \mathcal{X}$ *in* $\mathcal{X}$ *ein Supremum (Infimum) gleich* x *besitzt, so ist das Element* $\varphi(x)$ *obere (untere) Grenze der Menge* $\varphi(A)$ *in* $\overline{\mathcal{X}}$. *Dabei gilt* $\varphi(\mathbf{1}_{\mathcal{X}}) = \mathbf{1}_{\overline{\mathcal{X}}}$ *und* $\varphi(\mathbf{0}_{\mathcal{X}}) = \mathbf{0}_{\overline{\mathcal{X}}}$.

Die Richtigkeit dieser Behauptung folgt unmittelbar aus Lemma 12. Die Eigenschaft 1 sagt aus, daß bei der Einbettung von $\mathcal{X}$ in $\overline{\mathcal{X}}$ die Grenzen erhalten bleiben.

2) *Dafür, daß ein Element* $\bar{x} \in \overline{\mathcal{X}}$ *vom Nullelement verschieden ist, ist notwendig und hinreichend, daß ein Element* $x \in \mathcal{X}$ *mit* $x > \mathbf{0}_{\mathcal{X}}$ *und* $\varphi(x) \leqq \bar{x}$ *existiert.*

Die Hinlänglichkeit der eben genannten Bedingung ist evident; um ihre Notwendigkeit zu beweisen, bemerken wir, daß die Nichtexistenz eines Elements x mit der geforderten Eigenschaft bedeuten würde, daß die Komponente $\bar{x}$ nur aus dem Nullelement der Algebra $\mathcal{X}$ besteht, d. h., daß $\bar{x} = \mathbf{0}_{\mathcal{X}}$ ist.

3) *Jedes Element* $\bar{x} \in \overline{\mathcal{X}}$ *ist obere Grenze einer gewissen Untermenge von Elementen der Form* $\varphi(x)$ *mit* $x \in \mathcal{X}$.

Wir wissen, daß $\bar{x}$ eine gewisse Komponente von $\mathcal{X}$ ist; sie ist zugleich die gesuchte Menge: $\bar{x} = \sup \varphi(\bar{x})$[1]. (Die kleinste Komponente, die alle Hauptideale der Form $\mathcal{X}_y$ mit $y \in \bar{x}$ enthält, ist offensichtlich die Komponente $\bar{x}$ selbst.)

Folgerung. *Die Menge* $\varphi(\mathcal{X})$ *ist minorant in* $\mathcal{X}$.

4) *Das Bild* $\varphi(\mathcal{X})$ *ist bezüglich der Ordnungstopologie dicht in* $\overline{\mathcal{X}}$.

In der Tat kann man die Menge aller Elemente der Komponente $\bar{x}$ als wachsende Moore-Smith-Folge betrachten. Ihr (o)-Limes ist gerade $\bar{x}$.

Im weiteren werden wir in der Regel die Vervollständigung von $\mathcal{X}$ mit der Algebra $\overline{\mathcal{X}}$ identifizieren und die ursprüngliche B. A. $\mathcal{X}$ selbst mit ihrem kanonischen Bild $\varphi(\mathcal{X})$; dementsprechend werden wir x und $\varphi(x)$ miteinander identifizieren.

Der Satz von Glivenko-Stone gibt uns das Recht, uns vornehmlich mit vollständigen Algebren zu befassen; ist die Algebra nicht vollständig, so kann man sie als Unteralgebra einer gewissen vollständigen B. A. betrachten, beispielsweise der eben konstruierten. Man muß jedoch im Auge behalten, daß die Vervollständigung durch Schnitte häufig pathologische Eigenschaften besitzt. Vervollständigen wir beispielsweise die B. A. $\mathcal{P}$, die aus einfachen Mengen besteht (Beispiel 10, Kapitel I), durch Schnitte, so erhalten wir, wie aus dem auf S. 23 Gesagten hervorgeht, die B. A. G_0 der regulären offenen Mengen, über deren Eigenschaften wir bereits gesprochen haben. Es gibt aber noch weitere, wohlbekannte Verfahren, $\mathcal{P}$ in eine vollständige B. A. einzubetten. Wir wollen sie unten betrachten.

---

[1]) D. h., die Menge $\bar{x} \subset \mathcal{X}$ hat als Bild $\varphi(\bar{x})$, dessen Supremum in der B. A. $\overline{\mathcal{X}}$ mit der Komponente $\bar{x}$ zusammenfällt, diesmals als Element der Algebra $\overline{\mathcal{X}}$ betrachtet.

3. Ein Vollständigkeitskriterium. Wir wollen den Satz von Glivenko-Stone anwenden, um ein bequemes Kriterium für die Vollständigkeit einer B. A. zu beweisen.

Satz 21. *Hinreichend für die Vollständigkeit einer B. A. $\mathfrak{X}$ ist, daß jede ihrer disjunkten Untermengen eine obere Grenze besitzt.*

Beweis. Wir betten $\mathfrak{X}$ in die nach der Methode der Schnitte konstruierte Vervollständigung $\overline{\mathfrak{X}}$ ein. Wir betrachten eine beliebige Menge E von Elementen von $\mathfrak{X}$. Es sei $\bar{x}$ die in $\overline{\mathfrak{X}}$ berechnete obere Grenze von E. Da $\mathfrak{X}$, wie wir bemerkt haben, in $\overline{\mathfrak{X}}$ minorant ist, gibt es nach dem Exhaustionsprinzip eine disjunkte Untermenge $E' \subset \mathfrak{X}$ derart, daß die in $\overline{\mathfrak{X}}$ berechnete obere Grenze von E' gleich $\bar{x}$ ist. Der Voraussetzung zufolge muß aber auch in $\mathfrak{X}$ eine obere Grenze von E' existieren, die wegen der Erhaltung der Grenzen notwendig mit $\bar{x}$ zusammenfällt. Das Element $\bar{x}$ gehört $\mathfrak{X}$ an und ist in $\overline{\mathfrak{X}}$ obere Grenze der Menge E; es ist klar, daß es dieselbe Rolle auch in $\mathfrak{X}$ spielt. Nach Lemma 2' ist die B. A. $\mathfrak{X}$ vollständig. Der Satz ist damit bewiesen.

Satz 22. *Es sei α eine Kardinalzahl mit der Eigenschaft, daß die Mächtigkeit keiner disjunkten Untermenge der Booleschen Algebra $\mathfrak{X}$ größer als α ist. Dann ist für die Vollständigkeit von $\mathfrak{X}$ hinreichend, daß jede Menge, deren Mächtigkeit α nicht übersteigt, in $\mathfrak{X}$ eine obere (untere) Grenze besitzt.*

Dieser Satz ist eine offensichtliche Folgerung aus dem vorangegangenen.

Folgerung. *Eine σ-vollständige Algebra von abzählbarem Typus ist stets vollständig.*

4. Übergang zur Faktoralgebra. Ein weiteres weit verbreitetetes Verfahren zur Konstruktion Boolescher Algebren besteht in der „Faktorisierung“ einer gewissen Ausgangsalgebra. Wir führen hier nur einen der auf diesen Fall bezüglichen Sätze an.

Satz 23. *Es sei $\mathfrak{X}$ eine σ-vollständige Boolesche Algebra und I ein σ-Ideal in $\mathfrak{X}$ mit der Eigenschaft, daß jede in $\mathfrak{X} \setminus I$ enthaltene disjunkte Menge höchstens abzählbar ist. Dann ist die Faktoralgebra $\hat{\mathfrak{X}} = \mathfrak{X}/I$ vollständig.*

Beweis. Wir zeigen zunächst, daß die Faktoralgebra σ-vollständig ist. Dazu nehmen wir eine beliebige abzählbare Menge $\hat{E} \subset \hat{\mathfrak{X}}$ und ordnen ihre Elemente als Folge $\{\hat{x}_1, \hat{x}_2, \ldots\}$ an. Diese Elemente stellen I-Klassen dar; wählen wir in jeder der Klassen $\hat{x}_i$ einen beliebigen „Repräsentanten“ x_i, so erhalten wir eine Folge von Elementen der Algebra $\mathfrak{X}$, die in $\mathfrak{X}$ eine obere Grenze x besitzt. Es ist leicht nachzuprüfen, daß die I-Klasse $\hat{x}$, die dieses Element enthält, obere Grenze der Menge $\hat{E}$ in $\hat{\mathfrak{X}}$ ist.

Danach überzeugen wir uns davon, daß $\hat{\mathfrak{X}}$ Algebra von abzählbarem Typus ist. Angenommen, dem sei nicht so; dann gibt es eine disjunkte Untermenge $\hat{D} \subset \hat{\mathfrak{X}}$ mit der Mächtigkeit $\aleph_1$. Wir numerieren ihre Elemente als eine transfinite Folge $\{x_\alpha\}_{\alpha<\Omega}$, wo Ω die kleinste nichtabzählbare Ordnungszahl ist. Ebenso wie im ersten Teil des Beweises wählen wir in den Klassen $\hat{x}_\alpha$ „Repräsentanten" $x_\alpha \in \mathfrak{X}$. Da $\hat{D}$ in $\hat{\mathfrak{X}}$ disjunkt ist, müssen alle Elemente der Form $x_\alpha \wedge x_\beta$ $(\alpha \neq \beta)$ dem Ideal I angehören, Für jedes $\alpha < \Omega$ setzen wir

$$x'_\alpha = x_\alpha \wedge C\Big(\bigvee_{\gamma<\alpha} x_\gamma\Big).$$

Hierin ist die obere Grenze $\bigvee x_\gamma$ in $\mathfrak{X}$ berechnet; sie hat einen Sinn, da die Menge $\{x_\gamma\}_{\gamma<\alpha}$ höchstens abzählbar und $\mathfrak{X}$ σ-Algebra ist.

Unter Berücksichtigung dessen, daß I σ-Ideal ist, bestätigt man unschwer die Inklusion

$$|x_\alpha - x'_\alpha| \in I.$$

Somit repräsentieren die Elemente x'_α gleichfalls die Klassen $\hat{x}_\alpha$. Es ist klar, daß sie paarweise disjunkt sind. Der grundlegenden Eigenschaft des Ideals I zufolge gibt es eine „Nummer" α_0, so daß $x_\alpha \in I$ für alle $\alpha > \alpha_0$ gilt. Das bedeutet, daß die Menge $\hat{D}$ nur abzählbar viele Elemente enthält, obgleich ihre Mächtigkeit nach Annahme gleich $\aleph_1$ war. $\hat{\mathfrak{X}}$ ist demnach Algebra von abzählbarem Typus. Zur Vervollständigung des Beweises brauchen wir uns nun nur noch auf die Folgerung aus Satz 22 zu berufen.

Wir betrachten wiederum einen Maßraum $\{\Omega, \mathscr{E}, m\}$ und bilden in derselben Weise wie oben (s. S. 61—63) die Algebra $\hat{\mathfrak{X}}$. Es ist leicht zu bestätigen, daß das bei ihrer Bildung benutzte Ideal I (es besteht aus allen x mit $m\,x = 0$) allen Bedingungen von Satz 23 genügt. Daher *ist die Algebra $\hat{\mathfrak{X}}$ vollständig*. Insbesondere ist *jede der Algebren E_0, E_0^n, E^Γ vollständig*.

5. Uniforme Vervollständigung. Wir wollen zum Schluß, ohne auf Einzelheiten der Beweise einzugehen, eine Methode zur Konstruktion einer vollständigen BOOLEschen Algebra beschreiben, die sich auf die Verwendung einer uniformen Topologie stützt. Die B. A. $\mathfrak{X}$ sei mit einer gewissen $(\mathfrak{V})$-Topologie versehen. Es liegt auf der Hand, diese Algebra $(\mathfrak{V})$-*vollständig* zu nennen, wenn eine beliebige aus ihren Elementen gebildete verallgemeinerte $(\mathfrak{V})$-Fundamentalfolge einen $(\mathfrak{V})$-Limes hat. Dabei heißt eine MOORE-SMITH-Folge $\{x_\alpha\}$ $(\mathfrak{V})$-*Fundamentalfolge*, wenn

$$|x_{\alpha'} - x_{\alpha''}| \in V \in \mathfrak{V}$$

für alle $\alpha', \alpha'' > \alpha(V)$ gilt.

Die Frage nach dem Zusammenhang zwischen $(\mathfrak{V})$-Vollständigkeit und „Ordnungs"vollständigkeit verdient eine eingehendere Untersuchung, als sie im Rahmen des vorliegenden Buches möglich ist. Wir beschränken uns auf die Formulierung eines Satzes.

Die in einer gewissen B. A. $\mathfrak{X}$ eingeführte $(\mathfrak{V})$-Topologie sei so beschaffen, daß jede disjunkte Folge $\{x_n\}_{n=1}^\infty$ gegen das Nullelement $(\mathfrak{V})$-konvergent ist. Dann existiert eine B. A. $\tilde{\mathfrak{X}}$ mit den Eigenschaften:

1) $\tilde{\mathfrak{X}}$ *ist Vervollständigung der Algebra* $\mathfrak{X}$ *im Sinne von Nr. 1 des vorliegenden Paragraphen; diese Vervollständigung genügt der Bedingung* (*m*) (s. S. 109).

2) *In* $\tilde{\mathfrak{X}}$ *existiert eine uniforme Topologie, bezüglich derer* $\tilde{\mathfrak{X}}$ *vollständig ist; diese Topologie induziert auf* $\mathfrak{X}$ *die ursprüngliche* ($\mathfrak{B}$)-*Topologie.*

Unter den Bedingungen des Satzes ist somit die uniforme Vervollständigung eine vollständige B. A.

Wir empfehlen dem Leser, wenigstens für den „metrischen" Fall, daß $\mathfrak{X}$ ein metrischer Raum und die Basis $\mathfrak{B}$ von den Kugelumgebungen des Nullelements gebildet wird, den Beweis dieses Satzes selbständig auszuführen.

Mit der allgemeinen Theorie der Vervollständigung uniformer Räume kann sich der Leser beispielsweise an Hand des Buches von N. BOURBAKI [11] vertraut machen.

Die B. A. $\mathfrak{X}$ möge jetzt ein strikt positives Quasimaß m besitzen. Dieses Qasimaß bestimmt in $\mathfrak{X}$ eine uniforme Topologie, deren Basis aus den Mengen der Form

$$V_{x,\varepsilon} = \{y \mid m(|x - y|) < \varepsilon\}$$

besteht. Zu derselben Topologie können wir gelangen, indem wir gemäß der Formel

$$\varrho(x, y) = m(|x - y|)$$

eine Metrik einführen. Es ist leicht zu bestätigen, daß alle Bedingungen des Satzes über die Vervollständigung erfüllt sind. Infolgedessen läßt sich die Algebra $\mathfrak{X}$ in die vollständige B. A. $\tilde{\mathfrak{X}}$ einbetten, die man durch „metrische" Vervollständigung erhält. Es bereitet gleichfalls keine Mühe nachzuweisen, daß sich das Quasimaß m auf die ganze Algebra $\tilde{\mathfrak{X}}$ fortsetzen läßt und daß diese Fortsetzung ein Maß ist.

Wir bemerken zum Abschluß, daß teilweise geordnete Mengen mit einer uniformen Topologie von T. G. KISELEVA [46] untersucht worden sind.

Aufgaben zu Kapitel III

1. Man zeige, daß eine unendliche Kardinalzahl τ dann und nur dann die Mächtigkeit einer vollständigen BOOLEschen Algebra ist, wenn $\tau^{\aleph_0} = \tau$ ist (R. PIERCE).

2. Es sei $\tau^{\aleph_0} = \tau$. Man zeige, daß es eine vollständige B. A. der Mächtigkeit τ gibt, zu deren Faktoralgebren bis auf Isomorphie alle vollständigen BOOLEschen Algebren gehören, deren Mächtigkeit höchstens τ ist (B. EFIMOV).

3. Man zeige, daß ein unendliches total unzusammenhängendes extremales Kompaktum nicht metrisierbar sein kann.

4. Man beweise, daß jede vollständige atomlose B. A., die eine abzählbare minorante Untermenge enthält, zur Algebra G_0 der regulären offenen Mengen isomorph ist.

5. Es sei P eine beliebige halbgeordnete Menge; N ein System aus lauter Untermengen von P mit der Eigenschaft, daß aus $b_1 \leqq b_2 \in B \in N$ stets $b_1 \in B$ folgt. Wir führen in N eine „Quasiordnung" ein: es sei $A \blacktriangleleft B$, wenn für beliebiges $a \in A$ mit einem gewissen $b \in B$ $a \geqq b$ gilt. Man zeige, daß das System N nach Identifizierung „äquivalenter" Mengen in eine vollständige BOOLEsche Algebra übergeht (A. G. PINSKER).

6. Man beweise, daß in einer vollständigen B.A. das Zusammenfallen der (o)-Konvergenz mit der Konvergenz in der (o)-Topologie bedeutet, daß die Algebra atomar ist.

7. Man beweise, daß folgende Eigenschaft des extremalen zur Realisierung dienenden Kompaktums $\mathfrak{Q}$ äquivalent dazu ist, daß die Algebra von abzählbarem Typus ist: jede abgeschlossene nirgends dichte Untermenge $F \subset \mathfrak{Q}$ ist in einer gewissen nirgends dichten abgeschlossenen Menge vom Typ G_δ enthalten (Z. T. DIKONOVA).

8. Es sei Q die reelle Gerade. Unter Verwendung des Kontinuumaxioms zeige man, daß in der B. A. 2^Q die BOOLEschen Operationen $\vee$ und $\wedge$ in der (os)-Topologie stetig sind (R. DUDLEY).

KAPITEL IV

STETIGE FUNKTIONEN UND ABBILDUNGEN

In diesem Kapitel untersuchen wir die wichtigsten Typen von Abbildungen, die bezüglich der Ordnungstopologie stetig sind. Wir werden einige Sätze über die Erweiterung derartiger Abbildungen beweisen, insbesondere den klassischen Satz von LEBESGUE und CARATHÉODORY über die Fortsetzung eines Maßes.

§ 1. Die wichtigsten Klassen stetiger Abbildungen

1. Reelle additive Funktionen. Lemma 1. *Eine auf einer vollständigen* BOOLE*schen Algebra $\mathcal{X}$ definierte additive reelle Funktion φ, die bezüglich der (o)-Topologie $\big((os)$-Topologie$\big)$ stetig ist, ist volladditiv (abzählbar-additiv).*

Beweis. Es sei S eine beliebige disjunkte Menge und $x = \sup S$. Wir bilden die zu S assoziierte wachsende Standardfolge $\{x_\alpha\}$. Dann haben wir damit $x = (o)\text{-}\lim\limits_{\alpha} x_\alpha$ und $\varphi(x) = \lim\limits_{\alpha} \varphi(x_\alpha)$; das bedeutet aber gerade, daß φ volladditiv ist. Der „abzählbare" Fall läßt sich analog behandeln.

Von großer Bedeutung für die Theorie der additiven Funktionen ist

Satz 1. *Zu einer beliebigen, auf einer vollständigen* BOOLE*schen Algebra $\mathcal{X}$ vorgegebenen volladditiven Funktion φ existiert eine disjunkte Zerlegung von $\mathcal{X}$ in drei Komponenten $\mathcal{X}^{(+)}$, $\mathcal{X}^{(-)}$, $\mathcal{X}^{(0)}$ derart, daß $\varphi(x) > 0$ für $\mathbf{0} < x \in \mathcal{X}^{(+)}$ und $\varphi(x) < 0$ für $\mathbf{0} < x \in \mathcal{X}^{(-)}$ gilt, während die Funktion φ auf $\mathcal{X}^{(0)}$ identisch gleich Null ist.*

Beweis. Wir wenden Satz III.6 an und setzen dazu

$$A = \{x \,|\, \varphi(x) > 0\}\,.$$

Dann ist

$$A' = \{x \,|\, \varphi(x) \leqq 0\}\,,$$

und der Volladditivität von φ zufolge sind die Mengen A und A' d-regulär; ihre normalen Kerne stellen zueinander komplementäre Komponenten dar.

Wir können $A^0 = \mathcal{X}^{(+)}$ setzen; das ist gerade eine der gesuchten Komponenten. Analog läßt sich $\mathcal{X}^{(-)}$ konstruieren. Schließlich ist noch $\mathcal{X}^{(0)} = (\mathcal{X}^{(+)} \cup \mathcal{X}^{(-)})^{\mathrm{d}}$.

Die Komponenten $\mathscr{X}^{(+)}$ und $\mathscr{X}^{(-)}$ heißen *Positivitäts-* und *Negativitätskomponenten* der Funktion φ und die Elemente $u^{(+)} = \sup \mathscr{X}^{(+)}$, $u^{(-)} = \sup \mathscr{X}^{(-)}$ Positivitäts- und Negativitäts*elemente*. Es ist klar, daß sie gleich dem Nullelement sein können.

Aus Satz 1 fließen zwei wichtige Folgerungen.

Folgerung 1. *Jede auf einer vollständigen B. A. definierte volladditive reelle Funktion φ läßt sich in der Form*

$$\varphi = \varphi_+ - \varphi_-$$

darstellen, wo φ_+ und φ_- positive volladditive Funktionen sind.

In der Tat kann man

$$\varphi_+(x) = \varphi\,(x \wedge u^{(+)})\,, \qquad \varphi_-(x) = -\,\varphi\,(x \wedge u^{(-)})$$

setzen.

Die von uns erhaltenen Zerlegungen sind den bekannten Zerlegungen von Hahn und Jordan für additive Mengenfunktionen analog. Wir wollen hier nicht den Zusammenhang zwischen den beiden Theorien analysieren und überlassen das dem Leser. Wir bemerken nur so viel, daß sich die oben ausgesprochenen Behauptungen auf abzählbar-additive Funktionen nicht vollständig ausdehnen lassen. Am einfachsten verhält es sich im Falle einer Algebra von abzählbarem Typus, für die Volladditivität mit abzählbarer Additivität zusammenfällt.

Folgerung 2. *Eine vollständige Algebra, auf der wenigstens eine (von Null verschiedene) volladditive Funktion definiert ist, enthält stets eine nichtverschwindende normierbare Komponente.*

Eine derartige Komponente wird beispielsweise von dem Hauptideal $\mathscr{X}_u$ geliefert mit $u = u^{(+)} + u^{(-)}$. Gemäß der Gleichung

$$\mu(x) = \varphi_+(x) + \varphi_-(x)$$

führt man auf einer derartigen Komponente ein Maß ein.

Wir beweisen jetzt eine Aussage, die eine Umkehrung von Lemma 1 darstellt.

Lemma 2. *Jede auf einer vollständigen* Boole*schen Algebra $\mathscr{X}$ vorgegebene volladditive (abzählbar-additive) reelle Funktion ist bezüglich der (o)-Topologie (bzw. der (os)-Topologie) stetig.*

Beweis. Die Funktion φ sei volladditiv. Die Folgerung aus Satz 1 gestattet uns, uns auf den Falle einer positiven Funktion φ zu beschränken. Es genügt zu beweisen, daß alle Mengen der Form

$$E_a^{(+)} = \{x \,|\, \varphi(x) \geqq a\}\,,$$
$$E_a^{(-)} = \{x \,|\, \varphi(x) \leqq a\}$$

in der (o)-Topologie abgeschlossen sind. Es sei $x_\alpha \xrightarrow{(o)} x$, $x_\alpha \in E_\alpha^{(-)}$. Setzen wir $y_\alpha = \bigwedge\limits_{\beta > \alpha} x_\beta$. so sehen wir, daß $y_\alpha \uparrow x$ und $y_\alpha \leqq x_\alpha$ gilt, und wegen der Positivität von φ haben wir $\varphi(y_\alpha) \leqq \varphi(x_\alpha) \leqq \alpha$. Wir wenden jetzt Satz III.4 an und bilden eine disjunkte Menge E mit der Eigenschaft, daß die Gleichung

$$\sup E = \bigvee_\alpha y_\alpha = x$$

besteht und jedes Element von E durch ein gewisses y_α majorisiert wird. Wegen der Volladditivität von φ ist dann

$$\varphi(x) = \sum_{y \in E} \varphi(y) .$$

Nach Wahl eines beliebigen endlichen Systems $\{y^1, y^2, \ldots, y^k\} \subset E$ bestimmen wir zunächst Elemente $y_{\alpha_i} \geqq y^i$ und sodann einen Index $\alpha > \alpha_1, \alpha_2, \ldots, \alpha_k$. Wir haben dann

$$y_\alpha \geqq \bigvee_{i=1}^{k} y_{\alpha_i} \geqq \bigvee_{i=1}^{k} y^i$$

und

$$a \geqq \varphi(y_\alpha) \geqq \varphi\left(\bigvee_{i=1}^{k} y^i\right) = \sum_{i=1}^{k} \varphi(y^i) .$$

Wir schließen, daß $\varphi(x) \leqq a$ und $x \in E_a^{(-)}$ ist. Die Abgeschlossenheit von $E_a^{(-)}$ ist damit bewiesen. Zum Beweis der Abgeschlossenheit von $E_a^{(+)}$ bemerken wir, daß $E_a^{(+)} = \{x | -\varphi(x) \leqq -a\}$ und die Funktion $-\varphi$ volladditiv ist. Der Fall einer abzählbar-additiven Funktion erledigt sich analog. Das Lemma ist damit bewiesen.

Aus Lemma 1 und 2 folgt unmittelbar

Satz 2. *Dafür, daß eine auf einer vollständigen B. A. vorgegebene reelle additive Funktion voll-(abzählbar-)additiv ist, ist notwendig und hinreichend, daß sie in der (o)-Topologie ((os)-Topologie) stetig ist.*

2. Stetige Homomorphismen. Wir gehen jetzt zur Betrachtung stetiger Abbildungen Boolescher Algebren über. Es seien $\mathcal{X}$ und $\mathcal{Y}$ vollständige (σ-vollständige) Algebren, die auch zusammenfallen dürfen. Stetig (σ-stetig) nennen wir der Kürze halber jede Abbildung von $\mathcal{X}$ in $\mathcal{Y}$, die bezüglich der (o)-Topologien ((os)-Topologien) dieser Algebren stetig sind[1]). Ein evidentes und sehr wichtiges Beispiel für eine derartige zugleich stetige und σ-stetige Abbildung bildet ein Isomorphismus von $\mathcal{X}$ auf $\mathcal{Y}$ (insbesondere auch ein beliebiger Automorphismus). Was Homomorphismen anbelangt, so brauchen sie weder stetig noch σ-stetig zu sein.

---

[1]) Ein allgemeinerer Zugang zu dem Problem würde darin bestehen, gleichzeitig verschiedene Topologien der Algebren $\mathcal{X}$ und $\mathcal{Y}$ und der entsprechenden Klassen stetiger Abbildungen zu betrachten. Wir streben eine derartige Allgemeinheit nicht an; im Mittelpunkt unseres Interesses werden im folgenden σ-stetige Abbildungen stehen, die in den wichtigsten Fällen (wenn $\mathcal{X}$ und $\mathcal{Y}$ Algebren von abzählbarem Typus sind) auch im Sinne der obengenannten Definition stetig sind.

Satz 3. *Dafür, daß ein Homomorphismus Φ der Algebra $\mathcal{X}$ in $\mathcal{Y}$ stetig (σ-stetig) ist, ist notwendig und hinreichend, daß für eine beliebige Menge (beliebige abzählbare Menge) $E \in \mathcal{X}$ die Gleichung*

$$\Phi(\sup E) = \sup \Phi(E)$$

besteht.

Beweis. Notwendigkeit. Es sei $\{x_\alpha\}$ eine zu E assoziierte wachsende Moore-Smith-Folge. Wie bereits bemerkt, ist dann $\sup E = (o)\text{-}\lim\limits_\alpha x_\alpha = \lim\limits_\alpha x_\alpha$ und daher $\Phi(\sup E) = \lim\limits_\alpha \Phi(x_\alpha)$. Da die Moore-Smith-Folge $\{\Phi(x_\alpha)\}$ offensichtlich wächst, ist $\lim\limits_\alpha \Phi(x_\alpha) = \sup\limits_\alpha \Phi(x_\alpha) = \sup \Phi(E)$. (Andere Grenzwerte hat die Folge der $\Phi(x_\alpha)$ nicht; s. S. 99.)

Hinlänglichkeit. Wir betrachten das Urbild $\Phi^{-1}(E)$ einer beliebigen (o)-abgeschlossenen Menge $E \subset \mathcal{Y}$. Es sei $x_\alpha \xrightarrow{(o)} x$, und dabei seien alle $x_\alpha \in \Phi^{-1}(E)$. Wir haben dann

$$\Phi(x) = \Phi\Big(\bigvee_\alpha \bigwedge_{\beta>\alpha} x_\beta\Big) = \bigvee_\alpha \Phi\Big(C \bigvee_{\beta>\alpha} C\, x_\beta\Big) = \bigvee_\alpha C \bigvee_{\beta>\alpha} \Phi(C\, x_\beta) = \bigvee_\alpha \bigwedge_{\beta>\alpha} C\, \Phi(C\, x_\beta)$$
$$= \bigvee_\alpha \bigwedge_{\beta>\alpha} \Phi(x_\beta) = \underline{\lim_\alpha}\, \Phi(x_\alpha)\,.$$

Analog beweist man, daß $\Phi(x) = \overline{\lim\limits_\alpha}\, \Phi(x_\alpha)$ ist. Somit gilt $\Phi(x_\alpha) \xrightarrow{(o)} \Phi(x)$. Für jedes α bekommen wir $\Phi(x_\alpha) \in E$, während die Menge E (o)-abgeschlossen ist. Daher ist $\Phi(x) \in E$ und $x \in \Phi^{-1}(E)$. Damit ist die (o)-Abgeschlossenheit von $\Phi^{-1}(E)$ und zugleich auch die Stetigkeit der Abbildung Φ bewiesen.

Den Beweis der „abzählbaren" Variante des Satzes überlassen wir dem Leser.

Aus dem bewiesenen Satz entspringen eine Reihe offensichtlicher, aber wichtiger Folgerungen.

Folgerung 1. *Wenn Φ ein stetiger (σ-stetiger) Homomorphismus ist, so gilt für eine beliebige (bzw. beliebige abzählbare) Menge E die Gleichung*

$$\Phi(\inf E) = \inf \Phi(E)\,.$$

Folgerung 2. *Der Kern eines σ-stetigen Homomorphismus stellt ein σ-Ideal dar.*

Folgerung 3. *Der Kern eines stetigen Homomorphismus stellt ein Hauptideal dar.*

Folgerung 4. *Wenn Φ ein stetiger Homomorphismus ist, so zieht die Bedingung $x_\alpha \xrightarrow{(o)} x$ die Beziehung $\Phi(x_\alpha) \xrightarrow{(o)} \Phi(x)$ nach sich. Analog folgt für einen σ-stetigen Homomorphismus aus $x_n \xrightarrow{(o)} x$ die Beziehung $\Phi(x_n) \xrightarrow{(o)} \Phi(x)$.* (Im letzteren Falle ist $\{x_n\}_{n=1}^\infty$ eine gewöhnliche Folge.)

Folgerung 5. *Wenn zwei stetige Homomorphismen auf einer gewissen nichtleeren Menge E zusammenfallen, so fallen sie auch auf dem (o)-Abschluß $\overline{E}$ dieser Menge zusammen.*

Das letztere wird klar, wenn man sich an die in Kapitel III (S. 99) gegebene Beschreibung der Struktur des (*o*)-Abschlusses erinnert: man muß „Schritt für Schritt", gestützt auf die Folgerung 4, verifizieren, daß die gegebenen Homomorphismen auf jeder der Mengen $E_0, E_1, \ldots, E_\alpha, \ldots$ zusammenfallen.

Schließlich zeigt noch Satz 3, daß *jeder stetige Homomorphismus automatisch auch σ-stetig ist.*

§ 2. Satz von LEBESGUE-CARATHÉODORY

Es sei $\mathscr{X}$ eine σ-vollständige B. A. Wir betrachten eine gewisse Unteralgebra $\mathscr{X}_0$ mit einem auf ihr definierten Quasimaß φ. Wir stellen uns die Aufgabe, eine σ-regulär eingebettete Unteralgebra $\widehat{\mathscr{X}}$, die $\mathscr{X}_0$ enthält, sowie ein auf $\widehat{\mathscr{X}}$ gegebenes abzählbar-additives Quasimaß $\widehat{\varphi}$ zu konstruieren, das für alle $x \in \mathscr{X}_0$ der Ungleichung $\widehat{\varphi}(x) \leqq \varphi(x)$ genügt und möglichst auch noch der Gleichung $\widehat{\varphi}(x) = \varphi(x)$. Zur Lösung der gestellten Aufgabe definieren wir ein *äußeres Maß* φ^*, indem wir mit jedem $x \in \mathscr{X}$ eine Menge S_x verknüpfen, die aus allen höchstens abzählbaren Systemen $\sigma \subset \mathscr{X}_0$ besteht, die der Bedingung $\sup \sigma \geqq x$ genügen („Überdeckungen"), und

$$\varphi^*(x) = \inf_{\sigma \in S_x} \sum_{y \in \sigma} \varphi(y)$$

setzen. Wir geben grundlegende Eigenschaften des äußeren Maßes an.

1. *Für* $x \in \mathscr{X}_0$ gilt $\varphi^*(x) \leqq \varphi(x)$.

Diese Eigenschaft ist evident. Aus ihr folgt die Endlichkeit von φ^*. Gleichfalls evident ist die Eigenschaft:

2. *Das äußere Maß ist monoton: $x \leqq y$ zieht $\varphi^*(x) \leqq \varphi^*(y)$ nach sich.*

3. *Für $x = \bigvee_k x_k$ ist $\varphi^*(x) \leqq \sum_k \varphi^*(x_k)$.*

In der Tat: wir geben uns ein beliebiges $\varepsilon > 0$ vor und ordnen jedem x_k ein System $\sigma_k \in S_{x_k}$ zu, so daß die Ungleichung

$$\sum_{y \in \sigma_k} \varphi(y) \leqq \varphi^*(x_k) + \frac{\varepsilon}{2^k} \qquad (k = 1, 2, \ldots)$$

besteht.

Da die Überdeckung $\sigma = \bigcup_k \sigma_k$ offensichtlich S_x angehört, gilt

$$\varphi^*(x) \leqq \sum_{y \in \sigma} \varphi(y) \leqq \sum_k \sum_{y \in \sigma_k} \varphi(y) \leqq \sum_k \varphi^*(x_k) + \varepsilon\,.$$

Wegen der Willkür von ε erhalten wir die gewünschte Ungleichung.

Wir bilden jetzt die Menge $\widehat{\mathscr{X}}$, indem wir zu ihr alle die Elemente $x \in \mathscr{X}$ rechnen, für die mit beliebigem $u \in \mathscr{X}$ die Gleichung

$$\varphi^*(u \wedge x) + \varphi^*(u \wedge C\,x) = \varphi^*(u) \tag{I}$$

besteht. Offensichtlich ist stets

$$\varphi^*(u \wedge x) + \varphi^*(u \wedge C\,x) \geqq \varphi^*(u)\,,$$

so daß nur die umgekehrte Ungleichung einer Bestätigung bedarf.

Lemma 3. *Es sei* $z_n \in \widehat{\mathscr{X}}$ $(n = 1, 2, \ldots)$, *und die Folge* $\{z_n\}$ *strebe monoton gegen* z. *Dann gilt für beliebiges* $u \in \mathscr{X}$

$$\varphi^*(u \wedge z) \leqq \lim_{n \to 0} \varphi^*(u \wedge z_n)\,.$$

Beweis. Für eine fallende Folge $\{z_n\}$ ist alles evident. Es sei daher $z_n \uparrow z$, $z_1 = 0$. Dann haben wir

$$u \wedge z = \sum_{n=1}^{\infty} u \wedge (z_{n+1} - z_n)\,,$$

$$\varphi^*(u \wedge z) \leqq \sum_{n=1}^{\infty} \varphi^*[u \wedge (z_{n+1} - z_n)] = \sum_{n=1}^{\infty} \varphi^*[u \wedge z_{n+1} \wedge C\,z_n]$$
$$= \sum_{n=1}^{\infty} [\varphi^*(u \wedge z_{n+1}) - \varphi^*(u \wedge z_n)] = \lim_{n \to \infty} \varphi^*(u \wedge z_n)\,.$$

Das Lemma ist damit bewiesen.

Lemma 4. *Die Menge* $\widehat{\mathscr{X}}$ *stellt eine* σ*-regulär eingebettete Unteralgebra dar.*

Beweis. Da auf Grund von Bedingung (I) die Elemente x und $C\,x$ gleichberechtigt sind, gehört zusammen mit einem beliebigen Element auch sein Komplement zu $\widehat{\mathscr{X}}$. Es sei jetzt $x, y \in \widehat{\mathscr{X}}$, $z = x \wedge y$. Dann haben wir für ein beliebiges $u \in \mathscr{X}$

$$\begin{aligned}\varphi^*(u) &= \varphi^*(u \wedge x) + \varphi^*(u \wedge C\,x)\\ &= \varphi^*(u \wedge x \wedge y) + \varphi^*(u \wedge x \wedge C\,y) + \varphi^*(u \wedge C\,x \wedge y)\\ &\quad + \varphi^*(u \wedge C\,x \wedge C\,y) \geqq \varphi^*(u \wedge x \wedge y)\\ &\quad + \varphi^*[(u \wedge x \wedge C\,y) \vee (u \wedge C\,x \wedge y) \vee (u \wedge C\,x \wedge C\,y)]\\ &= \varphi^*(u \wedge z) + \varphi^*(u \wedge C\,z)\end{aligned}$$

(wegen $(u \wedge x \wedge C\,y) \vee (u \wedge C\,x \wedge y) \vee (u \wedge C\,x \wedge C\,y)$
$= u \wedge [(x \wedge C\,y) \vee (C\,x \wedge y) \vee (C\,x \wedge C\,y)] = u \wedge C\,(x \wedge y) = u \wedge C\,z$).

Somit ist $z \in \widehat{\mathscr{X}}$. Wir sehen also, daß $\widehat{\mathscr{X}}$ Unteralgebra ist. Es bleibt noch zu beweisen, daß sie σ-regulär eingebettet ist. Es sei $\{x_1, x_2, \ldots, x_n, \ldots\}$ eine beliebige abzählbare Untermenge von $\widehat{\mathscr{X}}$ und $x = \bigvee_{n=1}^{\infty} x_n$. Wir setzen $y_n = \bigvee_{k=1}^{n} x_k$. Es ist klar, daß alle $y_n \in \widehat{\mathscr{X}}$ sind und $y_n \uparrow x$, $C\,y_n \downarrow C\,x$ gilt. Für beliebiges $u \in \mathscr{X}$ besteht die Gleichung

$$\varphi^*(u) = \varphi^*(u \wedge y_n) + \varphi^*(u \wedge C\,y_n)\,.$$

Auf Grund des vorangegangenen Lemmas ist

$$\varphi^* (u \wedge x) \leqq \lim_n \varphi^* (u \wedge y_n) ,$$

$$\varphi^* (u \wedge C x) \leqq \lim_n \varphi^* (u \wedge C y_n) .$$

Hieraus folgt

$$\varphi^* (u \wedge x) + \varphi^* (u \wedge C x) \leqq \varphi^*(u) .$$

Somit ist $x \in \hat{\mathscr{X}}$. Damit ist zugleich bewiesen, daß $\hat{\mathscr{X}}$ σ-regulär eingebettete Unteralgebra ist.

Lemma 5. $\mathscr{X}_0 \subset \hat{\mathscr{X}}$.

Beweis. Es sei $x \in \mathscr{X}_0$. Wir wählen beliebig ein Element u und eine Überdeckung $\sigma \in S_u$. Die Elementsysteme der Form $\{x \wedge z\}_{z \in \sigma}$ und $\{C x \wedge z\}_{z \in \sigma}$ bilden Überdeckungen der Elemente $x \wedge u$ bzw. $C x \wedge u$. Daher gilt

$$\sum_{z \in \sigma} \varphi(z) = \sum_{z \in \sigma} \left(\varphi (z \wedge x) + \varphi (z \wedge C x)\right)$$
$$= \sum_{z \in \sigma} \varphi (z \wedge x) + \sum_{z \in \sigma} \varphi (z \wedge C x) \geqq \varphi^* (x \wedge u) + \varphi^* (C x \wedge u) .$$

Wegen der Willkür von σ können wir schließen, daß

$$\varphi^*(u) \geqq \varphi^* (x \wedge u) + \varphi^* (C x \wedge u)$$

gilt. Somit ist $x \in \hat{\mathscr{X}}$. Das Lemma ist damit bewiesen.

Lemma 6. *Die auf der Unteralgebra* $\hat{\mathscr{X}}$ *durch die Gleichung* $\hat{\varphi}(x) = \varphi^*(x)$ *definierte Funktion* $\hat{\varphi}$ *ist abzählbar-additiv.*

Beweis. Es sei $x \mathrm{d} y$ mit $x, y \in \hat{\mathscr{X}}$, dann ist

$$\hat{\varphi} (x \vee y) = \varphi^* (x \vee y) = \varphi^* [(x \vee y) \wedge x] + \varphi^* [(x \vee y) \wedge C x]$$
$$= \varphi^*(x) + \varphi^*(y) = \hat{\varphi}(x) + \hat{\varphi}(y) .$$

Es liegt also endliche Additivität vor. Hieraus bekommen wir für eine beliebige disjunkte Folge $\{x_n\}$ von Elementen aus $\hat{\mathscr{X}}$

$$\hat{\varphi}\left(\bigvee_{n=1}^{\infty} x_n\right) \geqq \hat{\varphi}\left(\bigvee_{n=1}^{m} x_n\right) = \sum_{n=1}^{m} \hat{\varphi}(x_n)$$

und infolgedessen

$$\hat{\varphi}\left(\bigvee_{n=1}^{\infty} x_n\right) \geqq \sum_{n=1}^{\infty} \hat{\varphi}(x_n) .$$

Unter Berücksichtigung der stets gültigen Ungleichung

$$\hat{\varphi}\left(\bigvee_{n=1}^{\infty} x_n\right) = \varphi^* \left(\bigvee_{n=1}^{\infty} x_n\right) \leqq \sum_{n=1}^{\infty} \varphi^*(x_n) = \sum_{n=1}^{\infty} \hat{\varphi}(x_n)$$

gelangen wir zu der Identität

$$\hat{\varphi}\left(\bigvee_{n=1}^{\infty} x_n\right) = \sum_{n=1}^{\infty} \hat{\varphi}(x_n) ,$$

die die abzählbare Additivität des Quasimaßes $\hat{\varphi}$ ausdrückt.

Wir wollen jetzt zeigen, daß das von uns konstruierte Quasimaß in gewissem Sinne maximal ist.

Lemma 7. *Wenn ψ ein auf $\hat{\mathfrak{X}}$ definiertes abzählbar-additives Quasimaß ist, das für alle $x \in \mathfrak{X}_0$ der Ungleichung $\psi(x) \leqq \varphi(x)$ genügt, so genügt es für alle $x \in \hat{\mathfrak{X}}$ auch der Ungleichung*

$$\psi(x) \leqq \hat{\varphi}(x) .$$

Beweis. Für beliebiges $x \in \hat{\mathfrak{X}}$ und $\sigma \in S_x$ gilt

$$\psi(x) \leqq \psi\,(\sup \sigma) \leqq \sum_{y \in \sigma} \psi(y) \leqq \sum_{y \in \sigma} \varphi(y) ,$$

woraus $\psi(x) \leqq \varphi^*(x) = \hat{\varphi}(x)$ folgt, q. e. d.

Lemma 8. *Wenn das ursprüngliche Quasimaß φ die Eigenschaft hat, daß für eine beliebige abzählbare Menge σ von Elementen aus $\mathfrak{X}_0$ mit $\sup \sigma \in \mathfrak{X}_0$ die Ungleichung*

$$\varphi\,(\sup \sigma) \leqq \sum_{y \in \sigma} \varphi(y)$$

besteht, so gilt für alle $x \in \mathfrak{X}_0$

$$\hat{\varphi}(x) = \varphi(x) ,$$

das heißt, das Quasimaß $\hat{\varphi}$ ist Fortsetzung von φ. (Es ist leicht einzusehen, warum wir in den Bedingungen dieses Lemmas lediglich die *abzählbare Addivitität* von φ fordern.)

In der Tat gilt in diesem Falle für $x \in \mathfrak{X}_0$ $\hat{\varphi}(x) = \varphi^*(x) \geqq \varphi(x)$, woraus wegen der Eigenschaft 1 des äußeren Maßes die zu beweisende Gleichung folgt.

Die Ergebnisse der vorstehenden Überlegungen führen zu dem, den Inhalt von Lemma 4—8 zusammenfassenden

Satz 4. *Es sei $\mathfrak{X}$ eine σ-vollständige B. A., $\mathfrak{X}_0$ eine beliebige Unteralgebra von $\mathfrak{X}$ und φ ein auf $\mathfrak{X}_0$ vorgegebenes Quasimaß. Dann existieren: a) eine σ-reguläre eingebettete Unteralgebra $\hat{\mathfrak{X}}$, die $\mathfrak{X}_0$ enthält, und b) ein auf $\hat{\mathfrak{X}}$ definiertes abzählbar-additives Quasimaß $\hat{\varphi}$ mit den Eigenschaften:*

1) *$\hat{\varphi}(x) \leqq \varphi(x)$ für jedes $x \in \mathfrak{X}_0$;*

2) *für jedes auf $\hat{\mathfrak{X}}$ vorgegebenes Quasimaß ψ, das für beliebiges $x \in \mathfrak{X}_0$ der Ungleichung $\psi(x) \leqq \varphi(x)$ genügt, gilt für alle $x \in \hat{\mathfrak{X}}$ die Ungleichung $\psi(x) \leqq \hat{\varphi}(x)$.*

Ist dabei das ursprüngliche Quasimaß φ abzählbar-additiv, so besteht für alle $x \in \mathfrak{X}_0$ die Gleichung

$$\varphi(x) = \widehat{\varphi}(x);$$

mit anderen Worten, das Quasimaß $\widehat{\varphi}$ ist Fortsetzung von φ.

Der eben bewiesene Satz geht, auf Algebren vom Typ 2^Q angewendet, in einen wohlbekannten grundlegenden Satz der Maßtheorie über. Er geht auf C. CARATHÉODORY und natürlich auf H. LEBESGUE zurück. Die Idee zu dem angeführten Beweis stammt von C. CARATHÉODORY, der einer der Pioniere der „Algebraisierung" der Maßtheorie war. Der Form nach ähnelt unser Beweis sehr dem in dem Buch von BIRKHOFF [7] angegebenen und unterscheidet sich von ihm nur durch gewisse Vereinfachungen.

Satz 4 besitzt eine wichtige Folgerung. Wir wollen ein auf $\mathfrak{X}$ definiertes Quasimaß φ *rein endlich-additiv* nennen, wenn das einzige abzählbar-additive Quasimaß ψ, das für alle x der Ungleichung

$$\psi(x) \leqq \varphi(x)$$

genügt, identisch gleich Null ist. Wir wenden jetzt Satz 4 auf ein beliebiges, auf der ganzen BOOLEschen Algebra $\mathfrak{X}$ vorgegebenes Quasimaß φ an. In diesem Falle ist das Standardquasimaß $\widehat{\varphi}$ gleichfalls auf $\widehat{\mathfrak{X}} = \mathfrak{X}$ vorgegeben, und die Differenz $\varphi - \widehat{\varphi} = \psi$ erweist sich (wegen der Maximalität von $\widehat{\varphi}$) als ein rein endlich-additives Quasimaß. Somit ist bewiesen:

Satz 5. *Jedes auf einer σ-vollständigen* BOOLE*schen Algebra vorgegebene Quasimaß φ läßt sich stets in eindeutiger Weise als Summe*

$$\varphi = \varphi_1 + \varphi_2$$

darstellen, wo φ_1 ein abzählbar-additives und φ_2 ein rein endlich-additives Quasimaß ist.

Wir wollen zum Abschluß dieses Paragraphen die „Einbettungstiefe" der Unteralgebra $\mathfrak{X}_0$ in $\widehat{\mathfrak{X}}$ erläutern.

Satz 6. *Unter den Bedingungen von Satz 4 gibt es zu jedem Element $x \in \widehat{\mathfrak{X}}$ und zu beliebigem $\varepsilon > 0$ ein $x_0 \in \mathfrak{X}_0$ mit*

$$\widehat{\varphi}\,(|x - x_0|) < \varepsilon\,.$$

Beweis. Zunächst wählen wir im Hinblick auf die Definition von $\widehat{\varphi}$ ein $\sigma \in S_x$, so daß die Ungleichung

$$\widehat{\varphi}(x) \leqq \sum_{y \in \sigma} \varphi(y) < \widehat{\varphi}(x) + \frac{\varepsilon}{2}$$

erfüllt wird. Setzen wir dann $\bar{x} = \sup \sigma$, so bekommen wir

$$|\bar{x} - x| = \bar{x} - x\,,$$

$$\widehat{\varphi}\,(|\bar{x} - x|) = \widehat{\varphi}(\bar{x}) - \widehat{\varphi}(x) \leqq \sum_{y \in \sigma} \widehat{\varphi}(y) - \widehat{\varphi}(x) \leqq \sum_{y \in \sigma} \varphi(y) - \widehat{\varphi}(yx) < \frac{\varepsilon}{2}\,.$$

Ferner existiert zufolge der Abzählbarkeit von σ eine endliche Untermenge $\sigma_0 \subset \sigma$, für die

$$\hat{\varphi}(\bar{x}) - \frac{\varepsilon}{2} < \hat{\varphi}\,(\sup \sigma_0) < \hat{\varphi}(\bar{x})$$

gilt, woraus

$$\hat{\varphi}\,(|\bar{x} - \sup \sigma_0|) = \hat{\varphi}(\bar{x}) - \hat{\varphi}\,(\sup \sigma_0) < \frac{\varepsilon}{2}$$

folgt. Jetzt können wir als das gesuchte x_0 das Element $\sup \sigma_0$ nehmen. Wir bekommen

$$\hat{\varphi}\,(|x - x_0|) \leqq \hat{\varphi}\,(|x - \bar{x}|) + \hat{\varphi}\,(|\bar{x} - x_0|) < \frac{\varepsilon}{2} + \frac{\varepsilon}{2} = \varepsilon\,.$$

Der Satz ist damit bewiesen.

Es ist gleichfalls leicht nachzuweisen, daß für jedes $x \in \hat{\mathcal{X}}$ mit einem gewissen x', das der kleinsten $\mathcal{X}_0$ enthaltenden σ-regulär eingebetteten Unteralgebra angehört, $\varphi\,(|x - x'|) = 0$ gilt. (Diese Unteralgebra ist natürlich in $\hat{\mathcal{X}}$ enthalten.)

Das beim Beweis von Satz 4 konstruierte Quasimaß $\hat{\varphi}$ werden wir *von dem Quasimaß* φ *erzeugtes abzählbar-additives Standardquasimaß* nennen. In dem Falle, daß es φ fortsetzt, heißt es *Standarderweiterung* (*-fortsetzung*) des Quasimaßes φ. Die eben gegebene „konstruktive" Definition läßt sich durch eine hierzu äquivalente „deskriptive" ersetzen: Standarderweiterung ist dasjenige eindeutig bestimmte abzählbar additive Quasimaß $\hat{\varphi}$, das φ fortsetzt und dessen Definitionsbereich $\hat{\mathcal{X}}$ die kleinste σ-regulär eingebettete Unteralgebra darstellt, in der aus den Bedingungen $x \leqq y$, $\hat{\varphi}(y) = 0$ stets die Inklusion $x \in \hat{\mathcal{X}}$ folgt. Die letztere Eigenschaft ist unter der Bezeichnung „Vollständigkeit" des Quasimaßes $\hat{\varphi}$ bekannt; man kann sagen, daß die Standardfortsetzung die engste der vollständigen Fortsetzungen ist.

§ 3. Fortsetzung von Homomorphismen

Es seien jetzt zwei Boolesche Algebren $\mathcal{X}$ und $\mathcal{Y}$, eine Unteralgebra $\mathcal{X}_0$ der Algebra $\mathcal{X}$ und ein Homomorphismus Φ_0 der Unteralgebra $\mathcal{X}_0$ in $\mathcal{Y}$ gegeben. Wir stellen das Problem, diesen Homomorphismus fortzusetzen: es ist eine homomorphe Abbildung Φ der Booleschen Algebra $\mathcal{X}$ in die Boolesche Algebra $\mathcal{Y}$ zu konstruieren, die auf $\mathcal{X}_0$ mit Φ_0 zusammenfällt. Bekannt ist der Satz von R. Sikorski[1]), nach dem die Vollständigkeit von $\mathcal{Y}$ die Existenz einer derartigen Fortsetzung bei beliebigem $\mathcal{X}$, $\mathcal{X}_0$, Φ_0 gewährleistet. Uns interessieren jedoch in diesem Buch in erster Linie stetige und σ-stetige Fortsetzungen, für deren Existenz die Vollständigkeit von $\mathcal{Y}$ allein nicht ausreicht.

1. Stetige Fortsetzungen. Wir wollen im folgenden Bedingungen dafür aufstellen, daß sich ein gegebener Homomorphismus von einer Unteralgebra $\mathcal{X}_0$

[1]) R. Sikorski [83], S. 141.

auf eine gewisse umfassendere regulär eingebettete Unteralgebra stetig fortsetzen läßt. Sowohl der Problemstellung als auch der Lösungsmethode nach ist diese Aufgabe mit einem analogen Problem der Maßtheorie verwandt.

Die Algebren $\mathcal{X}$ und $\mathcal{Y}$ seien vollständig. Mit jedem $x \in \mathcal{X}$ verknüpfen wir das System S_x aller möglichen Mengen $e \subset \mathcal{X}_0$ mit $x \leqq \sup e$; solche Mengen werden wir *Überdeckungen* des Elements x nennen. Ferner definieren wir vermöge der Gleichung

$$\Phi^*(x) = \bigwedge_{e \in S_x} \bigvee_{y \in e} \Phi_0(y)$$

auf $\mathcal{X}$ eine Funktion Φ^* mit Werten in $\mathcal{Y}$.

Wir vermerken die wichtigsten Eigenschaften der Abbildung Φ^*.

1) *Mit $x_1 \leqq x_2$ ist auch $\Phi^*(x_1) \leqq \Phi^*(x_2)$.*

Das folgt aus der offensichtlichen Inklusion $S_{x_1} \supset S_{x_2}$.

Hieraus folgt unmittelbar:

2) *Wenn $x = \sup E$ ist, so gilt*

$$\bigvee_{y \in E} \Phi^*(y) \leqq \Phi^*(x) .$$

3) *Wenn $x = \sup E$ und E endlich ist, so gilt*

$$\bigvee_{y \in E} \Phi^*(y) = \Phi^*(x) .$$

Wegen 2) braucht man nur die Gültigkeit der Ungleichung

$$\Phi^*(x) \leqq \bigvee_{y \in E} \Phi^*(y)$$

nachzuweisen. Zum Beweis betrachten wir zunächst den Fall, daß E zwei Elemente enthält: $E = \{y_1, y_2\}$. Wir wählen nach Belieben Überdeckungen $e_1 \in S_{y_1}$, $e_2 \in S_{y_2}$ und bemerken, daß das System $\bar{e}$ aller Elemente der Form $\{u \vee v\}$ mit $u \in e_1$, $v \in e_2$ eine Überdeckung für x darstellt. Damit bekommen wir

$$\begin{aligned}\Phi^*(x) &= \bigwedge_{e \in S_x} \bigvee_{y \in e} \Phi_0(y) \leqq \bigvee_{y \in \bar{e}} \Phi_0(y) \\ &= \bigvee_{\substack{u \in e_1 \\ v \in e_2}} \Phi_0(u \vee v) = \Big(\bigvee_{u \in e_1} \Phi_0(u)\Big) \vee \Big(\bigvee_{v \in e_2} \Phi_0(v)\Big).\end{aligned}$$

Hieraus erhalten wir unter Verwendung des Distributivgesetzes

$$\begin{aligned}\Phi^*(x) &\leqq \bigwedge_{\substack{e_1 \in S_{y_1} \\ e_2 \in S_{y_2}}} \Big[\Big(\bigvee_{u \in e_1} \Phi_0(u)\Big) \vee \Big(\bigvee_{v \in e_2} \Phi_0(v)\Big)\Big] = \bigwedge_{e_1 \in S_{y_1}} \Big(\bigvee_{u \in e_1} \Phi_0(u)\Big) \vee \bigwedge_{e_2 \in S_{y_2}} \Big(\bigvee_{v \in e_2} \Phi_0(v)\Big) \\ &= \Phi^*(y_1) \vee \Phi^*(y_2) .\end{aligned}$$

Der Übergang zum allgemeinen Fall einer Menge E, die aus n Elementen besteht, erfolgt wie üblich durch Induktion.

4) *Wenn* $x = \inf E$ *ist, so gilt*

$$\Phi^*(x) \leqq \bigwedge_{y \in E} \Phi^*(y) .$$

In der Tat haben wir bei beliebigem $y \in E$ auf Grund der Eigenschaft 1) $\Phi^*(x) \leqq \Phi^*(y)$.

5) *Für jedes* $x \in \mathcal{X}_0$ *gilt* $\Phi^*(x) \leqq \Phi_0(x)$.
In der Tat gehört die einelementige Menge $\{x\}$ dem System S_x an.

Aus 5) folgt sogleich die Eigenschaft

6) $$\Phi^*(0) = 0 .$$

(Wir bezeichnen das Null- und das Einselement beider Algebren mit ein und demselben Symbol.)

Die Gleichung $\Phi^*(1) = 1$ braucht im allgemeinen Falle nicht erfüllt zu sein. Sie besteht jedoch, wenn man die zusätzliche Annahme macht:

(*E*) *Wenn* $M \subset \mathcal{X}_0$ *ist und die in* $\mathcal{X}$ *berechnete obere Grenze der Menge* M *zu* $\mathcal{X}_0$ *gehört, so ist*

$$\Phi_0(\sup M) = \bigvee_{y \in M} \Phi_0(y) .$$

Wir werden die Bedingung (*E*) „Fortsetzbarkeitsbedingung" nennen.

Lemma 9. *Wenn die Bedingung* (*E*) *erfüllt ist, so gilt* $\Phi^*(x) = \Phi_0(x)$ *für alle* $x \in \mathcal{X}_0$.

Beweis. Es genügt, die Gültigkeit der Ungleichung $\Phi^*(x) \geqq \Phi_0(x)$ für $x \in \mathcal{X}_0$ nachzuweisen. Die Elemente der Form $y' = x \wedge y$ mit $y \in e$ und einer beliebigen Überdeckung $e \in S_x$ gehören stets der Unteralgebra $\mathcal{X}_0$ an, und ihr Supremum ist gleich x. Daher gilt zufolge der Bedingung (*E*)

$$\bigvee_{y \in e} \Phi_0(y) \geqq \bigvee_{y \in e} \Phi_0(x \wedge y) = \Phi_0(x) .$$

Wir sehen also, daß für eine beliebige Überdeckung $e \in S_x$

$$\bigvee_{y \in e} \Phi_0(y) \geqq \Phi_0(x)$$

gelten muß, woraus auch die zu beweisende Ungleichung $\Phi^*(x) \geqq \Phi_0(x)$ folgt.

Folgerung 1. *Die Bedingung* (*E*) *zieht die Gleichung*

$$\Phi^*(1) = 1$$

nach sich.

Folgerung 2. *Ist die Bedingung* (*E*) *erfüllt, so gilt für jedes* $x \in \mathcal{X}$ *die Ungleichung*

$$C\,\Phi^*(x) \leqq \Phi^*(C\,x) .$$

In der Tat ist dies aus der Identität

$$\Phi^*(x) \vee \Phi^*(C\,x) = \Phi^*(x \vee C\,x) = 1$$

ersichtlich.

Aus Lemma 9 geht hervor, daß die Einschränkung $\Phi^*|_{\mathcal{X}_0}$ mit Φ_0 zusammenfällt, wenn die Bedingung (E) gilt. Somit ist Φ^* in diesem Falle Fortsetzung des Homomorphismus Φ_0. Die Abbildung Φ^* selbst ist jedoch im allgemeinen kein Homomorphismus. Wir stellen uns als Aufgabe, eine solche regulär eingebettete Unteralgebra $\hat{\mathcal{X}}$ zu konstruieren, die $\mathcal{X}_0$ enthält und für welche die Einschränkung $\Phi^*|_{\hat{\mathcal{X}}}$ ein stetiger Homomorphismus ist. Wir werden von jetzt ab stets voraussetzen, daß die Bedingung (E) erfüllt ist. Außerdem formulieren wir noch eine Bedingung, die wohl der Bedingung (E) verwandt, zu ihr jedoch im allgemeinen nicht äquivalent ist.

(E^*) *Für ein beliebiges $M \subset \mathcal{X}$ besteht die Gleichung*

$$\Phi^* (\sup M) = \bigvee_{y \in M} \Phi^*(y) .$$

Wir nennen (E^*) *Bedingung der stetigen Fortsetzbarkeit.*

Wir bezeichnen mit $\hat{\mathcal{X}}$ die Menge aller Elemente $x \in \mathcal{X}$, für welche die Gleichung

$$\Phi^*(C\,x) = C\,\Phi^*(x)$$

gilt.

Die Einschränkung $\Phi^*|_{\hat{\mathcal{X}}}$ werden wir mit Φ bezeichnen.

Satz 7. *Die Menge $\hat{\mathcal{X}}$ ist $\mathcal{X}_0$ enthaltende Unteralgebra der B. A. $\mathcal{X}$ und die Abbildung Φ ein Homomorphismus von $\hat{\mathcal{X}}$ in $\mathcal{Y}$. Wenn dabei die Bedingung (E^*) erfüllt ist, so ist $\hat{\mathcal{X}}$ regulär eingebettete Unteralgebra und Φ stetiger Homomorphismus.*

Beweis. Zunächst wollen wir die Gültigkeit der Beziehung

$$\Phi^* (\inf M) = \bigwedge_{y \in M} \Phi^*(y) \tag{II}$$

beweisen, wo M eine endliche, wenn (E^*) erfüllt ist, dagegen eine beliebige Untermenge der Menge $\hat{\mathcal{X}}$ ist. Auf Grund der Eigenschaft 4) kann man sich dabei auf den Beweis der Ungleichung

$$\Phi^* (\inf M) \geqq \bigwedge_{y \in M} \Phi^*(y)$$

beschränken. Wir haben

$$\Phi^* (\inf M) = \Phi^* \Big(C \bigvee_{y \in M} C\,y\Big) .$$

Mittels der Folgerung 2 aus Lemma 9 können wir dieses Element nach unten abschätzen:

$$\Phi^* \Big(C \bigvee_{y \in M} C\,y\Big) \geqq C\,\Phi^* \Big(\bigvee_{y \in M} C\,y\Big) .$$

Wir nutzen jetzt die Eigenschaft 3), wenn M endlich ist, oder die Bedingung (E^*) im Falle eines unendlichen M aus:

$$C\,\Phi^* \Big(\bigvee_{y \in M} C\,y\Big) = C \bigvee_{y \in M} [\Phi^*(C\,y)] .$$

Da alle $y \in \widehat{\mathfrak{X}}$ sind, ist $\Phi^*(C\,y) = C\,\Phi^*(y)$ und

$$C \bigvee_{y \in M} [\Phi^*(C\,y)] = C \bigvee_{y \in M} [C\,\Phi^*(y)] = \bigwedge_{y \in M} \Phi^*(y)\,.$$

Indem wir alle erhaltenen Beziehungen miteinander vergleichen, gelangen wir zu der gewünschten Abschätzung und mit ihr zusammen auch zur Gleichung (II).

Aus der Definition der Menge $\widehat{\mathfrak{X}}$ ist ersichtlich, daß sie von allen ihren Elementen auch die Komplemente enthält. Wir wollen unter Benutzung von (II) zeigen, daß von jeder endlichen (und wenn (E^*) erfüllt ist, von einer beliebigen) Untermenge $M \subset \widehat{\mathfrak{X}}$ auch die obere Grenze zu $\widehat{\mathfrak{X}}$ gehört:

$$\begin{aligned}\Phi^*(C \sup M) &= \Phi^*\Big(\bigwedge_{y \in E} C\,y\Big) = \bigwedge_{y \in M} \Phi^*(C\,y)\\ &= \bigwedge_{y \in M} [C\,\Phi^*(y)] = C \bigvee_{y \in M} \Phi^*(y) = C\,\Phi^*(\sup M)\,.\end{aligned}$$

Die bewiesene Gleichung bedeutet, daß $\sup M \in \widehat{\mathfrak{X}}$ ist. Wir sehen somit, daß $\widehat{\mathfrak{X}}$ *Unteralgebra ist (regulär eingebettete Unteralgebra, wenn* (E^*) *erfüllt ist)*. Ferner folgt die Inklusion $\mathfrak{X}_0 \subset \widehat{\mathfrak{X}}$ aus der für alle $x \in \mathfrak{X}_0$ richtigen Gleichung

$$\Phi^*(C\,x) = \Phi_0(C\,x) = C\,\Phi_0(x) = C\,\Phi^*(x)\,.$$

Schließlich sagt die Definition von $\widehat{\mathfrak{X}}$ selbst zusammen mit 3) und (II) aus, daß die Abbildung Φ ein Homomorphismus ist. Die Bedingung (E^*) bedeutet dagegen nach Satz 3 die Stetigkeit dieses Homomorphismus. Der Satz ist damit bewiesen.

Bemerkung 1. *Es sei (E) erfüllt. Die Unteralgebra* $\widehat{\mathfrak{X}}$ *enthält alle Elemente, die der Bedingung*

$$\Phi^*(x) = 0$$

genügen.

Das ist aus der Ungleichung

$$\Phi^*(C\,x) \geqq C\,\Phi^*(x) = 1$$

ersichtlich, die zeigt, daß

$$\Phi^*(C\,x) = C\,\Phi^*(x)$$

ist.

Wir sehen, daß die Gleichungen $\Phi(x) = 0$ und $\Phi^*(x) = 0$ äquivalent sind; die Menge

$$\{x \mid x \in \mathfrak{X},\ \Phi(x) = 0\}$$

stellt daher unter der Bedingung (E^*) ein Hauptideal der Algebra $\mathfrak{X}$ (und nicht nur der Unteralgebra $\widehat{\mathfrak{X}}$) dar. Wir wollen dieses Ideal mit $\mathfrak{X}^*$ bezeichnen.

Bemerkung 2. *Es sei* (E^*) *erfüllt. Dann läßt sich jedes Element* $x \in \widehat{\mathfrak{X}}$ *in der Form*

$$x = \bar{x} - x^*$$

mit[1] $\bar{x} \in \overline{\mathfrak{X}}_0$, $x^* \in \mathfrak{X}^*$ *darstellen.*

[1]) Hinsichtlich der Bezeichnungen s. S. 100.

In der Tat, wir setzen

$$\bar{x} = \bigwedge_{e \in S_x} \sup e\,, \qquad x^* = \bar{x} - x\,. \tag{III}$$

Jedes $e \in S_x$ ist in $\overline{\mathcal{X}}_0$ enthalten, also auch $\bar{x} \in \overline{\mathcal{X}}_0$. Außerdem gilt wegen der Stetigkeit von Φ

$$\Phi(\bar{x}) = \bigwedge_{e \in S_x} \bigvee_{y \in e} \Phi(y) = \bigwedge_{e \in S_x} \bigvee_{y \in e} \Phi_0(y) = \Phi^*(x) = \Phi(x)$$

und

$$\Phi(x^*) = \Phi(\bar{x}) - \Phi(x) = 0\,,$$

d. h. $x^* \in \mathcal{X}^*$.

Die Bezeichnung $\bar{x}$ für das durch Formel (III) bestimmte Element behalten wir auch künftig bei.

2. σ-stetige Fortsetzung. Die Konstruktion einer σ-stetigen Fortsetzung verläuft im wesentlichen nach demselben Schema. Wir setzen voraus, die B. A. $\mathcal{X}$ sei σ-vollständig; die Algebra $\mathcal{Y}$ nehmen wir nach wie vor als vollständig an. Jedem $x \in \mathcal{X}$ ordnen wir das System S_x^σ aller höchstens abzählbaren Überdeckungen dieses Elements zu. Es sei

$$\Phi_\sigma^*(x) = \bigwedge_{e \in S_x^\sigma} \bigvee_{y \in e} \Phi_0(y)\,.$$

Die Abbildung Φ_σ^* besitzt die Eigenschaften 1)—6); das läßt sich wörtlich genauso wie oben nachweisen. Um Lemma 9, die Folgerungen hieraus und Satz 7 auf den „abzählbaren" Fall zu übertragen, müssen wir die Formulierung der Grundbedingungen etwas abändern, indem wir an Stelle von (E) die Bedingung

(E_σ) *wenn die Menge* $M \subset \mathcal{X}_0$ *abzählbar und* $\sup M \in \mathcal{X}_0$ *ist, so gilt*

$$\Phi_0\,(\sup M) = \bigvee_{y \in M} \Phi_0(y)\,,$$

und an Stelle von (E^*) die Bedingung

(E_σ^*) *wenn* $M \subset \mathcal{X}$ *abzählbar ist, so gilt*

$$\Phi_\sigma^*\,(\sup M) = \bigvee_{y \in M} \Phi_\sigma^*(y)$$

einführen. Es sei (E_σ) erfüllt. Wir setzen

$$\widehat{\mathcal{X}}_\sigma = \{x \mid x \in \mathcal{X}\,,\ \ \Phi_\sigma^*(C\,x) = C\,\Phi_\sigma^*(x)\}\,.$$

Die Menge $\widehat{\mathcal{X}}_\sigma$ ist eine $\mathcal{X}_0$ enthaltende Unteralgebra; zu ihr gehören auch alle Elemente, für die $\Phi_\sigma^*(x) = 0$ ist. Wenn (E_σ^*) erfüllt ist, so ist $\widehat{\mathcal{X}}_\sigma$ eine σ-regulär eingebettete Unteralgebra. Die Einschränkung $\Phi_\sigma = \Phi_\sigma^*|_{\mathcal{X}_\sigma}$ ist ein Homomorphismus von $\widehat{\mathcal{X}}_\sigma$ in $\mathcal{Y}$; die Bedingung (E_σ^*) garantiert, daß er σ-stetig ist. Auf $\mathcal{X}_0$ fällt der Homomorphismus Φ_σ mit Φ_0 zusammen. Der Kern des Homomorphismus Φ_σ schließlich ist ein σ-Ideal der Algebra $\mathcal{X}$ (aber nicht mehr Hauptideal!). Man bestätigt leicht, daß $\hat{\mathcal{X}}_\sigma \subset \hat{\mathcal{X}}$ gilt. In Kapitel VI[1]) wird eine wichtige Klasse von Algebren (der im Sinne von L. V. Kantorovič „regulären" Algebren) ausgezeichnet, für welche die Bedingung (E_σ) (E_σ^*) nach sich zieht.

3. Abschließende Bemerkungen. Das in diesem Paragraphen dargelegte Verfahren wollen wir auf die Aufgabe anwenden, einen Isomorphismus zu konstruieren. Wir wollen annehmen, die Unteralgebra $\mathcal{X}_0$ und ihr Bild $\Phi_0(\mathcal{X}_0) = \mathcal{Y}_0$ seien in den entsprechenden Algebren $\mathcal{X}$, $\mathcal{Y}$ (im Sinne der (o)-Topologie) dicht. Außerdem mögen die Bedingungen (E) und (E^*) erfüllt sein. Dann ist offensichtlich $\hat{\mathcal{X}} = \mathcal{X}$, $\Phi(\hat{\mathcal{X}}) = \mathcal{Y}$ und Φ ein stetiger Epimorphismus von $\mathcal{X}$ auf $\mathcal{Y}$. Ist dabei die Abbildung Φ_0 eineindeutig und genügt Φ_0^{-1} seinerseits den Bedingungen (E) und (E^*), so existiert ein stetiger Epimorphismus Ψ der Algebra $\mathcal{Y}$ auf $\mathcal{X}$, der auf $\mathcal{Y}_0$ mit Φ_0^{-1} zusammenfällt. Für $x \in \mathcal{X}_0$, $y \in \mathcal{Y}_0$ gilt

$$\Psi(\Phi(x)) = x\,, \qquad \Phi(\Psi(y)) = y\,;$$

wegen der Stetigkeit von Φ und Ψ gelten diese Gleichungen auch für alle $x \in \mathcal{X}$, $y \in \mathcal{Y}$. Das bedeutet, daß $\Psi = \Phi^{-1}$ ist und daß jede der Abbildungen Φ, Ψ einen Isomorphismus darstellt.

Betrachten wir ein wichtiges Beispiel für einen Homomorphismus! Es sei $\mathcal{Y}$ eine vollständige B. A., $\mathcal{X}$ die in natürlicher Weise halbgeordnete Algebra aller Untermengen des Stoneschen Kompaktums $\mathfrak{Q}(\mathcal{Y})$ und $\mathcal{X}_0$ die aus allen zugleich offenen und abgeschlossenen Untermengen gebildete Unteralgebra. Wir wissen, daß ein Isomorphismus der Unteralgebra $\mathcal{X}_0$ auf $\mathcal{Y}$ existiert; diesen Isomorphismus wollen wir mit ψ_0 bezeichnen. Es ist klar, daß die Bedingung (E) trivialerweise (der Kompaktheit von $\mathfrak{Q}$ zufolge) erfüllt ist. Daher existieren Homomorphismen Ψ und Ψ_σ, die auf den Unteralgebren $\hat{\mathcal{X}}$, $\hat{\mathcal{X}}_\sigma$ erklärt sind und auf $\mathcal{X}_0$ mit Ψ_0 zusammenfallen.

Lemma 10. *Die Homomorphismen Ψ und Ψ_σ besitzen einen gemeinsamen Kern, der aus allen nirgends dichten Mengen des Kompaktums $\mathfrak{Q}$ besteht.*

Beweis. Es sei M eine zum Kern des Homomorphismus Ψ gehörende Menge. Das bedeutet, daß

$$\Psi(M) = \Psi^*(M) = 0$$

ist. Zu jeder nichtleeren, zugleich offenen und abgeschlossenen Menge G^0 gibt es ein M überdeckendes System e zugleich offener und abgeschlossener Mengen, für das das Element

$$y = \Psi_0(G^0) \wedge C\left(\bigvee_{G \in e} \Psi_0(G)\right)$$

vom Nullelement verschieden ist. Die offene abgeschlossene Menge $G^1 = \Psi_0^{-1}(y)$ ist nicht leer und schneidet sich mit keiner der Mengen $G \in e$, ist also infolgedessen auch zu M durchschnittsfremd. Außerdem ist $G^1 \subset G^0$. Wegen der Willkür von G^0 schließen wir, daß M nirgends dicht ist.

[1]) Nämlich beim Beweis von Satz VI.10 im Teil der Notwendigkeit.

Der Kern des Homomorphismus Ψ_σ ist im Kern von Ψ enthalten (da stets $\Psi_\sigma^*(x) \geqq \Psi^*$ ist) und besteht infolgedessen gleichfalls aus nirgends dichten Mengen.

Es sei jetzt M eine beliebige nirgends dichte Menge. Wir bezeichnen mit Σ die Gesamtheit aller Elemente der Form $\Psi_0(G)$ mit $G \in \mathfrak{X}_0$, $G \cap M = \Lambda$. Es ist klar, daß Σ in $\mathfrak{Y}$ minorant ist und daß seine obere Grenze gleich dem Einselement ist. Wir betrachten alle möglichen Komplemente von Elementen des Systems Σ. Ihre untere Grenze ist gleich dem Nullelement, und die entsprechenden zugleich offenen und abgeschlossenen Mengen enthalten M. Hieraus folgt, daß $\Psi(M) = 0$ ist, d. h., daß M zum Kern von Ψ_σ und damit auch zum Kern von Ψ gehört.

Folgerung 1. *Wenn die Algebra $\mathfrak{Y}$ unendlich ist, so ist die Unteralgebra $\hat{\mathfrak{X}}$ wesentlich umfassender als $\mathfrak{X}_0$.*

In der Tat existieren in jedem unendlichen Kompaktum $\mathfrak{Q}$ nichtleere nirgends dichte Mengen.

Folgerung 2. *Wenn unter den oben beschriebenen Verhältnissen die Bedingung (E_σ^*) erfüllt ist, so fallen für das Kompaktum $\mathfrak{Q}$ die Begriffe Menge von erster Kategorie und nirgends dichte Menge zusammen.*

Das geht aus einem Vergleich von Lemma 10 und der Folgerung 2 aus Satz 3 des vorliegenden Kapitels hervor.

Folgerung 3. *Wenn unter denselben Verhältnissen die Bedingung (E^*) erfüllt ist, so ist dir Unteralgebra $\mathfrak{Y}$ atomar.*

In der Tat läßt sich Ψ_0 in diesem Falle zu einem stetigen Homomorphismus Ψ der Algebra $\overline{\mathfrak{X}}_0 = 2^{\mathfrak{Q}}$ in die B. A. $\mathfrak{Y}$ fortsetzen. Angenommen, in $\mathfrak{Y}$ gebe es eine atomlose Komponente, und R sei die entsprechende zugleich offene und abgeschlossene Untermenge des Kompaktums $\mathfrak{Q}$. Für jede einpunktige Menge $\{q\} \subset R$ ist offensichtlich $\Psi(\{q\}) = 0$. Dann ist aber $\Psi_0(R) = \Psi(R) = \bigvee_{q \in R} \Psi(\{q\}) = 0$, und R muß offensichtlich leer sein. Somit kann es in $\mathfrak{Y}$ keine atomlose Komponente geben. Die Algebra $\mathfrak{Y}$ besteht also in Wahrheit nur aus einer atomaren Komponente. Diesen Schluß kann man jedesmal ziehen, wenn bekannt ist, daß der Homomorphismus Ψ_0 eine stetige Fortsetzung auf die Unteralgebra $\overline{\mathfrak{X}}_0$ gestattet.

Es ist unschwer zu verifizieren, daß für einen Homomorphismus mit Werten in einer atomaren Algebra die Bedingung (E) stets (E^*) nach sich zieht. Fassen wir alles Gesagte zusammen, so gelangen wir zu folgendem Satz:

Satz 8. *Es sei $\mathfrak{Y}$ eine vollständige Algebra. Notwendig und hinreichend dafür, daß bei beliebiger Wahl einer vollständigen Algebra $\mathfrak{X}$, einer Unteralgebra $\mathfrak{X}_0$ von ihr und eines der Bedingung (E) genügenden Homomorphismus dieser Unteralgebra eine auf $\overline{\mathfrak{X}}_0$ definierte stetige Fortsetzung des genannten Homomorphismus existiert, ist, daß die Algebra $\mathfrak{Y}$ atomar ist.*

Wir bemerken zum Abschluß, daß L. J. Savel'ev in den Arbeiten [79, 80, 81] ein allgemeines Verfahren zur Fortsetzung von Maßen und Homomorphismen entwickelt hat. Dieses Verfahren ist auf additive Abbildungen einer Unteralgebra $\mathcal{X}_0$ der gegebenen Booleschen Algebra in eine abelsche topologische Gruppe anwendbar. Es läuft darauf hinaus, auf der Ausgangsalgebra eine geeignete uniforme Topologie einzuführen, woraufhin sich das Maß oder der Homomorphismus „stetig" auf den Abschluß der Unteralgebra $\mathcal{X}_0$ fortsetzen läßt.

Aufgabe zu Kapitel IV

1. Man zeige, daß (E_σ^*) nicht aus (E_σ) folgt.

KAPITEL V

VEKTORVERBÄNDE UND SPEKTRALFUNKTIONEN

Die Theorie der Vektorverbände (der „halbgeordneten linearen Räume") hängt eng mit dem Gegenstand des vorliegenden Buches zusammen. Viele Fakten, die sich auf BOOLEsche Algebren beziehen, werden klarer, wenn man sie vom „vektoriellen" Standpunkt aus betrachtet. Es bedeutet keine große Übertreibung zu sagen, daß sich die Theorie der BOOLEschen Algebren und die Theorie der halbgeordneten linearen Räume in dem einen großen Gipfel der Funktionalanalysis vereinigen.

Den halbgeordneten linearen Räumen ist eine Reihe von Monographien, insbesondere in russischer Sprache, gewidmet [39, 21]. Daher können wir im folgenden darauf verzichten, für die bekanntesten Tatsachen aus der Theorie der Vektorverbände Beweise zu geben, und verweisen den Leser dafür auf die entsprechenden Bücher.

§ 1. *K*-Räume und mit ihnen verknüpfte BOOLEsche Algebren

1. Grundbegriffe. *Vektorverband* oder RIESZ*scher Raum* (*K-Lineal*) heißt ein reeller linearer Raum, der mit einer Halbordnung versehen ist, bezüglich derer er einen Verband darstellt; dabei müssen die üblichen Axiome erfüllt sein:

a) wenn $x < y$ ist, so gilt für beliebiges z

$$x + z < y + z;$$

b) wenn $x < y$ ist, so muß für ein beliebiges reelles $\lambda > 0$

$$\lambda x < \lambda y$$

gelten.

In der Definition des Vektorverbands ist somit die Forderung nach der Existenz der unteren und oberen Grenze einer beliebigen endlichen Menge enthalten; fordern wir überdies, daß jede beschränkte Menge Grenzen besitzt, so gelangen wir zur Definition eines *bedingt vollständigen Vektorverbandes* oder eines *K-Raumes* („KANTOROVIČ-Raumes"). *Positive* Elemente des Vektorverbands R heißen diejenigen Elemente, die der Ungleichung $x \geqq 0$ genügen, wo 0 das gewöhnliche Nullelement des linearen Raumes ist. Die Gesamtheit R_+ aller positiven Elemente ist ein *Kegel* — eine gegenüber den Operationen Addition und Multiplikation mit positiven Skalaren abgeschlossene Menge, die keine zwei von Null verschiedenen und zueinander entgegengesetzten Elemente enthält.

Dabei läßt sich jedes Element $x \in R$ eindeutig mit positiven Elementen x_+, x_- in der Form

$$x = x_+ - x_-$$

darstellen mit $x_+ \wedge x_- = 0$. Die Elemente x_+ und x_- heißen *Positiv-* bzw. *Negativ*teil des Elements x und ihre Summe

$$|x| = x_+ + x_-$$

Absolutbetrag des Elements x.

Wenn $|x| \wedge |y| = 0$ ist, so sagen wir, x und y seien *disjunkt*. Ebenso wie in einer BOOLEschen Algebra kann man von dem *disjunkten Komplement* E^{d} einer beliebigen gegebenen Menge E sprechen und den Begriff der *Komponente* als einer Menge einführen, die der Bedingung

$$E^{\mathrm{d\,d}} = E$$

genügt.

Um eine andere, äquivalente Definition der Komponente zu geben, sind noch zwei Begriffe einzuführen. Der Unterraum $R_0 \subset R$ heißt *regulär eingebettetet*, wenn die Grenzen von jeder in R beschränkten Untermenge aus R_0 zu R_0 gehören. Ferner wird der Unterraum R_0 *normal* genannt[1]), wenn aus $x \in R_0$, $y \in R$, $|y| \leqq |x|$ stets $y \in R_0$ folgt. Mit aufschlußreichen Beispielen normaler Unterräume werden wir uns in Bälde befassen.

Eine Komponente des K-Raums R wird häufig auch als regulär eingebetteter, normaler Unterraum von R charakterisiert.[2]) Eine Komponente ist mit anderen Worten eine lineare Untermenge $R_0 \subset R$, die von allen ihren in R beschränkten Untermengen die Grenzen enthält und zu der mit einem beliebigen x auch alle $y \in [-|x|, |x|]$ gehören.

Im folgenden werden wir stets voraussetzen, daß der betrachtete Vektorverband bedingt vollständig ist; wir überlassen es dabei dem Leser, sich selbst zu überlegen, inwieweit diese Voraussetzung zum Tragen kommt.

2. Basis eines K-Raums. Wir betrachten die Gesamtheit aller Komponenten des gegebenen K-Raums R, die wir als in natürlicher Weise geordnet (durch Inklusion) annehmen. Diese teilweise geordnete Menge bezeichnen wir mit H_R. Durch fast wörtliche Wiederholung des Beweises von Satz I.13 erhalten wir die für unser Buch grundlegende Aussage, die anscheinend G. BIRKHOFF[3]) erstmalig aufgestellt hat.

Satz 1. *H_R ist eine vollständige* BOOLE*sche Algebra. In dieser Algebra spielt die Rolle des Einselements der Raum R selbst, und das* BOOLE*sche Komplement jeder Komponente $h \in H_R$ ist ihr disjunktes Komplement h^{d}; die untere Grenze einer beliebigen Menge von Komponenten fällt mit ihrem Durchschnitt zusammen.*

---

[1]) Vgl. diese Begriffe mit den Begriffen regulär eingebettete Unteralgebra und normale Menge (S. 78 und 24).

[2]) Ein solcher Unterraum wird nach BOURBAKI als *Band* bezeichnet. — Anm. d. Red. d. dt. Ausg.

[3]) Eine allgemeinere Aussage ist in der Arbeit von A. G. PINSKER [70] enthalten.

Mit dem Vektorverband R ist somit eine vollständige BOOLEsche Algebra verknüpft, die man bisweilen an Stelle von R untersuchen kann. Die tiefsten Eigenschaften des halbgeordneten Raumes R spiegeln sich in den Eigenschaften der Algebra H_R wider. Wir werden diese Algebra *Basis*[1]) des K-Raums R nennen. In vielen wichtigen Fällen läßt sich die Basis als eine gewisse Menge von Elementen des Raumes realisieren. Dazu muß es in R ein *schwaches Einselement* geben; so heißt ein positives Element $\mathbf{1}$, zu dem nur die Null disjunkt sein kann. Ein schwaches Einselement braucht in R im allgemeinen nicht zu existieren. Wenn es jedoch existiert, so bildet die Gesamtheit E_R aller Elemente e, die der Bedingung

$$e \wedge (\mathbf{1} - e) = 0$$

genügen (solche Elemente heißen *Quasieinselemente* [oder *Komponenten von* $\mathbf{1}$]), bezüglich der aus R induzierten Halbordnung eine vollständige BOOLEsche Algebra mit den Elementen $\mathbf{0}$ und $\mathbf{1}$ als „BOOLEsches" Nullelement und Einselement. Komplement des Elements $e \in E_R$ ist die Differenz $\mathbf{1} - e$. *Die BOOLEsche Algebra H_R ist zur Algebra der Quasieinselemente isomorph; der Isomorphismus kann beispielsweise durch die Formel*

$$\psi(h) = \bigvee_{x \in h} (\mathbf{1} \wedge x) \tag{I}$$

gegeben werden, die einer beliebigen Komponente $h \in H_R$ das Element $\psi(h) \in E_R$ zuordnet. Dabei gelten für eine beliebige Menge $H' \subset H_R$ die Beziehungen

$$\sup \psi(H') = \psi(\sup H'),$$
$$\inf \psi(H') = \psi(\inf H'),$$

auf deren linken Seiten die in R berechneten Grenzen auftreten. Außerdem besteht wie bei jedem Isomorphismus die Gleichung

$$\psi(C\,h) = \mathbf{1} - \psi(h) = C\,\psi(h).$$

Somit erweist es sich als möglich, die BOOLEsche Algebra H_R — die Basis des Raumes R — unter Erhaltung der Halbordnung und sämtlicher Grenzen in diesen Raum selbst einzubetten. Möglichkeiten, eine solche Einbettung vorzunehmen, gibt es unendlich viele, und zwar deshalb, weil die Wahl eines schwachen Einselements (wenn es überhaupt eines gibt) auf unendlich viele Arten erfolgen kann. Liegt jedoch die Eins $\mathbf{1}$ einmal fest, so können wir stets annehmen, daß die Einbettung mittels des durch Formel (I) definierten „kanonischen" Isomorphismus ψ erfolgt. Wir weisen darauf hin, daß bei einer derartigen Einbettung die Summe zweier disjunkter Elemente der Algebra mit ihrer Summe als Elemente des linearen Raums R zusammenfällt. Sind die Elemente der Algebra jedoch nicht disjunkt, so kann man von ihrer Summe in R sprechen; im letzteren Falle führt die Operation der Addition aus der Algebra heraus. Die symmetrische Differenz von Elementen der Algebra läßt sich nach

[1]) Wir weichen etwas von der in der Literatur über halbgeordnete Räume üblichen Terminologie ab. [H_R heißt sonst Strukturverband von R. — Anm. d. Red. d. dt. Ausg.]

ihrer Einbettung in R als Betrag ihrer gewöhnlichen Differenz behandeln; damit wird auch die von uns in Kapitel I getroffene Wahl der Bezeichnung gerechtfertigt (s. S. 13).

Wir wollen das Gesagte an einem einfachsten Beispiel illustrieren. Es sei Q eine beliebige nichtleere Menge und F_Q die Gesamtheit aller auf Q definierten endlichen reellen Funktionen, versehen mit der natürlichen Halbordnung. Die Operationen Addition und Multiplikation mit reellen Zahlen werden in F_Q gemäß den üblichen Formeln

$$(f + g)(q) = f(q) + g(q),$$
$$(\alpha f)(q) = \alpha f(q)$$

eingeführt ($f, g \in F_Q$, α relle Zahl). Eine beliebige beschränkte Menge $E \subset F_Q$ besitzt eine obere und eine untere Grenze; diese findet man nach den Formeln

$$(\sup E)(q) = \sup_{y \in E} y(q),$$
$$(\inf E)(q) = \inf_{y \in E} y(q).$$

Insbesondere ist

$$\begin{aligned} (f \vee g)(q) &= \max\{f(q), g(q)\}, \\ (f \wedge g)(q) &= \min\{f(q), g(q)\}, \\ f_+(q) &= \max\{f(q), 0\}, \\ f_-(q) &= -\min\{f(q), 0\}, \\ |f|(q) &= |f(q)|. \end{aligned} \qquad \text{(II)}$$

Es ist klar, daß in F_Q jede endliche Menge beschränkt ist; offensichtlich sind auch die Axiome a) und b) aus der Definition des Vektorverbandes erfüllt. Wir sehen somit, daß F_Q ein K-Raum ist; der Kegel seiner positiven Elemente wird von allen möglichen Funktionen gebildet, die im gewöhnlichen Sinne positiv sind.

Aus den Formeln (II) geht hervor, daß sich die Begriffe Absolutbetrag, Positiv- und Negativteil eines Elements auch auf gewöhnliche Weise behandeln lassen. Disjunkt sind in F_Q Funktionen, die nur auf durchschnittsfremden Mengen von Null verschieden sind; in jedem Punkte $q \in Q$ muß der Wert einer von zwei disjunkten Funktionen gleich Null sein. Wir erkennen jetzt unschwer, was unter den Komponenten unseres Raumes zu verstehen ist: Jede Komponente ist mit einer gewissen Untermenge $Q_0 \subset Q$ verknüpft und besteht aus allen Funktionen, die außerhalb von Q_0 verschwinden. Hieraus ist ersichtlich, daß sich in unserem Beispiel die Booleesche Algebra der Komponenten mit der uns bereits bekannten Algebra 2^Q identifizieren läßt. Im Raum F_Q gibt es eine schwache Eins; ihre Rolle kann von einer beliebigem positiven Funktion übernommen werden, die niemals den Wert Null annimmt. Meist wird als Eins die Funktion verwendet, die identisch gleich Eins ist; dann sind Quasieinselemente alle möglichen charakteristischen Funktionen von Untermengen von Q.

An Stelle des Raumes F_Q aller reellen Funktionen auf Q kann man auch einen weniger umfassenden Raum M_Q betrachten, der aus allen möglichen beschränkten Funktionen besteht. Die algebraischen Operationen und die Halbordnung werden in M_Q genauso wie in F_Q eingeführt. Grenzen existieren bei einer beliebigen beschränkten Menge. Es bleibt auch alles früher anläßlich der Behandlung des Absolutbetrags, des Positiv- und des Negativteils, der Disjunktheitsbeziehung und des Komponentenbegriffs Gesagte in Kraft. Ebenso wie im Falle F_Q kann man die Basis des K-Raums M_Q mit der Algebra 2^Q identifizieren.

Man kann auch noch weitere Räume auf Q definierter Funktionen betrachten, die eine zu 2^Q isomorphe Basis besitzen. Ist beispielsweise Q die natürliche Zahlenreihe $\{1, 2, \ldots\}$, so kann man den in der Analysis populären Raum l^p betrachten, der aus den Folgen $f = (f_1, f_2, \ldots, f_n, \ldots)$ mit der Eigenschaft $\sum_{n=1}^{\infty} |f_n|^p < +\infty$ besteht. Hierbei kann p eine beliebige echt positive Zahl sein[1]). Es ist leicht zu beweisen, daß l^p ein Vektorverband ist. Es ist klar, daß die Formeln (II) in Kraft bleiben; zu beweisen ist lediglich, daß die durch sie definierten Funktionen $f \vee g$, $f \wedge g$, f_+, f_-, $|f|$ zu l^p gehören. Der Raum l^p enthält nicht die Funktion, die identisch gleich Eins ist. Die Rolle einer schwachen Eins kann in ihm von jedem beliebigen Vektor $f = (f_1, \ldots, f_n, \ldots)$ übernommen werden, dessen sämtliche Koordinaten echt positiv sind. Wir überlassen es dem Leser, selbständig eine Basis aufzustellen und sich davon zu überzeugen, daß sie auch in diesem Falle zu 2^Q isomorph ist.

Die Räume M_Q und l^p stellen Beispiele für normale Unterräume (s. S. 136) des entsprechenden Raumes F_Q dar. Die Räume F_Q und ihre normalen Unterräume eignen sich beim ersten Kennenlernen von Vektorverbänden gut als Modelle, ebenso, wie sich an den atomaren Algebren 2^Q gut die einfachsten Sachverhalte der Theorie der Booleschen Algebren veranschaulichen lassen. Interessanter sind jedoch jene Vektorverbände, die mit atomlosen Booleschen Algebren zusammenhängen, beispielsweise mit der Lebesgueschen Algebra E_0. Wir betrachten unten Räume dieser Art.

Ein klassisches Beispiel für einen Vektorverband, der kein K-Raum ist, erhalten wir, wenn wir den Vektorverband $C_{[0,1]}$ aller auf dem Intervall $[0, 1]$ vorgegebenen stetigen reellen Funktionen (mit der üblichen Halbordnung und Linearstruktur) betrachten. Die Grenzen endlicher Mengen berechnen sich in $C_{[0,1]}$ ebenso wie in $F_{[0,1]}$ nach den Formeln (II). Während jedoch die Menge der stetigen Funktionen $\{f_n\}$, deren Kurvenbild in Abb. 1 dargestellt ist, durch Null nach unten beschränkt ist, besitzt sie in der Klasse der stetigen Funktionen keine untere Grenze.

Der Verband $C_{[0,1]}$ ist somit nicht bedingt vollständig; die Ursache hierfür liegt in den „zu guten" (oder, wenn man will, umgekehrt „zu schlechten") topologischen Eigenschaften des Intervalls $[0, 1]$. Die stetigen Funktionen, die

---

[1]) Die übliche Annahme $p \geqq 1$ ist hier überflüssig.

nicht auf einem Intervall, sondern auf irgendeinem total unzusammenhängenden extremalen Kompaktum vorgegeben sind, bilden bereits, wie man zeigen kann, einen bedingt vollständigen Vektorverband. Obendrein gilt ein Satz, nach dem sich jeder K-Raum in einer derartigen Weise realisieren läßt. Wir verweisen den Leser, der Näheres über die Realisierung halbgeordneter Räume kennenlernen will, auf das Buch von B. Z. Vulich [21].

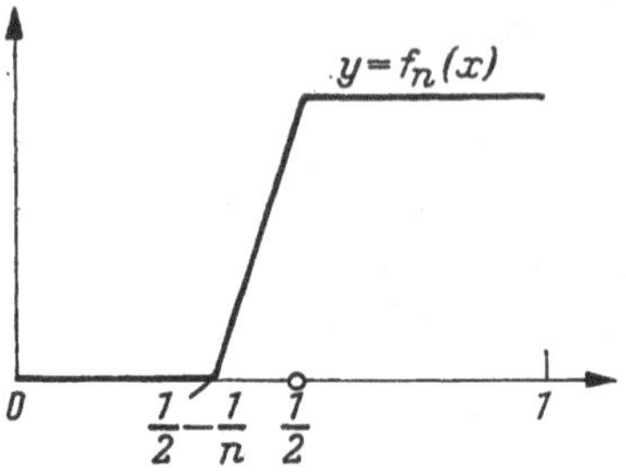

Abb. 1

3. Projektionsoperatoren. Eine wichtige Rolle in der Theorie der Vektorverbände spielen die Operationen der Projektion in eine Komponente. Mit jeder Komponente h des K-Raums R ist nämlich ein *Projektionsoperator* (*Projektor*) P_h verknüpft, der durch die Gleichungen

$$P_h(x) = \bigvee_{\substack{y \in h \\ 0 \leqq y \leqq x}} y \tag{III}$$

für $x > 0$ und

$$P_h(x) = P_h(x_+) - P_h(x_-)$$

für beliebiges x definiert ist.

Dieser Operator ordnet jedem $x \in R$ ein Element $P_h(x)$ zu, die *Projektion des Elements x in die Komponente h.* Man kann zeigen, daß der Operator P_h additiv, homogen und positiv ist (bei $x \geqq 0$ gilt stets $P_h(x) \geqq 0$). Wir weisen auf eine für uns grundlegende Eigenschaft der Projektionsoperationen hin: Wenn die Komponenten $\{h_\xi\}_{\xi \in \Xi}$ paarweise disjunkt sind und in H_R ein Supremum gleich dem Einselement haben[1]), so sind auch die Elemente $P_{h_\xi}(x)$ paarweise disjunkt, und es gilt

$$\bigvee_{\xi} P_{h_\xi}(x) = x\,.$$

Ist die Familie der Komponenten endlich, so fällt das letztere Supremum mit der gewöhnlichen Summe zusammen. Man bestätigt leicht, daß die Quasieinselemente Projektionen der Eins in die verschiedenen Komponenten sind. Wir überlassen es dem Leser, die Projektionsoperationen in den Räumen F_Q, M_Q zu untersuchen.

---

[1]) Wir erinnern daran, daß als Einselement in H_R die Komponente dient, die mit dem Raum R selbst zusammenfällt.

Der oben genannte Satz 1 gibt uns bereits das Recht, uns in diesem Buch, das den BOOLEschen Algebren gewidmet ist, mit Vektorverbänden zu befassen. Es bleibt jedoch noch die Frage offen, ob jede vollständige B. A. Basis eines gewissen K-Raums ist.

Eine positive Antwort auf diese Frage gibt der folgende Satz.

Satz 2. *Zu jeder vollständigen* BOOLE*schen Algebra* $\mathfrak{X}$ *gibt es einen K-Raum, dessen Basis zu* $\mathfrak{X}$ *isomorph ist.*

Für diesen wichtigen Satz sind viele Beweise bekannt. Am kürzesten geht es, wenn man das extremale STONEsche Kompaktum $\mathfrak{Q}$ heranzieht, das zur Realisierung der gegebenen Algebra dient. Der Vektorverband $C_{\mathfrak{Q}}$ aller endlichen stetigen reellen Funktionen auf $\mathfrak{Q}$ erweist sich gerade als der gesuchte K-Raum. Die Konstruktion des Isomorphismus läuft darauf hinaus, eine eineindeutige Zuordnung zwischen den Komponenten des Vektorverbands $C_{\mathfrak{Q}}$ und den zugleich offenen und abgeschlossenen Untermengen des Kompaktums $\mathfrak{Q}$ herzustellen: Einer beliebigen derartigen Menge e entspricht die Komponente, die aus allen außerhalb von e verschwindenden stetigen Funktionen besteht. Jede Komponente läßt sich auf diese Weise erhalten, und verschiedenen zugleich offenen und abgeschlossenen Mengen entsprechen verschiedene Komponenten. Ein ausführlicher Beweis ist in der Monographie von B. Z. VULICH [21] dargestellt.

Ein K-Raum, dessen Basis zu der gegebenen BOOLEschen Algebra isomorph ist, heißt dieser Algebra aufgestockt (superstrukture). Die oben gegebene Beweisskizze leidet an dem Mangel, daß sie nicht die für uns wichtige Tatsache zu erke-n nen erlaubt, daß der aufgestockte Raum nicht eindeutig ist. Bereits für diskrete Algebren 2^Q haben wir festgestellt, daß zwei, im allgemeinen verschiedene Vektorverbände F_Q und M_Q existieren, die die gegebene Algebra als Basis besitzen (nur in dem trivialen Falle, daß die Menge Q endlich ist, fallen sie zusammen). Dabei ist der Raum F_Q in gewissem Sinne unter allen der Algebra 2^Q aufgestockten K-Räumen am umfassendsten. Jeder beliebige derartige Raum läßt sich nämlich auf einen gewissen normalen Unterraum des Raumes F_Q isomorph abbilden. Ebenso verhält es sich auch im allgemeinen Falle.

Satz 3. *Zu jeder vollständigen* BOOLE*schen Algebra* $\mathfrak{X}$ *gehört ein ihr aufgestockter K-Raum* $\mathfrak{S}_x$ *mit der Eigenschaft, daß jeder beliebige* $\mathfrak{X}$ *aufgestockte K-Raum zu einem normalen Unterraum von* $\mathfrak{S}_x$ *isomorph ist.*

Dieser Satz geht auf A. G. PINSKER zurück; der Raum $\mathfrak{S}_x$ heißt *der* BOOLE*schen Algebra* $\mathfrak{X}$ *aufgestockter erweiterter K-Raum.*

Der erweiterte K-Raum ist durch die gegebene Algebra bereits eindeutig bestimmt; aus den Eigenschaften von $\mathfrak{S}_x$ kann man vollständig auf die Eigenschaften von $\mathfrak{X}$ schließen und umgekehrt. Wir bemerken *daß es in dem erweiterten K-Raum stets ein schwaches Einselement gibt.*

Die Beschreibung des Raumes $\mathfrak{S}_x$ — und damit eines beliebigen $\mathfrak{X}$ aufgestockten K-Raumes — kann auf verschiedene Weisen erfolgen. Beispielsweise kann man $\mathfrak{S}_x$ in der Sprache der STONEschen Realisierung als Raum aller auf dem Kompaktum $\mathfrak{Q}$ stetigen reellen Funktionen charakterisieren, die höchstens bis auf Punkte einer gewissen nirgends dichten Menge überall endlich sind. Wir wollen uns hier nicht damit befassen, wie die Schwierigkeiten zu überwinden sind, die mit den Operationen mit solchen Funktionen (mit der Definition der Summe, der Grenzen usw.) zusammenhängen. Es gibt noch einen anderen Weg, der darin besteht, $\mathfrak{S}_x$ als System aller möglichen *Zerlegungen der Einheit* zu behandeln. Dem letzteren Begriff ist auch der folgende Paragraph gewidmet.

§ 2. Spektralscharen und Zerlegungen der Einheit. Spektralmaße

1. Spektralscharen. Wir beginnen mit der Betrachtung eines einfachen Modells. Der Vektorverband R möge aus reellen Funktionen bestehen, die auf einer gewissen Menge Q definiert sind. Jeder derartigen Funktion f ist die von dem reellen Parameter $\lambda \in (-\infty, +\infty)$ abhängige Schar von Mengen

$$E_\lambda(f) = \{q \mid q \in Q\,,\quad f(q) \leqq \lambda\} \tag{IV}$$

zugeordnet. Das ist gerade die der Funktion f entsprechende „Spektralschar"; es ist klar, daß f auf Grund der Schar (IV) eindeutig zurückzugewinnen ist. Daher läßt sich das Studium numerischer Funktionen gegebenenfalls vollständig durch die Untersuchung von Scharen der genannten Art ersetzen. Es ist nicht schwer, Bedingungen dafür anzugeben, daß eine von vornherein gegebene Schar von Mengen sich durch eine gewisse Zahlenfunktion erzeugen läßt. Zunächst bemerken wir, daß man an Stelle von Punktmengen auch Elemente einer beliebigen BOOLEschen Algebra $\mathfrak{X}$ betrachten kann; dann wird die Rolle der reellen Funktionen von den Elementen eines $\mathfrak{X}$ aufgestockten Vektorverbands übernommen. Bei der Definition der Spektralschar selbst braucht man jedoch an keinen Vektorverband zu denken; die Definition beruht nur auf „inneren" Eigenschaften der BOOLEschen Algebra.

Eine *Spektralschar* oder *Spektralfunktion* ist eine von einem reellen Parameter abhängige Schar $\{e_\lambda\}_{\lambda \in (-\infty,\, +\infty)}$ von Elementen der betreffenden B. A. $\mathfrak{X}$, die folgende Eigenschaften besitzt:

1. $e_\lambda \leqq e_\mu$ für $\lambda < \mu$;

2. $\bigvee_{\lambda \in (-\infty,\, +\infty)} e_\lambda = 1\,, \qquad \bigwedge_{\lambda \in (-\infty,\, +\infty)} e_\lambda = 0\,.$

Die letzten beiden Gleichungen schreibt man zweckmäßig in der Form

2'. $e_{+\infty} = 1\,, \qquad e_{-\infty} = 0\,.$

Wenn die Gleichung

$$\bigvee_{\lambda < \lambda_0} e_\lambda = e_{\lambda_0} = \bigwedge_{\lambda > \lambda_0} e_\lambda$$

erfüllt ist, sagt man, λ_0 sei ein *Stetigkeitspunkt* der Spektralschar $\{e_\lambda\}$. Es ist gleichfalls klar, wann man von *linksseitiger* oder *rechtsseitiger Stetigkeit* sprechen kann.

Wir weisen darauf hin, daß die durch die Gleichung (IV) definierte Schar im Sinne unserer Definition eine Spektralschar ist; sie ist obendrein noch rechtsseitig stetig. Manchmal nimmt man auch die Forderung der einseitigen Stetigkeit mit in die Definition der Spektralfunktion auf.

Wir werden sagen, zwei Spektralfunktionen $\{e'_\lambda\}$ und $\{e''_\lambda\}$ *sind fast identisch*, wenn für $\lambda < \mu$ die Ungleichungen

$$e'_\lambda \leqq e''_\mu$$

und

$$e''_\lambda \leqq e'_\mu$$

erfüllt sind. Es ist nicht schwer zu bestätigen, daß die damit eingeführte Relation der „Fastidentität" reflexiv, symmetrisch und transitiv ist; man kann daher die Klasse der Spektralscharen in durchschnittsfremde Unterklassen zerlegen, so daß zwei Scharen genau dann ein und derselben Unterklasse angehören, wenn sie fast identisch sind. Diese Unterklassen werden wir *Zerlegungen der Einheit* nennen und im allgemeinen mit kleinen Frakturbuchstaben bezeichnen. Unter den Spektralfunktionen $\{e_\lambda\}$, die eine gegebene Zerlegung der Einheit $\mathfrak{f}$ bilden, kann man zwei auszeichnen, die in gewissem Sinne „Grenzfälle" sind: es gibt nämlich Spektralscharen $\{e^-_\lambda(\mathfrak{f})\}$ und $\{e^+_\lambda(\mathfrak{f})\}$, so daß die Klasse $\mathfrak{f}$ mit der Menge aller Spektralfunktionen zusammenfällt, die für alle λ der Ungleichung

$$e^-_\lambda(\mathfrak{f}) \leqq e_\lambda \leqq e^+_\lambda(\mathfrak{f}) \tag{V}$$

genügen.

Um derartige „Grenz"scharen zu konstruieren, hat man von den Scharen, die die betreffende Zerlegung der Einheit $\mathfrak{f}$ ausmachen, eine beliebige Schar $\{e_\lambda\}$ zu wählen und zu setzen

$$e^-_\lambda(\mathfrak{f}) = \bigvee_{\mu<\lambda} e_\mu\,, \qquad e^+_\lambda(\mathfrak{f}) = \bigwedge_{\mu>\lambda} e_\mu\,.$$

Man bestätigt leicht, daß diese beiden Scharen die geforderten Eigenschaften besitzen (insbesondere gehören sie selbst der Klasse $\mathfrak{f}$ an). Allgemein ist mit der Vorgabe eines Paares fast identischer Spektralfunktionen, von denen die eine rechtsseitig, die andere linksseitig stetig ist, zugleich auch eine gewisse Zerlegung der Einheit gegeben, die aus allen Spektralscharen besteht, die zwischen die gegebenen „eingeschachtelt" sind. Eine Zerlegung der Einheit läßt sich somit mit derartigen Paaren von Spektralfunktionen identifizieren.

Ist eine der Spektralfunktionen, die eine gegebene Zerlegung der Einheit ausmachen, in einem gewissen Punkte λ_0 stetig, so sind in diesem Punkte auch alle übrigen Funktionen der Klasse $\mathfrak{f}$ stetig; dabei ist

$$e^-_{\lambda_0}(\mathfrak{f}) = e^+_{\lambda_0}(\mathfrak{f})\,.$$

Wir bemerken auch, daß alle zu einer Zerlegung der Einheit gehörigen Spektralfunktionen ein und dieselben Konstanzintervalle besitzen; die abgeschlossene Menge reeller Zahlen, die zur Vereinigungsmenge aller Konstanzintervalle komplementär ist, heißt das *Spektrum* der Zerlegung der Einheit. Punkte des Spektrums sind gerade die Wachstumspunkte: Jede der zu der betreffenden Zerlegung der Einheit gehörigen Funktionen muß in einer beliebigen Umgebung eines derartigen Punktes echt wachsen.

In der Menge aller Zerlegungen der Einheit kann man eine Halbordnung einführen. Wir wollen nämlich $\mathfrak{f}' \leqq \mathfrak{f}''$ schreiben, wenn die Ungleichung $\lambda < \mu$ die Ungleichung $e_\lambda^+(\mathfrak{f}'') \leqq e_\mu^-(\mathfrak{f}')$ nach sich zieht. Mit anderen Worten, im Falle $\lambda < \mu$ muß für beliebige Spektralscharen, die die Klassen $\mathfrak{f}'$ bzw. $\mathfrak{f}''$ repräsentieren, $e_\lambda'' \leqq e_\mu'$ gelten. Es bereitet keine Schwierigkeiten, die Axiome einer Halbordnung (s. Anhang) zu verifizieren.

2. Spektralmaße. Wir wollen zeigen, daß der Begriff der Zerlegung der Einheit im Grunde genommen in dem umfassenderen Begriff des Homomorphismus enthalten ist. Genauer: Mit jeder Zerlegung der Einheit ist eindeutig ein gewisser Homomorphismus der Booleschen Algebra $\mathfrak{R}_{(-\infty,\,+\infty)}$ (s. S. 67) in die gegebene Algebra $\mathcal{X}$ verknüpft, und umgekehrt erzeugt jeder derartige Homomorphismus eine Zerlegung der Einheit. Wir wollen diese Zuordnung näher beschreiben.

Es sei die Zerlegung der Einheit $\mathfrak{f}$ gegeben. Mit E bezeichnen wir die Menge aller Elemente der Form $\{e_\lambda^-(\mathfrak{f})\}$ und $\{e_\mu^+(\mathfrak{f})\}$. Wir definieren einen Homomorphismus φ der Algebra $\mathfrak{R}_{(-\infty,\,+\infty)}$ in der Algebra $\mathcal{X}$ (genauer: auf die Unteralgebra $\mathcal{X}\langle E\rangle$), indem wir zunächst

$$\varphi(\Delta_\lambda^+) = e_\lambda^+(\mathfrak{f})\,, \qquad \varphi(\Delta_\lambda^-) = e_\lambda^-(\mathfrak{f}) \tag{VI}$$

setzen und anschließend diese Abbildung von dem Erzeugendensystem auf die ganze Algebra $\mathfrak{R}_{(-\infty,\,+\infty)}$ fortsetzen.

Eine derartige Fortsetzung ist auf Grund des auf S. 67 Gesagten möglich, da das System von Erzeugenden der Form Δ_λ^-, Δ_λ^+ linear geordnet ist und die Formeln (VI) eine isotone Abbildung definieren. Die ursprüngliche Zerlegung der Einheit gibt somit zu einem Homomorphismus φ der Algebra $\mathfrak{R}_{(-\infty,\,+\infty)}$ auf $\mathcal{X}\langle E\rangle$ Anlaß. Es ist leicht, die Formeln auszuschreiben, durch die die Werte des Homomorphismus φ für Intervalle definiert werden:

$$\begin{aligned} \varphi\{(\alpha,\beta)\} &= e_\beta^- - e_\alpha^+\,,\\ \varphi\{[\alpha,\beta]\} &= e_\beta^+ - e_\alpha^-\,,\\ \varphi\{[\alpha,\beta)\} &= e_\beta^- - e_\alpha^-\,,\\ \varphi\{(\alpha,\beta]\} &= e_\beta^+ - e_\alpha^+\,. \end{aligned} \tag{VII}$$

Insbesondere gilt

$$\begin{aligned} \varphi\{(-\infty,\beta)\} &= e_\beta^-\\ \varphi\{(-\infty,\beta]\} &= e_\beta^+\,, \end{aligned} \tag{VIII}$$

so daß sich die Zerlegung der Einheit ihrerseits auf Grund des Homomorphismus φ eindeutig rekonstruieren läßt. Dabei erkennt man unschwer, daß sich ein beliebiger Homomorphismus der Algebra $\mathfrak{R}_{(-\infty, +\infty)}$ in $\mathscr{X}$ durch eine gewisse Zerlegung der Einheit gemäß den Formeln (VIII) erzeugen läßt. Wir sehen, daß es durchaus begründet ist, die Zerlegungen der Einheit mit allen möglichen Homomorphismen von $\mathfrak{R}_{(-\infty, +\infty)}$ in $\mathscr{X}$ zu identifizieren.

Wir geben ein wichtiges Beispiel an. Es sei u ein beliebiges Element der Algebra $\mathscr{X}$. Wir definieren mittels dieses Elements eine Spektralfunktion $\{e_\lambda\}$ durch die Gleichung

$$e_\lambda = \begin{cases} 0\,, & \text{wenn } \lambda < 0\,, \\ C\,u\,, & \text{wenn } 0 \leqq \lambda < 1\,, \\ 1\,, & \text{wenn } \lambda \geqq 1\,. \end{cases} \tag{IX}$$

Die Spektralschar (IX) ist rechtsseitig stetig; die entsprechende Zerlegung der Einheit wird von allen möglichen Spektralfunktionen gebildet, deren Werte für jedes λ im Segment $[e_\lambda^-, e_\lambda^+]$ liegen; hierbei ist $e_\lambda^+ = e_\lambda$, während sich e_λ^- aus der Gleichung

$$e_\lambda^- = \begin{cases} 0\,, & \text{wenn } \lambda \leqq 0\,, \\ C\,u\,, & \text{wenn } 0 < \lambda \leqq 1\,, \\ 1\,, & \text{wenn } \lambda > 1 \end{cases}$$

ergibt.

Wir wollen schließlich noch den dieser Zerlegung der Einheit entsprechenden Homomorphismus φ beschreiben. Sein Bildungsgesetz ist einfach: Wenn die Menge $e \in \mathfrak{R}_{(-\infty, +\infty)}$ nicht die Punkte 0 und 1 enthält, so ist $\varphi(e) = \mathbf{0}$; gilt $1 \in e$, aber $0 \notin e$, so ist $\varphi(e) = u$; bei $1 \notin e$, $0 \in e$ ist $\varphi(e) = C\,u$; und für Mengen, die 0 und 1 enthalten, haben wir schließlich $\varphi(e) = \mathbf{1}$.

Mit einer ähnlichen Situation haben wir es zu tun, wenn wir in der Analysis an Hand einer „Verteilungsfunktion“, die in den Punkten 0 und 1 Sprünge hat und in dem Intervall dazwischen konstant ist, ein Lebesgue-Stieltjessches Maß konstruieren wollen. Der Homomorphismus φ stellt ein abstraktes Analogon eines derartigen Maßes dar. Seinerzeit wollten wir Homomorphismen, die auf Mengenalgebren definiert sind, „Boolesche Maße“ nennen (S. 67). Hierzu gehören auch die Homomorphismen, die Zerlegungen der Einheit entsprechen; kommt es uns darauf an, ihre Herkunft hervorzuheben, so werden wir sie als *Spektralmaße* bezeichnen. Von den Spektralscharen, die die betreffende Zerlegung der Einheit bilden, werden wir sagen, sie *erzeugen* das entsprechende Spektralmaß.

Die Algebra $\mathfrak{R}_{(-\infty, +\infty)}$ besteht aus endlichen Vereinigungen von Intervallen und ist infolgedessen äußerst arm; sie ist nicht einmal eine σ-Mengenalgebra. Daher stellt sich in natürlicher Weise das Problem, das Spektralmaß auf eine umfassendere Algebra fortzusetzen, beispielsweise auf das System aller Borel-Mengen. Dabei ist es wünschenswert, wenigstens eine σ-stetige Fortsetzung zu erhalten. Leider läßt sich dieses Programm in vollem Umfang nicht verwirklichen. Man kann nur beweisen, daß für Spektralmaße gilt

Satz 4 [21, 22]. *Jeder Homomorphismus* φ *der Algebra* $\mathfrak{R}_{(-\infty,+\infty)}$ *in eine beliebige vollständige B. A.* $\mathfrak{X}$ *genügt der Bedingung* (E_σ) (Bedingung (E_σ) ist in Kapitel IV formuliert; s. S. 131).

Die Bedingung (E_σ^*), die die Existenz einer σ-stetigen Fortsetzung gewährleistet, braucht jedoch für das Spektralmaß φ nicht erfüllt zu sein; das hängt ganz von den Eigenschaften der Algebra $\mathfrak{X}$ ab [18]. In Kapitel VI wird eine gewisse Klasse Boolescher Algebren (die der im Sinne von L. V. Kantorovič „regulären" Algebren) beschrieben werden, für die das Problem der σ-stetigen Fortsetzung stets eine positive Lösung besitzt.

Die Theorie des Spektralmaßes geht auf die Spektraltheorie von Operatoren zurück, wo die Boolesche Algebra der invarianten Unterräume eines gewissen im Hilbert-Raum wirkenden selbstadjungierten Operators [32, 72] die Rolle der B. A. $\mathfrak{X}$ spielt (Beispiel 4*, Kapitel I). Den allgemeinen Begriff des Spektralmaßes hat V. I. Sobolev in der Arbeit [84] unter der Bezeichnung „halbgeordnetes Maß" eingeführt.

§ 3. Integral bezüglich eines Spektralmaßes. Satz von Freudenthal. Der Raum $\mathfrak{S}_{\mathfrak{X}}$ als Gesamtheit der Zerlegungen der Einheit

1. Spektralintegral. Es sei R ein K-Raum mit einer schwachen Eins 1 und H_R die Boolesche Algebra der Komponenten, die Basis von R. Wir haben bereits bemerkt, daß H_R zu dem in natürlicher Weise halbgeordneten System E_R aller Quasieinselemente isomorph ist. Mit einer gewissen Ungenauigkeit in der Redeweise werden wir von E_R als von der Basis von R sprechen. Es sei eine gewisse Zerlegung der Einheit der Algebra E_R gegeben und φ der entsprechende Homomorphismus von $\mathcal{R}_{(-\infty,+\infty)}$ in E_R, mit anderen Worten, ein Spektralmaß. Die Werte dieses Maßes können wir als Elemente von R ansehen. Gemäß dem der Analysis zugrundeliegenden Schema kann man für reelle Funktionen, die auf der Geraden vorgegeben sind, den Begriff des „Spektralintegrals" bezüglich des Maßes φ einführen. Dabei ist es wünschenswert, das Maß φ auf eine möglichst umfassende Mengenalgebra fortgesetzt zu denken. Aus Satz 4 des vorliegenden Kapitels zusammen mit Satz IV.4 geht hervor, daß man annehmen kann, das Spektralmaß φ sei auf der Algebra $\widehat{\mathcal{R}}$ vorgegeben, die man aus $\mathcal{R}_{(-\infty,+\infty)}$ durch den in Kapitel IV beschriebenen Erweiterungsprozeß[1]) erhalten kann. In „guten" Fällen ist $\widehat{\mathcal{R}}$ eine σ-Algebra und φ ein σ-stetiger („abzählbar-additiver") Homomorphismus; wir werden uns jetzt jedoch nicht darauf verlassen. Es sei f eine $\widehat{\mathcal{R}}$-meßbare und φ-fast überall endliche reelle Funktion. Das heißt, die Algebra $\widehat{\mathcal{R}}$ enthält die Urbilder $f^{-1}(\Delta)$ aller Intervalle sowie die Menge

$$e_\infty = \{x \mid x \in (-\infty, +\infty)\,,\quad |f(x)| = +\infty\}\,;$$

dabei ist $\varphi(e_\infty) = 0$.

[1]) Wir behalten für das durch Fortsetzung erhaltene Maß die Benennung „Spektralmaß" bei.

Das *Spektralintegral*

$$I(f, \varphi) = \int_{(-\infty, +\infty)} f \, d\varphi \tag{X}$$

ist definitionsgemäß das in $\mathfrak{R}$ berechnete Supremum aller möglichen Summen der Form

$$S = \sum_{k=1}^{m} m_k \, \varphi(e_k) \, ,$$

wo die Mengen e_k paarweise durchschnittsfremd sind, zu $\widehat{\mathfrak{R}}$ gehören und als Summe die ganze Gerade ergeben; während die Zahlen m_k die unteren Grenzen der Funktion f auf den Mengen e_k sind. Die Summen dieser Art (man mag sie gegebenenfalls „DARBOUXsche Summen" nennen) stellen Elemente des K-Raums R dar; hinreichend für die Existenz des Integrals ist, daß ihre Menge nach oben beschränkt ist. Man kann zeigen, daß das Integral im Falle eines erweiterten K-Raums R für jede $\mathfrak{R}$-meßbare und φ-fast überall endliche Funktion f existiert. Somit kann man das Spektralintegral als einen Operator ansehen, der eine gewisse Menge reeller Funktionen in den Raum R abbildet. Dieser Operator ist additiv und homogen, während die Gesamtheit der Funktionen, für die er definiert ist, eine lineare Menge bildet. Von den weiteren Eigenschaften des Integrals weisen wir auf seine Positivität (das Integral einer nichtnegativen Funktion ist ein positives Element von R) und auf seine Orthogonalität hin: wenn die Funktionen f und g auf durchschnittsfremden Mengen von Null verschieden sind, so sind ihre Integrale disjunkt.

Oft wird das Integral (X) nach dem Vorbild des STIELTJESschen Integrals bezeichnet:

$$I(f, \varphi) = \int_{-\infty}^{+\infty} f(\lambda) \, de_\lambda \, .$$

Durch diese Bezeichnung wird an die Spektralschar $\{e_\lambda\}$ erinnert, die zu dem Spektraßmaß φ Anlaß gegeben hat. Der Buchstabe λ geht in diese Formel natürlich nur fiktiv als „gebundene Variable" ein.

Besonders wichtig ist der Fall der durch die Gleichung $f(\lambda) = \lambda$ gegebenen Funktion. Es zeigt sich, daß die Formel

$$x = \int_{-\infty}^{+\infty} \lambda \, de_\lambda \tag{XI}$$

die allgemeine Form eines Elements des K-Raums R wiedergibt.

Satz 5 (H. FREUDENTHAL [91][1]). *Zu jedem Element x des K-Raums existiert ein eindeutig bestimmtes Spektralmaß φ_x mit der Eigenschaft*

$$x = \int_{(-\infty, +\infty)} f \, d\varphi_x \, , \tag{XII}$$

wobei $f(\lambda) = \lambda$ für alle λ ist.

[1]) Der Beweis ist im Buch von B. Z. VULICH [21] gegeben.

Die letztere Formel kann man nach dem oben Gesagten in die Form

$$x = \int_{-\infty}^{+\infty} \lambda \, de_\lambda^x$$

umschreiben, wenn man zum Ausdruck bringen will, daß das Maß φ_x von der Spektralfunktion $\{e_\lambda^x\}$ erzeugt wird. Die von diesen Funktionen gebildete Zerlegung der Einheit heißt *Charakteristik* des Elements x. Insbesondere ist die auf S. 145 als Beispiel betrachtete Zerlegung der Einheit mit der Charakteristik des Elements $u \in E_R \subset R$ identisch. Wir empfehlen dem Leser, für diesen Fall unmittelbar die Integralformel (XI) herzuleiten.

2. Der Raum der Zerlegungen der Einheit. Der Satz von FREUDENTHAL stellt eine eineindeutige Zuordnung zwischen den Elementen von R und den Zerlegungen der Einheit der BOOLEschen Algebra E_R her. Es ist klar, daß der Begriff der Zerlegung der Einheit innerlich mit den Eigenschaften der BOOLEschen Algebra zusammenhängt: Zu ihrer Definition braucht man nicht auf die Elemente des Raumes R zurückzugreifen. Zugleich wird es durch Satz 5 möglich, die Elemente von R und die ihnen entsprechenden Zerlegungen der Einheit (oder, was auf dasselbe hinausläuft, die Spektralmaße) zu identifizieren. Diese Überlegungen legen es nahe, den der gegebenen Algebra $\mathfrak{X}$ aufgestockten K-Raum als einen Raum zu konstruieren, der aus den Zerlegungen der Einheit oder, wenn man will, aus den Spektralmaßen besteht. Zusätzlich zu der in § 2, Nr. 1 eingeführten Halbordnung muß man nämlich für die Zerlegungen der Einheit auf ebenso innere Weise algebraische Operationen (Addition, Multiplikation mit Skalaren) definieren, um den erweiterten K-Raum R zu erhalten, der $\mathfrak{X}$ als E_R enthält. Die Elemente dieses Raumes müssen mit den Charakteristiken zusammenfallen. Dieses Programm ist erstmalig von L. V. KANTOROVIČ[1]) verwirklicht worden; darin bestand anscheinend der erste Beweis von Satz 2. Der Raum aller Zerlegungen der Eins der B. A. $\mathfrak{X}$ kann infolgedessen mit $\mathfrak{S}_{\mathfrak{X}}$ identifiziert werden; man kann auch Unterräume von ihm betrachten, die nicht alle Zerlegungen der Einheit enthalten. So *läßt sich jeder K-Raum als Raum von Spektralmaßen realisieren.*

Wir wollen zum Abschluß dieses Paragraphen noch bemerken, daß sich die Operation der Multiplikation in den erweiterten (und in einigen anderen) K-Räumen auf rein innere Weise einführen läßt, die mit der Halbordnung und mit den additiven Eigenschaften in bestem Einklang steht; die Rolle des Einselements bei der Multiplikation spielt dabei die schwache Eins 1. Für den Raum F_Q fällt diese Multiplikation mit der gewöhnlichen Multiplikation von Funktionen zusammen, wenn man als schwache Eins die Funktion wählt, die identisch gleich Eins ist.

§ 4. Konvergenz und Ordnungstopologie in K-Räumen

Dieser Paragraph ist den topologischen Fragen der Theorie der halbgeordneten Räume gewidmet. Fast der gesamte Inhalt von Kapitel III läßt sich

[1]) L. V. KANTOROVIČ, B. Z. VULICH, A. G. PINSKER [39], Kapitel IV.

auf den vorliegenden Fall übertragen. Wir beschränken uns auf einige wenige Fakten. Alle weiteren Betrachtungen beziehen sich auf einen K-Raum R, der die Basis $\mathcal{X}$ besitzt und infolgedessen in den erweiterten K-Raum $\mathfrak{S}_{\mathcal{X}}$ normal eingebettet ist. Letzteren werden wir gewöhnlich mit dem einen Buchstaben $\mathfrak{S}$ bezeichnen.

Zunächst definieren wir den Begriff der (o)-*Konvergenz*. Unter Berücksichtigung der bedingten Vollständigkeit von R können wir hierzu die oberen und unteren Limiten heranziehen. Der *obere Limes* einer beschränkten MOORE-SMITH-Folge $\{x_\alpha\}_{\alpha \in \mathrm{A}}$ wird nämlich durch die Gleichung

$$\overline{\lim_{\alpha}}\, x_\alpha = \bigwedge_{\alpha} \bigvee_{\beta > \alpha} x_\beta ,$$

der *untere Limes* dagegen durch die Gleichung

$$\underline{\lim_{\alpha}}\, x_\alpha = \bigvee_{\alpha} \bigwedge_{\beta > \alpha} x_\beta$$

definiert. (o)-*Limes* der beschränkten MOORE-SMITH-Folge $\{x_\alpha\}_{\alpha \in \mathrm{A}}$ heißt der gemeinsame Wert ihres oberen und ihres unteren Limes für den Fall, daß diese zusammenfallen. Mit anderen Worten ist

$$x = (o)\text{-}\lim_{\alpha} x_\alpha = \bigwedge_{\alpha} \bigvee_{\beta > \alpha} x_\beta = \bigvee_{\alpha} \bigwedge_{\beta > \alpha} x_\beta .$$

In diesem Falle schreiben wir auch $x_\alpha \xrightarrow{(o)} x$. Es sind auch andere Varianten zur Definition des (o)-Limes möglich, darunter auch solche, die nicht die Beschränktheit voraussetzen.

Ebenso wie für BOOLEsche Algebren kann man zeigen, daß die Grundoperationen (o)-stetig sind. Aus den Beziehungen

$$x_\alpha \xrightarrow{(o)} x ,$$

$$y_\alpha \xrightarrow{(o)} y$$

folgt nämlich

$$x_\alpha + y_\alpha \xrightarrow{(o)} x + y ,$$

$$x_\alpha \vee y_\alpha \xrightarrow{(o)} x \vee y ,$$

$$x_\alpha \wedge y_\alpha \xrightarrow{(o)} x \wedge y ,$$

$$|x_\alpha| \xrightarrow{(o)} |x|$$

usw.

„(o)-stetig" ist auch die Operation der Projektion: aus $x_\alpha \xrightarrow{(o)} x$ folgt $P_h(x_\alpha) \xrightarrow{(o)} P_h(x)$ für eine beliebige Komponente $h \in H_R$.

Was die oberen und unteren Limiten betrifft, so sind sie halbadditiv: Für beliebige MOORE-SMITH-Folgen

$$\{x_\alpha^{(1)}\}_{\alpha \in \mathrm{A}} , \quad \{x_\alpha^{(2)}\}_{\alpha \in \mathrm{A}} , \ldots , \quad \{x_\alpha^{(m)}\}_{\alpha \in \mathrm{A}}$$

gelten die Ungleichungen

$$\overline{\lim}\,(x_\alpha^{(1)} + x_\alpha^{(2)} + \cdots + x_\alpha^{(m)}) \leqq \overline{\lim_\alpha}\, x_\alpha^{(1)} + \overline{\lim_\alpha}\, x_\alpha^{(2)} + \cdots + \overline{\lim_\alpha}\, x_\alpha^{(m)},$$

$$\underline{\lim}\,(x_\alpha^{(1)} + x_\alpha^{(2)} + \cdots + x_\alpha^{(m)}) \geqq \underline{\lim_\alpha}\, x_\alpha^{(1)} + \underline{\lim_\alpha}\, x_\alpha^{(2)} + \cdots + \underline{\lim_\alpha}\, x_\alpha^{(m)}.$$

Das einfachste Beispiel zur Veranschaulichung des Begriffs der (o)-Konvergenz liefert der Raum F_Q; hier fällt die (o)-Konvergenz mit der gewöhnlichen „punktweisen" Konvergenz der Funktionen (in jedem Punkte $q \in Q$) zusammen. Für die (o)-Konvergenz in M_Q ist noch zusätzlich die gleichmäßige Beschränktheit aller Funktionen durch eine Konstante notwendig.

Unter Benutzung des Begriffs der (o)-Konvergenz kann man genauso wie im Falle einer Booleschen Algebra den Begriff der (o)-Topologie als der stärksten Topologie einführen, in der aus der (o)-Konvergenz die Konvergenz im Sinne der Topologie folgt. Abgeschlossen sind in dieser Topologie die Mengen, die von allen aus ihren Elementen gebildeten (o)-konvergenten Moore-Smith-Folgen die Limiten enthalten.

§ 5. Die wichtigsten Beispiele

Wir wollen die wichtigsten Beispiele von K-Räumen beschreiben, ohne ausführliche Beweise anzugeben.

Es sei ein gewisser Maßraum (im Sinne der Maßtheorie) gegeben und $\mathfrak{X}$ die entsprechende Boolesche Algebra der meßbaren Mengen mit der üblichen Identifizierung (der zu dem gegebenen Maßraum gehörige „metrische Verband"). Um etwas Bestimmtes vor Augen zu haben, mag man annehmen, $\mathfrak{X}$ sei die Lebesguesche Algebra E_0 oder eine der Algebren E^Γ (s. S. 62—63)

Wir betrachten die Klasse aller auf dem gegebenen Raum definierten meßbaren und fast überall endlichen reellen Funktionen und faktorisieren sie, indem wir äquivalente (fast überall zusammenfallende) Funktionen miteinander identifizieren. Damit entsteht der bekannte Raum S, dessen Elemente Klassen untereinander äquivalenter Funktionen darstellen („Funktionen mod 0"). Jeder individuellen Funktion entspricht eine Schar Lebesguescher Mengen der Form (IV). Nach der Faktorisierung gehen diese Scharen in Spektralscharen von Elementen der Booleschen Algebra $\mathfrak{X}$ über. Dabei entspricht fast identischen Scharen ein und dasselbe Element von S, ein und dieselbe „Funktion mod 0". Damit wird eine eineindeutige Zuordnung zwischen den Elementen von S und allen möglichen Zerlegungen der Einheit — den Elementen des Raumes $\mathfrak{S}_{\mathfrak{X}}$ — hergestellt. Man kann ohne Mühe bestätigen, daß diese Zuordnung ein linearer und Ordnungsisomorphismus ist. Auf Grund dessen brauchen wir im weiteren die Räume S und $\mathfrak{S}_{\mathfrak{X}}$ nicht zu unterscheiden, indem wir S als der Algebra $\mathfrak{X}$ aufgestockten erweiterten K-Raum betrachten. Jeder der Zerlegungen der Einheit $\mathfrak{f}, \mathfrak{g}, \ldots$ entspricht eine Klasse zueinander äquivalenter Funktionen, die wir mit dem gleichnamigen lateinischen Buchstaben f, g usw. bezeichnen wollen. Diese Funktionen sollen $\mathfrak{f}$-*Funktionen*, $\mathfrak{g}$-*Funktionen* usw. heißen.

Eine anschauliche Vorstellung von den Eigenschaften der Zerlegung der Einheit $\mathfrak{f}$ kann man gewinnen, indem man die Schar (IV) der LEBESGUEschen Mengen E_λ einer beliebigen $\mathfrak{f}$-Funktion f untersucht. Den Unstetigkeitspunkten der $\mathfrak{f}$ bildenden Spektralfunktionen entsprechen die Niveaumengen der Funktion f von positivem Maß; wird ein gegebener Wert λ_0 von der Funktion f nur auf einer Menge vom Maße Null angenommen, so ist

$$e^+_{\lambda_0}(\mathfrak{f}) = e^-_{\lambda_0}(\mathfrak{f}) ,$$

und alle $\mathfrak{f}$ bildenden Spektralscharen sind im Punkte λ_0 stetig. Konstanzintervalle beliebiger derartiger Scharen sind jene Intervalle, die „fast keine" Werte der Funktion f enthalten: Das Urbild $f^{-1}(\Delta)$ des Konstanzintervalls Δ ist eine Nullmenge. Das Spektrum der Zerlegung der Einheit $\mathfrak{f}$ schließlich besteht aus denjenigen Punkten, die in beliebiger Umgebung Werte von jeder $\mathfrak{f}$-Funktion f enthalten. Man kann sagen, daß die Punkte des Spektrums solche Werte sind, von denen man nicht „loskommen" kann, indem man die Funktion auf einer Nullmenge abändert. Zum Spektrum gehören insbesondere alle Unstetigkeitspunkte; diese bilden seinen diskreten Teil.

Verweilen wir noch etwas bei der Erläuterung der Konvergenz in $\mathfrak{S}_{\mathfrak{X}}$. (o)-Konvergenz der Folge $\{\mathfrak{f}_n\}$ bedeutet, daß eine beliebige, aus $\mathfrak{f}_n$-Funktionen bestehende Folge $\{f_n\}$ fast überall konvergiert.

Außer dem Raum S kann man verschiedene Unterräume von ihm betrachten: L (den Raum der summierbaren Funktionen), L^p usw. Sie sind gleichfalls derselben Algebra der meßbaren Mengen mod 0 aufgestockte K-Räume.

Wir wollen jetzt noch etwas näher auf die „Wahrscheinlichkeits"deutung des Begriffs des einer BOOLEschen Algebra aufgestockten Vektorverbands eingehen.

Indem wir die Algebra als System von Ereignissen deuten, fassen wir zugleich die Zerlegungen der Einheit als Zufallsgrößen auf.

Jedes Element $e^+_\lambda(\mathfrak{f})$ läßt sich als ein Ereignis ansehen: „der Wert der Zufallsgröße $\mathfrak{f}$ ist höchstens gleich λ".

Ist dabei auf der betreffenden Algebra ein Wahrscheinlichkeitsmaß μ (eine „Wahrscheinlichkeit") vorgegeben, so erhalten wir, wenn wir der betreffenden Zerlegung der Einheit $\mathfrak{f}$ die reelle Funktion

$$M(\lambda) = \mu\, e^+_\lambda(\mathfrak{f})$$

zuordnen, die *Verteilungsfunktion* der betrachteten Zufallsgröße, während das LEBESGUE-STIELTJESsche Integral

$$\int_{-\infty}^{+\infty} \lambda\, dM(\lambda)$$

ihren Erwartungswert angibt[1]).

---

[1]) Die Rolle derartiger Integrale wird in Kapitel VI endgültig aufgeklärt werden.

Schließlich wollen wir noch als $\mathcal{X}$ die BOOLEsche Algebra der invarianten Unterräume eines in einem separablen HILBERT-Raum H wirkenden selbstadjungierten Operators A wählen (Beispiel 4*, Kapitel I). Der dieser BOOLEschen Algebra aufgestockte erweiterte K-Raum $\mathfrak{A}$ ist der Raum aller selbstadjungierten Operatoren, die Funktionen des Operators A sind, d. h., mit jedem selbstadjungierten beschränkten Operator, der mit A kommutiert, vertauschbar sind (s. F. RIESZ und B. SZŐKEFALVI-NAGY [75]). Die Ordnung in $\mathfrak{A}$ ist die übliche: $B \geqq C$, wenn der Operator $B - C$ positiv ist.

Die Charakteristik eines Elements von $\mathfrak{A}$ ist die gewöhnliche Spektralfunktion eines selbstadjungierten Operators. Auch der Begriff des Spektrums hat die bekannte Bedeutung. Wir weisen darauf hin, daß sich die „Operator"deutung dem Wesen nach nicht von der „Funktional"deutung unterscheidet. Das liegt daran, daß die Algebra der invarianten Unterräume normierbar ist und sich als ein metrischer Verband realisieren läßt, der einem gewissen Maßraum A zugeordnet ist. Dann ist aber der Raum $\mathfrak{A}$ zu dem entsprechenden Raum S isomorph. Daher kann man leicht die Funktionen charakterisieren, die (bis auf Äquivalenz) diesen letzteren Raum bilden. Das leisten nämlich alle reellen Funktionen f, für die der selbstadjungierte Operator $f(A)$ einen Sinn hat; aus solchen Operatoren besteht gerade der Raum $\mathfrak{A}$.

Aufgaben zu Kapitel V

1. Es seien $\mathcal{X}$ und $\mathcal{Y}$ zwei vollständige BOOLEsche Algebren und Φ ein stetiger Homomorphismus aus $\mathcal{X}$ in $\mathcal{Y}$. Man zeige, daß die durch die Gleichungen

$$\begin{aligned} \mathfrak{g} &= U(\mathfrak{f}), \\ e_\lambda^{\mathfrak{g}} &= \Phi(e_\lambda^{\mathfrak{f}}) \qquad (-\infty < \lambda < +\infty) \end{aligned} \tag{*}$$

definierte Abbildung U ein linearer Operator aus $\mathfrak{S}_{\mathcal{X}}$ in $\mathfrak{S}_{\mathcal{Y}}$ ist mit den Eigenschaften:

1) aus $\mathfrak{f}_1 \leqq \mathfrak{f}_2$ folgt $U(\mathfrak{f}_1) \leqq U(\mathfrak{f}_2)$;

2) aus $\mathfrak{f}_\alpha \xrightarrow{(o)} \mathfrak{f}$ folgt $U(\mathfrak{f}_\alpha) \xrightarrow{(o)} U(\mathfrak{f})$.

2. Man zeige: Wenn Φ ein Isomorphismus von $\mathcal{Y}$ auf $\mathcal{X}$ ist, so ist der durch die Gleichungen (*) definierte Operator U ein linearer und Ordnungsisomorphismus von $\mathfrak{S}_{\mathcal{X}}$ auf $\mathfrak{S}_{\mathcal{Y}}$.

3. Man ermittle für die K-Räume $\mathfrak{S}_{\mathcal{X}}$ und $\mathfrak{S}_{\mathcal{Y}}$ die allgemeine Form eines Isomorphismus.

KAPITEL VI

NORMIERTE UND REGULÄRE ALGEBREN

Von den BOOLEschen Algebren sind für die Anwendungen diejenigen am wichtigsten, auf denen ein Maß erklärt ist. Wie wir bereits in Kapitel I gesagt haben, heißen derartige Algebren *normiert*; hierzu gehören insbesondere die Ereignisalgebren, die in der klassischen Wahrscheinlichkeitstheorie untersucht werden. Normierten Algebren ist in der Hauptsache auch das vorliegende Kapitel gewidmet; außerdem untersuchen wir hier eine verwandte Klasse von Algebren, die der von L. V. KANTOROVIČ eingeführten „Regularitätsbedingung" genügen. In diesem Kapitel betrachten wir nur vollständige Algebren.

§ 1. Normierte Algebren

Wir befassen uns vor allem mit den topologischen Eigenschaften einer normierten Algebra. Es sei stets in diesem Paragraphen $\mathfrak{X}$ eine vollständige B. A. und μ ein Maß auf $\mathfrak{X}$. Wir erinnern daran, daß die in Kapitel I gegebene Maßdefinition die Forderung der Volladditivität und der strikten Positivität der Funktion μ beinhaltet.

Die letztere dieser Forderungen gewährleistet insbesondere, daß *jede normierte Algebra von abzählbarem Typus ist.* Infolgedessen fallen in einer derartigen Algebra (o)- und (os)-Topologie zusammen, desgleichen erst recht die Klassen der volladditiven und der abzählbar-additiven Funktionen.

1. Metrisierbarkeit einer normierten Algebra. Dadurch, daß auf der normierten B. A. $\mathfrak{X}$ ein Maß μ gegeben ist, kann man in $\mathfrak{X}$ eine Metrik einführen, indem man den Abstand der Elemente $x, y \in \mathfrak{X}$ durch die Formel

$$\varrho(x, y) = \mu(|x - y|) \tag{I}$$

definiert. Man überzeugt sich mühelos davon, daß alle Axiome eines metrischen Raumes erfüllt sind. Führt man auf diese Weise eine BOOLEsche Algebra in einen metrischen Raum über, so stellt sich naturgemäß die Frage nach dem Zusammenhang zwischen der metrischen Topologie und der Ordnungstopologie. Die Antwort auf diese Frage ist äußerst einfach.

Es gilt der

Satz 1. *Die mittels der Metrik* (I) *in $\mathfrak{X}$ definierte Topologie fällt mit der (o)-Topologie zusammen.*

Beweis. Man bestätigt leicht, daß die metrische Topologie allen Bedingungen von Satz III.18 genügt. Die Bedingung (O) ist nämlich erfüllt, weil das Maß μ eine in der (o)-Topologie stetige Funktion ist und infolgedessen mit $x_\alpha \xrightarrow{(o)} 0$ stets auch $\varrho(x_\alpha, 0) = \mu(x_\alpha) \to 0$ gilt. Die Bedingungen 1), 2), 4) sind wegen der Monotonie des Maßes erfüllt: Die Mengen $V_\varepsilon = \{x \mid \mu\, x = \varrho(x, 0) < \varepsilon\}$ sind normal und bilden in unserem metrischen Raum eine Umgebungsbasis der Null. Die Stetigkeit der Booleschen Operationen $\vee$ und C schließlich folgt aus den offensichtlich für alle $x, x', y, y' \in \mathfrak{X}$ gültigen Relationen

$$\begin{aligned}\varrho\,(x \vee y, x' \vee y') &= \mu\,(|x \vee y - x' \vee y'|)\\ &\leqq \mu\,(|x \vee y - x' \vee y| + |x' \vee y - x' \vee y'|)\\ &\leqq \mu\,(|x - x'|) + \mu\,(|y - y'|) = \varrho(x, x') + \varrho(y, y')\,,\\ \varrho(C\,x, C\,y) &= \mu\,(|C\,x - C\,y|) = \mu\,(|x - y|) = \varrho(x, y)\,.\end{aligned}$$

Jetzt können wir auf Grund von Satz III.18 schließen, daß metrische Topologie und Ordnungstopologie zusammenfallen. Der Satz ist damit bewiesen.

Folgerung 1. *Es seien μ und ν zwei Maße auf einer vollständigen B. A. Dann kann man für eine beliebige Zahl $\varepsilon > 0$ ein $\delta > 0$ angeben, so daß aus der Ungleichung $\mu\, x < \delta$ stets $\nu\, x < \varepsilon$ folgt.*

Zum Beweis braucht man nur zu bemerken, daß die Beziehungen $\mu\, x_n \to 0$ und $\nu\, x_n \to 0$ auf Grund des eben bewiesenen Satzes ein und dasselbe aussagen: die Konvergenz in der (o)-Topologie gegen Null. Diese Konvergenz kann man auch „Konvergenz dem Maße nach" nennen.

Aus Folgerung 1 geht hervor, daß der Begriff der Absolutstetigkeit, so wichtig er auch ist, wenn es sich um Mengenfunktionen handelt, in unserem Falle inhaltsleer wird.

Folgerung 2. *Notwendig und hinreichend dafür, daß die Beziehung $\mu\, x_n \xrightarrow[n]{} 0$ besteht, ist, daß man aus einer beliebigen streng monoton wachsenden Indexfolge $\{n_k\}$ eine Teilfolge $\{n_{k_i}\}$ $(k_1 < k_2 \ldots)$ auswählen kann, so daß*

$$x_{n_{k_i}} \xrightarrow[i]{(o)} 0$$

gilt.

Wegen des Zusammenfallens von (o)- und (os)-Topologie braucht man sich nämlich nur auf Satz III.15 zu berufen.

Folgerung 2 zeigt, daß jede dem Maße nach gegen Null konvergente Folge $\{x_n\}$ eine (o)-konvergente Teilfolge $\{x_{n_k}\}$ enthält. Diese Aussage läßt sich präzisieren, indem man das Auswahlverfahren für eine derartige Teilfolge angibt: Für die (o)-Konvergenz ist hinreichend, daß die Reihe $\sum_{k=1}^{\infty} \mu\, x_{n_k}$ konvergiert. Das wollen wir jetzt beweisen.

Lemma 1. *Wenn $\sum_{k=1}^{\infty} \mu\, y_n < +\infty$ ist, so gilt*

$$y_n \xrightarrow{(o)} 0\,.$$

Beweis. Für beliebige m, k haben wir

$$\mu\left(\bigvee_{i=m}^{m+k} y_i\right) \leqq \sum_{i=m}^{m+k} \mu\, y_i \leqq \sum_{i=m}^{\infty} \mu\, y_i\,.$$

Wegen der (o)-Stetigkeit des Maßes ist

$$\mu\left(\bigvee_{i=m}^{\infty} y_i\right) \leqq \sum_{i=m}^{\infty} \mu\, y_i\,.$$

Die rechte Seite der letzten Ungleichung strebt gegen Null; infolgedessen gilt

$$0 \leqq \mu\left(\overline{\lim_i}\, y_i\right) = \mu\left(\bigwedge_{m=1}^{\infty} \bigvee_{i=m}^{\infty} y_i\right) \leqq \inf_m \sum_{i=m}^{\infty} \mu\, y_i = 0\,,$$

woraus wegen der strikten Positivität des Maßes

$$\overline{\lim_i}\, y_i = 0$$

oder

$$(o)\text{-}\lim_i y_i = 0$$

folgt. Das Lemma ist damit bewiesen[1]). Mit seiner Hilfe wollen wir jetzt das Problem der metrischen Vollständigkeit einer Algebra behandeln.

Satz 2. *Die mit der Metrik* (I) *versehene vollständige B. A.* $\mathfrak{X}$ *ist ein vollständiger metrischer Raum.*

Beweis. Die Folge $\{x_n\}_{n=1}^{\infty}$ sei Fundamentalfolge bezüglich der betrachteten Metrik. Aus ihr können wir eine Teilfolge

$$\{x_{n_k}\}_{k=1}^{\infty} \qquad (n_1 < n_2 < \cdots)$$

auswählen, für welche die Reihe

$$\sum_{k=1}^{\infty} \varrho(x_{n_k}, x_{n_{k+1}})$$

konvergiert. Da $\varrho(x_{n_k}, x_{n_{k+1}}) = \varrho\,(|x_{n_k} - x_{n_{k+1}}|, 0)$ ist, gilt Lemma 1 zufolge

$$|x_{n_k} - x_{n_{k+1}}| \xrightarrow[k]{(o)} 0\,.$$

Dann ist aber nach Lemma III.9

$$0 \leqq \overline{\lim}\, x_{n_k} - \underline{\lim}\, x_{n_k} = \overline{\lim}\, |x_{n_k} - x_{n_{k+1}}| = 0\,,$$

d. h., es existiert ein Element x mit

$$x_{n_k} \xrightarrow{(o)} x\,.$$

[1]) In der Wahrscheinlichkeitstheorie ist diese Aussage unter der Bezeichnung „Lemma von Borel-Cantelli“ bekannt.

Nunmehr können wir leicht aus der Ungleichung

$$\varrho(x_n, x) \leqq \varrho(x_{n_k}, x) + \varrho(x_n, x_{n_k})$$

entnehmen, wenn wir noch den Umstand ausnutzen, daß eine Fundamentalfolge vorliegt, daß

$$\varrho(x_n, x) \to 0$$

gilt. Die Vollständigkeit des Raumes ist damit bewiesen.

2. Eigenschaften der (o)-Konvergenz. Gestützt auf Lemma 1, kann man auch leicht ein weiteres wichtiges Theorem beweisen, das auf M. FRÉCHET zurückgeht. Wir werden als *Diagonalprinzip* die folgende Aussage bezeichnen:

Zu jeder Doppelfolge $\{x_{nm}\}_{n,m=1}^{\infty}$ *von Elementen der B. A.* $\mathfrak{X}$, *die der Bedingung*

$$x_{nm} \downarrow_m 0 \qquad (n = 1, 2, \ldots) \tag{II}$$

genügt, existiert eine „Diagonal"folge $\{x_{nm_n}\}_{n=1}^{\infty}$ *mit*

$$x_{nm_n} \xrightarrow{(o)} 0 .$$

Satz 3. *In jeder normierten B. A. gilt das Diagonalprinzip.*

Beweis. Es sei $\{x_{nm}\}$ eine Doppelfolge, die der Bedingung (II) genügt. Wegen der Stetigkeit des Maßes gilt $\mu\, x_{nm} \underset{m}{\longrightarrow} 0$ für jedes $n = 1, 2, \ldots$. Wir wählen Indizes $\{m_n\}_{n=1}^{\infty}$ derart, daß die Reihe $\sum\limits_{m=1}^{\infty} \mu\, x_{nm_n}$ konvergiert. Dann bekommen wir Lemma 1 zufolge

$$(o)\text{-}\lim x_{nm_n} = 0 ,$$

was gerade den Satz beweist.

Zum Abschluß dieses Kapitels werden wir zeigen, daß sich die Existenz einer „Diagonal"folge unter viel allgemeineren Voraussetzungen beweisen läßt. Gilt nämlich $x_{nm} \underset{m}{\xrightarrow{(o)}} x_n$ und $x_n \xrightarrow{(o)} x$, so gibt es eine Folge $\{x_{nm_n}\}$, die gegen x (o)-konvergiert.

Als Beispiel für eine normierte Algebra kann ein beliebiger irgendeinem Maßraum $\{\Omega, \mathscr{E}, m\}$ zugeordneter „metrischer Verband" (Algebra der meßbaren Mengen mod 0) dienen. Wir werden im folgenden sehen, daß sich jede normierte Algebra auf diese Weise realisieren läßt. Die (o)-Konvergenz der Elemente einer solchen Algebra fällt dabei mit der Konvergenz fast überall der charakteristischen Funktionen der entsprechenden Mengen zusammen; die metrische Konvergenz bedeutet dagegen Konvergenz dem Maße nach. Die Folgerung 2 aus Satz 1 ist eine abstrakte Form eines bekannten Satzes von F. RIESZ; auch die übrigen Sätze dieses Paragraphen besitzen Analoga in der klassischen Maßtheorie.

§ 2. Unteralgebren einer normierten BOOLEschen Algebra

Jede regulär eingebettete Unteralgebra $\mathcal{X}_0$ einer normierten BOOLEschen Algebra $\mathcal{X}$ stellt offensichtlich selbst eine normierte Algebra dar, die beispielsweise mit dem aus $\mathcal{X}$ induzierten Maß versehen ist. Als selbständige Algebra betrachtet, kann $\mathcal{X}_0$ atomlos oder atomar sein oder eine atomare und auch eine atomlose Komponente enthalten. Wir betonen, daß, wie man leicht an Beispielen zeigen kann, alle drei Fälle wirklich möglich sind, und zwar unabhängig davon, ob die ursprüngliche Algebra atomlos oder atomar ist; so enthält beispielsweise eine unendliche atomare normierte Algebra[1]) sowohl atomare als auch atomlose Unteralgebren.

1. Beispiele für Unteralgebren. Eine gute Möglichkeit, Beispiele für Unteralgebren beizubringen, geben uns die den einfachsten Maßräumen zugeordneten „metrischen Verbände". Wir wollen sogleich das wichtigste Modell betrachten: Wir nehmen als $\mathcal{X}$ die in Kapitel II (S. 62) genannte B. A. E_0^2 (Algebra der LEBESGUE-meßbaren Untermengen mod 0 des Einheitsquadrats Q). Als μ nehmen wir wie üblich das LEBESGUEsche Maß (genauer: dasjenige Maß auf E_0^2, das aus dem LEBESGUEschen Maß durch Faktorisierung hervorgeht).

Der Konstruktion von Beispielen für Unteralgebren schicken wir eine allgemeine Bemerkung voraus. Es seien $\mathcal{Y}$ und $\mathcal{X}$ zwei B. A. und φ ein Homomorphismus von $\mathcal{Y}$ auf $\mathcal{X}$. Aus den grundlegenden Definitionen von Homomorphismus und Unteralgebra folgt sogleich, daß *das homomorphe Bild* $\varphi(\mathcal{Y}_0)$ *einer beliebigen Unteralgebra* $\mathcal{Y}_0 \subset \mathcal{Y}$ *eine Unteralgebra der Algebra* $\mathcal{X}$ *darstellt;* dabei kann man, um eine größere Freiheit der Sprache zuzulassen, von φ als von einem Epimorphismus von $\mathcal{Y}_0$ auf $\mathcal{X}_0$ sprechen. Es ist leicht einzusehen, daß jede Unteralgebra der Algebra $\mathcal{X}$ homomorphes Bild einer gewissen Unteralgebra $\mathcal{Y}_0 \subset \mathcal{Y}$ ist, so daß wir eben eine allgemeine Beschreibung aller Unteralgebren der B. A. $\mathcal{X}$ gegeben haben. Die soeben durchgeführten Überlegungen sind insbesondere stets dann anwendbar, wenn die Rolle von $\mathcal{X}$ eine gewisse Faktoralgebra der B. A. $\mathcal{Y}$ spielt; dann ist φ der kanonische Homomorphismus, der einem beliebigen Element $y \in \mathcal{Y}$ die Äquivalenzklasse zuordnet, die es enthält. Die Algebra E_0^2 stellt ebenso wie jeder „metrische Verband" eine derartige Faktoralgebra dar; in ihr spielt die Algebra aller LEBESGUE-meßbaren Untermengen des Einheitsquadrats Q die Rolle von $\mathcal{Y}$. Wir wollen diese Algebra mit $\mathcal{E}^2$ und den kanonischen Homomorphismus von $\mathcal{E}^2$ auf E_0^2 mit ψ bezeichnen. Wenn wir irgendeine Unteralgebra $\mathcal{Y}_0 \subset \mathcal{E}^2$ beschreiben (was technisch einfacher ist), so beschreiben wir zugleich auch die von ihr erzeugte Unteralgebra $\mathcal{X}_0 = \psi(\mathcal{Y}_0) \subset E_0^2$. Wir geben jetzt einige Beispiele an.

I. $\mathcal{Y}_0$ möge aus denjenizgen LEBESGUE-meßbaren Untermengen des Quadrats Q bestehen, die die Vereinigung vertikaler Strecken darstellen[2]). Offensichtlich

[1]) Von solchen Algebren gibt es (bis auf Isomorphie) nur eine, nämlich die Algebra aller Untermengen einer abzählbaren Algebra.

[2]) Eine genaue Beschreibung derartiger Mengen ist in Kapitel I (Beispiel 7) gegeben worden. Hier fordern wir zusätzlich noch die Meßbarkeit.

ist dies eine Unteralgebra. Die entsprechende Unteralgebra $\psi(\mathcal{Y}_0)$ wird als Algebra von Klassen einander äquivalenter Mengen behandelt; jede derartige Klasse muß ein Element aus $\mathcal{Y}_0$ enthalten. Wir werden diese letztere Unteralgebra ,,Algebra der vertikalen Zylinder mod 0" nennen; analog ist die Algebra der horizontalen Zylinder mod 0" definiert. Es ist leicht einzusehen, daß diese beiden Algebren zur B. A. E_0 — der Algebra mod 0 der meßbaren Untermengen

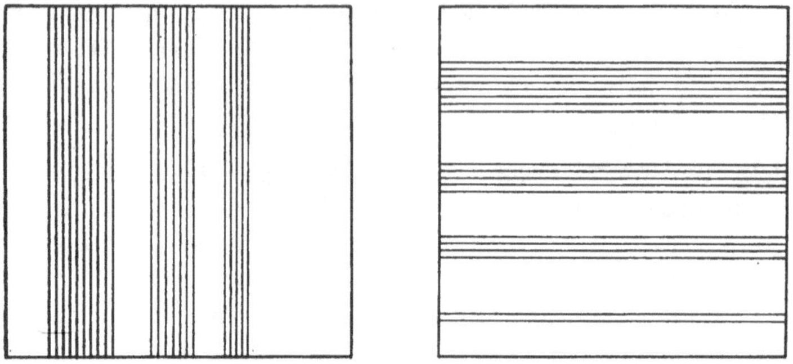

Abb. 2

eines Segments — isomorph sind. Ein Verfahren, um diesen Isomorphismus herzustellen, wird der Leser mühelos selbst finden. Abb. 2 stellt den Versuch dar zu zeigen, welchen Mengen die Elemente dieser beiden Unteralgebren entsprechen. (Die ,,Grundflächen" der Zylinder sind beliebige meßbare Mengen mod 0).

II. Wir bilden jetzt die Unteralgebra $\mathcal{Y}_0$ etwas anders. Zu $\mathcal{Y}_0$ rechnen wir erstens das ganze Dreieck, das über der Diagonalen liegt, die von links unten nach rechts oben verläuft; zweitens rechnen wir von den unter der Diagonale liegenden Mengen diejenigen zu $\mathcal{Y}_0$, die sich als Vereinigung vertikaler Strecken darstellen lassen, die zwischen der Diagonalen und der Grundlinie des Quadrats eingeschlossen sind; drittens muß die Algebra wie stets alle möglichen Summen von Mengen der beiden genannten Typen enthalten. Nach der Faktorisierung erhalten wir wie früher eine gewisse Unteralgebra der Algebra E_0^2 — das Bild von $\mathcal{Y}_0$ bei dem kanonischen Homomorphismus ψ. Eine anschauliche Vorstellung von dieser Algebra gewinnt der Leser vielleicht aus Abb. 3. Während die Unteralgebren des vorangegangenen Beispiels atomlos waren, enthält die letztere sowohl eine atomlose als auch eine atomare Komponente. Die atomare Komponente besteht aus einem einzigen Atom.

III. Wir zerlegen jetzt das über der Diagonalen liegende Dreieck in abzählbar viele durchschnittsfremde Mengen positiven Maßes und rechnen jede dieser Mengen zu der ,,erzeugenden" Algebra $\mathcal{Y}_0$; die unter der Diagonalen liegenden Mengen wählen wir nach demselben Prinzip aus wie im vorstehenden Beispiel. Abb. 4 zeigt, wie die Menge, die einem Element der ,,erzeugten" Algebra $\psi(\mathcal{Y}_0)$ entspricht, etwa aussieht.

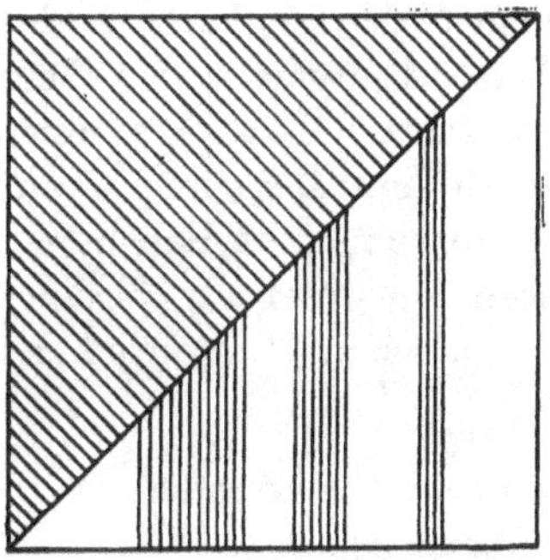

Abb. 3

Abb. 4

Die letztere Unteralgebra enthält sowohl eine atomlose als auch eine atomare Komponente; die atomare Komponente ist unendlich.

Die soeben betrachteten Beispiele sind typisch genug, um mit dem Wort „Unteralgebra" die optische Vorstellung unserer Skizzen verknüpfen zu können und damit eine Grundlage für intuitive Urteile zu erhalten.

2. Unteralgebren und Zerlegungen. Wir weisen auf eine charakteristische Besonderheit der Unteralgebren der Beispiele I—III hin: jedem derselben liegt eine gewisse Zerlegung des Einheitsquadrats Q in durchschnittsfremde Mengen zugrunde[1]). Im ersten davon war das die Zerlegung in vertikale (horizontale) Strecken; im zweiten in ein Dreieck und in vertikale Strecken; im dritten wurde dasselbe Dreieck noch zusätzlich zerlegt. Jedesmal bestand die erzeugende Unteralgebra $\mathcal{Y}_0$ aus allen meßbaren Mengen, die aus Elementen der Zerlegung zusammengesetzt sind. Eine solche Situation ist für separierte[2]) normierte Algebren typisch. Man kann zeigen, daß jede derartige Algebra zu einem einem gewissen Maßraum zugeordneten metrischen Verband isomorph ist. Dabei kann der „realisierende" Raum so gewählt werden, daß er gewissen besonderen Forderungen genügt, wodurch er zu einem sog. „LEBESGUEschen Raum" wird. Für solche Räume gilt ein Satz, nach dem jede Unteralgebra des betreffenden metrischen Verbandes von einer gewissen Zerlegung des Raumes in durchschnittsfremde Mengen erzeugt wird; dabei existiert für die Mengen — die Elemente der Zerlegung — ein abzählbares System von meßbaren Mengen, das sie trennt („Meßbarkeits"eigenschaft der Zerlegung). Zwischen derartigen Zerlegungen und Unteralgebren unseres metrischen Verbandes besteht eine eineindeutige

[1]) In der Regel können diese Mengen das Maß Null haben und entsprechen daher keinerlei von Null verschiedenen Elementen der Algebra E_0^2; wir haben es jetzt mit einer Zerlegung des **Raumes** Q zu tun, nicht mit einer der Algebra (vgl. das auf S. 49—50 Gesagte).

[2]) In unserem Buch hat der Ausdruck „separierte B. A." stets eine topologische Bedeutung; für normierte Algebren insbesondere bedeutet er die Existenz einer abzählbaren, bezüglich der Metrik (I) (oder, was gleichbedeutend damit ist, bezüglich der Ordnungstopologie) überall dichten Menge.

Zuordnung, wodurch es möglich wird, im Begriff der meßbaren Zerlegung eines LEBESGUEschen Raumes ein „geometrisches" Äquivalent des Begriffs einer regulär eingebetteten Unteralgebra einer separierten B. A. mit einem Maß zu sehen. Eine Theorie der LEBESGUEschen Räume und ihrer meßbaren Zerlegungen ist von V. A. ROCHLIN in der Arbeit [76] entwickelt worden[1]). Im folgenden Abschnitt, der im wesentlichen Unteralgebren gewidmet ist, werden wir einige Sätze dieser klassischen Arbeit in einer „algebraischen" Variante herleiten.

§ 3. Volladditive Funktionen und Zerlegungen der Einheit einer normierten Algebra

In diesem Paragraphen leiten wir vor allem eine Integraldarstellung einer beliebigen, auf einer normierten BOOLEschen Algebra vorgegebenen volladditiven Funktion her. Der Leser, der mit der Maßtheorie vertraut ist, wird hierin den berühmten Satz von RADON-NIKODYM wiedererkennen.

1. Die allgemeine Form einer volladditiven Funktion. Es sei $\mathfrak{X}$ eine vollständige normierte B. A. und μ ein Maß auf $\mathfrak{X}$. Man kann jeder Spektralschar $\{e_\lambda\}$ eine Schar $\{M_x\}_{x \in \mathfrak{X}}$ auf der Geraden $(-\infty, +\infty)$ definierter nichtabnehmender reeller Funktionen[2]) zuordnen, indem man

$$M_x(\lambda) = \mu\,(e_\lambda \wedge x)\,, \qquad -\infty < \lambda < +\infty$$

setzt.

Wir werden die Spektralschar $\{e_\lambda\}$ *μ-meßbar* nennen, wenn alle LEBESGUE-STIELTJESschen Integrale

$$\int\limits_{(-\infty,\,+\infty)} |\lambda|\, dM_x(\lambda)\,, \qquad x \in \mathfrak{X}$$

endlich sind. Für eine derartige Schar wird durch die Gleichung

$$\varphi(x) = \int\limits_{(-\infty,\,+\infty)} \lambda\, dM_x(\lambda) \tag{III}$$

eine gewisse auf $\mathfrak{X}$ vorgegebene reelle Funktion φ definiert. Es bereitet keine Mühe zu verifizieren, daß sie abzählbar-additiv und damit volladditiv ist. Außerdem ist klar, daß jede Spektralschar, die mit der Schar $\{e_\lambda\}$ fast identisch ist, denselben Wert des Integrals (III) liefert. Wir wollen jetzt zeigen, daß Formel (III) die allgemeine Gestalt einer volladditiven Funktion auf einer normierten BOOLEschen Algebra angibt.

Satz 4. *Zu jeder volladditiven reellen Funktion φ auf einer vollständigen normierten B. A. $\mathfrak{X}$ mit dem Maß μ gibt es eine μ-summierbare Spektralschar $\{e_\lambda\}$, für welche die Gleichung (III) für jedes $x \in \mathfrak{X}$ gilt. Diese Spektralschar ist durch die Vorgabe von φ und μ eindeutig bestimmt*[3]).

[1]) Eine klare Zusammenstellung einiger grundlegender Fakten dieser Theorie ist gleichfalls in den Arbeiten von V. A. ROCHLIN [78] und D. V. ANOSOV [3] (Anhang) enthalten.

[2]) Derartige Funktionen heißen bekanntlich „Verteilungsfunktionen".

[3]) D. h. bis auf „Fastidentität" (s. S. 143).

Beweis. Wir ordnen jeder reellen Zahl λ die beiden Mengen

$$P_\lambda = \{x \mid \varphi(x) \leqq \lambda\, \mu(x)\}\,,$$
$$Q_\lambda = \{x \mid \varphi(x) > \lambda\, \mu(x)\}$$

zu. Die Mengen P_λ und Q_λ sind d-regulär, nach Satz III.6 stellen ihre normalen Kerne also zueinander komplementäre Komponenten dar. Setzen wir

$$e_\lambda = \sup\,(P_\lambda)^0\,,$$

so erkennen wir demnach, daß

$$e_\lambda \in (P_\lambda)^0\,, \qquad C\, e_\lambda \in (Q_\lambda)^0 \tag{IV}$$

gilt, wobei

$$C\, e_\lambda = \sup\,(Q_\lambda)^0$$

ist.

Wir wollen uns davon überzeugen, daß die Schar $\{e_\lambda\}$ eine Spektralfunktion ist. Zunächst ist ihre Monotonie klar: für $\lambda < \mu$ gilt $e_\lambda \leqq e_\mu$. Ferner bemerken wir, daß die Durchschnitte

$$\bigcap_\lambda P_\lambda\,, \qquad \bigcap_\lambda Q_\lambda$$

keine von Null verschiedenen Elemente enthalten können[1]). Es gilt jedoch

$$\bigwedge_\lambda e_\lambda \in \bigcap_\lambda P_\lambda\,, \qquad C\Big(\bigvee_\lambda e_\lambda\Big) \in \bigcap_\lambda Q_\lambda\,,$$

woraus

$$\bigwedge_\lambda e_\lambda = 0\,, \qquad \bigvee_\lambda e_\lambda = 1$$

folgt. Somit haben wir tatsächlich eine Spektralschar konstruiert. Wir wollen jetzt zeigen, daß es sich um die gesuchte handelt. Nach beliebiger Wahl eines Elements $x \in \mathcal{X}$ definieren wir die Verteilungsfunktion M_x ebenso wie oben (S. 160). Das entsprechende LEBESGUE-STIELTJESsche „Maß" bezeichnen wir mit m_x. Sind α und β Stetigkeitspunkte der Verteilungsfunktion, so gilt

$$m_x(\alpha, \beta) = m_x[\alpha, \beta] = M_x(\beta) - M_x(\alpha) = \mu\,[(e_\beta - e_\alpha) \wedge x]\,.$$

Hieraus folgt die Ungleichung

$$\alpha\, \mu\,[(e_\beta - e_\alpha) \wedge x] \leqq \int_{(\alpha,\beta)} \lambda\, dM_x(\lambda) = \int_{[\alpha,\beta]} \lambda\, dM_x(\lambda) \leqq \beta\, \mu\,[(e_\beta - e_\alpha) \wedge x]\,.$$

α und β mögen dabei Zahlen gleichen Vorzeichens sein; dann erhalten wir unter Berücksichtigung von (IV) die Abschätzung

$$\frac{\alpha}{\beta}\, \varphi\,[(e_\beta - e_\alpha) \wedge x \leqq \int_{(\alpha,\beta)} \lambda\, dM_x(\lambda) = \int_{[\alpha,\beta]} \lambda\, dM_x(\lambda) \leqq \frac{\beta}{\alpha}\, \varphi\,[(e_\beta - e_\alpha) \wedge x]\,. \tag{V}$$

[1]) Wir erinnern daran, daß alle von uns in diesem Buch betrachteten Funktionen endlich sind.

Wir zerlegen die Intervalle $(0, +\infty)$ und $(-\infty, 0)$ durch die Punkte λ_k $(k = 0, \pm 1, \ldots)$ bzw. μ_k $(k = 0, \pm 1, \ldots)$ in durchschnittsfremde Intervalle. Es sei

$$0 < \cdots < \lambda_{-1} < \lambda_0 < \lambda_1 < \cdots, \qquad -\infty < \cdots < \mu_{-1} < \mu_0 < \mu_1 < \cdots < 0\,;$$

dabei sei die Verteilungsfunktion M_x in den Teilungspunkten stetig. Zur Abkürzung setzen wir

$$e' = \sum_{k=-\infty}^{+\infty} (e_{\lambda_k} - e_{\lambda_{k-1}}),$$

$$e'' = \sum_{k=-\infty}^{+\infty} (e_{\mu_k} - e_{\mu_{k-1}}),$$

$$x' = x \wedge e', \qquad x'' = x \wedge e''$$

und bemerken, daß das Element $\tilde{e} = C(e' + e'') = Ce' \wedge Ce''$ der evidenten Gleichungen

$$e' = 1 - \bigwedge_{\lambda > 0} e_\lambda,$$

$$e'' = \bigvee_{\mu < 0} e_\mu - 0 = \bigvee_{\mu < 0} e_\mu$$

zufolge dem Durchschnitt $\bigcap\limits_{\substack{\lambda > 0 \\ \mu < 0}} (P_\lambda \cap Q_\mu)$ angehört; daher gilt

$$\varphi(\tilde{e} \wedge x) = 0$$

und

$$\varphi(x' + x'') = \varphi(x)\,. \tag{VI}$$

Unter Benutzung von (V) erhalten wir jetzt

$$\begin{aligned}
&\sum_{k=-\infty}^{+\infty} \frac{\lambda_k}{\lambda_{k+1}} \varphi\,[(e_{\lambda_{k+1}} - e_{\lambda_k}) \wedge x] \\
&\qquad \leqq \int\limits_{(0,\,+\infty)} \lambda\, dM_x(\lambda) \leqq \sum_{k=-\infty}^{+\infty} \frac{\lambda_{k+1}}{\lambda_k} \varphi\,[(e_{\lambda_{k+1}} - e_{\lambda_k}) \wedge x]\,, \\
&\sum_{k=-\infty}^{+\infty} \frac{\mu_k}{\mu_{k+1}} \varphi\,[(e_{\mu_{k+1}} - e_{\mu_k}) \wedge x] \\
&\qquad \leqq \int\limits_{(-\infty,\,0)} \lambda\, dM_x(\lambda) \leqq \sum_{k=-\infty}^{+\infty} \frac{\mu_{k+1}}{\mu_k} \varphi\,[(e_{\mu_{k+1}} - e_{\mu_k}) \wedge x]\,.
\end{aligned} \tag{VII}$$

Es ist klar, daß man erreichen kann, daß die in (VII) auftretenden Verhältnisse $\frac{\lambda_k}{\lambda_{k+1}}, \ldots, \frac{\mu_{k+1}}{\mu_k}$ gleichzeitig beliebig wenig von Eins abweichen[1]). Daher ist

[1]) Wir erinnern daran, daß die Stetigkeitspunkte einer monotonen Funktion M_x überall dicht liegen, da die Menge der Unstetigkeitspunkte höchstens abzählbar ist.

in Wahrheit

$$\int_{(0,+\infty)} \lambda\, dM_x(\lambda) = \sum_{k=-\infty}^{+\infty} \varphi\,[(e_{\lambda_{k+1}} - e_{\lambda_k}) \wedge x] = \varphi(x')\,,$$

$$\int_{(-\infty,0)} \lambda\, dM_x(\lambda) = \sum_{k=-\infty}^{+\infty} \varphi\,[(e_{\mu_{k+1}} - e_{\mu_k}) \wedge x] = \varphi(x'')\,,$$

woraus wir, indem wir noch (VI) heranziehen und berücksichtigen, daß

$$\int_{[0,0]} \lambda\, dM_x(\lambda) = 0$$

gilt, die Gleichung

$$\int_{(-\infty,+\infty)} \lambda\, dM_x(\lambda) = \varphi(x)$$

erhalten. Außerdem sehen wir, daß

$$\int_{(-\infty,+\infty)} |\lambda|\, dM_x(\lambda) = -\int_{(-\infty,0)} |\lambda|\, dM_x(\lambda) + \int_{(0,+\infty)} |\lambda|\, dM_x(\lambda) = \varphi(x') - \varphi(x'')$$

ist, so daß die Spektralfunktion $\{e_\lambda\}$ μ-summierbar ist.

Es bleibt zu beweisen, daß die Spektralfunktion $\{e_\lambda\}$ „fast eindeutig" ist. Angenommen, neben der oben konstruierten Spektralfunktion $\{e_\lambda\}$ existiere noch eine Schar $\{e'_\lambda\}$, für die gleichfalls für beliebiges $x \in \mathfrak{X}$ die Gleichung

$$\varphi(x) = \int_{(-\infty,+\infty)} \lambda\, dM'_x(\lambda)$$

mit $M'_x(\lambda) = \mu\,(e'_\lambda \wedge x)$ erfüllt ist. Es sei $\lambda_1 < \lambda_2$.

Wir betrachten ein beliebiges Element $x \leqq e'_{\lambda_1}$. Wir haben für alle $\lambda \geqq \lambda_1$

$$M'_x(\lambda) = \mu\,(x \wedge e'_\lambda) = \mu(x)\,.$$

Hieraus erhalten wir, wenn wir die Konstanz der Funktion M'_x für $\lambda \geqq \lambda_1$ berücksichtigen,

$$\varphi(x) = \int_{(-\infty,\lambda_1]} \lambda\, dM'_x(\lambda) \leqq \lambda_1\, M'_x(\lambda_1) = \lambda_1\, \mu(x)\,.$$

Indem wir die Definition der Schar $\{e_\lambda\}$ bedenken, können wir schließen, daß für $\lambda \geqq \lambda_1$

$$e'_{\lambda_1} \leqq e_\lambda\,,$$

insbesondere also

$$e'_{\lambda_1} \leqq e_{\lambda_2} \tag{VIII}$$

gilt. Es sei jetzt $x \leqq C\, e'_{\lambda_2}$. Für $\lambda \leqq \lambda_2$ haben wir

$$M'_x(\lambda) = \mu\,(x \wedge e'_\lambda) = 0\,.$$

Hieraus bekommen wir ebenso wie im vorangegangenen Falle

$$\varphi(x) = \int_{[\lambda_2,+\infty)} \lambda\, dM'_x(\lambda) \geqq \lambda_2\,[M'_x(+\infty) - M'_x(\lambda_2 - 0)] = \lambda_2\, \mu(x)\,.$$

Wir sehen, daß für alle $\lambda < \lambda_2$, $x \leqq C\, e'_{\lambda_2}$, $x \neq 0$

$$\varphi(x) > \lambda\, \mu(x)$$

gilt. Es gilt mit anderen Worten $C\, e'_{\lambda_2} \in (Q_\lambda)^0$, d. h.

$$C\, e'_{\lambda_2} \leqq C\, e_\lambda\,,$$

da $C\, e_\lambda = \sup\, (Q_\lambda)^0$ ist. Insbesondere gilt $C\, e_{\lambda_1} \geqq C\, e'_{\lambda_2}$ oder

$$e_{\lambda_1} \leqq e'_{\lambda_2}\,,$$

was zusammen mit der Ungleichung (VIII) bedeutet, daß die Scharen $\{e_\lambda\}$ und $\{e'_\lambda\}$ „fast zusammenfallen". Der Satz ist damit bewiesen.

Es ist leicht einzusehen, daß den Funktionen φ_+ und φ_- die Spektralscharen

$$e_\lambda^{(+)} = \begin{cases} e_\lambda\,, & \lambda > 0\,, \\ 0\,, & \lambda \leqq 0 \end{cases}$$

und

$$e_\lambda^{(-)} = \begin{cases} C\, e_{-\lambda}\,, & \lambda > 0\,, \\ 0\,, & \lambda \leqq 0 \end{cases}$$

entsprechen.

Betrachten wir ein einfaches Beispiel. Die Funktion φ sei durch die Bedingung

$$\varphi(x) = \mu\,(x \wedge u)$$

definiert, wo u ein gewisses vom Nullelement verschiedenes Element ist. Bei $\lambda \geqq 1$ haben wir dann $\varphi(x) = \mu\,(x \wedge u) \leqq \lambda\, \mu\, x$ für beliebiges x, so daß in diesem Falle $P_\lambda = (P_\lambda)^0 = \mathcal{X}$, $e_\lambda = 1$ ist. Für $0 \leqq \lambda < 1$ gehören zu $(P_\lambda)^0$ die zu u disjunkten Elemente und nur diese; demnach ist $e_\lambda = C\, u$. Für $\lambda < 0$ schließlich gilt $e_\lambda = 0$. Somit ist

$$e_\lambda = \begin{cases} 0\,, & \lambda < 0\,, \\ C\, u\,, & 0 \leqq \lambda < 1\,, \\ 1\,, & \lambda \geqq 1\,. \end{cases}$$

Wir sind damit gerade zu der Spektralschar gelangt, die wir bereits früher in Kapitel V (S. 145) betrachtet haben.

Durch Satz 4 wird mit jeder volladditiven reellen Funktion φ auf $\mathcal{X}$ nicht nur eine Spektralschar verknüpft, sondern eine ganze Klasse von ihnen — eine Zerlegung der Einheit; in Formel (III) kann man mit gleichem Erfolg eine beliebige Spektralschar aus dieser Klasse einsetzen. Im folgenden werden wir derartige Zerlegungen der Einheit eingehender untersuchen.

2. Der Raum der summierbaren Zerlegungen der Einheit. Es sei eine gewisse Zerlegung der Einheit $\mathfrak{f}$ der normierten Algebra $\mathcal{X}$ gegeben. Diese stellt definitionsgemäß eine Klasse dar, die aus fast identischen Spektralscharen gebildet wird. Ist eine dieser Scharen μ-summierbar, so ist es auch jede andere; damit ist es sachgemäß, die Klasse $\mathfrak{f}$ selbst als *μ-summierbar* zu bezeichnen.

Nach Satz 4 entsprechen die volladditiven Funktionen auf einer normierten Algebra eineindeutig den summierbaren Zerlegungen der Einheit. Wir haben in Kapitel V bemerkt, daß die Zerlegungen der Einheit als Elemente des der Algebra $\mathcal{X}$ aufgestockten erweiterten K-Raumes $\mathfrak{S}_{\mathcal{X}}$ behandelt werden können. Was die μ-summierbaren Zerlegungen anlangt, so bilden sie in $\mathfrak{S}_{\mathcal{X}}$ einen normalen Unterraum; diesen Unterraum werden wir mit $\mathcal{L}_{\mathcal{X}}$ (oder einfach mit $\mathcal{L}$) bezeichnen.

Es ist unschwer einzusehen, daß die in Kapitel V eingeführte Halbordnung der Menge $\mathfrak{S}_{\mathcal{X}}$ für μ-summierbare Zerlegungen mit der gewöhnlichen, „natürlichen" Halbordnung der Menge der additiven Funktionen zusammenfällt: die Ungleichung $\mathfrak{f}_1 \leqq \mathfrak{f}_2$ (im Sinne von Kapitel V) bedeutet, daß für die entsprechenden additiven Funktionen φ_1 und φ_2 die Ungleichung $\varphi_1(x) \leqq \varphi_2(x)$ für alle $x \in \mathcal{X}$ erfüllt ist. Die algebraischen Operationen in $\mathfrak{S}_{\mathcal{X}}$ (wir haben sie nicht im einzelnen beschrieben) entsprechen gleichfalls den natürlich definierten algebraischen Operationen in der Klasse der additiven Funktionen[1]). Daher ist die Zuordnung, die Satz 4 zufolge zwischen dem natürlich geordneten und linearisierten System aller additiven Funktionen einerseits und dem K-Raum $\mathcal{L}$ andererseits besteht, ein Ordnungsisomorphismus, der zugleich linear ist. Die Zerlegung der Einheit $\mathfrak{f}$, die der gegebenen volladditiven Funktion φ entspricht, heißt zweckmäßigerweise die *Dichte* dieser Funktion, während der Wert der Funktion

$$\varphi(u) = \int_{(-\infty, +\infty)} \lambda \, dM_u(\lambda)$$

selbst *Integral der Zerlegung der Einheit* $\mathfrak{f}$ *über die Komponente* $\mathcal{X}_u$ *heißt.* Es ist günstig, sogar

$$\varphi(u) = \int_{\mathcal{X}_u} \mathfrak{f} \, d\mu \tag{IX}$$

zu schreiben, wodurch die Analogie mit einem gewöhnlichen Integral noch stärker betont wird. Diese Analogie ist nicht zufällig: realisieren wir nämlich die Algebra $\mathcal{X}$ als einen metrischen Verband[2]), der mit einem gewissen Maßraum R verknüpft ist, so können wir Ausdrücke der Form (IX) in der Tat in gewöhnliche Integrale, Komponenten in meßbare Mengen und μ-summierbare Zerlegungen der Einheit in summierbare Funktionen „überführen". Bei einer derartigen Realisierung erweist sich der Raum $\mathfrak{S}_{\mathcal{X}}$ als der wohlbekannte Raum S und der Raum $\mathcal{L}_{\mathcal{X}}$ als der Raum L^1 der summierbaren Funktionen.

Wollen wir $\varphi(u)$ mittels der Formel (IX) berechnen, so müssen wir eine beliebige der $\mathfrak{f}$-Funktionen über eine meßbare Menge integrieren, die der Komponente $\mathcal{X}_u$ entspricht. Gerade das hatten wir aber im Auge, als wir sagten, daß die Ausdrücke der Form (IX) in gewöhnliche Integrale „transformiert" werden.

---

[1]) Diese Bemerkung legt ein Verfahren nahe, mittels dessen man für den Fall, daß die zugrundeliegende Algebra normierbar ist, algebraische Operationen über den Zerlegungen der Einheit einführen könnte.

[2]) Wir werden im weiteren sehen, daß eine solche Realisierung stets möglich ist.

Der algebraische Zugang zu den Grundbegriffen der Integralrechnung ist in erster Linie mit dem Namen C. CARATHÉODORY zu verknüpfen [41].

3. Das bedingte Maß. Wir wollen Satz 4 anwenden, um den für die Wahrscheinlichkeitstheorie wichtigen Begriff des bedingten Maßes zu definieren.

Es seien $\mathfrak{X}$ eine normierte B. A., μ ein Maß auf $\mathfrak{X}$, $\widetilde{\mathfrak{X}}$ eine regulär eingebettete Unteralgebra von $\mathfrak{X}$ und u ein beliebiges Element von $\mathfrak{X}$. Wir betrachten die durch die Gleichung

$$\varphi_u(x) = \mu\,(u \wedge x)$$

auf $\widetilde{\mathfrak{X}}$ definierte Funktion φ_u. Satz 4 zufolge gibt es eine solche Spektralschar $\{e_\lambda^{(u)}\}$ der Unteralgebra $\widetilde{\mathfrak{X}}$[1]), daß für jedes $x \in \widetilde{\mathfrak{X}}$ die Gleichung

$$\varphi_u(x) = \int\limits_{(-\infty,\,+\infty)} \lambda\, dM_\lambda^{(u)}(\lambda) \tag{X}$$

besteht, worin die Verteilungsfunktion $M_x^{(u)}$ wie oben durch die Gleichung

$$M_x^{(u)}(\lambda) = \mu\,(x \wedge e_\lambda^{(u)})$$

definiert wird. Die Schar $\{e_\lambda^{(u)}\}$ werden wir *bedingtes Maß des Elements u bezüglich der Unteralgebra $\widetilde{\mathfrak{X}}$* nennen. Schlechthin *bedingtes Maß* nennen wir dagegen den Operator, der einem beliebigen Element $u \in \mathfrak{X}$ die ihm entsprechende Spektralschar $\{e_\lambda^{(u)}\}$ zuordnet. Das Maß μ wird dabei natürlich als fest vorausgesetzt.

Wir wollen die wichtigsten Eigenschaften des bedingten Maßes angeben.

1) Für jedes $u \in \mathfrak{X}$ gilt die evidente Gleichung

$$\mu\, u = \int\limits_{(-\infty,\,+\infty)} \lambda\, dM_1^{(u)}(\lambda)\,. \tag{XI}$$

2) Es sei $y \in \widetilde{\mathfrak{X}}$, und die reelle Zahl $\lambda(y)$ genüge der Bedingung

$$e_{\lambda(y)+0}^{(u)} - e_{\lambda(y)-0}^{(u)} \geqq y\,. \tag{XII}$$

Dann erhalten wir, wenn wir $\varphi_u(y)$ nach der Formel (X) berechnen,

$$\mu\,(u \wedge y) = \lambda(y)\,\mu\, y\,. \tag{XIIa}$$

Interessant ist natürlich nur der Fall $y \neq 0$. Hierbei muß der Punkt $\lambda(y)$ Sprungpunkt der Spektralfunktion $\{e_\lambda^{(u)}\}$ sein.

3) Wir betrachten jetzt den Fall, daß die Unteralgebra $\widetilde{\mathfrak{X}}$ atomar ist. $\{y_1, y_2, \ldots\}$ sei ein vollständiges System von Atomen von ihr. Es ist klar, daß jedem der Elemente y_k ein gewisses $\lambda_k = \lambda(y_k)$ entspricht, das der Bedingung (XII) genügt. Die Integralgleichung (XI) nimmt in diesem Falle die Form

$$\mu(u) = \sum_k \lambda_k\, \mu\, y_k \tag{XIII}$$

an.

---

[1]) Das bedeutet, daß $e_\lambda \in \widetilde{\mathfrak{X}}$ für alle λ ist. Auf die Unteralgebra $\widetilde{\mathfrak{X}}$ ist nämlich jetzt auch Satz 4 anwendbar.

4) Es sei $u \in \widetilde{\mathfrak{X}}$, $u \neq 0$. Dann gilt, wie wir bereits gesehen haben,

$$e_\lambda^{(u)} = \begin{cases} 0, & \lambda < 0, \\ C u, & 0 \leqq \lambda < 1, \\ 1, & \lambda \geqq 1. \end{cases}$$

Wir betonen noch einmal, daß das bedingte Maß eines Elements kein Maß im eigentlichen Sinne des Wortes, sondern eine gewisse Spektralfunktion ist, deren Kenntnis es gestattet, die Maße aller Elemente der Form $u \wedge x$ mit $x \in \widetilde{\mathfrak{X}}$ zu berechnen. Im einfachsten Falle (Eigenschaften 2) und 3)) läuft diese Berechnung darauf hinaus, das Maß des Elements x mit einem für eine gewisse Komponente konstanten Faktor zu multiplizieren, der Unstetigkeitspunkt der Funktion $e_\lambda^{(u)}$ ist. In diesem (und nur in diesem) Falle kann man die Zahl λ als „bedingte Wahrscheinlichkeit des Ereignisses u unter der Bedingung, daß das Ereignis x eingetreten ist", deuten. Dabei bringt die Gleichung (XIIa) den in der elementaren Wahrscheinlichkeitsrechnung wohlbekannten Multiplikationssatz zum Ausdruck; Formel (XIII) ist dagegen unter der Bezeichnung Satz von der totalen Wahrscheinlichkeit bekannt. Im allgemeinen Falle wird sie durch Formel (XI) ersetzt. Erinnern wir uns an das oben hinsichtlich des Raumes $\mathcal{L}_{\mathfrak{X}}$ Gesagte, so können wir für diese Formel an folgendem einfachstem Modell eine „Funktional"deutung geben.

$\mathfrak{X}$ sei die Algebra E_0^2 der Lebesgue-meßbaren Untermengen des Quadrats $[0, 1] \times [0, 1]$ mit der üblichen Identifizierung; $\mathfrak{X}_0$ die aus allen „vertikalen Zylindern" (Beispiel I, S. 157–158) bestehende Unteralgebra von $\mathfrak{X}$, die man in natürlicher Weise mit der Algebra der meßbaren Untermengen des Segments $[0, 1]$ identifizieren kann; und u ein beliebiges Element von $\mathfrak{X} \setminus \mathfrak{X}_0$. Mit u' bezeichnen wir eine der Mengen, die zur Äquivalenzklasse von u gehören. Der Spektralfunktion $\{e_\lambda^{(u)}\}$ entspricht eine auf $[0, 1]$ vorgegebene meßbare Funktion g_u, von der fast alle Werte gleich dem linearen Lebesgueschen Maß des Durchschnitts der Menge u' mit den entsprechenden Vertikalen sind. Formel (XI) selbst ist der in der Integraltheorie wohlbekannten Beziehung

$$\mu u' = \int_{[0,1]} g_u(x)\, dx$$

äquivalent.

§ 4. Reguläre Boolesche Algebren

Die Beweise vieler Sätze über normierte Algebren beruhen nur auf dem Diagonalprinzip und der Abzählbarkeit des Typus der Algebra; das Maß selbst wird in diesen Beweisen überhaupt nicht verwendet. Das legt nahe, eine besondere Klasse B. A. auszuzeichnen, der regulären Algebren. Eine *reguläre B. A. ist eine vollständige B. A. von abzählbarem Typus, in der das Diagonalprinzip gilt.* Es ist klar, daß jede vollständige normierte Algebra regulär ist, so daß sich alle Aussagen des vorliegenden Paragraphen auch auf den „normierten Fall" beziehen.

Satz 5. („Allgemeines Diagonalprinzip".) *Wenn in einer regulären B. A. $\mathfrak{X}$*

$$x_{ik} \xrightarrow[i]{(o)} x_k\,, \qquad x_k \xrightarrow[k]{(o)} x$$

gilt, so existiert eine Indexfolge $i_1 < i_2 < \cdots < i_k < \cdots$ mit

$$x_{i_k k} \xrightarrow[k]{(o)} x\,.$$

Beweis. Wir setzen $y_{ik} = |x_{ik} - x_k|$ $(k, i = 1, 2, \ldots)$. Dann gilt $y_{ik} \xrightarrow[i]{(o)} 0$ für jedes k. Auf Grund des Diagonalprinzips gibt es eine Diagonalfolge $\{y_{i_k k}\}$ $(i_1 < i_2 < \cdots < i_k < \cdots)$ mit $y_{i_k k} \xrightarrow[k]{(o)} 0$. Für alle k gilt die Ungleichung

$$|x - x_{i_k k}| \leqq |x - x_k| \vee y_{i_k k}\,.$$

Hieraus folgt $x_{i_k k} \xrightarrow[k]{(o)} 0$, und der Satz ist damit bewiesen.

Verweilen wir noch bei gewissen Eigenschaften der Ordnungstopologie in einer regulären B. A.. Zunächst fallen wegen der Abzählbarkeit des Typs (o)- und (os)-Topologie zusammen. Daher sind in der Ordnungstopologie diejenigen Mengen abgeschlossen, die die (o)-Limiten aller aus ihren Elementen gebildeten gewöhnlichen Folgen enthalten. In einer regulären Algebra läßt sich die Struktur der abgeschlossenen Hülle einer beliebigen Menge leicht beschreiben. Es gilt

Satz 6. *Notwendig und hinreichend dafür, daß das Element x der abgeschlossenen Hülle der Menge E angehört, ist die Existenz einer gewöhnlichen Folge von Elementen aus E, die gegen x (o)-konvergiert.*

Beweis. Lediglich die Notwendigkeit bedarf eines Beweises. Mit $\overline{\overline{E}}$ bezeichnen wir die abgeschlossene Hülle von E und mit $\widetilde{E}$ die Menge, die man erhält, indem man zu E alle (o)-Limiten aus Elementen von E gebildeter gewöhnlicher Folgen hinzufügt. Es ist klar, daß $\widetilde{E} \subset \overline{\overline{E}}$ gilt. Die Gleichung $\widetilde{E} = \overline{\overline{E}}$ (und damit auch der Satz) wird bewiesen sein, wenn wir die Abgeschlossenheit von $\widetilde{E}$ bestätigt haben. Es sei

$$x_n \xrightarrow{(o)} x\,, \qquad x_n \in \widetilde{E} \qquad (n = 1, 2, \ldots)\,.$$

Zu jedem n gibt es eine aus Elementen von E gebildete Folge x_{mn}, die gegen x_n (o)-konvergiert. Dem vorstehenden Satz zufolge existiert eine Diagonalfolge $x_{m_n n}$ mit $x_{m_n n} \xrightarrow{(o)} x$. Das bedeutet, daß $x \in \widetilde{E}$ ist. Somit ist $\widetilde{E}$ abgeschlossen und der Satz bewiesen.

Wir wollen jetzt ein Beispiel für eine nichtreguläre Algebra anführen. Als derartiges Beispiel dient die uns bereits bekannte (Beispiel 11, Kapitel I) B. A. G_0 der regulären offenen Untermengen des Intervalls (0, 1). Wir ordnen alle rationalen Zahlen dieses Intervalls in einer Folge $\{r_n\}_{n=1}^{\infty}$ an und ordnen jedem n die Folge der Intervalle

$$x_{mn} = \left(r_n - \frac{1}{m}, r_n + \frac{1}{m}\right) \cap (0, 1)$$

zu. Jedes solche Intervall ist eine reguläre Menge und somit Element von G_0. Wir bekommen bei festem n eine abnehmende Folge x_{nm}, deren (o)-Limes gleich Null ist. Für eine beliebige Diagonalfolge $\{x_{m_n n}\}$ und beliebiges k ist jedoch die Menge $\bigcup_{n=k}^{\infty} x_{m_n n}$, die „fast" alle rationalen Zahlen des Intervalls enthält, in (0, 1) dicht und die kleinste reguläre offene Untermenge des Intervalls, die diese Menge enthält, somit das Intervall (0, 1) selbst. Es gilt mit anderen Worten

$$\overline{\lim_n}\, x_{m_n n} = 1\,,$$

und das Diagonalprinzip ist in G_0 verletzt. Somit ist G_0 eine *nichtreguläre* und infolgedessen auch *nichtnormierbare Algebra.* Außerdem ist evident, daß G_0 Algebra von abzählbarem Typus ist. Dieses Beispiel zeigt, daß *die Bedingung der Abzählbarkeit des Typus nicht die Gültigkeit des Diagonalprinzips nach sich zieht.* Was die umgekehrte Implikation betrifft, so sieht es hiermit komplizierter aus. Es ist bekannt, daß *es das Kontinuumaxiom erlaubt, aus dem Diagonalprinzip die Bedingung der Abzählbarkeit des Typus herzuleiten*[1]). Dabei kann man das Kontinuumaxiom noch durch eine gewisse schwächere mengentheoretische Hypothese ersetzen, zu der die betrachtete Implikation bereits genau äquivalent ist [16].

Wir haben bereits bemerkt, daß jede normierbare Algebra notwendig regulär ist. Außerdem ist bis jetzt kein einziges Beispiel für eine reguläre, aber nicht normierbare Algebra bekannt. Der naheliegende Versuch, die Annahme der Existenz derartiger Algebren zu widerlegen, indem man in einer beliebigen regulären B. A. die Existenz eines Maßes nachweist, stößt jedoch auf große mengentheoretische Schwierigkeiten. D. MAHARAM hat 1947 bewiesen, daß die Annahme der Normierbarkeit aller regulären Algebren jedenfalls nicht schwächer als die in der Mengentheorie bekannte Hypothese von SUSLIN ist [55]. Zur Frage nach den Normierbarkeitsbedingungen kehren wir später in Kapitel VII zurück.

Wir wollen noch eine hinreichende Bedingung dafür anführen, daß in einer BOOLEschen Algebra ein Maß existiert. Der Satz, den wir jetzt nennen wollen, geht auf A. G. PINSKER[2]) zurück; etwas später hat (im wesentlichen) dasselbe Resultat J. KELLEY [44] erhalten.

Satz 7. *Wenn auf einer regulären Algebra $\mathcal{X}$ ein strikt positives Quasimaß existiert, so ist die B. A. $\mathcal{X}$ normierbar.*

Beweis. Es sei φ ein auf $\mathcal{X}$ vorgegebenes strikt positives Quasimaß. Satz IV.5 zufolge läßt es sich als Summe $\varphi_1 + \varphi_2$ darstellen, wo φ_1 das von φ erzeugte abzählbar-additive Standardquasimaß ist. Unser Satz wird bewiesen sein, wenn wir die strikte Positivität von φ_1 festgestellt haben. Angenommen, für ein gewisses $x \in \mathcal{X}^+$ sei $\varphi_1(x) = 0$. Dann gibt es eine Folge von Überdeckungen

---

[1]) Diese Tatsache hat A. G. PINSKER festgestellt. Siehe L. V. KANTOROVIČ, B. Z. VULICH, A. G. PINSKER [39], S. 176.

[2]) L. V. KANTOROVIČ, B. Z. VULICH, A. G. PINSKER [39], S. 428–430.

$\sigma_k \in S_x$ $(k = 1, 2, \ldots)$, die der Bedingung

$$\sum_{y \in \sigma_k} \varphi(y) < \frac{1}{k} \qquad (k = 1, 2, \ldots)$$

genügt. Die Elemente von σ_k seien durchnumeriert:

$$\sigma_k = \{y_1^k, y_2^k, \ldots\}.$$

Wir setzen

$$u_s^k = \left(\bigvee_{i \leqq s} y_i^k\right) \wedge x \qquad (k, s = 1, 2, \ldots).$$

Es ist klar, daß $u_s^k \uparrow x$ für jedes $k = 1, 2, \ldots$ gilt. Wir wenden das Diagonalprinzip an und wählen eine Indexfolge $s_1 < x_2 < \cdots < s_k < \cdots$ aus, so daß die Beziehung

$$u_{s_k}^k \xrightarrow{(o)} x$$

besteht. Dann strebt die durch die Gleichung

$$z_k = \bigwedge_{i \geqq k} u_{s_i}^i, \qquad k = 1, 2, \ldots$$

definierte Folge $\{z_k\}_{k=1}^{\infty}$ gegen x und ist zugleich wachsend, wobei für genügend große Werte von k

$$0 < \varphi(z_k) \leqq \varphi(u_{s_k}^k) \leqq \sum_{m=1}^{\infty} \varphi(y_m^k) < \frac{1}{k}$$

gilt. Es gibt zwei Nummern k_1 und k_2 mit

$$\varphi(z_{k_2}) < \varphi(z_{k_1}),$$

während $z_{k_2} \geqq z_{k_1}$ gilt. Die offensichtliche Unverträglichkeit der letzten beiden Ungleichungen beweist zugleich, daß die Gleichung $\varphi_1(x) = 0$ unmöglich ist. Der Satz ist damit bewiesen.

Der Satz von A. G. Pinsker zeigt, daß sich die Frage nach der Existenz eines Maßes für eine reguläre B. A. auf das leichtere Problem reduziert, ob es ein strikt positives Quasimaß gibt. Dieses letztere Problem ist von verschiedenen Autoren behandelt worden [55, 44]. Wir führen ein Resultat an, das auf J. Kelley zurückgeht. Jeder nichtleeren Untermenge E der B. A. $\mathfrak{X}$ werde eine gewisse reelle Zahl $K(E)$ zugeordnet, die wir „Kelley-Zahl" nennen wollen. Diese Zahl ist durch die Gleichung

$$K(E) = \inf_{S \in \Sigma(E)} \frac{i(S)}{n(S)}$$

definiert, wo $\Sigma(E)$ die Klasse aller möglichen aus Elementen von E gebildeten endlichen Scharen, $n(S)$ die Gliederzahl der Schar $S \in \Sigma$ und $i(S)$ die für diese Schar maximale Zahl von Gliedern ist, deren Gesamtheit ein von Null verschiedenes Infimum besitzt. Ferner können wir bemerken, wenn wir die Algebra $\mathfrak{X}$ in einen ihr aufgestockten Vektorverband einbetten (nämlich in den Banach-Raum aller auf dem realisierenden Kompaktum beschränkten stetigen Funktionen), daß die Ungleichung $K(E) > 0$ bedeutet, daß es unmöglich ist, das Nullelement des Raumes durch Elemente der konvexen Hülle von E zu approximieren. Daher können wir, indem wir in geeigneter Weise eine Hyperebene wählen, die E vom Nullelement trennt, ein positives Funktional oder, was auf dasselbe hinausläuft, ein Quasimaß auf $\mathfrak{X}$ definieren, dessen sämtliche Werte auf der Menge E strikt positiv sind.

Jetzt ist bereits klar, wie die Lösung unseres Problems in dieser Sprache auszudrücken ist: *notwendig und hinreichend dafür, daß es ein strikt positives Quasimaß gibt, ist, daß sich die Gesamtheit aller vom Nullelement verschiedenen Elemente der Algebra in abzählbar viele Mengen mit echt positiven* KELLEY*-Zahlen zerlegen läßt.*

Eine Algebra mit einem strikt positiven Quasimaß braucht nicht normierbar zu sein. Sie läßt sich jedoch immer in eine mit einem Maß versehene Algebra einbetten.

Satz 8. *Es sei $\mathcal{X}_0$ eine B. A. und φ ein strikt positives Quasimaß auf $\mathcal{X}_0$. Dann existiert eine vollständige normierte Algebra, die eine überall dichte Unteralgebra enthält, die zu $\mathcal{X}_0$ isomorph ist.*

Beweis. Wir bezeichnen mit $\mathcal{Y}_0$ die Algebra der zugleich offenen und abgeschlossenen Mengen des der Algebra $\mathcal{X}_0$ entsprechenden Kompaktums $\mathfrak{Q}$. Es sei Ψ ein Isomorphismus von $\mathcal{X}_0$ auf $\mathcal{Y}_0$; dann definiert die Gleichung

$$\mu(e) = \varphi\,(\Psi^{-1}\,e)$$

auf $\mathcal{Y}_0$ in Quasimaß, das allen Bedingungen des Satzes von LEBESGUE-CARATHÉODORY genügt. Es ist klar, daß μ auf $\mathcal{Y}_0$ abzählbar-additiv ist, da in jeder Gleichung der Form

$$e = \bigcup e_n\,, \qquad e, e_n \in \mathcal{Y}_0$$

auf der rechten Seite nur endlich viele Summanden stehen können. Als gesuchte Algebra $\mathcal{Y}$ kann man die Algebra der meßbaren Mengen mod 0 nehmen, die bei der Standardfortsetzung von μ aus der Unteralgebra $\mathcal{Y}_0$ hervorgeht. (Die Rolle der zugrundeliegenden Algebra spielt $2^{\mathfrak{Q}}$.)

Bemerkung. *Es ist klar, daß die Einbettung von $\mathcal{X}_0$ in $\mathcal{Y}$ isometrisch (maßtreu) ist.*

Die beim Beweis von Satz 8 konstruierte BOOLEsche Algebra $\mathcal{Y}$ stellt einen metrischen Verband dar, der zu einem gewissen Maßraum gehört. Unsere Überlegungen sind insbesondere auf den Fall anwendbar, daß die Algebra $\mathcal{X}_0$ selbst vollständig und normierbar ist. Es ist klar, daß $\mathcal{X}_0$ und $\mathcal{Y}$ in diesem Falle isomorph und isometrisch sein müssen. Hieraus entspringt eine Aussage, auf die wir schon oben mehrfach verwiesen haben:

Satz 9. *Jede normierte Algebra läßt sich als ein metrischer Verband realisieren, der zu einem gewissen Maßraum gehört.*

Wir merken an, daß die Realisierung der normierten Algebra, bei der das STONEsche Kompaktum als zugrundeliegender Raum fungiert, in vielen Beziehungen unzweckmäßig ist. Vorgezogen werden meist andere Realisierungen, für die der Maßraum verschiedenen zusätzlichen Forderungen genügt. So wird beispielsweise für die Darstellung separierter Algebren gewöhnlich der von V. A. ROCHLIN eingeführte „LEBESGUEsche Raum" verwendet [76]. Der allgemeinen Theorie der Realisierung normierter Algebren ist eine Reihe von Arbeiten von V. G. VINOKUROV gewidmet [21, 22, 23].

Im folgenden Kapitel geben wir für jede Algebra mit Maß eine gewisse Realisierung an, die in bekanntem Sinne die einfachste ist.

§ 5. Fortsetzung eines Homomorphismus mit Werten in einer regulären Algebra

Die Regularitätsbedingung ist (für Vektorverbände) 1936 von L. V. KANTOROVIČ [38] eingeführt worden. Später zeigte es sich, daß dadurch in glücklicher Weise eine Klasse BOOLEscher Algebren ausgezeichnet wird, die für das Problem der Fortsetzung von Homomorphismen sachgemäß ist.

Wir haben bereits in Kapitel IV bemerkt, daß es für die stetige (σ-stetige) Fortsetzung eines Homomorphismus ausreicht, die Erfüllung der beiden Bedingungen (E) und (E^*) (bzw. (E_σ) und (E_σ^*)) zu fordern. Die erste dieser beiden Bedingungen liegt durchaus auf der Hand; sie drückt die Tatsache aus, daß der Ausgangshomomorphismus stetig ist, und kann keineswegs weggelassen werden. Die zweite Bedingung ist dagegen so formuliert, daß sie sich auf die Abbildung $\Phi^*(\Phi_\sigma^*)$ bezieht, und ist schwer zu durchschauen. Daher ist es wichtig klarzustellen, für welche Algebren die zweite Bedingung überflüssig ist. Zum Schluß von Kapitel IV haben wir faktisch aufgeklärt, wie eine vollständige B. A. $\mathcal{Y}$ beschaffen sein muß, damit jeder Homomorphismus mit Werten in $\mathcal{Y}$, der der Bedingung (E) genügt, eine stetige Fortsetzung besitzt. Nach Satz IV.8 muß die Algebra $\mathcal{Y}$ nämlich atomar sein. Wie wir jetzt sehen werden, eröffnet die Lösung des analogen Problems für σ-stetige Fortsetzungen eine weit weniger triviale Lage.

Wir wollen sagen, die vollständige B. A. $\mathcal{Y}$ *lasse eine σ-stetige Standardfortsetzung von Homomorphismen zu*, wenn für eine beliebige σ-vollständige B. A. $\mathcal{X}$, eine beliebige Unteralgebra $\mathcal{X}_0 \subset \mathcal{X}$ und einen beliebigen Homomorphismus Φ_0 der Unteralgebra $\mathcal{X}_0$ in $\mathcal{Y}$, der der Bedingung (E_σ) genügt, existieren: a) eine $\mathcal{X}_0$ enthaltende σ-regulär eingebettete Unteralgebra $\tilde{\mathcal{X}} \subset \mathcal{X}$ und b) ein σ-stetiger Homomorphismus $\tilde{\Phi}$ der Unteralgebra $\tilde{\mathcal{X}}$ in $\mathcal{Y}$, dessen Einschränkung auf $\mathcal{X}\langle\mathcal{X}_0\rangle$ mit Φ_σ^* zusammenfällt (hinsichtlich der Bezeichnungen s. S. 79 und 131).

Satz 10. *Dafür, daß eine vollständige B. A. von abzählbarem Typus eine σ-stetige Standardfortsetzung von Homomorphismen zuläßt, ist notwendig und hinreichend, daß sie regulär ist.*

Beginnen wir mit dem Beweis der Hinlänglichkeit. Einleitend stellen wir eine wichtige Eigenschaft regulärer Algebren fest. Es sei eine abzählbare Familie $\{M_i\}_{i=1}^\infty$ abzählbarer, nach unten gerichteter Untermengen der regulären B. A. $\mathcal{Y}$ gegeben. Wir betrachten die Gesamtheit V aller möglichen „Stichproben", d. h. Folgen $v = \{x_i\}_{i=1}^\infty$ mit $x_i \in M_i$ $(i = 1, 2, \ldots)$. (Mit anderen Worten, V ist das mengentheoretische Produkt der Mengen M_i.) Es gilt

Lemma 2. *Es besteht die Gleichung*

$$\bigwedge_{v \in V} \sup v = \bigvee_{i=1}^{\infty} \inf M_i .$$

Es ist leicht einzusehen, daß stets

$$\bigwedge_{v \in V} \sup v \geqq \bigvee_{i=1}^{\infty} \inf M_i$$

gilt, so daß nur die umgekehrte Ungleichung einer Nachprüfung bedarf. Wir setzen

$$y_i = \inf M_i \,, \qquad y = \bigvee_{i=1}^{\infty} y_i \,, \qquad z_k = \bigvee_{i=1}^{k} y_i \,.$$

Wir ordnen die Elemente jeder Menge M_i in einer gewöhnlichen Folge $\{x_m^i\}_{m=1}^{\infty}$ an und setzen

$$z_k^s = \bigwedge_{m=1}^{s} (x_m^1 \vee x_m^2 \vee \cdots \vee x_m^k) \,.$$

Es ist unschwer zu sehen, daß

$$z_k = \bigwedge_{s=1}^{\infty} z_k^s \,, \qquad z_k^s \xrightarrow[s]{(o)} z_k \,, \qquad z_k \xrightarrow[k]{(o)} y$$

gilt. Unter Benutzung des Diagonalprinzips wählen wir eine Indexfolge $\{s_k\}_{k=1}^{\infty}$, so daß

$$(o)\text{-}\lim_k z_k^{s_k} = y$$

gilt. Da die Menge M_i gerichtet ist, kann man leicht bestätigen, daß der Durchschnitt $M_i \cap \mathcal{Y}_{z_q^p}$ für beliebige i und $p, q \geqq i$ nichtleer ist. Es sei $\bar{x}_i^m \in M_i$ und $\bar{x}_i^m \leqq z_{i+m}^{s_{i+m}}$. Wir bilden die Stichproben $v_m = \{\bar{x}_i^m\}_{i=1}^{\infty}$. Wir sehen, daß

$$\bigwedge_{v \in V} \sup v \leqq \bigwedge_{m=1}^{\infty} \sup v_m \leqq \bigwedge_{m=1}^{\infty} \bigvee_{i=1}^{\infty} z_{i+m}^{s_{i+m}} = \bigwedge_{m=1}^{\infty} \bigvee_{k=m+1}^{\infty} z_k^{s_k} = \overline{\lim}\, z_k^{s_k} = (o)\text{-}\lim z_k^{s_k} = y$$

gilt. Das Lemma ist damit bewiesen. Die damit festgestellte Eigenschaft einer regulären Algebra heißt *schwache abzählbare Distributivität.*

Wir kehren zum Beweis des Satzes zurück. Unser Ziel wird erreicht sein, wenn wir gezeigt haben, daß die Bedingung (E_σ) im Falle einer regulären Algebra $\mathcal{Y}$ (E_σ^*) (Kapitel IV, § 3, Nr. 2) nach sich zieht. Auf der Unteralgebra $\mathcal{X}_0$ der σ-vollständigen B. A. $\mathcal{X}$ sei ein Homomorphismus Φ_0 mit Werten in $\mathcal{Y}$ gegeben, der der Bedingung (E_σ) genügt. Wir betrachten eine beliebige Folge $\{x_n\}$ von Elementen aus $\mathcal{X}$. Wir ordnen jedem x_n die Menge aller $y \in \mathcal{Y}$ der Form $y = \sup \Phi_0(e)$ mit $e \in S_{x_n}^{\sigma}$ zu. Wegen der Abzählbarkeit des Typus von $\mathcal{Y}$ ist in jeder dieser Mengen eine abzählbare, nach unten gerichtete Untermenge Σ_n mit der Eigenschaft

$$\inf \Sigma_n = \Phi_\sigma^*(x_n)$$

enthalten. Nach Lemma 2 ist

$$\bigwedge_{v \in V} \sup v = \bigvee_{n=1}^{\infty} \Phi_\sigma^*(x_n) \,,$$

wo V aus allen möglichen Stichproben $\{y_n\}_{n=1}^{\infty}$ mit $y_n \in \Sigma_n$ besteht. Jedem Element y_n einer derartigen Stichprobe kann man die Menge der $e_n \in S_{x_n}^{\sigma}$ zuordnen, für die $y_n = \sup \Phi(e_n)$ ist. Wir setzen

$$x = \bigvee_{n=1}^{\infty} x_n\,, \qquad \tilde{e} = \bigcup_{n=1}^{\infty} e_n$$

und sehen, daß $\tilde{e} \in S_x^{\sigma}$ gilt. Daher ist

$$\Phi_{\sigma}^{*}(x) \leqq \bigwedge_{v \in V} \sup v = \bigvee_{n=1}^{\infty} \Phi_{\sigma}^{*}(x_n)\,.$$

Somit liegt die Eigenschaft (E_{σ}^{*}) vor. Die Hinlänglichkeit der Bedingung des Satzes ist bewiesen.

Notwendigkeit. Wenn die B. A. $\mathcal{X}$ die σ-stetige Fortsetzung von Homomorphismen zuläßt, so besitzt auch der am Schluß von Kapitel IV (S. 132) betrachtete Homomorphismus Ψ_0 eine σ-stetige Fortsetzung $\tilde{\Psi}$; man kann annehmen, daß sie auf der Unteralgebra $\tilde{\mathcal{X}} = \mathcal{X}\langle \mathcal{X}_0 \rangle$ definiert ist, der kleinsten σ-regulär eingebetteten Unteralgebra von $\mathcal{X} = 2^{\Omega}$, die alle zugleich offenen und abgeschlossenen Mengen enthält. Wir wollen zeigen, daß *dabei die Bedingung* (E_{σ}^{*}) *erfüllt ist.* Zunächst stellen wir fest, daß *zu jedem* $x \in \mathcal{X}$ *ein Element* $\tilde{x} \in \tilde{\mathcal{X}}$ *mit* $x \leqq \tilde{x}$ *und* $\Psi_{\sigma}^{*}(x) = \tilde{\Psi}(\tilde{x})$ *existiert.* Definitionsgemäß ist

$$\Phi_{\sigma}^{*}(x) = \bigwedge_{e \in S_x^{\sigma}} \bigvee_{y \in e} \Psi_0(y) = \bigwedge_{e \in S_x^{\sigma}} \tilde{\Psi}(\sup e)\,.$$

Da $\mathcal{Y}$ Algebra von abzählbarem Typus ist, gibt es ein abzählbares System von Überdeckungen $e_n \in S_x^{\sigma}$ $(n = 1, 2, \ldots)$ mit der Eigenschaft

$$\Psi_{\sigma}^{*}(x) = \bigwedge_{n=1}^{\infty} \tilde{\Psi}(\sup e_n)\,.$$

Dann ist aber

$$\Psi_{\sigma}^{*}(x) = \tilde{\Psi}\left(\bigwedge_{n=1}^{\infty} \sup e_n\right).$$

Wir setzen $\tilde{x} = \bigwedge_{n=1}^{\infty} \sup e_n$. Es ist klar, daß dieses Element die geforderten Eigenschaften aufweist. Es ist jetzt leicht nachzuweisen, daß die Bedingung (E_{σ}^{*}) erfüllt ist. Dies ist aus den Ungleichungen

$$\Psi_{\sigma}^{*}(\sup M) \leqq \Psi_{\sigma}^{*}(\sup \tilde{M}) = \tilde{\Psi}(\sup \tilde{M}) = \sup \tilde{\Psi}(\tilde{M}) = \sup \Psi_{\sigma}^{*}(M)$$

ersichtlich, worin M eine beliebige abzählbare Menge und $\tilde{M}$ die Menge aller $\tilde{x}$ ist, die Elementen $x \in M$ entsprechen.

Wir wollen jetzt die *schwache abzählbare Distributivität der Algebra* $\mathcal{Y}$ feststellen. Es sei eine abzählbare Familie $\{M_i\}_{i=1}^{\infty}$ nach unten gerichteter abzählbarer Untermengen der Algebra $\mathcal{Y}$ gegeben. Angenommen, das Element

$$z = \left(\bigwedge_{v \in V} \sup v\right) \wedge C\left(\bigvee_{i=1}^{\infty} \inf M_i\right)$$

sei entgegen unserer Behauptung vom Nullelement verschieden. Wir setzen für jedes $i = 1, 2, \ldots$

$$M'_i = P_z(M_i).$$

(Die Definition der Projektionsoperatoren ist auf S. 35 gegeben worden.) Es ist klar, daß $\inf M'_i = 0$ für alle $i = 1, 2, \ldots$ gilt und daß für eine beliebige „Stichprobe“ $v' = \{x'_1, x'_2, \ldots\}$ mit $x'_i \in M'_i$ $(i = 1, 2, \ldots)$

$$\sup v' \geqq z$$

sein muß. Wir setzen

$$F_i = \bigcap_{x \in M'_i} \Psi_0^{-1}(x) \qquad (i = 1, 2, \ldots),$$

$$E = \bigcup_{i=1}^{\infty} F_i .$$

Es ist leicht zu sehen, daß E eine Menge von der ersten Kategorie und somit erst recht (Folgerung 2 aus Lemma IV.10) nirgends dicht ist. Daher existiert eine nichtleere zugleich offene und abgeschlossene Menge $G \subset \Psi_0^{-1}(z)$, die keine Punkte aus E enthält. Wegen der Kompaktheit aller Mengen $G, F_1, F_2, \ldots$ gibt es für jedes $i = 1, 2, \ldots$ ein Element $x'_i \in M'_i$ mit der Eigenschaft

$$\Psi_0^{-1}(x'_i) \cap G = \Lambda .$$

Dann gilt aber $\Psi_0(G) \wedge \left(\bigvee_{i=1}^{\infty} x'_i\right) = 0$, was mit den Ungleichungen $\sup v' \geqq z$, $\Psi_0(G) \leqq z$ unvereinbar ist. Damit ist die schwache abzählbare Distributivität bewiesen.

Es ist jetzt nicht mehr schwer, auch die Regularität von $\mathcal{Y}$ zu beweisen. Dem Beweis liegt nur das Diagonalprinzip zugrunde. Die Doppelfolge $\{x_{nm}\}_{n, m=1}^{\infty}$ möge der Bedingung (II) (S. 156) genügen. Infolge der schwachen abzählbaren Distributivität ist die untere Grenze der Suprema aller möglichen Diagonalfolgen der Form $\{x_{n m_n}\}_{n=1}^{\infty}$ gleich Null. Die Abzählbarkeit des Typus gewährleistet, daß es eine abzählbare Familie von Folgen

$$\left\{x_{n m_n^{(k)}}\right\}_{n=1}^{\infty} \qquad (k = 1, 2, \ldots)$$

mit den Eigenschaften

$$x_{n m_n^{(k+1)}} \leqq x_{n m_n^{(k)}} \qquad (n, k = 1, 2, \ldots), \qquad \bigwedge_{k=1}^{\infty} \bigvee_{n=1}^{\infty} x_{n m_n^{(k)}} = 0$$

gibt. Bilden wir die Diagonalfolge $\left\{x_{n m_n^{(n)}}\right\}_{n=1}^{\infty}$, so stellen wir mühelos fest, daß sie gegen Null (o)-konvergiert. Der Satz ist damit vollständig bewiesen.

Satz 10 ist im wesentlichen bereits in den Ergebnissen der Arbeit [17] des Autors enthalten. K. Matthes hat gezeigt, daß schon die schwache abzählbare Distributivität selbst erlaubt, σ-stetige Fortsetzungen von Homomorphismen (die evtl. nicht Standardfortsetzungen sind) zu konstruieren. Er hat jedoch verschiedene Modifikationen der Regularitätsbedingung untersucht[1]).

---

[1]) Siehe R. Sikorski [83], S. 147–150, K. Matthes [61], [62].

Satz 10 gewährleistet, daß ein beliebiges Spektralmaß mit Werten in einer regulären Algebra eine σ-stetige abzählbar-additive Fortsetzung von $\mathfrak{R}_{(-\infty, +\infty)}$ auf eine gewisse umfassendere σ-Algebra $\widehat{\mathfrak{R}}$ von Mengen auf der reellen Geraden besitzt. Eine derartige Fortsetzung werden wir nach wie vor Spektralmaß nennen. Dem auf $\widehat{\mathfrak{R}}$ definierten σ-stetigen Spektralmaß φ entspricht eine Menge „φ-fast überall" endlicher und „meßbarer" reeller Funktionen (die Definitionen sind den allbekannten analog). Diese Funktionenmenge stellt einen K_σ-Raum dar. Faktorisieren wir ihn nach dem Unterraum der Funktionen, die φ-fast überall gleich Null sind, so erhalten wir bereits den K-Raum $\mathfrak{S}_{\mathfrak{E}}$, der dem gewöhnlichen Raum S entspricht. Basis des Raumes $\mathfrak{S}_{\mathfrak{E}}$ ist die Faktoralgebra $\widehat{\mathfrak{R}}/I = \mathfrak{E}$, wo

$$I = \{e \mid e \in \widehat{\mathfrak{R}}, \varphi(e) = 0\}$$

das σ-Ideal der „φ-Nullmengen" ist. Der Raum $\mathfrak{S}_{\mathfrak{E}}$ ist in vielem Räumen vom Typ S ähnlich, in die er übergeht, wenn die zugrundeliegende Algebra normierbar ist. Die Theorie dieser Räume macht Aussagen, die den in der Theorie der Funktionen einer reellen Variablen bekannten Sätzen von N. N. Lusin, D. F. Egorov u. a. analog sind. Der grundlegende Unterschied besteht, allgemein gesprochen, darin, daß man kein Maß verwenden kann, das es in einer regulären Algebra offenbar auch nicht zu geben braucht. Man kann jedoch noch von Eigenschaften sprechen, die „fast überall" gelten; dadurch wird die Theorie hinreichend gehaltvoll.

Wir beschließen diesen Paragraphen mit einem wichtigen Satz, durch den man in einfachen Fällen zwischen normierten Algebren einen Isomorphismus herstellen kann. Es seien $\mathfrak{X}$ und $\mathfrak{Y}$ zwei vollständige B. A. mit festen Maßen μ bzw. ν. Eine auf einer gewissen Untermenge $M \subset \mathfrak{X}$ vorgegebene Abbildung Ψ mit Werten in $\mathfrak{Y}$ heißt *maßtreu*, wenn $\nu(\Psi x) = \mu x$ für beliebiges $x \in M$ gilt.

Satz 11. *Wenn $\mathfrak{X}_0 \subset \mathfrak{X}$ und $\mathfrak{Y}_0 \subset \mathfrak{Y}$ zwei (im Sinne der (o)-Topologie) überall dichte Unteralgebren der Algebren $\mathfrak{X}$ und $\mathfrak{Y}$ sind, so läßt sich jeder maßtreue Monomorphismus Φ_0 von $\mathfrak{X}_0$ auf $\mathfrak{Y}_0$ zu einem maßtreuen Isomorphismus Φ der B. A. $\mathfrak{X}$ auf $\mathfrak{Y}$ fortsetzen. Diese Fortsetzung ist eindeutig bestimmt.*

Beweis. Da die Algebren $\mathfrak{X}$ und $\mathfrak{Y}$ regulär sind, ist auf sie Satz 10 anwendbar. Die Bedingung der Maßtreue sagt aus, daß die Monomorphismen Φ_0 und Φ_0^{-1} die Eigenschaft (E_σ) besitzen. Es sei nämlich

$$x = \bigvee_{n=1}^{\infty} x_n, \qquad x, x_n \in \mathfrak{X}_0 .$$

Wir setzen

$$x_1' = x_1, \qquad x_2' = x_2 \wedge C x_1', \qquad x_3' = x_3 \wedge C(x_1' \vee x_2') \ldots$$

Dann haben wir

$$\nu\Big(\bigvee_n \Phi_0(x_n)\Big) \geqq \nu\Big(\bigvee_n \Phi_0(x_n')\Big) = \sum_n \nu\, \Phi_0(x_n') = \sum_n \mu\, x_n' = \mu\, x = \nu\, \Phi_0(x) .$$

Hieraus folgt die Gleichung

$$\Phi_0(x) = \bigvee_{n=1}^{\infty} \Phi_0(x_n) .$$

Die letztere Gleichung bedeutet, daß die Bedingung (E_σ) erfüllt ist, die in unserem Falle (E_σ^*) nach sich zieht.

Somit genügt der Homomorphismus Φ_0 der Bedingung (E_σ^*). Ganz genauso verifiziert man, daß der Homomorphismus Φ_0^{-1} diese Bedingung befriedigt. $\mathcal{X}$ und $\mathcal{Y}$ sind Algebren von abzählbarem Typus; in derartigen Algebren sind die Bedingungen (E_σ), (E_σ^*), wie man leicht erkennt, den Bedingungen (E), (E^*) äquivalent. In diesem Falle stellt die Fortsetzung Φ des Monomorphismus Φ_0, wie wir zum Schluß von Kapitel IV (S. 132) bemerkt haben, einen Isomorphismus von $\mathcal{X}$ auf $\mathcal{Y}$ dar. Wir wollen nachprüfen, daß er maßtreu ist. Zu jedem $x \in \mathcal{X}$ existiert eine gegen x konvergente Folge $\{x_n\}$ von Elementen aus $\mathcal{X}_0$. Gehen wir in der Beziehung

$$\nu\, \Phi(x_n) = \nu\, \Phi_0(x_n) = \mu\, x_n$$

zum Limes über, so gelangen wir zu der geforderten Gleichung

$$\nu\, \Phi(x) = \mu\, x\,.$$

Die Eindeutigkeit der erhaltenen Fortsetzung ist evident. Der Satz ist damit bewiesen.

Wir geben zwei wichtige Beispiele für die Anwendung von Satz 11. In diesen Beispielen sind $\mathcal{X}$ und $\mathcal{Y}$ zwei vollständige normierte Booleschen Algebren und μ und ν Wahrscheinlichkeitsmaße auf diesen Algebren.

I. $\mathcal{X}$ und $\mathcal{Y}$ mögen eine überall dichte freie Unteralgebra $\mathcal{X}_0$ bzw. $\mathcal{Y}_0$ enthalten[1]). Wir wollen annehmen, daß diese Unteralgebren nicht bloß unabhängige, sondern auch metrisch unabhängige Erzeugendensysteme enthalten, und zwar von ein und derselben Mächtigkeit. Es sei $E_{\mathcal{X}_0}$ ein μ-unabhängiges Erzeugendensystem für $\mathcal{X}_0$ und $E_{\mathcal{Y}_0}$ ein ν-unabhängiges Erzeugendensystem für $\mathcal{Y}_0$. Schließlich wollen wir noch der Einfachheit halber annehmen, daß für alle $x \in E_{\mathcal{X}_0}$, $y \in E_{\mathcal{Y}_0}$

$$\mu\, x = \nu\, y = \frac{1}{2}$$

gilt. Uns ist bekannt[2]), daß sich unter diesen Bedingungen jede eineindeutige Abbildung φ des Systems $E_{\mathcal{X}_0}$ auf $E_{\mathcal{Y}_0}$ zu einem Isomorphismus Φ_0 der Unteralgebra $\mathcal{X}_0$ auf $\mathcal{Y}_0$ fortsetzen läßt. Man bestätigt leicht, daß dieser Isomorphismus maßtreu ist. In der Tat gilt, wenn

$$x = x_1 \wedge x_2 \wedge \cdots \wedge x_k \tag{XIV}$$

mit $x_i \in E_{\mathcal{X}_0} \cup C\, E_{\mathcal{X}_0}$ $(i = 1, 2, \ldots, k)$ und $x_i \neq x_j$ für $i \neq j$ ist, $\mu\, x = \frac{1}{2^k}$. Zugleich gilt

$$\Phi_0(x) = \varphi(x_1) \wedge \varphi(x_2) \wedge \cdots \wedge \varphi(x_k)$$

mit $\varphi(x_i) \in E_{\mathcal{Y}_0} \cup C\, E_{\mathcal{Y}_0}$ $(i = 1, 2, \ldots, k)$ und $\varphi(x_i) \neq \varphi(x_j)$ für $i \neq j$. Hieraus folgt $\nu\, \Phi_0(x) = \frac{1}{2^k} = \mu\, x$. Es bleibt noch zu bemerken, daß jedes Element aus $\mathcal{X}_0$ endliche Summe paarweise disjunkter Elemente der Form (XIV) ist. Somit existiert nach Satz 11 ein maßtreuer Isomorphismus der Algebra $\mathcal{X}$ auf die Algebra $\mathcal{Y}$.

---

[1]) Das heißt eine Unteralgebra, die freie Algebra ist.

[2]) Siehe S. 72.

II. Wir betrachten jetzt die äußerst typische Situation, daß zwei Paare regulär eingebetteter Unteralgebren $\tilde{\mathscr{X}}$, $\mathscr{X}' \subset \mathscr{X}$ und $\tilde{\mathscr{Y}}, \mathscr{Y}' \subset \mathscr{Y}$ mit folgenden Eigenschaften existieren:

1) $\mu(\tilde{x} \wedge x') = \mu\tilde{x}\,\mu x'$ für beliebige $\tilde{x} \in \tilde{\mathscr{X}}$, $x' \in \mathscr{X}'$; analog sei $\nu(\tilde{y} \wedge y') = \nu\tilde{y}\,\nu y'$ für beliebige $\tilde{y} \in \tilde{\mathscr{Y}}$, $y' \in \mathscr{Y}'$.

2) $$\overline{\mathscr{X}\langle\tilde{\mathscr{X}}, \mathscr{X}'\rangle} = \mathscr{X}\,, \qquad \overline{\mathscr{Y}\langle\tilde{\mathscr{Y}}, \mathscr{Y}'\rangle} = \mathscr{Y}\,.$$

Wir nehmen an, es gebe maßtreue Isomorphismen $\tilde{\Phi}$ und Φ' der Unteralgebren $\tilde{\mathscr{X}}$ auf $\tilde{\mathscr{Y}}$ bzw. $\mathscr{X}'$ auf $\mathscr{Y}'$. Wir wollen zeigen, daß es unter diesen Bedingungen einen maßtreuen Isomorphismus Φ der Algebra $\mathscr{X}$ auf $\mathscr{Y}$ gibt, der gemeinsame Fortsetzung von $\tilde{\Phi}$ und Φ' ist.

Zum Beweis ziehen wir die Unteralgebren $\mathscr{X}_0 = \mathscr{X}\langle\tilde{\mathscr{X}}, \mathscr{X}'\rangle$ und $\mathscr{Y}_0 = \mathscr{Y}\langle\tilde{\mathscr{Y}}, \mathscr{Y}'\rangle$ in Betracht. Da $\overline{\mathscr{X}}_0 = \mathscr{X}$, $\overline{\mathscr{Y}}_0 = \mathscr{Y}$ ist, reicht es unter Berücksichtigung von Satz 11 aus, einen maßtreuen Isomorphismus von $\mathscr{X}_0$ auf $\mathscr{Y}_0$ zu konstruieren. Wir setzen

$$\varphi(x) = \begin{cases} \tilde{\Phi}(x), & x \in \tilde{\mathscr{X}}\,, \\ \Phi'(x)\,, & x \in \mathscr{X}'\,. \end{cases}$$

Wir haben eben eine eineindeutige Abbildung der Menge $\tilde{\mathscr{X}} \cup \mathscr{X}'$ auf die Menge $\tilde{\mathscr{Y}} \cup \mathscr{Y}'$ definiert. Mittels Satz II.10 zeigen wir, daß sie sich zu einem Isomorphismus von $\mathscr{X}_0$ auf $\mathscr{Y}_0$ fortsetzen läßt. Es ist leicht zu sehen, daß alle Elementarpolynome der Erzeugenden in den Unteralgebren $\mathscr{X}_0$ und $\mathscr{Y}_0$ in der Form

$$\begin{aligned} x &= \tilde{x} \wedge x', & \tilde{x} &\in \tilde{\mathscr{X}}, & x' &\in \mathscr{X}', \\ y &= \tilde{y} \wedge y', & \tilde{y} &\in \tilde{\mathscr{Y}}, & y' &\in \mathscr{Y}' \end{aligned} \tag{XV}$$

darstellbar sind. Daher bedeutet die Gleichung $x = \tilde{x} \wedge x' = 0$ der Voraussetzung 1) zufolge, daß entweder $\tilde{x} = 0$ oder $x' = 0$, dann aber auch

$$\varphi(\tilde{x}) \wedge \varphi(x') = 0 \tag{XVI}$$

gilt. Analog folgt aus (XVI) $\tilde{x} \wedge x' = 0$. Wir sehen, daß für jede der Abbildungen φ, φ^{-1} die Bedingungen des Satzes II.10 erfüllt sind und daher ein Isomorphismus Φ_0 der Unteralgebra $\mathscr{X}_0$ auf $\mathscr{Y}_0$ existiert, der φ fortsetzt. Daß dieser maßtreu ist, ist evident, weil jedes Element von $\mathscr{X}_0$ Summe endlich vieler paarweise disjunkter Elementarpolynome der Form (XV) ist, für die Bedingung 1) die Maßtreue gewährleistet. Nach Satz 11 ist der Isomorphismus Φ_0 eindeutig zu einem maßtreuen Isomorphismus Φ der Algebra $\mathscr{X}$ auf die Algebra $\mathscr{Y}$ fortsetzbar. Der Isomorphismus Φ heißt *direktes Produkt* der Isomorphismen $\tilde{\Phi}$ und Φ'.

Aufgaben zu Kapitel VI

1. Es sei $\mathfrak{X}$ eine vollständige atomlose B. A. mit dem Wahrscheinlichkeitsmaß μ; F eine beliebige wachsende Funktion auf $(-\infty, +\infty)$ mit den Eigenschaften $\sup F(x) = 1$, $\inf F(x) = 0$. Man zeige, daß es eine Zerlegung der Einheit $\mathfrak{f}$ gibt, für die bei beliebigem $x \in (-\infty, +\infty)$ die Gleichungen

$$F(x+0) = \mu\, e_x^+(\mathfrak{f}),$$
$$F(x-0) = \mu\, e_x^-(\mathfrak{f})$$

gelten.

2. Man beweise, daß folgende Eigenschaft des extremalen realisierenden Kompaktums $\mathfrak{Q}[\mathfrak{X}]$ zur Regularität der Algebra $\mathfrak{X}$ äquivalent ist: jede abzählbare Vereinigung abgeschlossener, nirgends dichter Mengen läßt sich in eine gewisse abgeschlossene nirgends dichte Menge vom Typ G_δ einbetten (Z. T. Dikanova).

3. Es sei $\mathfrak{X}$ eine vollständige normierbare Algebra. Man zeige, daß jedes auf der Algebra der zugleich offenen und abgeschlossenen Untermengen des Kompaktums $\mathfrak{Q}[\mathfrak{X}]$ definierte Maß μ eine abzählbar-additive Standardfortsetzung zuläßt, wobei die nirgends nierte Untermengen und nur diese das Maß Null erhalten.

4. Man konstruiere mittels des Kontinuumaxioms eine vollständige B. A., die eine Doppelfolge $\{x_{n\,m}\}$ mit folgenden Eigenschaften enthält:

a) $x_{n\,m} \downarrow 0$ für jedes $n = 1, 2, \ldots$;

b) $x_{n\,m_n} \xrightarrow{(o)} 1$ für eine beliebige wachsende Folge $\{m_n\}$.

KAPITEL VII

DIE STRUKTUR VOLLSTÄNDIGER BOOLESCHER ALGEBREN

In diesem Kapitel untersuchen wir die Struktur einer vollständigen BOOLEschen Algebra, wobei wir das Hauptaugenmerk auf normierte Algebren richten, da diese für die Anwendungen am wichtigsten sind. Der Hauptsatz über die Bedingungen, unter denen für eine gegebene Unteralgebra ein unabhängiges Komplement existiert, führt uns insbesondere auf die Aufzählung aller normierten Algebren. Wir beweisen bei dieser Gelegenheit einen auf D. MAHARAM zurückgehenden klassischen Satz, der 1942 erstmalig eine vollständige Klassifikation der Maßalgebren geliefert hat [54]. Für den Fall einer separierten normierten Algebra hat V. A. ROCHLIN Aussagen gewonnen, die zu gewissen Sätzen dieses Kapitels in engem Zusammenhang stehen. In den Arbeiten von V. A. ROCHLIN [76, 77] wird der „geometrische" Zugang zu den Problemen der Maßtheorie beschritten; Hauptuntersuchungsobjekte sind dabei die Maßräume und ihre „meßbaren Zerlegungen", die unseren „regulär eingebetteten Unteralgebren" entsprechen.

§ 1. Hauptsätze

In diesem Paragraphen beweisen wir die Hauptsätze über die Existenz und die Struktur unabhängiger Komplemente von Unteralgebren. Das Problem, das wir hier untersuchen, kann man „Einbettungsproblem" nennen. Es ist zu klären, in welcher Weise eine gegebene Unteralgebra in die zugrundeliegende BOOLEsche Algebra $\mathcal{X}$ eingebettet werden kann. Dabei geht es darum, daß zwei Unteralgebren wohl zueinander isomorph sein können, daß sie sich aber ihrer Einbettung in $\mathcal{X}$ nach scharf voneinander unterscheiden. Das Studium der wichtigsten Fälle (in erster Linie für eine normierte Algebra) macht das zentrale Problem dieses Paragraphen aus. Zugleich gelangen wir zu einer Klassifikation der homogenen normierten Algebren, die auf D. MAHARAM zurückgeht.

Zunächst erinnern wir daran, daß nach der in Kapitel II, § 2, Nr. 7 gegebenen Definition eine nichtleere Menge $E \subset \mathcal{X}$ *unabhängig* heißt, wenn alle Ungleichungen der Form

$$x_1 \wedge x_2 \wedge \cdots \wedge x_p \wedge C\,x_{p+1} \wedge \cdots \wedge C\,x_m > 0$$

erfüllt sind, wo $x_1, x_2, \ldots, x_m$ paarweise verschiedene Elemente der Menge E sind. Im Falle einer normierten Algebra $\mathcal{X}$ ist es sinnvoll, eine weitere Art von Unabhängigkeit zu betrachten, die mit dem in $\mathcal{X}$ vorliegenden Wahrscheinlichkeitsmaß μ zusammenhängt. Man sagt, die nichtleere Menge $E \subset \mathcal{X}$ sei *μ-unabhängig*, wenn für beliebiges m und beliebiges $p = 0, 1, \ldots, m$

$$\mu(x_1 \wedge x_2 \wedge \cdots \wedge x_p \wedge C\, x_{p+1} \wedge \cdots \wedge C\, x_m)$$
$$= \mu\, x_1\, \mu\, x_2 \cdots \mu\, x_p\, \mu\, C\, x_{p+1} \cdots \mu\, C\, x_m$$

gilt, wo $x_1, x_2, \ldots, x_m$ beliebige paarweise verschiedene Elemente aus E sind. Eine ähnliche „metrische" Unabhängigkeit haben wir bereits in Kapitel II betrachtet; dort ging es jedoch um ihren Zusammenhang mit der „algebraischen" Unabhängigkeit. Wir benötigen jetzt noch allgemeinere Unabhängigkeits- und μ-Unabhängigkeitsbegriffe für Klassen von Mengen.

Definition. Eine nichtleere Klasse $\mathcal{E}$ nichtleerer Mengen heißt *unabhängig* (*μ-unabhängig*), wenn eine beliebige endliche Menge von Null verschiedener Elemente, die einzeln aus paarweise verschiedenen Mengen der Klasse $\mathcal{E}$ gewählt sind, unabhängig (μ-unabhängig) ist. In diesem Falle sagen wir auch, die *Mengen* der Klasse $\mathcal{E}$ seien *unabhängig* (*μ-unabhängig*).

Im Hinblick auf die Definition einer einfachsten Unteralgebra (Kapitel II, § 1, Nr. 1) kann man sagen, daß die Unabhängigkeit (μ-Unabhängigkeit) einer nichtleeren Menge $E \subset \mathcal{X}$ zur Unabhängigkeit (μ-Unabhängigkeit) des Systems einfachster Unteralgebren äquivalent ist, die von den Elementen der Menge E erzeugt werden.

Wir führen jetzt den für das Weitere wichtigen Begriff des Produkts von Unteralgebren ein. Wir betrachten eine gewisse Klasse $\mathfrak{P}$ von Unteralgebren der vollständigen Booleschen Algebra $\mathcal{X}$. Man sagt, die Unteralgebra $\mathcal{X}_0$ der Algebra $\mathcal{X}$ sei *Produkt*[1]) der Unteralgebren der Klasse $\mathfrak{P}$, wenn die folgenden zwei Bedingungen erfüllt sind:

1) die Klasse $\mathfrak{P}$ ist unabhängig;

2) es besteht die Gleichung

$$\mathcal{X}_0 = \overline{\mathcal{X}\Big\langle \bigcup_{\mathcal{Y} \in \mathfrak{P}} \mathcal{Y} \Big\rangle}\,.$$

In diesem Falle schreiben wir

$$\mathcal{X}_0 = \prod_{\mathcal{Y} \in \mathfrak{P}} \mathcal{Y}$$

oder auch

$$\mathcal{X}_0 = \mathcal{Y}_1 \times \mathcal{Y}_2 \times \cdots \times \mathcal{Y}_m\,,$$

wenn

$$\mathfrak{P} = \{\mathcal{Y}_1, \mathcal{Y}_2, \ldots, \mathcal{Y}_m\}$$

ist.

Verständlich ist auch der Sinn der Bezeichnungen $\prod_{\xi \in \Xi} \mathcal{Y}_\xi$ und $\prod_{k=1}^{\infty} \mathcal{Y}_k$, die auf Familien von Unteralgebren anwendbar sind.

[1]) Gelegentlich wird der Begriff des Produkts etwas anders definiert (s. beispielsweise R. Sikorski [83], D. Kappos [40]).

Es sei $\mathfrak{X} = \mathfrak{X}_1 \times \mathfrak{X}_2$, wobei $\mathfrak{X}_1$, $\mathfrak{X}_2$ unabhängig (μ-unabhängig) sind. In diesem Falle sagen wir, jede dieser Unteralgebren sei *unabhängiges* (*μ-unabhängiges*) *Komplement* der anderen. Besonders wichtig ist der Fall der μ-Unabhängigkeit. Wir können jetzt unsere vordringliche Aufgabe so formulieren: Es sind die Bedingungen dafür festzustellen, daß eine gegebene regulär eingebettete Unteralgebra ein unabhängiges (μ-unabhängiges) Komplement besitzt.

Es sei $\tilde{\mathfrak{X}}$ eine regulär eingebettete Unteralgebra von $\mathfrak{X}$ und u ein gewisses Element von $\mathfrak{X}$. Ist $u \in \tilde{\mathfrak{X}}$, so stellt die Menge

$$E = P_u(\tilde{\mathfrak{X}}) = \{x \mid x = u \wedge \tilde{x}, \quad \tilde{x} \in \tilde{\mathfrak{X}}\}$$

eine Komponente der Unteralgebra $\tilde{\mathfrak{X}}$ dar; wir werden diese Komponente mit $\tilde{\mathfrak{X}}_u$ bezeichnen. Gilt jedoch $u \notin \tilde{\mathfrak{X}}$, so ist E nicht in $\tilde{\mathfrak{X}}$ enthalten, es stellt aber bei der natürlichen Halbordnung eine vollständige BOOLEsche Algebra mit dem Element u als Einselement dar. Diese Algebra werden wir in Einklang mit der früher angenommenen Terminologie *Spur der Unteralgebra* $\tilde{\mathfrak{X}}$ *in der Komponente* $\mathfrak{X}_u$ nennen und mit $[\tilde{\mathfrak{X}}]_u$ bezeichnen.

Wir zählen einige offensichtliche Eigenschaften der Operation der „Multiplikation" von Unteralgebren auf.

1. *Ist die unabhängige Klasse* $\mathfrak{P}$ *von Unteralgebren in eine Gesamtheit* Σ *durchschnittsfremder Unterklassen zerlegt und bilden die Unteralgebren* $\mathfrak{Y}_{\mathfrak{S}} = \prod\limits_{\mathfrak{Y} \in \mathfrak{S}} \mathfrak{Y}$ *mit* $\mathfrak{S} \in \Sigma$ *gleichfalls ein unabhängiges System, so ist*

$$\prod_{\mathfrak{Y} \in \mathfrak{P}} \mathfrak{Y} = \prod_{\mathfrak{S} \in \Sigma} \mathfrak{Y}_{\mathfrak{S}} . \tag{I}$$

Formel (I) drückt die Assoziativität der Multiplikation aus.

2. *Ist* $\tilde{\mathfrak{X}} = \prod\limits_{\mathfrak{Y} \in \mathfrak{P}} \mathfrak{Y}$, *so fällt bei beliebigem* $u > 0$ *die kleinste regulär eingebettete u-Unteralgebra, die alle Spuren* $[\mathfrak{Y}]_u$ *enthält, mit* $[\tilde{\mathfrak{X}}]_u$ *zusammen.* (Man darf jedoch $[\tilde{\mathfrak{X}}]_u$ nicht als Produkt dieser Spuren bezeichnen, da diese nicht unabhängig zu sein brauchen.)

Mit Produkten von Unteralgebren haben wir es faktisch bereits zum Schluß des vorangegangenen Kapitels zu tun gehabt. Im Beispiel I (S. 177) stellen nämlich die Algebren $\mathfrak{X}_0$ und $\mathfrak{Y}_0$ zugleich Produkte μ-unabhängiger Systeme einfachster Unteralgebren dar; Algebren dieser Bauart werden in diesem Kapitel die Hauptrolle spielen. Im Beispiel II (S. 178) haben wir es mit metrisch unabhängigen Paaren von Unteralgebren $\tilde{\mathfrak{X}}, \mathfrak{X}'$ und $\tilde{\mathfrak{Y}}, \mathfrak{Y}'$ zu tun gehabt. Dabei galten die Gleichungen

$$\mathfrak{X} = \tilde{\mathfrak{X}} \times \mathfrak{X}' , \qquad \mathfrak{Y} = \tilde{\mathfrak{Y}} \times \mathfrak{Y}' ,$$

so daß jede der Erzeugenden des Paares von Unteralgebren metrisch unabhängiges Komplement der anderen ist.

Wir wollen ein für das Weitere wichtiges Beispiel anführen. Die vollständige normierte Algebra $\mathfrak{X}$ werde in 2^n paarweise disjunkte Komponenten

$$\mathfrak{X}_1 = \mathfrak{X}_{u_1}, \quad \mathfrak{X}_2 = \mathfrak{X}_{u_2}, \ldots, \quad \mathfrak{X}_{2^n} = \mathfrak{X}_{u_{2^n}}$$

zerlegt, wobei $\mu\, u_1 = \mu\, u_2 = \cdots = \mu\, u_{2^n} = \frac{1}{2^n}$ ist. (Wie stets ist μ ein Wahrscheinlichkeitsmaß auf $\mathfrak{X}$.)

Wir betrachten die Unteralgebra

$$\mathfrak{X}_0 = \mathfrak{X}\langle u_1, u_2, \ldots, u_{2^n}\rangle .$$

Sie ist atomar, regulär eingebettet und enthält 2^{2^n} Elemente. Nach Satz II.8 ist diese Unteralgebra frei und besitzt ein unabhängiges System von Erzeugenden $z_1, z_2, \ldots, z_n$. Da das Maß μ auf $\mathfrak{X}_0$ das Grundmaß induziert, ist (s. S. 42,75) das System $z_1, z_2, \ldots, z_n$ auch metrisch unabhängig. Es bildet mit anderen Worten ein μ-unabhängiges System von Elementen von $\mathfrak{X}$; dabei ist $\mu\, z_1 = = \mu\, z_2 = \cdots = \mu\, z_n = \frac{1}{2}$.

Somit stellt die Unteralgebra $\mathfrak{X}_0$ in unserem Beispiel das Produkt eines μ-unabhängigen Systems aus n einfachsten Unteralgebren dar.

Definition. Es sei $\mathfrak{X}_u$ eine von Null verschiedene Komponente der Booleschen Algebra $\mathfrak{X}$ und $\tilde{\mathfrak{X}}$ eine regulär eingebettete Unteralgebra von $\mathfrak{X}$. Wir werden sagen, *$\tilde{\mathfrak{X}}$ sättige die Komponente $\mathfrak{X}_u$*, wenn $[\tilde{\mathfrak{X}}]_u = \mathfrak{X}_u$ ist. Insbesondere verhält es sich so, wenn $\mathfrak{X}_u = \tilde{\mathfrak{X}}_u$ ist. Wenn es keine solchen von Null verschiedenen Komponenten gibt, so wollen wir sagen, die Unteralgebra $\tilde{\mathfrak{X}}$ *sättige keine Komponenten.*

Im folgenden werden wir es häufig mit Unteralgebren zu tun haben, die keine Komponenten sättigen. Ist $\tilde{\mathfrak{X}}$ eine derartige Unteralgebra, so sieht man leicht, daß *jede Unteralgebra, die von $\tilde{\mathfrak{X}}$ und irgendeiner endlichen Menge erzeugt wird, gleichfalls keine von Null verschiedene Komponente sättigen kann. Wir* merken an, daß in einer atomaren Algebra jede Unteralgebra die Komponenten sättigt.

Wir geben jetzt ein Lemma an, das für alle weiteren Überlegungen grundlegend sein wird.

Lemma 1. *Es sei $\mathfrak{X}$ eine vollständige B. A. und $\tilde{\mathfrak{X}}$ eine reguläre eingebettete Unteralgebra von $\mathfrak{X}$. Dann existiert eine Zerlegung von $\mathfrak{X}$ in zwei Komponenten $\mathfrak{X}_{u_0}$ und $\mathfrak{X}_{v_0}$ mit den Eigenschaften:*

1) $u_0, v_0 \in \tilde{\mathfrak{X}}$;

2) $\tilde{\mathfrak{X}}_{u_0} = \mathfrak{X}_{u_0}$;

3) *es gibt ein $z \in \mathfrak{X}_{v_0}$, für das bei beliebigem von Null verschiedenem $x \in \tilde{\mathfrak{X}}_{v_0}$ die Ungleichungen*

$$\text{a) } z \wedge x > 0\,, \qquad \text{b) } (v_0 - z) \wedge x > 0$$

erfüllt sind (dabei ist nicht ausgeschlossen, daß eines der Elemente u_0, v_0 gleich dem Nullelement ist).

Beweis. Wir wenden Satz III.6 an, wobei wir als Menge A die Unteralgebra $\tilde{\mathcal{X}}$ nehmen. Jede regulär eingebettete Unteralgebra stellt eine d-reguläre Menge dar; der normale Kern $(\tilde{\mathcal{X}})^0$ bildet daher eine Komponente, deren obere Grenze wir auch mit u_0 bezeichnen. Wir haben somit $(\mathcal{X})^0 = \mathcal{X}_{u_0} = \tilde{\mathcal{X}}_{u_0}$, $u_0 \in \tilde{\mathcal{X}}$. Danach setzen wir $v_0 = C\,u_0$ und konstruieren das in der Formulierung des Lemmas genannte Element z. Zu diesem Zweck bilden wir die Menge $V = \{v\}$, die wir folgendermaßen definieren: Die Inklusion $v \in V$ bedeute daß $v \in \tilde{\mathcal{X}}_{v_0}$, $v > 0$ ist und daß es ein Element $z_v \in (\tilde{\mathcal{X}} \setminus \mathcal{X})^0$ gibt, das der Ungleichung $0 < z_v < v$ mit $v = \inf\{x \mid x \in \tilde{\mathcal{X}},\ x \geqq z_v\}$ genügt. Wir überzeugen uns davon, daß die Menge V für $v_0 > 0$ nichtleer und minorant in $\tilde{\mathcal{X}}_{v_0}$ ist. In der Tat wissen wir, daß die Komponente $\mathcal{X}_{u_0}$ mit dem disjunkten Komplement der Menge $(\mathcal{X} \setminus \tilde{\mathcal{X}})^0$ zusammenfällt, die infolgedessen in der Komponente $(\mathcal{X}_{u_0})^{\mathrm{d}} = \mathcal{X}_{v_0}$ vollständig ist. Eine vollständige und normale Menge ist stets minorant; daher ist $(\mathcal{X} \setminus \tilde{\mathcal{X}})^0$ in $\tilde{\mathcal{X}}_{v_0}$ minorant. Zu jedem von Null verschiedenen Element $x_0 \in \tilde{\mathcal{X}}_{v_0}$ gibt es ein $z_0 \in (\mathcal{X} \setminus \tilde{\mathcal{X}})^0$, das der Ungleichung $0 < z_0 < x_0$ genügt. Wir setzen $v = \inf\{x \mid x \in \tilde{\mathcal{X}},\ x \geqq z_0\}$. Es ist klar, daß $v \in V$ und $0 < v \leqq x_0$ gilt. Als z_v kann man z_0 annehmen. Somit ist V nichtleer und in $\mathcal{X}_{v_0}$ minorant. Wir können aus V eine in der Komponente $\mathcal{X}_{v_0}$ vollständige disjunkte Untermenge V^* auszeichnen. Wir definieren jetzt das Element z durch die Gleichung

$$z = \bigvee_{v \in V^*} z_v$$

und prüfen nach, daß es die geforderten Eigenschaften besitzt. Es sei $x \in \tilde{\mathcal{X}}_{v_0}$, $x > 0$. Wir haben

$$x \wedge z = \bigvee_{v \in V^*} x \wedge z_v = \bigvee_{v \in V^*} x \wedge v \wedge z_v = \bigvee_{v \in V^*} x_v \wedge z_v$$

mit

$$x_v = x \wedge v \in \tilde{\mathcal{X}}\,, \qquad v \in V^*\,.$$

Da $x > 0$ und V^* in $\mathcal{X}_{v_0}$ vollständig ist, gilt

$$x = \bigvee_{v \in V^*} x_v\,,$$

und für ein gewisses $\bar{v} \in V^*$ ist $x_{\bar{v}} > 0$. Hieraus folgt

$$\bar{v} - x_{\bar{v}} < \bar{v}\,.$$

Berücksichtigen wir noch, daß $\bar{v} = \inf\{x \mid x \in \tilde{\mathcal{X}},\ x \geqq z_{\bar{v}}\}$ und daß $\bar{v} - x_{\bar{v}} \in \tilde{\mathcal{X}}$ ist, so erhalten wir

$$z_{\bar{v}} \not\leqq \bar{v} - x_{\bar{v}}$$

oder, was auf dasselbe hinausläuft,

$$x_{\bar{v}} \wedge z_{\bar{v}} > 0\,.$$

Daher gilt

$$x \wedge z \geqq x_{\bar{v}} \wedge z_{\bar{v}} > 0 .$$

Wir schätzen jetzt das Element $x \wedge (v_0 - z)$ ab. Unter Beibehaltung der früheren Bezeichnungen bekommen wir

$$x \wedge (v_0 - z) = \bigvee_{v \in V^*} x_v \wedge (v - z_v) .$$

Es sei wie oben $x_{\bar{v}} > 0$. Wir haben $x_{\bar{v}} \in \tilde{\mathcal{X}}$, $z_{\bar{v}} \in (\mathcal{X} \setminus \tilde{\mathcal{X}})^0$. Daher ist $x_{\bar{v}} \notin \mathcal{X}_{z_{\bar{v}}}$. Hieraus folgt $(\bar{v} - z_{\bar{v}}) \wedge x_{\bar{v}} > 0$. Dann ist aber

$$x \wedge (v_0 - z) \geqq x_{\bar{v}} \wedge (\bar{v} - z_{\bar{v}}) > 0 .$$

Somit gilt

$$x \wedge z > 0 , \qquad x \wedge (v_0 - z) > 0$$

für beliebiges von Null verschiedenes $x \in \tilde{\mathcal{X}}_{v_0}$. Das Lemma ist damit bewiesen.

Bemerkung. Aus dem Beweis ist ersichtlich, daß die Komponente $\mathcal{X}_{u_0}$ mit dem normalen Kern der Unteralgebra $\tilde{\mathcal{X}}$ zusammenfällt. Es ist leicht zu sehen, daß es eine weitere Zerlegung von $\mathcal{X}$ in disjunkte Komponenten, die die Eigenschaften 1)—3) besitzt, nicht gibt. Die Eindeutigkeit geht jedoch bereits in beträchtlichem Maße verloren, wenn man von der Bedingung 1) absieht.

Das eben bewiesene Lemma ist natürlich nicht nur auf die Algebra $\mathcal{X}$, sondern auch auf eine beliebige von Null verschiedene Komponente $\mathcal{X}_y$ von ihr anwendbar. An Stelle der Unteralgebra $\tilde{\mathcal{X}}$ muß man in diesem Falle ihre Spur $[\tilde{\mathcal{X}}]_y$ betrachten. Am interessantesten ist für uns der Fall, daß $\tilde{\mathcal{X}}$ keine einzige Komponente $\mathcal{X}_{y'}$ mit $y' \leqq y$ sättigt. Dann haben wir $u_0 = 0$, $v_0 = y$. Infolgedessen gibt es ein Element $z \in \mathcal{X}_y$, so daß stets, wenn $x \in \tilde{\mathcal{X}}$ und $x \wedge y > 0$ ist, die Ungleichungen

$$x \wedge z = x \wedge y \wedge z > 0 , \qquad x \wedge (y - z) = x \wedge y \wedge (y - z) > 0 \tag{II}$$

erfüllt sein müssen. Setzen wir jetzt

$$\bar{x} = \inf \{ x \mid x \in \tilde{\mathcal{X}} , \quad x \geqq y \} , \tag{III}$$

so bemerken wir mühelos, daß für jedes von Null verschiedene Element $x \in \tilde{\mathcal{X}}_{\bar{x}}$ $x \wedge y > 0$ gilt, woraus die Ungleichung (II) folgt. Wir gelangen somit zu folgender Aussage:

Lemma 2. *Es sei $\mathcal{X}$ eine vollständige B. A., $\tilde{\mathcal{X}}$ eine regulär eingebettete Unteralgebra von $\mathcal{X}$, $y \in \mathcal{X}$, $y > 0$, und das Element $\bar{x}$ werde durch die Gleichung* (III) *definiert. Wenn dann $\tilde{\mathcal{X}}$ keine einzige der Komponenten $\mathcal{X}_{y'}$ mit $y' \leqq y$ sättigt, so gibt es ein Element z_y mit den Eigenschaften:*

1) $z_y \leqq y$;
2) *für jedes $x \in \tilde{\mathcal{X}}_{\bar{x}}^{+}$ gelten die Ungleichungen*

$$z_y \wedge x > 0 , \qquad (y - z_y) \wedge x > 0 .$$

Ist $y = 1$, so bedeuten die Bedingungen 1) und 2) die Unabhängigkeit der Unteralgebra $\tilde{\mathfrak{X}}$ und der von dem Element z erzeugten einfachsten Unteralgebra.

Lemma 3. *Es sei $\tilde{\mathfrak{X}}$ eine regulär eingebettete Unteralgebra der vollständigen B. A. $\mathfrak{X}$, die keine einzige Komponente sättigt, und u ein beliebiges Element von $\mathfrak{X}$. Dann gibt es ein Element $z \in \mathfrak{X}$ mit den Eigenschaften:*

1) *die einfachste Unteralgebra $\mathfrak{X}^z = \{z, C\,z, 0, 1\}$ und die Unteralgebra $\tilde{\mathfrak{X}}$ sind unabhängig;*

2) *das Element u ist in der von der Unteralgebra $\tilde{\mathfrak{X}}$ und dem Element z erzeugten Unteralgebra $\mathfrak{X}$ enthalten.*

Beweis. Wir setzen

$$\bar{x} = \inf\{x \mid x \in \tilde{\mathfrak{X}}, \quad x \geqq u\},$$
$$\underline{x} = \sup\{x \mid x \in \tilde{\mathfrak{X}}, \quad x \leqq u\},$$
$$v = \bar{x} - \underline{x}.$$

Ist $v = 1$, so setzen wir $z = u$. Ist $v = 0$, so ist $u \in \tilde{\mathfrak{X}}$, und man kann als z ein beliebiges Element wählen, das der Bedingung 1) genügt. Lemma 2 zufolge existieren sicher derartige Elemente. Es sei $v \neq 0, 1$. Da keine einzige in der Komponente $\mathfrak{X}_{C\,v}$ enthaltene Komponente von der Unteralgebra $\tilde{\mathfrak{X}}$ gesättigt wird, gibt es ein Element $z' \in \mathfrak{X}_{C\,v}$, das bei beliebigem von Null verschiedenem $x \in \tilde{\mathfrak{X}}_{C\,v}$ den Ungleichungen

$$x \wedge z' > 0, \qquad x \wedge (C\,v - z') > 0$$

genügt. Setzen wir $z = z' + v \wedge u$ und bemerken, daß $x \wedge v \in \tilde{\mathfrak{X}}$ für $x \in \tilde{\mathfrak{X}}$ ist, so bekommen wir

$$x \wedge z = C\,v \wedge x \wedge z' + x \wedge v \wedge u > 0$$

und

$$x \wedge C\,z = C\,v \wedge x \wedge C\,z' + (v - v \wedge u) \wedge x > 0$$

für jedes von Null verschiedene $x \in \tilde{\mathfrak{X}}$. Außerdem ist

$$u = \underline{x} + z \wedge v \in \mathfrak{X}'.$$

Das Lemma ist damit bewiesen.

Im Falle einer normierten Algebra ersetzt Lemma 3 eine weniger triviale Aussage, deren Formulierung wir unten geben. Zur Vorbereitung beweisen wir ein Lemma, das den Hauptteil der Schwierigkeiten in sich enthält.

Lemma 4. *Es sei $\mathfrak{X}$ eine normierte B. A., μ ein Wahrscheinlichkeitsmaß auf $\mathfrak{X}$ und $\tilde{\mathfrak{X}}$ eine regulär eingebettete Unteralgebra, die keine einzige von Null verschiedene Komponente sättigt. Zu jeder Wahl eines Elements $u \in \mathfrak{X}$ und einer natürlichen Zahl n existiert ein aus n Elementen bestehendes disjunktes System $Z = Z_{\tilde{\mathfrak{X}},n} = \{z_k\}_{k=1}^n$, das die folgenden Eigenschaften besitzt:*

1) *für jedes* $x \in \widetilde{\mathfrak{X}}^+$ *gilt die Gleichung*

$$\mu(x \wedge z_k) = \mu x \, \mu z_k \qquad (k = 1, 2, \ldots, n) .$$

2) *es gibt ein Element* u', *das der Unteralgebra* $\mathfrak{X}\langle \widetilde{\mathfrak{X}}, Z\rangle$ *angehört und für das*

$$\mu\, |u - u'| \leqq \frac{2}{n}$$

gilt.

Der Beweis des Lemmas stützt sich auf eine Reihe von Hilfsaussagen.

Wir setzen für beliebige $x \in \widetilde{\mathfrak{X}}^+$, $y \in \mathfrak{X}$

$$\overline{h}(x, y) = \sup_{x' \in \widetilde{\mathfrak{X}}_x^+} \frac{\mu(x' \wedge y)}{\mu x'} ,$$

$$\underline{h}(x, y) = \inf_{x' \in \widetilde{\mathfrak{X}}_x^+} \frac{\mu(x' \wedge y)}{\mu x} .$$

Diese Zahlen könnte man „äußere Breite“ und „innere Breite“ des Elements y bezüglich der Menge $\widetilde{\mathfrak{X}}_x$ nennen. Es ist klar, daß stets $0 \leqq \underline{h}(x, y) \leqq \overline{h}(x, y) \leqq 1$ gilt. Die Gleichung $\overline{h}(x, y) = \underline{h}(x, y) = \eta$ bedeutet, daß $\mu(x' \wedge y) = \eta\, \mu x'$ für alle $x' \in \widetilde{\mathfrak{X}}_x$ gelten muß.

1. *Für beliebige Elemente* $u \in \mathfrak{X}$, $\bar{x} \in \widetilde{\mathfrak{X}}^+$ *und eine reelle Zahl* $\varepsilon > 0$ *kann man ein Element* $\bar{\bar{x}} \in \widetilde{\mathfrak{X}}$ *finden, das der Ungleichung* $0 < \bar{\bar{x}} \leqq \bar{x}$ *genügt und für das*

$$\overline{h}(\bar{\bar{x}}, u) - \underline{h}(\bar{\bar{x}}, u) \leqq \varepsilon$$

ist.

Zum Beweis setzen wir $a \in \underline{h}(\bar{x}, u) + \varepsilon$ und betrachten die aus allen den $x \in \widetilde{\mathfrak{X}}_{\bar{x}}$ bestehende Menge A, für die die Ungleichung $\mu(x \wedge u) < a\, \mu x$ erfüllt ist.

Auf Grund der Definition der Zahl $\underline{h}(\bar{x}, u)$ gibt es ein von Null verschiedenes Element $x' \in \widetilde{\mathfrak{X}}_{\bar{x}}$, das der Ungleichung

$$\mu(x' \wedge u) < a\, \mu x'$$

genügt. Wir sehen, daß A^+ nichtleer ist, da $x' \in A^+$ ist. Wir bemerken, daß die Menge $A' = \widetilde{\mathfrak{X}}_{\bar{x}} \setminus A$ offensichtlich d-regulär ist, und wenden Satz III.7 auf die B. A. $\widetilde{\mathfrak{X}}_{\bar{x}}$ an. Diesem Satz zufolge enthält der normale Kern A^0 ein von Null verschiedenes Element $\bar{\bar{x}}$. Da die ganze Komponente $\widetilde{\mathfrak{X}}_{\bar{\bar{x}}}$ zu A gehört, gilt

$$\overline{h}(\bar{\bar{x}}, u) = \sup_{x \in \widetilde{\mathfrak{X}}_{\bar{\bar{x}}}^+} \frac{\mu(x \wedge u)}{\mu x} \leqq a .$$

Gleichzeitig gilt $h(\bar{\bar{x}}, u) \geqq \underline{h}(\bar{x}, u)$, so daß $\overline{h}(\bar{\bar{x}}, u) - \underline{h}(\bar{\bar{x}}, u) \leqq \overline{h}(\bar{\bar{x}}, u) - \underline{h}(\bar{x}, u) \leqq a - \underline{h}(\bar{x}, u) = \varepsilon$ folgt, was gerade gefordert war.

2. *Zu einem beliebigen Element $v \in \mathfrak{X}^+$ und einer beliebigen reellen Zahl $\varepsilon > 0$ kann man ein Element $w \in \mathfrak{X}_v^+$ aufweisen, das der Ungleichung*

$$\bar{h}(1, w) \leqq \varepsilon$$

genügt.

Zum Beweis ziehen wir Lemma 2 heran. Voraussetzungsgemäß sättigt die Unteralgebra $\tilde{\mathfrak{X}}$ keine einzige von Null verschiedene Komponente. Daher kann man jedem $y > 0$ ein Element $z_y < y$ zuordnen, das den Ungleichungen

$$z_y \wedge x > 0\,, \qquad (y - z_y) \wedge x > 0$$

für alle $x \in \tilde{\mathfrak{X}}^+$, $x \leqq \bar{x}_y = \inf\{x \mid x \in \tilde{\mathfrak{X}},\, x \geqq y\}$ genügt. Wenden wir Lemma 2 nacheinander auf die von Null verschiedenen Elemente

$$y_0 = v\,, \qquad y_1 = y_0 - z_{y_0}\,, \qquad y_2 = y_1 - z_{y_1}, \ldots$$

an, so erhalten wir eine disjunkte Folge $\{z_{y_k}\}_{k=1}^{\infty}$, deren Elemente für alle $x \in \tilde{\mathfrak{X}}^+$, $x \leqq \bar{x}_{y_k} = \bar{x}_{y_0}$ den Ungleichungen

$$x \wedge z_{y_k} > 0\,, \qquad x \wedge (y_k - z_{y_k}) > 0 \tag{IV}$$

genügen (aus der zweiten Ungleichung folgt zugleich auch, daß alle $y_k > 0$ sind). Es ist klar, daß $\mu\, z_{y_k} \to 0$ gilt.

Wir halten nach Belieben das von Null verschiedene Element $x_0 \in \tilde{\mathfrak{X}}_{\bar{x}_v}$ fest und wählen den Index $\bar{k}$ derart, daß die Ungleichung

$$\mu\,(x_0 \wedge z_{y_{\bar{k}}}) < \varepsilon\, \mu\, x_0$$

erfüllt ist. Wir bilden eine Menge A, indem wir zu ihr alle $x \in \tilde{\mathfrak{X}}_{\bar{x}_v}$ rechnen, die der Ungleichung

$$\mu\,(x \wedge z_{y_{\bar{k}}} < \varepsilon\, \mu\, x$$

genügen. Wir sehen, daß A^+ nichtleer ist, während die Menge $A' = \tilde{\mathfrak{X}} \setminus A$ d-regulär ist. Indem wir wiederum Satz III.7 heranziehen, schließen wir, daß der normale Kern A^0 ein von Null verschiedenes Element x^* enthält. Wir setzen $w = z_{y_{\bar{k}}} \wedge x^*$. Wir haben für beliebiges $x \in \tilde{\mathfrak{X}}^+$

$$\frac{\mu\,(x \wedge w)}{\mu\, x} = \frac{\mu\,(x \wedge x^* \wedge z_{y_{\bar{k}}})}{\mu\, x} \leqq \frac{\varepsilon\, \mu\,(x \wedge x^*)}{\mu\, x} \leqq \varepsilon\,.$$

Mit anderen Worten ist

$$\bar{h}(1, w) \leqq \varepsilon\,.$$

Da zugleich $x^* \in \tilde{\mathfrak{X}}_{\bar{x}_v}^+$ ist, schließen wir unter Benutzung der ersten Ungleichung von (IV), daß

$$v = y_0 \geqq w = x^* \wedge z_{y_{\bar{k}}} > 0\,,$$

d. h. $w \in \mathfrak{X}_v^+$, gilt. Die Aussage 2. ist damit bewiesen.

Es sei jetzt $y \in \mathfrak{X}^+$ und η eine beliebige positive Zahl. Wir bilden die Menge D_η, indem wir zu ihr genau diejenigen Elemente $w \in \mathfrak{X}_y$ zählen, für die

$$\overline{h}(\mathbf{1}, w) \leqq \eta$$

gilt.

3. *Die Menge D_η enthält maximale Elemente.*

Man muß sich davon überzeugen, daß auf D_η das ZORNsche Lemma anwendbar ist. Wir betrachten eine beliebige Kette $C \subset D_\eta$. Für beliebiges $w \in C$ haben wir $\overline{h}(\mathbf{1}, w) \leqq \eta$. Hieraus folgt die für jedes $x \in \widetilde{\mathfrak{X}}$ gültige Ungleichung

$$\mu\,(w \wedge x) \leqq \eta\,\mu\,x\,.$$

Wegen der Stetigkeit des Maßes ist

$$\mu\,(\sup C \wedge x) \leqq \eta\,\mu\,x\,.$$

Da dies für beliebiges $x \in \widetilde{\mathfrak{X}}$ gilt, ist

$$\sup_{x \in \widetilde{\mathfrak{X}}^+} \frac{\mu\,(\sup C \wedge x)}{\mu\,x} = \overline{h}(\mathbf{1}, \sup C) \leqq \eta\,.$$

Das bedeutet, daß $\sup C \in D_\eta$ ist[1]). Wir sehen, daß eine beliebige Kette $C \subset D_\eta$ in D_η nach oben beschränkt ist und nach dem ZORNschen Lemma in D_η maximale Elemente enthalten sind.

4. *Wenn $\underline{h}(\bar{x}, u) \geqq \eta \geqq 0$ ist, so gibt es ein Element $z \leqq \bar{x} \wedge u$ mit*

$$\underline{h}(\bar{x}, z) = \overline{h}(\bar{x}, z) = \eta\,.$$

Zum Beweis bilden wir ebenso wie oben die Menge D_η, indem wir als y das Element $\bar{x} \wedge u$ nehmen. Es sei z ein maximales Element von D_η, wie es nach 3. existiert.

Wir zeigen jetzt, daß für alle $x \in \widetilde{\mathfrak{X}}_{\bar{x}}$ die Gleichung

$$\mu\,(x \wedge z) = \eta\,\mu\,x$$

besteht. Es ist klar, daß stets $\mu\,(x \wedge z) \leqq \eta\,\mu\,x$ ist. Angenommen, für ein gewisses $x^* \in \widetilde{\mathfrak{X}}_{\bar{x}}$ bestehe die strenge Ungleichung

$$\eta\,\mu\,x^* - \mu\,(x^* \wedge z) > 0\,.$$

Wir wählen ein $\varepsilon > 0$ derart, daß die Ungleichung

$$(\eta - \varepsilon)\,\mu\,x^* - \mu\,(x^* \wedge z) > 0$$

erfüllt wird, und betrachten die Menge A, die aus allen $x \in \widetilde{\mathfrak{X}}_{\bar{x}}$ besteht, die der Bedingung

$$(\eta - \varepsilon)\,\mu\,x - \mu\,(x \wedge z) > 0$$

genügen. Diese Menge enthält ein von Null verschiedenes Element x^*; außerdem ist die Komplementärmenge $A' = \widetilde{\mathfrak{X}}_{\bar{x}} \setminus A$ d-regulär. Daher gibt es ein von Null verschiedenes Element x^+, das dem normalen Kern A^0 angehört.

[1]) Es ist klar, daß $\sup C \leqq y$ ist.

Für alle $x \in \tilde{\mathfrak{X}}_{x^+}$ haben wir

$$\mu(x \wedge z) \leqq (\eta - \varepsilon)\,\mu x .$$

Wir setzen jetzt

$$v = u \wedge x^+ \wedge C z .$$

Dieses Element ist vom Nullelement verschieden: Anderenfalls würde nämlich die Ungleichung $u \wedge x^+ \leqq z$ gelten, dann bekämen wir aber die Abschätzung

$$\underline{h}(\bar{x}, u) \leqq \frac{\mu(u \wedge x^+)}{\mu x^+} \leqq \frac{\mu(z \wedge x^+)}{\mu x^+} \leqq \eta - \varepsilon < \eta ,$$

was unmöglich ist, weil $\eta \leqq \underline{h}(\bar{x}, u)$ ist. Wir ziehen die Aussage 2. heran und wählen ein von Null verschiedenes Element $w \in \mathfrak{X}_v$, so daß die Ungleichung

$$\overline{h}(\mathbf{1}, w) \leqq \varepsilon$$

erfüllt ist. Wir setzen $z^* = z + w$. Es ist klar, daß $\bar{x} \wedge u \geqq z^* > z$ gilt. Gleichzeitig ist für beliebiges $x \in \tilde{\mathfrak{X}}^+$

$$\begin{aligned}\mu(x \wedge z^*) &= \mu(x \wedge C x^+ \wedge z^*) + \mu(x \wedge x^+ \wedge z^*)\\ &= \mu(x \wedge C x^+ \wedge z) + \mu(x \wedge x^+ \wedge z) + \mu(x \wedge x^+ \wedge w)\\ &\leqq \eta\,\mu(x \wedge C x^+) + (\eta - \varepsilon)\,\mu(x \wedge x^+) + \varepsilon\,\mu(x \wedge x^+)\\ &= \eta\,[\mu(x \wedge C x^+) + \mu(x \wedge x^+)] = \eta\,\mu x ,\end{aligned}$$

woraus

$$\overline{h}(\mathbf{1}, z^*) \leqq \eta$$

folgt.

Mit anderen Worten ist $z^* \in D_\eta$. Das ist unmöglich, weil $z^* > z$ ist, während z maximales Element von D_η ist. Somit bekommen wir für alle $x \in \mathfrak{X}_{\bar{x}}^{\pm}$

$$\frac{\mu(x \wedge z)}{\mu x} = \eta ,$$

d. h.

$$\overline{h}(\bar{x}, z) = \underline{h}(\bar{x}, z) = \eta .$$

Die Aussage 4. ist damit bewiesen.

Für die Elemente $x \in \tilde{\mathfrak{X}}$ und $z \in \mathfrak{X}$ gelte jetzt

$$\overline{h}(x, z) = \underline{h}(x, z) = \eta_0 > 0 .$$

Wir setzen für beliebiges $n = 2, 3, \ldots$

$$\eta = \frac{1}{n}\,\eta_0$$

und wenden die Aussage 4. an. Wir erhalten ein Element $z_1 \leqq z$, das der Beziehung

$$\overline{h}(x, z_1) = \underline{h}(x, z_1) = \eta$$

genügt. Man sieht leicht ein, daß gleichzeitig

$$\overline{h}(x, z - z_1) = \underline{h}(x, z - z_1) = \eta_0 - \eta = \frac{n-1}{n}\eta_0 \geqq \eta$$

gilt. Daher kann man auf die Elemente x und $z - z_1$ wiederum die Aussage 4. anwenden usf., genau n-mal. Wir sehen also, daß folgende Aussage gilt:

5. *Wenn $\overline{h}(x, z) = h(x, z) = \eta$ ist, so gibt es für eine beliebige natürliche Zahl n eine Zerlegung des Elements z in n disjunkte Summanden $z_1, z_2, \ldots, z_n$, die der Bedingung*

$$\overline{h}(x, z_k) = \underline{h}(x, z_k) = \frac{1}{n}\eta \qquad (k = 1, 2, \ldots, n)$$

genügen.

Wir gehen zur Endetappe des Beweises des Lemmas über. Wir setzen $\varepsilon = \frac{2}{n}$ und bilden die Menge

$$E = \left\{x \,\middle|\, x \in \widetilde{\mathfrak{X}},\ \ \overline{h}(x, u) - \underline{h}(x, u) < \frac{\varepsilon}{2}\right\}.$$

Zufolge von 1. ist diese Menge in $\widetilde{\mathfrak{X}}$ minorant. Daher gibt es ein disjunktes System S von Elementen von E, dessen Supremum gleich **1** ist. Wir ordnen jedem $x \in S$ eine nichtnegative ganze Zahl m_x zu, so daß die Ungleichung

$$\underline{h}(x, u) - \frac{\varepsilon}{2} \leqq \frac{m_x}{n} < \underline{h}(x, u)$$

besteht. Unter Benutzung von 4. konstruieren wir für jedes $x \in S$ ein Element $z = z(x) \leqq x \wedge u$ mit der Eigenschaft

$$\underline{h}(x, z) = \overline{h}(x, z) = \frac{m_x}{n}.$$

Dann ist offensichtlich

$$\underline{h}(x, x - z) = \overline{h}(x, x - z) = \frac{n - m_x}{n}.$$

Indem wir 5. auf die Elemente z und $x - z$ anwenden, konstruieren wir ein disjunktes System von Elementen $z_1(x), z_2(x), \ldots, z_n(x)$, so daß für beliebiges $k = 1, 2, \ldots, n$

$$\underline{h}\big(x, z_k(x)\big) = \overline{h}\big(x, z_k(x)\big) = \frac{1}{n}$$

und

$$\bigvee_{k=1}^{m_x} z_k(x) = z(x) \leqq x \wedge u$$

gilt. Wir setzen jetzt

$$z = \sum_{x \in S} z_k(x).$$

Da für beliebiges $k = 1, 2, \ldots, n$ alle $z_k(x)$ mit $x \in S$ paarweise disjunkt sind, bekommen wir für jedes $x_0 \in \widetilde{\mathfrak{X}}$

$$\mu(x_0 \wedge z_k) = \sum_{x \in S} \mu\big(x_0 \wedge z_k(x) \wedge x\big) = \frac{1}{n} \sum_{x \in S} \mu(x_0 \wedge x) = \frac{1}{n}\mu x_0.$$

Setzen wir hierin $x_0 = 1$, so bekommen wir das Maß von z_k: es ist gleich $\frac{1}{n}$. Daher ist für alle $x_0 \in \widetilde{\mathscr{X}}$, $k = 1, 2, \ldots$

$$\mu\,(x_0 \wedge z_k) = \mu\, x_0\, \mu\, z_k\,.$$

Die Elemente $z_1, z_2, \ldots, z_n$ bilden zugleich das gesuchte System Z. Es bleibt noch ein approximierendes Element u' zu konstruieren. Wir setzen

$$u' = \sum_{x \in S} \bigvee_{k=1}^{m_x} z_k(x) = \sum_{x \in S} z(x)\,.$$

Offensichtlich ist $u' \in \overline{\mathscr{X}\langle\widetilde{\mathscr{X}}, Z\rangle}$. Dabei ist $u' \leqq u$, und es gilt die Abschätzung

$$\mu\,|u - u'| = \mu\,(u - u') = \sum_{x \in S} \mu\,[(u - u') \wedge x] \leqq \sum_{x \in S} \overline{h}\,(x, u - u')\,\mu\, x\,.$$

Für beliebiges $x \in S$ haben wir

$$\begin{aligned} \overline{h}\,(x, u - u') &= \sup_{x'} \frac{\mu\,(x' \wedge (u - u'))}{\mu\, x'} \\ &\leqq \sup_{x'} \left[\frac{\mu\,(x' \wedge u)}{\mu\, x'} - \_(x, u')\right] \leqq \overline{h}(x, u) - \underline{h}(x, u') \\ &= \overline{h}(x, u) - \frac{m_x}{n} \leqq \underline{h}(x, u) + \frac{\varepsilon}{2} - \underline{h}(x, u) + \frac{\varepsilon}{2} = \varepsilon\,. \end{aligned}$$

Daher bekommen wir endgültig

$$\mu\,(|u - u'|) \leqq \varepsilon \sum_{x \in S} \mu\, x \leqq \varepsilon = \frac{2}{n}\,.$$

Wir beweisen jetzt eine Aussage, die für den „metrischen" Fall als Analogon von Lemma 3 fungiert.

Lemma 5. *Unter den Bedingungen von Lemma 4 gibt es für ein beliebiges $u \in \mathscr{X}$ ein abzählbares μ-unabhängiges System Z von Elementen mit den Eigenschaften:*

1) $u \in \overline{\mathscr{X}\langle\widetilde{\mathscr{X}}, Z\rangle}$,
2) *die Unteralgebren $\widetilde{\mathscr{X}}$ und $\overline{\mathscr{X}\langle Z\rangle}$ sind μ-unabhängig;*
3) $\mu\, z = \frac{1}{2}$ *für jedes $z \in Z$.*

Die Bedingung 1) bedeutet, daß das Element u dem Produkt der Unteralgebren $\widetilde{\mathscr{X}}$ und $\mathscr{X}\langle Z\rangle$ angehört.

Beweis. Wir konstruieren mit Hilfe des vorstehenden Lemmas eine Kette disjunkter Systeme $\{Z^n\}$ und Unteralgebren $\{\mathscr{Y}_n\}$, indem wir sukzessive

$$\begin{aligned} &\mathscr{Y}_0 = \widetilde{\mathscr{X}}; \qquad Z^1 = Z_{\mathscr{Y}_0, 2}\,, \qquad \mathscr{Y}_1 = \overline{\mathscr{X}\langle\mathscr{Y}_0, Z^1\rangle}\,; \\ &Z^2 = Z_{\mathscr{Y}_1, 2^2}\,, \qquad \mathscr{Y}_2 = \overline{\mathscr{X}\langle\mathscr{Y}_1, Z^2\rangle}; \ldots \\ &Z^n = Z_{\mathscr{Y}_{n-1}, 2^n}\,, \qquad \mathscr{Y}_n = \overline{\mathscr{X}\langle\mathscr{Y}_{n-1}, Z^n\rangle}\,; \ldots \end{aligned} \tag{V}$$

setzen. Davon, daß diese Definition korrekt ist, überzeugt man sich leicht, indem man bemerkt, daß keine der Unteralgebren $\mathcal{Y}_n$ die Komponenten sättigen kann, da sie von der Unteralgebra $\tilde{\mathcal{X}}$ und der endlichen Menge $\bigcup_{k=1}^{n} Z^k$ erzeugt wird (s. S. 183). Daher kann man bei jedem Konstruktionsschritt Lemma 4 anwenden, so daß sich die Systeme Z^k tatsächlich sukzessive nach den Formeln (V) definieren lassen. Dabei enthält offensichtlich jede der Unteralgebren $\mathcal{Y}_n$ ein Element, das von dem Element u um höchstens $\frac{1}{2^{n-1}}$ abweicht. Daher erhalten wir, wenn wir die Vereinigung dieser Unteralgebren abschließen, eine Menge, die u enthält.

Aus dem Verfahren, nach dem die Systeme Z^k konstruiert sind, geht hervor, daß sie eine μ-unabhängige Klasse von Mengen bilden (dies läßt sich mühelos durch Induktion nachweisen, wenn man die Inklusionen $Z^k \subset \mathcal{Y}_k$ berücksichtigt). Wir ziehen jetzt die endlichen Unteralgebren

$$\tilde{\mathcal{X}}_k = \overline{\mathcal{X}\langle Z^k \rangle}$$

in Betracht. Jede derselben wird durch eine disjunkte Zerlegung des Einselements erzeugt; jedes Element $x \in \tilde{\mathcal{X}}_k$ stellt infolgedessen eine endliche Summe von Elementen des Systems Z^k dar. Daher bilden, wie eine einfache Rechnung zeigt, nicht nur die Systeme Z^k, sondern auch die von ihnen erzeugten Unteralgebren $\tilde{\mathcal{X}}_k$ eine μ-unabhängige Klasse von Mengen.

Ferner enthält jede der Unteralgebren $\tilde{\mathcal{X}}_k$, da sie durch eine Zerlegung der Einheit in 2^k Summanden von gleichem Maß erzeugt wird, ein μ-unabhängiges System aus k Erzeugenden $\{z_1^k, z_2^k, \ldots, z_k^k\}$, wobei $\mu z_1^k = \mu z_2^k = \cdots = \mu z_k^k = 1/2$ ist (s. das Beispiel auf S. 183).

Wir bilden jetzt aus allen Elementen z_i^k das abzählbare System Z. Dieses System ist μ-unabhängig, weil die Unteralgebren $\tilde{\mathcal{X}}_k$ μ-unabhängig und in jeder derselben die Erzeugenden z_i^k μ-unabhängig sind. Ferner genügt das System Z der Bedingung 1), da das Element u offensichtlich der Unteralgebra $\overline{\mathcal{X}\langle \tilde{\mathcal{X}}, Z \rangle}$ angehört (die alle $\mathcal{Y}_n$ enthält). Schließlich verifiziert man leicht die μ-Unabhängigkeit der Unteralgebren $\tilde{\mathcal{X}}$ und $\mathcal{X}\langle Z \rangle$ und stellt daran anschließend fest, indem man die Stetigkeit des Maßes ausnutzt, daß auch die Unteralgebren $\tilde{\mathcal{X}}$, $\overline{\mathcal{X}\langle Z \rangle}$ μ-unabhängig sind. Das Lemma ist damit bewiesen.

Es sei μ ein Wahrscheinlichkeitsmaß auf $\mathcal{X}$. Eine einfachste Unteralgebra $\mathcal{Y}$ nennen wir *μ-einfachste* Unteralgebra, wenn ihre erzeugenden Elemente das Maß $\frac{1}{2}$ haben:

$$\mathcal{Y} = \{y, C\,y, 0, 1\}, \qquad \mu\, y = \mu\, C\, y = \frac{1}{2}.$$

Die beim Beweis von Lemma 5 konstruierte Unteralgebra $\overline{\mathcal{X}\langle Z \rangle}$ stellt zugleich das Produkt abzählbar vieler μ-einfachster Unteralgebren dar.

In allen vorangegangenen Überlegungen spielte die Voraussetzung, daß die Unteralgebra $\widetilde{\mathfrak{X}}$ nicht die Komponenten sättigt, eine wichtige Rolle. Uns liegt jetzt daran, diese Voraussetzung zu konkretisieren, indem wir ein Verfahren aufweisen, um den „Grad der Nichtsättigung" zu messen. Es sei $u \in \mathfrak{X}^+$, $\widetilde{\mathfrak{X}}$ Unteralgebra von $\mathfrak{X}$ und $E \subset \mathfrak{X}_u \setminus [\widetilde{\mathfrak{X}}]_u$. Wir wollen sagen, *$E$ ergänze die Unteralgebra $\widetilde{\mathfrak{X}}$ in der Komponente $\mathfrak{X}_u$*, wenn die von der Menge $E \cup [\widetilde{\mathfrak{X}}]_u$ erzeugte regulär eingebettete u-Unteralgebra mit $\mathfrak{X}_u$ zusammenfällt. Von den Mächtigkeiten derartiger ergänzender Mengen bezeichnen wir die minimale mit $\sigma(\widetilde{\mathfrak{X}}, u)$ und bezeichnen sie als *Grad der Nichtsättigung*. Der Grad der Nichtsättigung wird dann und nur dann Null, wenn $\widetilde{\mathfrak{X}}$ die Komponente sättigt. Gilt für alle von Null verschiedenen $u < u_0$ die Gleichung

$$\sigma(\widetilde{\mathfrak{X}}, u) = \sigma(\widetilde{\mathfrak{X}}, u_0)\,,$$

so werden wir sowohl das Element u_0 als auch die entsprechende Komponente $\mathfrak{X}_{u_0}$ *$\widetilde{\mathfrak{X}}$-homogen* nennen. Bei Erweiterung der Komponente kann der Grad der Nichtssätigung höchstens wachsen. Definieren wir die Funktion φ durch die Gleichung

$$\varphi(u) = \sigma(\widetilde{\mathfrak{X}}, u)\,,$$

so können wir daher nach dem auf S. 82 Gesagten die B. A. $\mathfrak{X}$ in eine direkte Summe φ-homogener oder, was auf dasselbe hinausläuft, $\widetilde{\mathfrak{X}}$-homogener Komponenten zerlegen. Infolgedessen gilt (wenn die Algebra wie gewöhnlich als vollständig vorausgesetzt wird)

Lemma 6. *Die B. A. $\mathfrak{X}$ läßt sich als direkte Summe $\widetilde{\mathfrak{X}}$-homogener Komponenten darstellen, wie auch die Unteralgebra $\widetilde{\mathfrak{X}}$ gewählt ist.*

Wenn die Algebra $\mathfrak{X}$ separiert ist[1]), so kann der Grad der Nichtsättigung einer $\widetilde{\mathfrak{X}}$-homogenen Komponente entweder gleich $\aleph_0$ oder 0 sein. Daher bedeutet das Fehlen sättigbarer Komponenten im separierten Fall, daß die ganze Algebra $\mathfrak{X}$ $\widetilde{\mathfrak{X}}$-homogen ist und daß die Gleichung

$$\sigma(\widetilde{\mathfrak{X}}, 1) = \aleph_0$$

besteht.

Wir beweisen jetzt einen grundlegenden Satz über das unabhängige Komplement einer regulär eingebetteten Unteralgebra.

Satz 1. *Es sei $\mathfrak{X}$ eine vollständige B. A. und $\widetilde{\mathfrak{X}}$ eine von $\mathfrak{X}$ verschiedene regulär eingebettete Unteralgebra von ihr. Wenn die Algebra $\mathfrak{X}$ $\widetilde{\mathfrak{X}}$-homogen ist, so existiert eine unabhängige Klasse $\mathfrak{P}$ einfachster Unteralgebren, die die Mächtigkeit $\sigma(\widetilde{\mathfrak{X}}, 1)$ besitzt und so beschaffen ist, daß die von ihr erzeugte Unteralgebra $\mathfrak{X}\left\langle \bigcup_{\mathfrak{X} \in \mathfrak{P}} \mathfrak{X} \right\rangle$ ein unabhängiges Komplement der Unteralgebra $\widetilde{\mathfrak{X}}$ ist.*

[1]) Wir erinnern daran, daß dies die Existenz einer abzählbaren Menge bedeutet, die bezüglich der (o)-Topologie in $\mathfrak{X}$ dicht ist.

Gibt es unter denselben Bedingung ein Wahrscheinlichkeitsmaß μ auf $\mathfrak{X}$, so existiert eine μ-unabhängige Klasse $\mathfrak{P}$ einfachster Unteralgebren, die die Mächtigkeit $\sigma(\tilde{\mathfrak{X}}, 1)$ hat und so beschaffen ist, daß die von ihr erzeugte regulär eingebettete Unteralgebra $\overline{\mathfrak{X}\left\langle \bigcup_{\mathcal{X}\in\mathfrak{P}} \mathcal{X}\right\rangle} = \prod_{\mathcal{X}\in\mathfrak{P}} \mathcal{X}$ μ-unabhängiges Komplement der Unteralgebra $\tilde{\mathfrak{X}}$ ist.

Der Leser wird bereits bemerkt haben, daß der eben formulierte Satz aus zwei Teilen besteht: einem „algebraischen“ und einem „metrischen“. Ihre Beweise laufen völlig parallel und können zu einem zusammengefaßt werden. Ein Unterschied besteht nur darin, daß wir im „algebraischen“ Falle Lemma 3 anwenden, im „metrischen“ dagegen Lemma 5.

Es sei E eine Menge von der Mächtigkeit $\sigma(\tilde{\mathfrak{X}}, 1)$, die die Unteralgebra $\tilde{\mathfrak{X}}$ in $\mathfrak{X}$ ergänzt. Wir nehmen zunächst an, E sei nichtabzählbar. Wir ordnen seine Elemente in eine transfinite Folge $\{x_\alpha\}_{0 \leqq \alpha < \overline{\omega}}$ an, wo $\overline{\omega}$ die erste Ordnungszahl der Mächtigkeit $\sigma(\tilde{\mathfrak{X}}, 1)$ ist. *Dann gibt es eine transfinite Folge regulär eingebetteter Unteralgebren $\{\tilde{\mathfrak{X}}^{(\alpha)}\}_{0 \leqq \alpha < \overline{\omega}}$ mit den folgenden Eigenschaften:*

1) *Das System $\{\tilde{\mathfrak{X}}^{(\alpha)}\}$ ist unabhängig (μ-unabhängig).*

2) *$\tilde{\mathfrak{X}}^{(0)} = \tilde{\mathfrak{X}}$; bei $\alpha \geqq 1$ hat jede der Unteralgebren $\tilde{\mathfrak{X}}^{(\alpha)}$ die Form*

$$\tilde{\mathfrak{X}}^{(\alpha)} = \prod_{\mathcal{X}\in\mathfrak{P}_\alpha} \mathcal{X},$$

wo $\mathfrak{P}_\alpha$ eine unabhängige (μ-unabhängige) Klasse einfachster (μ-einfachster) Unteralgebren ist, deren Anzahl im „metrischen“ Falle abzählbar, im „algebraischen“ dagegen gleich Eins ist.

3) *Für jedes $\alpha \geqq 1$ besteht die Inklusion*

$$x_\alpha \in \prod_{0 \leqq \beta \leqq \alpha} \tilde{\mathfrak{X}}^{(\beta)}.$$

Die Existenz eines derartigen Systems von Unteralgebren ergibt sich unmittelbar aus Lemma 3 und 5. Zufolge der Grundannahme bezüglich der $\tilde{\mathfrak{X}}$-Homogenität der B. A. $\mathfrak{X}$ kann die Unteralgebra $\tilde{\mathfrak{X}}$ nämlich keine Komponente sättigen. Daher können wir, gestützt auf Lemma 3 und 5, eine Unteralgebra $\tilde{\mathfrak{X}}^{(1)}$ konstruieren, die entweder (in der „algebraischen“ Variante, wenn Lemma 3 benutzt wird) von einem einzigen Element oder aber von einem abzählbaren μ-unabhängigen System μ-einfachster Unteralgebren erzeugt wird und die Eigenschaft besitzt, daß $\tilde{\mathfrak{X}}^{(0)}$ und $\tilde{\mathfrak{X}}^{(1)}$ unabhängig (μ-unabhängig) sind, während ihr Produkt $\tilde{\mathfrak{X}}^{(0)} \times \tilde{\mathfrak{X}}^{(1)}$ das Element x_1 enthält. Die weitere Überlegung verläuft so, wie es in ähnlichen Beweisen üblich ist. Es seien bereits alle Unteralgebren $\{\tilde{\mathfrak{X}}^{(\beta)}\}_{\beta < \alpha_0 < \overline{\omega}}$ konstruiert, die ein System mit den Eigenschaften 1)—3) bilden. Um die nächstfolgende Unteralgebra $\tilde{\mathfrak{X}}^{(\alpha_0)}$ zu konstruieren, setzen wir

$$\tilde{\mathfrak{Y}} = \prod_{0 \leqq \beta < \alpha_0} \tilde{\mathfrak{X}}^{(\beta)}.$$

Jede der Unteralgebren $\widetilde{\mathfrak{X}}^{(\beta)}$ mit $\beta \geqq 1$ läßt sich als Produkt

$$\widetilde{\mathfrak{X}}^{(\beta)} = \prod_{\mathfrak{X} \in \mathfrak{P}_\beta} \mathfrak{X}$$

darstellen. Der Unabhängigkeit der Unteralgebren $\widetilde{\mathfrak{X}}^{(\beta)}$ zufolge kann man die Unteralgebra $\mathfrak{Y}$, wenn man noch

$$\mathfrak{P}_0 = \{\widetilde{\mathfrak{X}}^{(0)}\}$$

setzt, in der Form

$$\mathfrak{Y} = \prod_{\substack{\mathfrak{X} \in \mathfrak{P}_\beta \\ 0 \leqq \beta < \alpha_0}} \mathfrak{X}$$

darstellen. Die Mächtigkeit des Systems der Faktoren ist hierbei e c h t k l e i n e r als $\sigma(\widetilde{\mathfrak{X}}, 1)$ (wir erinnern daran, daß alle $\mathfrak{P}_\beta$ höchstens abzählbar sind, während $\bar{\omega}$ die e r s t e n i c h t a b z ä h l b a r e transfinite Ordnungszahl ist). Hieraus folgt, daß *die Unteralgebra $\mathfrak{Y}$ keine einzige von Null verschiedene Komponente sättigt.* Ist nämlich

$$[\mathfrak{Y}]_v = \mathfrak{X}_v\,, \qquad v \neq 0\,,$$

so fällt die Komponente $\mathfrak{X}_v$ mit der kleinsten regulär eingebetteten v-Unteralgebra zusammen, die alle Spuren $[\mathfrak{X}]_v$ enthält. Dann erhalten wir aber, wenn wir die Vereinigung

$$E_v = \bigcup_{\substack{\mathfrak{X} \in \mathfrak{P}_\beta \\ 1 \leqq \beta < \alpha_0}} [\mathfrak{X}]_v$$

bilden, eine Menge, die die Unteralgebra $\widetilde{\mathfrak{X}}$ in der Komponente $\mathfrak{X}_v$ ergänzt, was jedoch der Grundbedingung des Satzes zufolge nicht möglich ist, weil die Mächtigkeit von E_v zu klein ist. Wir können jetzt Lemma 3 oder 5 auf die Unteralgebra $\mathfrak{Y}$ anwenden und dabei das Element x_{α_0} als u wählen. Die dabei konstruierte Unteralgebra bezeichnen wir auch mit $\widetilde{\mathfrak{X}}^{(\alpha_0)}$. Somit läßt sich die gesuchte Folge von Unteralgebren induktiv konstruieren.

Ist E abzählbar (in der „algebraischen" Variante kann dieser Fall nicht eintreten), so bleibt die oben beschriebene Konstruktion im wesentlichen erhalten: Wir setzen $\bar{\omega} = \omega$, $\widetilde{\mathfrak{X}}^{(1)} = \widetilde{\mathfrak{X}}_1$, $\widetilde{\mathfrak{X}}^{(2)} = \widetilde{\mathfrak{X}}_2, \ldots$ (s. S. 193). Die Bedingung 3) wird durch die aus Lemma 4 folgende Ungleichung

$$\varrho\left(x_n, \prod_{0 \leqq k \leqq n} \mathfrak{X}_k\right) < \frac{2}{n} \qquad (n = 1, 2, \ldots)$$

ersetzt. Dann sind alle Klassen $\mathfrak{P}_1$, $\mathfrak{P}_2$ endlich, so daß der Konstruktionsprozeß nicht abbrechen kann.

Wir setzen

$$\mathfrak{P}^* = \bigcup_{0 \leqq \alpha < \bar{\omega}} \mathfrak{P}_\alpha\,.$$

Dies ist eine unabhängige (μ-unabhängige) Klasse von Unteralgebren; wegen

$$E \cup \widetilde{\mathfrak{X}} \subset \overline{\mathfrak{X}\left\langle \bigcup_{\mathfrak{X} \in \mathfrak{P}} \mathfrak{X} \right\rangle}$$

gilt

$$\overline{\mathfrak{X}\left\langle\bigcup_{\mathcal{Z}\in\mathfrak{P}}\mathcal{Z}\right\rangle} = \mathfrak{X}\,. \tag{VI}$$

Schließlich betrachten wir die Klasse

$$\mathfrak{P} = \bigcup_{0<\alpha<\overline{\omega}} \mathfrak{P}_\alpha\,,$$

die nur aus einfachsten (μ-einfachsten) Unteralgebren besteht. Als Untermenge von $\mathfrak{P}^*$ weist sie dieselbe Unabhängigkeitseigenschaften aus; die Mächtigkeit von $\mathfrak{P}$ ist gleich $\sigma(\tilde{\mathfrak{X}}, 1)$. Wegen der Unabhängigkeit (μ-Unabhängigkeit) von $\mathfrak{P}^*$ sind die Unteralgebren $\tilde{\mathfrak{X}} = \mathfrak{X}^{(0)}$ und $\mathcal{Z}' = \mathfrak{X}\left\langle\bigcup_{\mathcal{Z}\in\mathfrak{P}^*}\mathcal{Z}\right\rangle$ unabhängig (μ-unabhängig). Gleichung (VI) zeigt, daß

$$\mathfrak{X} = \tilde{\mathfrak{X}} \times \mathcal{Z}'$$

ist. Somit ist $\mathcal{Z}'$ unabhängiges (μ-unabhängiges) Komplement zur Unteralgebra $\tilde{\mathfrak{X}}$. Der „algebraische" Teil des Beweises unseres Satzes ist damit beendet. Um den „metrischen" Teil abzuschließen, muß man sich davon überzeugen, daß die Unteralgebra

$$\tilde{\mathcal{Z}} = \prod_{\mathcal{Z}\in\mathfrak{P}} \mathcal{Z}\,,$$

die einfach die abgeschlossene Hülle der Unteralgebra $\mathcal{Z}'$ darstellt, μ-unabhängiges Komplement zu $\tilde{\mathfrak{X}}$ ist. Einer Verifizierung bedarf lediglich die μ-Unabhängigkeit. Nach beliebiger Wahl von $x \in \tilde{\mathfrak{X}}$ und $z \in \tilde{\mathcal{Z}}$ bilden wir Folgen $\{x_n\}$, $\{z_n\}$ mit der Eigenschaft

$$x = \lim x_n\,, \qquad z = \lim z_n\,.$$

Wegen der μ-Unabhängigkeit von $\tilde{\mathfrak{X}}$ und $\tilde{\mathcal{Z}}$ haben wir für alle n

$$\mu\,(x_n \wedge z_n) = \mu\, x_n\, \mu\, z_n\,.$$

Auf Grund der Stetigkeit des Maßes kann man in dieser Gleichung zum Limes übergehen und erhält die Beziehung

$$\mu\,(x \wedge z) = \mu\, x\, \mu\, z\,,$$

die gerade die μ-Unabhängigkeit unserer Unteralgebren beweist. Damit ist der Satz vollständig bewiesen.

Wir betrachten jetzt eine ausgeartete Unteralgebra $\tilde{\mathfrak{X}}$, die nur aus dem Null- und dem Einselement besteht. Für diese Unteralgebra fällt der Wert von $\sigma(\tilde{\mathfrak{X}}, u)$ mit der minimalen Mächtigkeit einer Menge zusammen, die in der Komponente $\mathfrak{X}_u$ dicht ist. Es liegt auf der Hand, diese Mächtigkeit *Gewicht* der Komponente zu nennen. Wir werden dieses Gewicht mit $\tau(\mathfrak{X}_u)$ bezeichnen. Die Eigenschaft der $\tilde{\mathfrak{X}}$-Homogenität der Algebra bedeutet im vorliegenden Falle, daß alle ihre von Null verschiedenen Komponenten ein und dasselbe

Gewicht haben. Vollständige nichtausgeartete B. A. mit dieser Eigenschaft wollen wir *homogen* nennen[1]). Der oben von uns bewiesene Satz macht es möglich, die Struktur aller homogenen Algebren zu beschreiben.

Satz 2. *Jede homogene Algebra* $\mathfrak{X}$ *läßt sich als Produkt*

$$\mathfrak{X} = \prod_{\mathfrak{Z} \in \mathfrak{P}} \mathfrak{Z}$$

darstellen, wo $\mathfrak{P}$ *eine unabhängige Klasse einfachster Unteralgebren ist, die die Mächtigkeit* $\tau(\mathfrak{X})$ *besitzt. Gibt es dabei auf* $\mathfrak{X}$ *ein Wahrscheinlichkeitsmaß* μ, *so kann man als* $\mathfrak{P}$ *eine gewisse* μ*-unabhängige Klasse* μ*-einfachster Unteralgebren von der Mächtigkeit* $\tau(\mathfrak{X})$ *nehmen.*

Dieser Satz ist eine offensichtliche Folgerung aus dem vorhergehenden: man braucht nur als $\tilde{\mathfrak{X}}$ die ausgeartete Unteralgebra zu nehmen und zu bemerken, daß im vorliegenden Falle

$$\mathfrak{X} = \tilde{\mathfrak{Z}}' = \tilde{\mathfrak{Z}} = \prod_{\mathfrak{Z} \in \mathfrak{P}} \mathfrak{Z}$$

gilt.

Die „metrische“ Variante von Satz 2 geht im wesentlichen auf D. MAHARAM zurück, der 1942 eine gewisse äquivalente Aussage bewiesen hat [54]; die transfinite Konstruktion, die wir im Beweis von Satz 1 angewendet haben, geht auf seine Arbeit zurück. Mit denselben Problemen hat sich auch A. N. KOLMOGOROV befaßt [48, 49]; seine Fassung des Satzes über die Struktur einer homogenen normierten Algebra ähnelt der oben gegebenen.

Der eben bewiesene Satz läßt sich auch folgendermaßen aussprechen: *Jede vollständige homogene B. A.* $\mathfrak{X}$ *ist die abgeschlossene Hülle einer gewissen freien Unteralgebra, deren Mächtigkeit gleich dem Gewicht von* $\mathfrak{X}$ *ist.*

Wir vermerken eine Deutung dieses Sachverhalts für den Fall, daß man $\mathfrak{X}$ als Algebra von Ereignissen interpretiert. Satz 2 zeigt, daß eine homogene Ereignisalgebra einem (im allgemeinen unendlichen) Münzenspiel entspricht. Es gibt ein unabhängiges System von „Grund“ereignissen (das Erscheinen von Wappen oder nicht beim sukzessiven Werfen eines Geldstücks); der Ausfall jedes anderen Ereignisses ist dadurch bereits eindeutig bestimmt, wie die Grundereignisse ausgefallen sind. Man kann auch sagen, die Ausfälle aller Ereignisse, die die betreffende Algebra bilden, sind bereits durch die Durchführung einer Reihe von unabhängigen Versuchen mit zwei gleichwahrscheinlichen[2]) Ausgängen festgelegt (ein Spezialfall des sog. „BERNOULLIschen Schemas“).

Algebren, die sich als Produkte unabhängiger (μ-unabhängiger) Klassen einfachster (μ-einfachster) Unteralgebren darstellen lassen, heißen im weiteren *zerlegbar* (bzw. μ*-zerlegbar*). Satz 2 sagt somit aus, daß eine homogene Algebra

[1]) In der Literatur begegnet man noch einem anderen Gebrauch des Ausdrucks „homogene Algebra“. Die hier gegebene Definition geht auf D. MAHARAM zurück, der sie 1942 für normierte Algebren ausgesprochen hat (s. D. MAHARAM [54]).

[2]) Wenn es in der Algebra überhaupt ein Wahrscheinlichkeitsmaß gibt.

stets zerlegbar ist, und daß sie sogar μ-zerlegbar ist, wenn auf ihr ein Wahrscheinlichkeitsmaß μ existiert.

Eine der wichtigsten Eigenschaften μ-zerlegbarer Algebren besteht darin, daß eine derartige Algebra „genügend viele" maßtreue Automorphismen besitzt. Es gilt nämlich

Lemma 7. *Die Gruppe aller maßtreuen Automorphismen einer vollständigen normierten μ-zerlegbaren Algebra $\mathfrak{X}$ ist stets ergodisch.*

Beweis. Wir beginnen mit einigen Vorbemerkungen. Wenn $\mathfrak{X}$ eine μ-zerlegbare B. A. ist, so ist

$$\mathfrak{X} = \prod_{\mathcal{Z} \in \mathfrak{P}} \mathcal{Z},$$

wo die Unteralgebren $\mathcal{Z}$ die Form

$$\mathcal{Z} = \{z, Cz, 0, 1\}$$

haben und μ-einfachste Unteralgebren sind. Wir führen die Unteralgebra $\mathfrak{X}_0 = \mathfrak{X}\left\langle \bigcup_{\mathcal{Z} \in \mathfrak{P}} \mathcal{Z} \right\rangle$ ein, deren (o)-Abschluß mit $\mathfrak{X}$ zusammenfällt. Jedes Element dieser Unteralgebra läßt sich als endliche Summe paarweise disjunkter Elementarpolynome der Form

$$u = u_1 \wedge u_2 \wedge \cdots \wedge u_k \tag{VII}$$

mit $u_i \in \mathcal{Z}_i \in \mathfrak{P}$, $u_i \neq 1$ darstellen, wobei alle $\mathcal{Z}_i$ paarweise verschieden sind. Die Zahl k nennen wir *Länge* des Elementarpolynoms u. Wählen wir nach Belieben aus jeder Unteralgebra der Klasse $\mathfrak{P}$ je einen (vom Null- und vom Einselement verschiedenen) Repräsentanten, so gelangen wir zu einem μ-unabhängigen Erzeugendensystem der Unteralgebra $\mathfrak{X}_0$; wie zum Schluß von Kapitel VI (Beispiel I) bemerkt wurde, läßt sich jede eineindeutige Abbildung eines solchen Systems auf ein anderes zu einem maßtreuen Automorphismus der ganzen Algebra $\mathfrak{X}$ fortsetzen. Wie man leicht sieht, lassen sich somit zwei beliebige von Null verschiedene Polynome der Form (VII) von ein und derselben Länge mittels maßtreuer Automorphismen der Algebra $\mathfrak{X}$ ineinander überführen. $\mathfrak{A}$ sei die Gruppe aller solcher Automorphismen.

Wir wollen jetzt zeigen, daß das Maß μ das einzige gegenüber allen Automorphismen der Gruppe $\mathfrak{A}$ invariante Maß ist. Dazu betrachten wir nach Wahl eines beliebigen Systems $\mathcal{Z}_1, \mathcal{Z}_2, \ldots, \mathcal{Z}_k$ paarweise verschiedener Unteralgebren aus der Klasse $\mathfrak{P}$ alle möglichen Elementarpolynome der Form (VII), wobei wir annehmen, daß $u_i \neq 0, 1$ ist. Von solchen Polynomen gibt es 2^k Stück; diese sind sämtlich paarweise disjunkt und bilden eine Zerlegung des Einselements. Da sich derartige Polynome durch Automorphismen aus $\mathfrak{A}$ ineinander überführen lassen, muß für jedes bezüglich dieser Gruppe invariante Wahrscheinlichkeitsmaß ν

$$\nu(u) = \frac{1}{2^k} = \mu u$$

gelten. Jetzt ist bereits klar, daß die Werte der Maße ν und μ auf der ganzen Unteralgebra $\mathfrak{X}_0$ und damit (da $\overline{\mathfrak{X}}_0 = \mathfrak{X}$ ist) auch auf $\mathfrak{X}$ zusammenfallen müssen.

Wir gehen nunmehr zur Endetappe des Beweises unseres Lemmas über, zum Nachweis dessen, daß die Gruppe $\mathfrak{A}$ ergodisch ist. Angenommen, $\mathfrak{A}$ sei keine ergodische Gruppe. Dann haben wir für ein gewisses $x \in \mathcal{X}^+$

$$\bar{x} = \sup_{A \in \mathfrak{A}} A\, x < 1 \,.$$

Aus der Gleichung

$$A_0\, \bar{x} = \sup_{A \in \mathfrak{A}} A_0\, A\, x = \sup_{A \in \mathfrak{A}} A\, x = \bar{x}$$

geht hervor, daß sowohl die Komponente $\mathcal{X}_{\bar{x}}$ wie auch die komplementäre Komponente $\mathcal{X}_{C\bar{x}}$ gegenüber einem beliebigen Automorphismus $A_0 \in \mathfrak{A}$ invariant ist. Wir wählen beliebige Zahlen p, q mit den Eigenschaften

$$0 < p\,, \qquad q < 1\,, \qquad p + q = 1\,, \qquad p \neq \mu\,\bar{x}$$

und definieren ein Maß ν durch die Gleichung

$$\nu(x) = \frac{p}{\mu\,\bar{x}}\,\mu\,(x \wedge \bar{x}) + \frac{q}{\mu\,C\,\bar{x}}\,\mu\,(x \wedge C\,\bar{x})\,.$$

Es ist klar, daß ν ein Wahrscheinlichkeitsmaß ist, das von μ verschieden und invariant ist, was nicht möglich ist, wie wir früher festgestellt haben. Dieser Widerspruch beweist zugleich das Lemma.

Bemerkung In der Schlußphase des Beweises haben wir folgende wichtige Tatsache festgestellt: Nur im Falle einer ergodischen Gruppe kann das invariante Maß eindeutig bestimmt sein. Berücksichtigen wir dazu das in Kapitel III (S. 84) Gesagte, so gelangen wir zu folgendem Ergodizitätskriterium: *Eine Gruppe von Automorphismen, die ein gewisses Wahrscheinlichkeitsmaß invariant läßt, ist dann und nur dann ergodisch, wenn zu ihr kein weiteres invariantes Wahrscheinlichkeitsmaß existiert.*

Satz 3. *Wenn die normierte B. A. $\mathcal{X}$ als Produkt*

$$\mathcal{X} = \prod_{\mathcal{Z} \in \mathfrak{P}} \mathcal{Z}$$

μ-einfachster Unteralgebren einer gewissen μ-unabhängigen unendlichen Klasse $\mathfrak{P}$ darstellbar ist, so ist sie homogen, und ihr Gewicht $\tau(\mathcal{X})$ ist gleich der Mächtigkeit der Klasse $\mathfrak{P}$.

Wir beweisen zunächst die Homogenität. Nach Lemma 6 zerfällt die Algebra in homogene Komponenten; wir wollen zeigen, daß die Gewichte dieser Komponenten nicht zusammenfallen können. Angenommen, $u_1, u_2 > 0$ und $\tau(\mathcal{X}_{u_1}) \neq \tau(\mathcal{X}_{u_2})$, wobei $\mathcal{X}_{u_1}$ und $\mathcal{X}_{u_2}$ homogene Komponenten sind. Wir wissen (Lemma 7), daß die Automorphismengruppe $\mathfrak{A}$ der Algebra $\mathcal{X}$ ergodisch ist. Daher gibt es einen Automorphismus $A \in \mathfrak{A}$ mit

$$A(u_1) \wedge u_2 = z > 0\,.$$

Daß die Komponenten $\mathcal{X}_z$ und $\mathcal{X}_{A^{-1}(z)}$ isomorph sind, ist evident. Dann müssen sie aber auch dieselben Gewichte haben, während nach Voraussetzung

$$\tau(\mathcal{X}_z) = \tau(\mathcal{X}_{u_2}) \neq \tau(\mathcal{X}_{u_1}) = \tau(\mathcal{X}_{A^{-1}(z)})$$

ist. Dieser Widerspruch zeigt, daß die Gewichte der homogenen Komponenten, in die unsere Algebra zerfällt, in Wahrheit zusammenfallen. Es sind zwei Fälle möglich. Entweder ist der gemeinsame Wert τ aller dieser Gewichte gleich 2 und $\mathcal{X}$ infolgedessen eine atomare Algebra, oder τ ist eine unendliche Mächtigkeit. Der erste Fall ist jedoch ausgeschlossen, da es in einer unendlichen atomaren Algebra, wie man unschwer einsieht, keine ergodische Gruppe maßtreuer Automorphismen geben kann; es verbleibt also nur noch der zweite Fall. Da die Algebra $\mathcal{X}$ von abzählbarem Typus ist, ist die Anzahl der homogenen Komponenten, in die sie zerfällt, höchstens abzählbar. Daher ist das Gewicht einer beliebigen von Null verschiedenen Komponente einerseits mindestens gleich τ, während es andererseits offensichtlich $\aleph_0 \cdot \tau = \tau$ nicht übersteigt. Das bedeutet zugleich, daß die Algebra $\mathcal{X}$ homogen ist. Wir beweisen jetzt die Gleichung

$$\operatorname{card} \mathfrak{P} = \tau(\mathcal{X}) \,.$$

Es ist klar, daß die Unteralgebra $\mathcal{X}\left\langle \bigcup_{\mathcal{X} \in \mathfrak{P}} \mathcal{X} \right\rangle$ dieselbe Mächtigkeit wie $\mathfrak{P}$ besitzt; da sie in $\mathcal{X}$ dicht ist, gilt

$$\tau(\mathcal{X}) \leqq \operatorname{card} \mathfrak{P} \,.$$

Angenommen, es sei

$$\tau(\mathcal{X}) < \operatorname{card} \mathfrak{P} \,. \qquad \text{(VIII)}$$

Dann würde eine in $\mathcal{X}$ dichte Menge E von echt kleinerer Mächtigkeit existieren, als sie die Klasse $\mathfrak{P}$ besitzt. Zu verschiedenen Unteralgebren $\mathcal{X}', \mathcal{X}'' \in \mathfrak{P}$ gehörige Elemente z' und z'' weisen zueinander stets den Abstand $\frac{1}{2}$ auf; das bestätigt man leicht durch einfaches Nachrechnen. Wir wählen aus jeder Unteralgebra $\mathcal{X} \in \mathfrak{P}$ beliebig je ein Element z und bilden die Menge R dieser Repräsentanten. Offensichtlich ist

$$\operatorname{card} R = \operatorname{card} \mathfrak{P} \,.$$

Ordnen wir jedem $z \in R$ ein gewisses Element $e(z) \in E$ zu, das von z um weniger als $\frac{1}{4}$ entfernt ist, so erhalten wir eine eineindeutige Abbildung von R in E, was der Ungleichung (VIII) zufolge unmöglich ist. Dieser Widerspruch beweist zugleich, daß

$$\operatorname{card} \mathfrak{P} = \tau(\mathcal{X})$$

ist.

Aus dem letzten Satz ergeben sich zwei Folgerungen.

Folgerung 1. *Wenn die normierte B. A.* $\mathcal{X}$ *Produkt zweier homogener* μ*-unabhängiger Unteralgebren* $\mathcal{X}_1$ *und* $\mathcal{X}_2$ *ist, so ist sie gleichfalls homogen, und ihr Gewicht wird durch die Formel*

$$\tau(\mathcal{X}) = \max \{\tau(\mathcal{X}_1), \tau(\mathcal{X}_2)\}$$

gegeben.

In der Tat haben die Unteralgebren $\mathcal{X}_1$ und $\mathcal{X}_2$ die Form von Produkten

$$\mathcal{X}_1 = \prod_{\mathcal{Z} \in \mathfrak{P}_1} \mathcal{Z}\,, \qquad \mathcal{X}_2 = \prod_{\mathcal{Z} \in \mathfrak{P}_2} \mathcal{Z}\,,$$

wo $\mathfrak{P}_1$, $\mathfrak{P}_2$ unendliche μ-unabhängige Klassen μ-einfachster Unteralgebren von der Mächtigkeit $\tau(\mathcal{X}_1)$ bzw. $\tau(\mathcal{X}_2)$ sind. Wegen der μ-Unabhängigkeit der Unteralgebren $\mathcal{X}_1$ und $\mathcal{X}_2$ haben wir

$$\mathcal{X} = \prod_{\mathcal{Z} \in \mathfrak{P}_1 \cup \mathfrak{P}_2} \mathcal{Z}\,.$$

Infolgedessen ist die B. A. $\mathcal{X}$ nach Satz 3 homogen, während ihr Gewicht gleich der Mächtigkeit der Klasse $\mathfrak{P}_1 \cup \mathfrak{P}_2$ ist, d. h. gleich der größten der Mächtigkeiten $\tau(\mathcal{X}_1)$, $\tau(\mathcal{X}_2)$.

Folgerung 2. *Eine normierte Algebra, die sich als Produkt eines beliebigen μ-unabhängigen Systems homogener Unteralgebren darstellen läßt, ist stets homogen, und ihr Gewicht ist gleich der Summe der Gewichte der Faktoren.*

Der Beweis ist zu dem vorangegangenen vollständig analog.

Die Bedingungen von Satz 1 gewährleisten die Existenz eines unabhängigen Komplements, sind aber bei weitem nicht notwendig. Sogar dann, wenn es von Null verschiedene Komponenten gibt, die von der Unteralgebra $\tilde{\mathcal{X}}$ gesättigt werden, kann zu $\tilde{\mathcal{X}}$ ein unabhängiges Komplement existieren. Eine gewisse Information über die Situation, die in diesem Falle vorliegt, ist in folgender Aussage enthalten.

Lemma 8. *Es sei $\mathcal{U}$ und $\mathcal{V}$ ein μ-unabhängiges Paar von Unteralgebren der* BOOLE*schen Algebra $\mathcal{X}$ und w ein von Null verschiedenes Element mit der Eigenschaft, daß die Komponente $\mathcal{X}_w$ von der Unteralgebra $\mathcal{U}$ gesättigt wird. Dann ist dieses Element w zu der atomlosen Komponente der Unteralgebra $\mathcal{V}$ disjunkt.*

Beweis. Angenommen, das Lemma sei falsch. Dann existiert ein Element v, das der atomlosen Komponente der Unteralgebra $\mathcal{V}$ angehört und für das

$$\overline{w} = w \wedge v > 0$$

gilt.

Unter Ausnutzung der Atomlosigkeit der Komponente $\mathcal{V}_v$ wählen wir ein Element $v_0 \in \mathcal{V}_v$ derart, daß die Gleichung[1]) $\mu\, v_0 = \frac{1}{2}\, \mu\, v$ besteht. Wir setzen

$$v_1 = v - v_0\,, \qquad w_0 = \overline{w} \wedge v_0\,, \qquad w_1 = \overline{w} \wedge v_1\,.$$

In der Unteralgebra $\mathcal{U}$ wählen wir ein beliebiges Element $u \geqq \overline{w}$. Der Grundvoraussetzung des Lemmas zufolge gibt es ein $u_0 \in \mathcal{U}$ mit $u_0 \leqq u$, für das $u_0 \wedge \overline{w} = w_0$ ist. Es sei $u_1 = u - u_0$. Da $w_0 \leqq u_0, v_0$ ist, gilt $w_0 \,\mathrm{d}\, u_1$ und $w_0 \,\mathrm{d}\, v_1$ und

[1]) Siehe S. 86.

infolgedessen

$$u_0 \wedge v_1 \wedge \overline{w} = w_0 \wedge v_1 = 0 ,$$

$$v_0 \wedge u_1 \wedge \overline{w} = w_0 \wedge u_1 = 0$$

sowie

$$\overline{w} \leqq u_0 \wedge v_0 + u_1 \wedge v_1 .$$

Wir nutzen jetzt die μ-Unabhängigkeit der Unteralgebren aus:

$$\mu (u_0 \wedge v_0) + \mu (u_1 \wedge v_1) = \frac{\mu v}{2} (\mu u_0 + \mu u_1) = \frac{\mu u \mu v}{2} ,$$

woraus

$$\mu \overline{w} \leqq \mu (u_0 \wedge v_0) + \mu (u_1 \wedge v_1) = \frac{\mu u \mu v}{2}$$

folgt. Setzen wir jetzt

$$w' = \overline{w} \wedge u_0 \wedge v_0 , \qquad w'' = \overline{w} \wedge u_1 \wedge v_1 ,$$

so bemerken wir, daß wir die vorstehende Überlegung wiederholen können, indem wir $\overline{w}$, u, v das eine Mal durch w', u_0, v_0, das andere Mal durch w'', u_1 bzw. v_1 ersetzen. Dabei gewinnen wir die Abschätzung

$$\mu \overline{w} = \mu w' + \mu w'' \leqq \frac{1}{2} [\mu (u_0 \wedge v_0) + \mu (u_1 \wedge v_1)] = \frac{1}{2^2} \mu u \mu v .$$

Durch sukzessive Wiederholung dieser Überlegung gelangen wir für beliebiges n zu der Ungleichung $\mu \overline{w} \leqq \frac{1}{2^n} \mu u \mu v$, woraus im Widerspruch zur Annahme $\overline{w} = 0$ folgt.

Wir wollen den für die Anwendungen wichtigsten Fall einer separierten normierten Algebra $\mathfrak{X}$ mit dem Wahrscheinlichkeitsmaß μ eingehender behandeln. Alle Unteralgebren von $\mathfrak{X}$ sind natürlich gleichfalls separiert. Wir haben bereits bemerkt, daß in diesem Falle die $\widetilde{\mathfrak{X}}$-Homogenität der Algebra gleichbedeutend damit ist, daß es keine von Null verschiedenen Komponenten gibt, die von der Unteralgebra $\widetilde{\mathfrak{X}}$ gesättigt werden.

Wie man unschwer einsieht, bedeutet die Homogenität einer separierten Algebra $\mathfrak{X}$, daß in $\mathfrak{X}$ keine Komponenten endlichen Gewichts oder, was damit gleichbedeutend ist, keine atomaren Komponenten existieren. Somit *fallen für separierte B. A. die Begriffe Homogenität und Atomlosigkeit zusammen.*

Auf Grund von Lemma 8 kann eine Unteralgebra $\widetilde{\mathfrak{X}}$, die ein atomloses[1]) μ-unabhängiges Komplement besitzt, nicht von Null verschiedene Komponenten sättigen. Andererseits stellt im separierten Falle die Nichtexistenz von Null verschiedener sättigbarer Komponenten sicher, daß die Algebra $\widetilde{\mathfrak{X}}$-homogen ist, d. h., daß es nach Satz 1 auch ein μ-unabhängiges Komplement gibt. Somit gilt

[1]) D. h. ein Komplement, das atomlose Unteralgebra ist.

Satz 4. *Dafür, daß eine Unteralgebra $\tilde{\mathcal{X}}$ der separierten normierten B. A. $\mathcal{X}$ ein homogenes μ-unabhängiges Komplement besitzt, ist notwendig und hinreichend, daß sie keine von Null verschiedene Komponente sättigt.*

Satz 4 zeigt, daß *im separierten Falle der Umstand, daß die gegebene regulär eingebettete Unteralgebra $\mathcal{X}$ ein homogenes* (*oder*, was dasselbe ergibt, ein *atomloses*) *μ-unabhängiges Komplement besitzt, nicht davon abhängt, welches Maß μ betrachtet wird: entweder gibt es ein solches Komplement für ein beliebiges Wahrscheinlichkeitsmaß μ, oder für überhaupt keines.* Dagegen kann die Existenz eines inhomogenen μ-unabhängigen Komplements an speziellen Eigenschaften des Maßes liegen und nicht nur an der Unteralgebra selbst.

§ 2. Klassifikation der normierten Algebren

Es seien vollständige Boolesche Algebren $\mathcal{X}$ und $\mathcal{Y}$ mit den Wahrscheinlichkeitsmaßen μ bzw. ν gegeben. Wir wollen sagen, die *Paare* $\{\mathcal{X}, \mu\}$ *und* $\{\mathcal{Y}, \nu\}$ *seien isomorph*, wenn zwischen diesen Algebren ein maßtreuer Isomorphismus besteht. Im folgenden geben wir ein Kriterium für die Isomorphie von Paaren an. Wir beginnen mit dem einfachsten Fall, daß die Algebren $\mathcal{X}$ und $\mathcal{Y}$ homogen sind. Ebenso wie früher bezeichnen wir mit $\tau(\mathcal{X})$ und $\tau(\mathcal{Y})$ die Gewichte dieser Algebren.

Satz 5. *Die Gleichung $\tau(\mathcal{X}) = \tau(\mathcal{Y})$ ist für die Isomorphie der Paare $\{\mathcal{X}, \mu\}$ und $\{\mathcal{Y}, \nu\}$ notwendig und hinreichend.*

Eines Beweises bedarf lediglich die Hinlänglichkeit. Nach Satz 2 lassen sich die Algebren $\mathcal{X}$ und $\mathcal{Y}$ als Produkte

$$\mathcal{X} = \prod_{\mathcal{Z} \in \mathfrak{P}} \mathcal{Z}, \qquad \mathcal{Y} = \prod_{\mathcal{W} \in \mathfrak{R}} \mathcal{W}$$

darstellen, wo $\mathfrak{P}$ und $\mathfrak{R}$ gleichmächtige metrisch unabhängige Klassen μ-einfachster (bzw. ν-einfachster) Unteralgebren sind. Wählen wir in jeder der Unteralgebren $\mathcal{Z}, \mathcal{W}$ einen Repräsentanten $z \neq 0, 1$ bzw. $w \neq 0, 1$, so erhalten wir zwei gleichmächtige metrisch unabhängige Systeme ähnlich denen, die im Beispiel I des vorangegangenen Kapitels (S. 177) aufgetreten sind. Wir haben damals bereits nachgewiesen, daß sich jede eineindeutige Zuordnung zwischen den Elementen dieser Systeme zu einem maßtreuen Isomorphismus dieser Algebren fortsetzen läßt. Mit anderen Worten, die Paare $\{\mathcal{X}, \mu\}$ und $\{\mathcal{Y}, \nu\}$ sind isomorph.

Satz 5 zeigt, daß sich die homogenen normierten Algebren bis auf einen maßtreuen Isomorphismus an Hand eines einzigen Kennzeichens klassifizieren lassen, nämlich nach ihrem Gewicht. Diese einzige Invariante ist rein algebraischer, nicht etwa metrischer Natur. Satz 5 hat somit die wichtige

Folgerung. *Wenn zwei homogene normierte vollständige Algebren isomorph sind, so besteht zwischen ihnen auch ein maßtreuer Isomorphismus.*

Bemerkung. *Zu jeder Kardinalzahl τ gibt es eine vollständige homogene normierte Algebra vom Gewicht τ.*

In der Tat wissen wir, daß es eine freie B. A. $\mathscr{X}_0$ gibt, die ein unabhängiges Erzeugendensystem E der Mächtigkeit τ besitzt. Wir ordnen jedem Elementarpolynom

$$e = e_1 \wedge e_2 \wedge \cdots \wedge e_p \wedge C\,e_{p+1} \wedge \cdots \wedge C\,e_m\,, \qquad e_i \in E$$

die Zahl

$$\mu_0(e) = \frac{1}{2^m}$$

zu. Jedes Element $x \in \mathscr{X}_0^+$ läßt sich als Polynom in den Erzeugenden darstellen und ist somit in einer gewissen Unteralgebra der Form $\mathscr{X}_0\langle E'\rangle$ enthalten, wo E' in E enthalten und endlich ist. Man kann annehmen, daß E' die kleinste derartige Menge ist. Stellen wir das Element x als E'-kanonisches Polynom

$$x = e^1 + e^2 + \cdots + e^n$$

dar, wo e^i für $i = 1, 2, \ldots, n$ Elementarpolynome von Elementen aus E' sind (eine derartige Darstellung ist bekanntlich eindeutig), so setzen wir

$$\mu_0(x) = \sum_{i=1}^{n} \mu_0(e^i)\,.$$

Außerdem setzen wir $\mu_0(0) = 0$. Wir haben damit eine strikt positive Funktion auf $\mathscr{X}_0$ definiert; der Leser mag selbst nachprüfen, daß sie additiv ist und ein Quasimaß darstellt. Jetzt kann man auf Grund von Satz VI.8 annehmen, daß $\mathscr{X}_0$ eine überall dichte Unteralgebra einer gewissen vollständigen Booleschen Algebra $\mathscr{X}$ ist, wobei auf $\mathscr{X}$ ein Wahrscheinlichkeitsmaß μ vorgegeben ist, das das Quasimaß μ_0 fortsetzt. Es ist klar, daß $\mathscr{X}$ eine μ-zerlegbare Algebra ist. Satz 3 zufolge ist sie homogen und hat das Gewicht τ. In Kürze werden wir auf konkrete Beispiele für homogene normierte Algebren stoßen.

Wir sehen jetzt von der Voraussetzung ab, daß die betrachteten Algebren homogen seien. $\mathscr{X}$ sei eine beliebige vollständige normierte Algebra mit dem Wahrscheinlichkeitsmaß μ. Auf sie wenden wir Lemma 6 an, indem wir als $\widetilde{\mathscr{X}}$ die ausgeartete Unteralgebra $\{0, 1\}$ nehmen. Mittels dieses Lemmas erhalten wir eine disjunkte Zerlegung von $\mathscr{X}$ in höchstens abzählbar viele von Null verschiedene Komponenten $\mathscr{X}_{v_1}, \mathscr{X}_{v_2}, \ldots$, von denen jede, für sich betrachtet, eine homogene Boolesche Algebra ist. Wir setzen $\sigma_n = \tau(\mathscr{X}_{v_n})$. Es kann der Fall eintreten, daß für ein gewisses (endliches oder abzählbares) Untersystem von Komponenten $\mathscr{X}_{v_{n_1}}, \mathscr{X}_{v_{n_2}}, \ldots$ gilt $\sigma_{n_1} = \sigma_{n_2} = \cdots = \sigma$. Es sei $v = \bigvee_k v_{n_k}$. Wir überzeugen uns davon, daß die Komponente $\mathscr{X}_v$ homogen ist und dasselbe Gewicht σ hat. Es sei ein beliebiges Element $v' \in \mathscr{X}_v^+$ gegeben; wir setzen dann $v_k' = v' \wedge v_{n_k}$, $k = 1, 2, \ldots$ In jeder Komponente $\mathscr{X}_{v_k'}$ gibt es eine überall dichte Untermenge D_k von einer Mächtigkeit $\leqq \sigma$. Wir bilden die aus allen möglichen Suprema endlicher Teilmengen der Menge $\bigcup_k D_k$ bestehende Menge D. Es ist klar, daß D in $\mathcal{X}_{v'}$ dicht und daß $\operatorname{card} D \leqq \sigma$ ist. (Wegen der Atomlosigkeit der Algebra ist die Kardinalzahl σ unendlich.) Somit ist $\tau(\mathcal{X}_{v'}) \leqq \sigma$. Andererseits zeigt für $v'_k > 0$ die Inklusion $\mathcal{X}_{v'} \supset \mathcal{X}_{v'_k}$, daß

$$\tau(\mathcal{X}_{v'}) \geqq \tau(\mathcal{X}_{v'_k}) = \sigma$$

gilt.

Infolgedessen ist $\tau(\mathcal{X}_{v'}) = \sigma$ und insbesondere $\tau(\mathcal{X}_v) = \sigma$.

Die eben gemachte Bemerkung erlaubt es, indem man nötigenfalls die Komponenten „vergröbert", eine disjunkte Zerlegung von $\mathcal{X}$ in von Null verschiedene homogene Komponenten $\mathcal{X}_{u_1}, \mathcal{X}_{u_2}, \ldots$ herzustellen, deren Gewichte paarweise verschieden sind. Wir setzen $\tau_n = \tau(\mathcal{X}_{u_n})$ und wollen annehmen, die Komponenten seien nach steigenden Gewichten geordnet: $\tau_1 < \tau_2 < \cdots$. In diesem Falle wollen wir sowohl die Schar $\{\mathcal{X}_{u_n}\}$ selbst als auch die Komponenten, aus denen sie besteht, als *kanonisch* bezeichnen. Man erkennt leicht, daß jede homogene Komponente in einer kanonischen Komponente enthalten sein muß, so daß die kanonische Zerlegung die „gröbste" aller Zerlegungen in homogene Komponenten ist.

Paß des Paares $\{\mathcal{X}, \mu\}$ nennen wir die Matrix

$$\begin{pmatrix} \tau_1 & \tau_2 & \ldots \\ \mu\, u_1 & \mu\, u_2 & \ldots \end{pmatrix}$$

(wenn die Anzahl der kanonischen Komponenten endlich ist, werden die Enden der Zeilen mit Nullen aufgefüllt).

Satz 6. *Dafür, daß die Paare $\{\mathcal{X}, \mu\}$ und $\{\mathcal{Y}, \nu\}$ isomorph sind, ist notwendig und hinreichend, daß ihre Pässe zusammenfallen.*

Dieser Satz folgt fast unmittelbar aus dem vorhergehenden. Das Zusammenfallen der Pässe bedeutet, daß die kanonischen Scharen $\{\mathcal{X}_{u_k}\}$ und $\{\mathcal{Y}_{v_k}\}$ folgende Eigenschaften besitzen:

$$\tau(\mathcal{X}_{u_k}) = \tau(\mathcal{Y}_{v_k}), \qquad k = 1, 2, \ldots,$$
$$\mu\, u_k = \nu\, v_k, \qquad k = 1, 2, \ldots.$$

Führen wir auf den Komponenten $\mathcal{X}_{u_k}, \mathcal{Y}_{v_k}$ die Wahrscheinlichkeitsmaße

$$\mu_k(x) = \frac{\mu(x)}{\mu(u_k)}, \qquad x \in \mathcal{X}_{u_k},$$

$$\nu_k(y) = \frac{\nu(y)}{\nu(v_k)}, \qquad y \in \mathcal{Y}_{v_k}$$

ein, so bemerken wir, daß Satz 5 zufolge für jedes k ein maßtreuer Isomorphismus φ_k der Algebra $\mathcal{X}_{u_k}$ auf $\mathcal{Y}_{v_k}$ existiert. Es ist klar, daß die durch die Gleichung

$$\varphi(x) = \sum_k \varphi_k(x \wedge u_k), \qquad x \in \mathcal{X}$$

definierte Abbildung φ ein maßtreuer Isomorphismus von $\mathcal{X}$ auf $\mathcal{Y}$ ist. Er ist faktisch von D. Maharam [54] gewonnen worden.

Bemerkung. Aus dem Beweis von Satz 6 entnimmt man leicht, daß *für die Isomorphie zweier normierter Algebren notwendig und hinreichend ist, daß die oberen Zeilen in den Pässen dieser Algebren zusammenfallen.*

Die normierte Algebra $\mathcal{X}$ sei jetzt separiert. Im allgemeinsten Falle kann das Gewicht ihrer homogenen Komponente $\mathcal{X}_u$ entweder gleich 2 (das würde bedeuten, daß u ein Atom ist) oder gleich $\aleph_0$ sein. Somit *ist eine separierte* BOOLE*sche Algebra dann und nur dann homogen, wenn sie atomlos ist.* Aus Satz 5 folgt unmittelbar

Satz 7. *Alle vollständigen atomlosen separierten normierten Algebren sind untereinander isomorph.*

Der Isomorphismus zweier solcher Algebren kann dabei stets als maßtreu gewählt werden [42, 95].

Als allgemeines Modell für die Klasse aller derartigen Algebren kann die BOOLEsche Algebra E_0 dienen, der metrische Verband der LEBESGUE-meßbaren Mengen des Intervalls [0, 1]. Auf einer solchen Algebra ist in natürlicher Weise ein Maß μ definiert, das dem gewöhnlichen LEBESGUEschen „Maß" entspricht (s. S. 62). Satz 2 läßt den Schluß zu, daß *die Algebra E_0 als Produkt über ein gewisses abzählbares μ-unabhängiges System μ-einfachster Unteralgebren darstellbar ist.* (Diese wohlbekannte Tatsache läßt sich leicht auch unmittelbar gewinnen, indem man die Binärdarstellung der Zahlen aus dem Intervall [0, 1] heranzieht.) Ganz genauso verhält es sich mit den Algebren E_0^n, $n = 1, 2, \ldots$ (S. 62). Jede dieser untereinander isomorphen Algebren läßt sich als Algebra der Ereignisse deuten, die bei abzählbar vielen Würfen eines Geldstücks eintreten („BERNOULLIsches Schema").

Wir wollen eine vollständige normierte Algebra $\mathcal{X}$ mit einem Maß μ betrachten, die das Produkt über ein metrisch unabhängiges System von Unteralgebren der Form E_0 (genauer: von Unteralgebren, die zur Algebra E_0 isomorph sind) darstellt. Jeder der „Faktoren" läßt sich seinerseits als Produkt einer μ-unabhängigen Klasse μ-einfachster Unteralgebren darstellen. Hieraus ist ersichtlich, daß die Algebra $\mathcal{X}$ selbst μ-zerlegbar und infolgedessen auch homogen ist. Ihr Gewicht hängt lediglich von der Mächtigkeit des Systems der Faktoren ab; ist diese Mächtigkeit gleich τ, so ist das Gewicht der Algebra $\mathcal{X}$ das Produkt $\aleph_0 \cdot \tau = \max\{\tau, \aleph_0\}$. Insbesondere erhalten wir für $\tau = \aleph_0$ eine homogene Algebra von abzählbarem Gewicht, d. h. im wesentlichen dieselbe Algebra E_0.

Ähnliche Produkte sind uns faktisch bereits in Kapitel II begegnet, und zwar in Form der Algebren E^Γ (s. S. 63). Jede BOOLEsche Algebra dieses Typs stellt, wie man unschwer sieht, das Produkt einer Familie $\{\mathcal{X}_\gamma\}_{\gamma\in\Gamma}$ metrisch unabhängiger Unteralgebren dar, die man als „verschiedene Exemplare" der Algebra E_0 ansehen kann. Wir sehen, daß nur die Mächtigkeit der Menge Γ, die mit dem Gewicht von $\mathcal{X}$ zusammenfällt, von Beedutung ist. Somit kann man unter den Algebren E^Γ ein Beispiel für eine homogene normierte Algebra beliebig vorgegebenen Gewichts finden. Unter Berücksichtigung von Satz 5 können wir schließen, daß *sich jede vollständige homogene Algebra mit einem Wahrscheinlichkeitsmaß maßtreu und isomorph auf eine der Algebren E^Γ abbilden läßt.* Diese Tatsache ist erstmalig in der Arbeit von D. MAHARAM [54] bemerkt worden.

Die ganze vorstehende Erörterung bezog sich auf den Fall einer atomlosen normierten Algebra. Diese Beschränkung ist gerechtfertigt, da sich jede Algebra in eine atomlose und eine atomare Komponente zerlegen läßt und für die atomaren Algebren keinerlei Isomorphieproblem besteht: Eine unendliche atomare B. A. von abzählbarem Typus ist normierbar, und alle diese Algebren sind untereinander isomorph. Im Falle atomarer Algebren ist jedoch die Existenz eines maßtreuen Isomorphismus sozusagen ein glücklicher Zufall. Dazu müssen sich die Atome der zwei gegebenen Algebren unter Erhaltung des Maßes eineindeutig zuordnen lassen, ein Umstand, der alles andere als algebraisch ist, sondern nur mit den Eigenschaften des Maßes selbst zusammenhängt.

Das abschließende Theorem dieses Kapitels zeigt, wie „universell" die homogenen normierten Algebren sind.

Satz 8. *Es sei $\mathcal{X}$ eine beliebige vollständige B. A. mit dem Wahrscheinlichkeitsmaß μ und $\mathcal{Y}$ eine homogene vollständige Algebra mit dem Wahrscheinlichkeitsmaß ν. Wenn dann $\tau(\mathcal{X}) \leqq \tau(\mathcal{Y})$ ist, so existiert ein maßtreuer Monomorphismus von $\mathcal{X}$ in $\mathcal{Y}$.*

Wir geben nur die Hauptetappen des Beweises für diesen fast evidenten Satz an. Zunächst betrachten wir den Fall, daß die Algebra $\mathcal{X}$ homogen ist. In diesem Falle zerlegen wir die Algebra $\mathcal{Y}$ mittels Satz 2 in das Produkt metrisch unabhängiger ν-einfachster Unteralgebren und zeichnen in diesem Produkt eine Gruppe von „Faktoren" aus, die die Mächtigkeit $\tau(\mathcal{X})$ aufweist. Das entsprechende „Teil"produkt ist eine reguläre eingebettete Unteralgebra in $\mathcal{Y}$, auf die sich die Algebra $\mathcal{X}$ nach Satz 3 und 5 maßtreu und isomorph abbilden läßt.

Wir betrachten jetzt eine beliebige normierte Algebra $\mathcal{X}$. Sie läßt sich als höchstens abzählbare Vereinigung paarweise disjunkter Komponenten $\mathcal{X}_{u_1}$, $\mathcal{X}_{u_2}, \ldots$ darstellen, deren jede entweder homogen oder ausgeartet ist. Das Gewicht von $\mathcal{X}_{u_k}$ liegt im Intervall $[2, \tau(\mathcal{X})]$. Man kann leicht ein disjunktes System von Elementen $v_1, v_2, \ldots$ der Algebra $\mathcal{Y}$ konstruieren, so daß $\mu\, u_k = \nu\, v_k$ für jedes $k = 1, 2, \ldots$ ist. Jede der Komponenten $\mathcal{Y}_{v_k}$ ist homogen, und es gilt

$$\tau(\mathcal{Y}_{v_k}) = \tau(\mathcal{Y}) \geqq \tau(\mathcal{X}) \geqq \tau(\mathcal{X}_{u_k}) .$$

Daher existiert eine v_k-Unteralgebra, die das Bild von $\mathcal{X}_{u_k}$ bei einer gewissen maßtreuen Abbildung φ_k darstellt (wenn $\tau(\mathcal{X}_{u_k}) = 2$ ist, so ist einfach $\varphi_k(0) = 0$, $\varphi_k(u_k) = v_k$). Den gesuchten Monomorphismus erhalten wir, indem wir die Abbildungen φ_k ebenso wie beim Beweis von Satz 6 „verheften".

Satz 8 berechtigt uns dazu, eine beliebige normierte Algebra als regulär eingebettete Unteralgebra einer Algebra des Typs E^Γ anzusehen.

Aufgaben zu Kapitel VII

1. Es sei eine beliebige Familie von Paaren $\{\mathcal{X}_\xi, \mu_\xi\}_{\xi \in \Xi}$ gegeben (μ_ξ ist ein Wahrscheinlichkeitsmaß auf der vollständigen B. A. $\mathcal{X}_\xi$). Man beweise die Existenz einer vollständigen B. A. $\mathcal{X}$ mit dem Wahrscheinlichkeitsmaß μ, die als Produkt

$$\mathcal{X} = \prod_{\xi \in \Xi} \widetilde{\mathcal{X}}_\xi$$

μ-unabhängiger Unteralgebren $\widetilde{\mathcal{X}}_\xi$ darstellbar ist, wobei für jedes ξ die Paare $\{\mathcal{X}_\xi, \mu_\xi\}$ und $\{\widetilde{\mathcal{X}}_\xi, \tilde{\mu}_\xi\}$ mit $\tilde{\mu}_\xi = \mu|_{\widetilde{\mathcal{X}}_\xi}$ isomorph sind.

2. Man zeige: Wenn die normierte B. A. $\mathcal{X}$ als Produkt zweier metrisch unabhängiger atomloser Unteralgebren $\mathcal{U}_0$, $\mathcal{V}_0$ darstellbar ist, so kann die Unteralgebra $\mathcal{X}\langle\mathcal{U}_0, \mathcal{V}_0\rangle$ nicht n $\mathcal{X}$ minorant sein.

3. Zu jedem endlichen System regulär eingebetteter Unteralgebren $\mathcal{X}_1, \mathcal{X}_2, \ldots, \mathcal{X}_n$ der Booleschen Algebra E_0, die die Komponenten nicht sättigen, gibt es eine regulär eingebettete Unteralgebra $\widetilde{\mathcal{X}}$, die von jeder der Unteralgebren $\mathcal{X}_1, \mathcal{X}_2, \ldots, \mathcal{X}_n$ metrisch unabhängig ist (V. N. Sudakov und I. V. Romanovskij).

KAPITEL VIII

AUTOMORPHISMENGRUPPEN UND INVARIANTE MASSE

In der historischen Entwicklung der Wahrscheinlichkeitstheorie werden gewöhnlich zwei Etappen unterschieden: eine klassische, im Verlauf derer vor allem endliche Ereignisalgebren mit Erfolg untersucht wurden, und eine moderne, die damit zusammenhängt, daß die Wahrscheinlichkeitstheorie auf eine axiomatische Grundlage gestellt wird. Die Untersuchungen der Mathematiker der ersten Periode gründeten sich auf die klassische Wahrscheinlichkeitsdefinition, die die Berechnung einer Wahrscheinlichkeit auf die Bestimmung der Anzahl gleichmöglicher Fälle zurückführt. Dieser Zugang war hauptsächlich gerechtfertigt, solange es um endliche Ereignissysteme ging; in dem Maße jedoch, wie sich das Interesse an Versuchen mit unendlich vielen Ausgängen verstärkte, wurde die Verwendung der klassischen Definition immer schwieriger. Selbst einfache Aufgaben geometrischer Natur entzogen sich einer klaren Analyse; als Beispiel mag das in die Lehrbücher eingegangene BERTRANDsche Paradoxon dienen. All das machte es notwendig, die Wahrscheinlichkeitstheorie auf eine neue Grundlage zu stellen; im Ausland wird als Trennstrich zwischen der klassischen und der modernen Periode gewöhnlich das Erscheinen der berühmten Monographie von A. N. KOLMOGOROV [47] angesehen. Beim axiomatischen Aufbau der Wahrscheinlichkeitstheorie wird das Maß auf der Ereignisalgebra als a priori gegeben angesehen; die Frage danach, woher es stammt, wird aus der Mathematik in den Bereich des Experiments verbannt. Trotzdem ist eine vernünftige innermathematische Stellung dieses Problems möglich, wie sie von der klassischen Wahrscheinlichkeitsdefinition nahegelegt wird. Wir wollen zunächst diese Definition analysieren.

Es sei ein endliches System S von Ereignissen gegeben. Der „Klassiker", der die Wahrscheinlichkeiten dieser Ereignisse zu bestimmen wünscht, sucht in S ein vollständiges Untersystem S' paarweise unvereinbarer und gleichwahrscheinlicher „Elementar"ereignisse, aus denen alle übrigen wie aus Ziegelsteinen zusammengesetzt sind.

Dabei besteht für den „Klassiker" die Hauptsache darin, die Gleichwahrscheinlichkeit der „Elementar"ereignisse zu begründen. Gewöhnlich geschieht dies dadurch, daß er auf die den Bedingungen der zu lösenden Aufgabe innewohnende Symmetrie verweist. So kann sich beispielsweise ein gut durchgemischtes Kartenspiel in 52! Zuständen befinden. Das Ergebnis des Mischens hängt nur von den physikalischen Eigenschaften der Karten ab; da diese bei allen Karten völlig gleich sind, sind die möglichen Zustände des Kartenspiels physikalisch nicht voneinander unterscheidbar. „Gleichwahrscheinlichkeit" ist hier einfach das Wort, mit dem diese Ununterscheidbarkeit bezeichnet wird. Somit besteht die Menge S' in unserem Beispiel aus 52! gleichwahrscheinlichen Zuständen des Kartenspiels. Es sei jetzt S die Algebra der Ereignisse, die im Verlauf eines „reinen Kartenglückspiels" auftreten[1]). Der Ausgang eines beliebigen Ereignisses in einem solchen Spiel wird durch den Zustand des Kartenspiels vollständig vorbestimmt. Mit anderen Worten, das System S' ist minorant in S, und jedes $e \in S$ hat die Form einer Summe $\sum_{\substack{x \in S' \\ x \leqq e}} x$.

Nach der Bildung des Untersystems S' schreibt der „Klassiker" den „Elementar"ereignissen ein und dieselbe Wahrscheinlichkeit gleich $1/m$ zu, wo m die Anzahl der Elemente von S' ist; die übrigen Wahrscheinlichkeiten bestimmen sich automatisch. Mit anderen Worten: Das Ausgangssystem S muß eine atomare Algebra vom Typ $2^{S'}$ sein, während die gesuchte Wahrscheinlichkeit mit dem uns bereits bekannten „Grund"maß auf $2^{S'}$ zusammenfällt. Wir haben bereits bemerkt, daß das Grundmaß durch seine Invarianzeigenschaft bezüglich aller Automorphismen der B. A. S eindeutig charakterisiert wird. Dabei reicht es aus, die Invarianz gegenüber Automorphismen zu fordern, die eine gewisse ergodische Gruppe $\mathfrak{A}$ bilden. Die Ergodizitätseigenschaft bedeutet, daß zwei beliebige „Elementar"ereignisse aus S' $\mathfrak{A}$-kongruent sind. Die Automorphismengruppe selbst spiegelt dagegen die physikalische Symmetrie wider, die in den Bedingungen der Aufgabe besteht. Die „klassische Wahrscheinlichkeit" kann somit als das eindeutig bestimmte Wahrscheinlichkeitsmaß auf S charakterisiert werden, das gegenüber allen Automorphismen einer gewissen ergodischen Gruppe invariant ist.

Die oben durchgeführte Analyse zeigt, daß hinter den Kulissen der klassischen Wahrscheinlichkeitsdefinition stets eine gewisse Automorphismengruppe steht. Dieser Umstand erlaubt es, die klassische Methode zur Bestimmung des Wahrscheinlichkeitsmaßes auf den Fall einer unendlichen Algebra auszudehnen, wenn kein vollständiges System S' gleichwahrscheinlicher und paarweise unvereinbarer Erzeugender vorliegen kann, sondern eine Automorphismengruppe existiert, die die reale Symmetrie des untersuchten physikalischen oder anderen Systems widerspiegelt. Wir wollen zeigen, daß die Automorphismengruppe der B. A. $\mathfrak{X}$ unter gewissen Bedingungen ein Maß auf $\mathfrak{X}$ erzeugt, das gegenüber allen zu dieser Gruppe gehörigen Automorphismen invariant ist, und daß jedes Maß auf diese Weise entsteht.

Nachdem wir die Bedingungen festgestellt haben, unter denen die Automorphismengruppe der vorgegebenen Booleschen Algebra ein Maß erzeugt, gewinnen wir nebenher Beweise einiger wichtiger Sätze der Ergodentheorie, die sich auf die Existenz invarianter Maße beziehen (Sätze von Hopf, Hajian-Kakutani).

[1]) Wir denken hierbei an solche Spiele, bei denen die Spieler nur passiv die Kartenkombinationen beobachten.

Wir betrachten zwei verwandte Fragen:

I. *Es sei $\mathfrak{X}$ eine vollständige B. A. und $\mathfrak{A}$ eine gewisse Automorphismengruppe von ihr. Wie lauten die notwendigen und hinreichenden Bedingungen dafür, daß auf $\mathfrak{X}$ ein $\mathfrak{A}$-invariantes Maß existiert?*

II. *Dieselbe Aufgabe, jedoch unter der apriori-Voraussetzung, daß die Algebra $\mathfrak{X}$ normierbar ist.*

Wir werden sehen, daß das zweite Problem wesentlich einfacher als das erste ist.

Hinsichtlich der Resultate dieses Kapitels s. D. A. Vladimirov [18]—[20].

§ 1. Notwendige Bedingungen für die Existenz eines invarianten Maßes

Es sei $\mathfrak{A}$ Automorphismengruppe der vollständigen Booleschen Algebra $\mathfrak{X}$. Die Elemente x, y heißen *kongruent* (erforderlichenfalls $\mathfrak{A}$-*kongruent*), wenn $y = A\,x$ mit einem gewissen $A \in \mathfrak{A}$ gilt. Wir werden x und y *zerlegungsgleich* ($\mathfrak{A}$-*zerlegungsgleich*) nennen, wenn sie sich in der Form

$$x = \sum_\alpha x_\alpha\,, \quad y = \sum_\alpha y_\alpha \tag{I}$$

darstellen lassen, wo x_α und y_α für jedes α aus der Indexmenge (die eine beliebige Mächtigkeit besitzen kann) kongruent sind. Sind in (I) beide Summen endlich, so sagen wir, x und y seien *endlich zerlegungsgleich*. Die Kongruenz werden wir mit $\approx$ oder $\underset{\mathfrak{A}}{\approx}$, die Zerlegungsgleichheit mit $\sim$ oder $\underset{\mathfrak{A}}{\sim}$ und die endliche Zerlegungsgleichheit mit $\simeq$, $\underset{\mathfrak{A}}{\simeq}$ bezeichnen. Diese Beziehungen sind reflexiv, symmetrisch und transitiv. Wir zeigen nur die Transitivität der Beziehung $\sim$. Es sei $x \sim y$, $y \sim z$. Das heißt, daß $x = \sum_\alpha x_\alpha$ und $y = \sum_\alpha y_\alpha$ mit $y_\alpha = A_\alpha\,x_\alpha$ ist. Gleichzeitig ist $y = \sum_\beta y'_\beta$ und $z = \sum_\beta z_\beta$ mit $y'_\beta = A'_\beta\,z_\beta$. Wir setzen

$$y_{\alpha\beta} = y_\alpha \wedge y'_\beta\,, \quad z_{\alpha\beta} = A'^{-1}_\beta\,y_{\alpha\beta}\,, \quad x = A^{-1}_\alpha\,y_{\alpha\beta}\,.$$

Offensichtlich ist

$$x = \sum_{\alpha,\beta} x_{\alpha\beta}\,, \quad z = \sum_{\alpha,\beta} z_{\alpha\beta}\,, \quad z_{\alpha\beta} = A'^{-1}_\alpha\,A_\alpha\,x_{\alpha\beta}\,,$$

d. h. $x \sim z$.

Wir formulieren jetzt einige Bedingungen, die die Menge $\mathfrak{A}$ der Automorphismen charakterisieren und offensichtlich für die Existenz eines $\mathfrak{A}$-invarianten Maßes notwendig sind:

(C_1) *Aus $x_n \to 0$ folgt stets $A_n\,x_n \to 0$, wie auch $A_n \in \mathfrak{A}$ gewählt ist.*

(C_2) *Aus $x_n \approx x_{n+1}$ $(n = 1, 2, \ldots)$ und $x_n \,\mathrm{d}\, x_m$ $(n \neq m)$ folgt $x_1 = x_2 = \cdots = 0$.*

(C_3) *Wenn* $x_n = \sum_{\alpha} x_{n\alpha}$ *und* $x_n \to 0$ *gilt, so auch* $\bigvee_{\alpha} A_{n\alpha} x_{n\alpha} \to 0$, *wie auch die* $A_{n\alpha} \in \mathfrak{A}$ *gewählt seien.* (Hierbei durchläuft der Index α eine beliebige von n abhängige Menge.)

(C_4) *Die Relationen* $x < y$ *und* $x \sim y$ *sind unvereinbar.*

(C_5) *Zu einem beliebigen* $x > 0$ *gibt es ein gegenüber* $\mathfrak{A}$ *invariantes Quasimaß* φ *mit* $\varphi(x) > 0$.

Die Bedingung (C_5) läßt sich auch noch anders formulieren, nämlich, daß *die Gruppe* $\mathfrak{A}$ *hinreichend viele invariante Quasimaße zuläßt.*

Diese Bedingungen (wir wollen sie Bedingungen des Typs (C) nennen) handeln von einer besonderen Art gleichgradiger Stetigkeit der zur Gruppe $\mathfrak{A}$ gehörigen Automorphismen (das bezieht sich besonders auf die Bedingung (C_1)). Sie sagen aus, daß es in $\mathfrak{A}$ „nicht zu viele" Automorphismen gibt.

Es ist unmittelbar ersichtlich, daß (C_3) stärker als (C_1) und daß (C_1) seinerseits stärker als (C_2) ist. Ersetzen wir in der Formulierung der Bedingung (C_3) die Folge $\{x_n\}$ durch eine beliebige gerichtete Menge $\{x_\gamma\}$, so erhalten wir eine noch stärkere Bedingung, die wir mit (C_3^+) bezeichnen werden. Es ist leicht zu zeigen, daß (C_3) zu (C_3^+) äquivalent ist, wenn die Algebra $\mathcal{X}$ regulär ist.

Lemma 1. *Die Bedingung* (C_3) *zieht die Bedingung* (C_4) *nach sich.*

Beweis. Die Bedingung (C_4) sei nicht erfüllt. Dann existieren Elemente x, y mit $x < y$ und

$$x = \sum_{\alpha} x_\alpha\,, \qquad y = \sum_{\alpha} y_\alpha\,, \qquad y_\alpha = A_\alpha x_\alpha\,, \qquad A_\alpha \in \mathfrak{A}\,.$$

Wir setzen

$$y'_\alpha = y_\alpha \wedge x\,, \qquad x'_\alpha = A_\alpha^{-1} y'_\alpha\,, \qquad y''_\alpha = y_\alpha \wedge (y - x)\,,$$
$$x''_\alpha = A_\alpha^{-1} y''_\alpha\,, \qquad x' = \sum_{\alpha} x'_\alpha\,, \qquad x'' = \sum_{\alpha} x''_\alpha = x - x'\,.$$

(Es ist klar, daß x'_α und x''_α paarweise disjunkt sind und der Gebrauch des Summenzeichens gerechtfertigt ist.) Wir bemerken, daß $x = \sum_{\alpha} y'_\alpha = \sum_{\alpha} A_\alpha x'_\alpha \sim x'$ ist. Der Transitivität der Beziehung $\sim$ zufolge haben wir $y \sim x'$. Ferner ist $y - x = \sum_{\alpha} y''_\alpha = \sum_{\alpha} A_\alpha x''_\alpha \sim x''$. Wir setzen jetzt $y - x = x_1$, $x'' = x_2$ und wiederholen unsere Überlegung, indem wir als x das Element x' nehmen. Fahren wir in dieser Weise fort, so gelangen wir zu einer induktiv konstruierten Folge $\{x_n\}$ von Elementen mit den Eigenschaften

a) $$x_n \,\mathrm{d}\, x_m \qquad (n \neq m)\,,$$

b) $$x_{n+1} \sim \sum_{k=1}^{n} x_k \qquad (n = 1, 2, \ldots)\,.$$

Es ist klar, daß $x_n \to 0$ gilt. Aus der Bedingung (C_3) folgt, daß $\sum_{k=1}^{n} x_k \to 0$. Dann ist aber $x_1 = 0$ und $x = y$. Das Lemma ist damit bewiesen.

Bemerkung 1. Aus dem Beweis des Lemmas ist ersichtlich, daß jedesmal, wenn (C_4) nicht erfüllt ist, eine Folge mit den Eigenschaften a) und b) existiert. Man kann unschwer für jedes $n = 1, 2, \ldots$ ein Element $x_n' \leqq x_n$ konstruieren, das zu x_1 zerlegungsgleich ist. Wir können schließen, daß (C_4) bereits aus der schwächeren Voraussetzung als (C_3) folgt: *Es gibt keine unendliche Folge paarweise disjunkter und paarweise zerlegungsgleicher von Null verschiedener Elemente.* Man erkennt leicht, daß *diese Aussage in Wahrheit zur Bedingung* (C_4) *äquivalent ist.* Man braucht dazu nur zu bemerken, daß aus $z_n \sim z_m$, $z_n \,\mathrm{d}\, z_m$ $(n \neq m)$ und $z_n > 0$ $(n = 1, 2, \ldots)$ folgt, daß die Elemente $u = \sum_{n=1}^{\infty} z_n$ und $v = \sum_{n=2}^{\infty} z_n$ zerlegungsgleich sind, obgleich $v < u$ ist.

Bemerkung 2. *Die Algebra $\mathfrak{X}$ sei regulär. Dann folgt die Bedingung (C_4) aus der schwächeren Bedingung:*

(C_3^-) *Aus* $x_n = x_{n+1}$ $(n = 1, 2, \ldots)$, $x_n \,\mathrm{d}\, x_m$ $(n \neq m)$ *folgt* $x_1 = x_2 = \cdots = 0$.

In der Tat gibt es, wenn (C_4) nicht erfüllt ist, nach Bemerkung 1 eine Folge $\{x_n\}_{n=1}^{\infty}$ mit den Eigenschaften

$$x_n > 0 \qquad (n = 1, 2, \ldots),$$

$$x_n = \sum_{k=1}^{\infty} x_{nk}, \qquad x_1 = \sum_{k=1}^{\infty} y_{nk},$$

$$y_{nk} = A_{nk}\, x_{nk}, \qquad A_{nk} \in \mathfrak{A}$$

$$(n = 2, \ldots; \quad k = 1, 2, \ldots).$$

Da $\sum_{k=1}^{s} y_{nk} \uparrow_s x_1$ für jedes $n = 1, 2, \ldots$ gilt, existiert der Regularität der Algebra zufolge eine Folge $\{s_n\}$ mit $x_1 = (o)\text{-}\lim \sum_{k=1}^{s_n} y_{nk}$. Es gibt ein Element $y > 0$, so daß $\sum_{k=1}^{s_n} y_{nk} \geqq y$ für $n \geqq n_0$ gilt. Wir setzen

$$\tilde{x}_n = \sum_{k=1}^{s_n} A_{nk}^{-1} (y \wedge y_{nk}) \qquad (n = 1, 2, \ldots).$$

Wir sehen, daß die paarweise disjunkten Elemente $\tilde{x}_n$ endlich zerlegungsgleich zu y und infolgedessen auch untereinander sind. Das ist nicht mit der Bedingung (C_3^-) zu vereinbaren. Somit hat (C_3^-) im regulären Falle (C_4) zur Folge.

Lemma 2. *Die Bedingung (C_5) zieht (C_3^-) nach sich (und in einer regulären Algebra auch die Bedingung (C_4)).*

Beweis. Ist die Bedingung (C_3^-) nicht erfüllt, so gibt es eine Folge $\{x_n\}$ mit $x_1 \simeq x_2 \simeq \cdots$; $x_n \,\mathrm{d}\, x_m$ $(n \neq m)$; $x_n > 0$. Wir bezeichnen ein beliebiges dieser Elemente mit x und machen von dem Quasimaß φ Gebrauch, dessen Existenz durch die Bedingung (C_5) garantiert wird. Offensichtlich ist $\varphi(x_1) = \varphi(x_2) = \cdots = \varphi(x) > 0$. Gleichzeitig muß die Reihe $\sum_n \varphi(x_n)$ konvergieren, weil $\sum_{n=1}^{m} \varphi(x_n) \leqq \varphi(1)$ für alle m ist. Dieser Widerspruch beweist zugleich das Lemma.

Lemma 3. *Die B. A. $\mathcal{X}$ sei normierbar, und die Gruppe $\mathfrak{A}$ habe nicht die Eigenschaft (C_1). Dann existiert: a) eine disjunkte Folge $\{x_i\}$ von Elementen aus $\mathcal{X}$ und b) eine Folge $\{A_i\}$ von Automorphismen aus $\mathfrak{A}$ mit der Eigenschaft*

$$\overline{\lim} \operatorname{abs} A_i x_i > 0$$

(die Definition von $\overline{\lim}$ abs ist in Kapitel II, S. 102 gegeben worden).

Beweis. Wenn die Bedingung (C_1) nicht erfüllt ist, so gilt für eine gewisse Folge $\{v_n\}$ von Elementen der Algebra $\mathcal{X}$

$$v_n \to 0$$

und zugleich

$$\mu B_n v_n > \eta_0 ,$$

wo B_n gewisse zu $\mathfrak{A}$ gehörige Automorphismen sind, μ ein Maß auf $\mathcal{X}$ und η_0 eine positive Konstante ist. Auf Grund von Satz III.15 kann man annehmen, daß

$$v_n \xrightarrow{(o)} 0$$

gilt (anderenfalls könnte man dies erreichen, indem man zu einer Teilfolge übergeht). Wir setzen

$$\begin{aligned} y_n &= B_n v_n , \\ v_{nm} &= v \wedge C \bigvee_{i \geq m} v , \\ u_{nm} &= B_n v_{nm} = y_n \wedge C \bigvee_{i \geq m} B_n v_i \qquad (n, m = 1, 2, \ldots) . \end{aligned}$$

Der Automorphismus B_n erhält wie jeder Automorphismus für jedes $n = 1, 2, \ldots$ die (o)-Konvergenz. Daher gilt

$$u_{nm} \xrightarrow[m]{(o)} y_n \qquad (n = 1, 2, \ldots)$$

$\left(\text{da } v_i \xrightarrow{(o)} 0, \text{ d. h. } \bigvee_{i \geq m} v_i \xrightarrow{(o)} 0 \text{ gilt}\right)$.

Somit ist

$$\mu u_{nm} \to \mu y_n > \eta_0 ,$$

und man kann Indizes $1 < m_1 < m_2 < \cdots < m_n < \cdots$ derart wählen, daß

$$\mu u_{n m_n} > \eta_0 \qquad (n = 1, 2, \ldots)$$

gilt. Da offensichtlich $u_{n m_n} \nrightarrow 0$ gilt, kann man auf Grund von Lemma III.10 annehmen, daß

$$\overline{\lim} \operatorname{abs} u_{n m_n} = y > 0$$

ist (wie bereits oben läßt sich dies leicht erreichen, indem man die Folge verdünnt).

Wir bilden nach der Vorschrift

$$n_1 = 1\,, \quad n_2 = m_{n_1}, \ldots, n_{i+1} = m_{n_i}, \ldots$$

eine Indexfolge $\{n_i\}$. Nunmehr setzen wir

$$A_i = B_{n_i}\,, \quad x_i = v_{n_i m_{n_i}} \qquad (i = 1, 2, \ldots)\,.$$

Es sei $i_1 < i_2$. Dann ist $n_{i_2} \geqq m_{n_{i_1}}$, so daß

$$x_{i_2} = v_{n_{i_2} m_{n_{i_2}}} \leqq v_{n_{i_2}} \leqq \bigvee_{k \geqq m_{n_{i_1}}} v_k$$

und

$$x_{i_2} \wedge x_{i_1} = x_{i_2} \wedge \Big(v_{n_{i_1}} \wedge C \bigvee_{k \geqq m_{n_{i_1}}} v_k\Big) = 0$$

gilt. Wir sehen, daß die Folge $\{x_i\}$ disjunkt ist. Zugleich können wir unter Benutzung der Grundeigenschaft von $\overline{\lim}$ abs (S. 102) schließen, daß

$$\overline{\lim}\ \mathrm{abs}\, A_i\, x_i = \overline{\lim}\ \mathrm{abs}\, B_{n_i}\, v_{n_i m_{n_i}} = \overline{\lim}\ u_{n_i m_{n_i}} = \overline{\lim}\ u_{n m_n} = y > 0$$

gilt. Das Lemma ist damit bewiesen.

Aus Lemma 3 entspringt die wichtige

Folgerung. *Im Falle einer normierten Algebra zieht die Bedingung* (C_4) (C_1) *nach sich.*

Beweis. Wenn (C_1) nicht erfüllt ist, so existieren Folgen $\{x_i\}$ und $\{A_i\}$ mit den in der Formulierung von Lemma 3 aufgezählten Eigenschaften. Wir zerlegen die natürliche Zahlenreihe in abzählbar viele durchschnittsfremde unendliche wachsende Folgen $\{i_{sj}\}_{s=1}^{\infty}$ $(j = 1, 2, \ldots)$. Wegen der Haupteigenschaft von $\overline{\lim}$ abs gilt dann für $j = 1, 2, \ldots$

$$\bigvee_{s=1}^{\infty} A_{i_{sj}}\, x_{i_{sj}} \geqq \overline{\lim}\ A_{i_{sj}}\, x_{i_{sj}} = \overline{\lim}\ A_i\, x_i = y\,.$$

Für beliebiges $i = 1, 2, \ldots$ setzen wir

$$y_i = (A_i\, x_i) \wedge y\,, \quad x_i' = A_i^{-1}(y_i)\,.$$

Alle Elemente x_i' sind paarweise disjunkt (da $x_i' \leqq x_i$ ist). Dabei gilt

$$\bigvee_{s=1}^{\infty} y_{i_{sj}} = y \wedge \bigvee_{s=1}^{\infty} A_{i_{sj}}\, x_{i_{sj}} = y \qquad (j = 1, 2, \ldots)\,.$$

Ferner setzen wir

$$\tilde{y}_{1j} = y_{i_{1j}}\,, \quad \tilde{y}_{2j} = y_{i_{2j}} \wedge C\, y_{i_{1j}}, \ldots, \tilde{y}_{sj} = y_{i_{sj}} \wedge C \bigvee_{k=1}^{s-1} y_{i_{kj}}\,,$$

$$\tilde{x}_{sj} = A_{i_{sj}}^{-1}\, \tilde{y}_{sj} \qquad (s, j = 1, 2, \ldots)\,.$$

Die Ungleichungen

$$\tilde{y}_{sj} \leqq y_{sj}, \quad \tilde{x}_{sj} \leqq A_{i_{sj}}^{-1} y_{sj} = x'_{i_{sj}}, \ldots$$

zeigen, daß die Elemente $\tilde{x}_{sj}$ paarweise disjunkt sind. Außerdem sind natürlich auch die Elemente $\tilde{y}_s$ disjunkt, und dabei gilt für jedes $j = 1, 2, \ldots$

$$\sum_s \tilde{y}_{sj} = \sum_s A_{i_{sj}} \tilde{x}_{sj} = y .$$

Setzen wir

$$\bar{x}_j = \sum_s \tilde{x}_{sj} \qquad (j = 1, 2, \ldots),$$

so sehen wir, daß $\bar{x}_j \sim y$ für beliebiges $j = 1, 2, \ldots$ ist. Hieraus folgt, daß die Elemente $\bar{x}_j$ eine unendliche Folge paarweise disjunkter zerlegungsgleicher Elemente bilden. Die Existenz einer solchen Folge ist jedoch (Bemerkung 1 zufolge) nicht mit der Bedingung (C_4) verträglich.

Die in die Formulierungen von Lemma 3 und seiner Folgerung eingehende Voraussetzung, daß die Algebra normierbar sei, ist von uns nur gemacht worden, um die Beweise zu vereinfachen. In Wahrheit reicht es aus, die Regularität der Algebra $\mathcal{X}$ zu fordern. Außerdem kann man, wenn man die Überlegungen etwas komplizierter gestaltet, aus (C_4) nicht nur (C_1), sondern auch (C_3) herleiten.

Wir haben bereits erwähnt, daß alle Bedingungen des Typs (C) für die Existenz eines invarianten Maßes notwendig sind. Das läßt sich unter Benutzung von Satz VI.1 leicht zeigen. Man kann auch unschwer erkennen, daß die Bedingungen (C_2) und (C_5) für die Existenz eines strikt positiven invarianten Quasimaßes notwendig sind.

§ 2. Die Existenz eines invarianten Maßes auf einer vollhomogenen Algebra. Normierbarkeitsbedingungen

In diesem Paragraphen wollen wir nachweisen, daß die durch die Bedingungen (C_3) und (C_4) ausgedrückte „verschärfte" gleichgradige Stetigkeit der Automorphismen einer ergodischen Gruppe nicht nur notwendig, sondern auch hinreichend für die Existenz eines invarianten Maßes ist.

Zugleich soll ohne Benutzung des Maßbegriffes eine abstrakte Charakterisierung „homogener" normierter Algebren gegeben werden. Zum Schluß des Paragraphen führen wir notwendige und hinreichende Bedingungen dafür an, daß eine vollständige BooLEsche Algebra normierbar ist.

Lemma 4. *$\mathcal{X}$ sei eine vollständige* BooLEsche *Algebra und $\mathfrak{A}$ eine ergodische Automorphismengruppe von ihr, die der Bedingung (C_4) genügt. Dann existiert eine ergodische Automorphismengruppe $\mathfrak{A}^*$ der Algebra, die $\mathfrak{A}$ enthält und für die a) die Beziehungen*

$$x \underset{\mathfrak{A}}{\sim} y, \quad x \underset{\mathfrak{A}^*}{\sim} y, \quad x \underset{\mathfrak{A}^*}{\approx} y$$

äquivalent sind und b) die Gruppe $\mathfrak{A}^*$ wie früher die Eigenschaft (C_4) besitzt.

Beweis. Es sei $x \underset{\mathfrak{A}}{\sim} y$ mit $x, y \neq 1$ (auf Grund der Bedingung (C_4) können x und y nur gleichzeitig gleich dem Einselement sein). Die Zerlegungsgleichheit bedeutet, daß

$$x = \sum_\eta x_\eta\,, \qquad y = \sum_\eta y_\eta\,, \qquad y_\eta = A_\eta\, x_\eta\,, \qquad A_\eta \in \mathfrak{A}$$

gilt. Wir setzen $\bar{x} = C\,x$, $\bar{y} = C\,y$. Aus der Ergodizität folgt, daß es ein $B_1 \in \mathfrak{A}$ mit

$$\bar{y} \geqq B_1\,\bar{x} \wedge \bar{y} = \bar{y}_1 > 0$$

gibt. Wir setzen $\bar{x}_1 = B_1^{-1}\,\bar{y}_1$. Offensichtlich ist $\bar{x}_1 \leqq \bar{x}$. Es seien bereits

$$\bar{x}_1, \bar{x}_2, \ldots, \bar{x}_\alpha\,, \qquad \bar{y}_1, \bar{y}_2, \ldots, \bar{y}_\alpha\,, \qquad \alpha < \alpha_0$$

konstruiert, wobei $\bar{x}_\alpha \,\mathrm{d}\, \bar{x}_{\alpha'}$, $\bar{y}_\alpha \,\mathrm{d}\, \bar{y}_{\alpha'}$, für $\alpha \neq \alpha'$ und $\bar{y}_\alpha = B_\alpha\,\bar{x}_\alpha$ mit $B_\alpha \in \mathfrak{A}$ gilt.

Mit den Elementen

$$C\Big(\sum_\eta x_\eta + \sum_{\alpha<\alpha_0} \bar{x}_\alpha\Big)\,, \qquad C\Big(\sum_\eta y_\eta + \sum_{\alpha<\alpha_0} \bar{y}_\alpha\Big)$$

können wir ebenso wie früher mit $\bar{x}$ und $\bar{y}$ verfahren. Dabei werden die Elemente $\bar{x}_{\alpha_0}, \bar{y}_{\alpha_0}$ und ein Automorphismus $B_{\alpha_0} \in \mathfrak{A}$ mit

$$B_{\alpha_0}\,\bar{x}_{\alpha_0} = \bar{y}_{\alpha_0}\,, \qquad \bar{x}_{\alpha_0} \leqq C\Big(\sum_\eta x_\eta + \sum_{\alpha<\alpha_0} \bar{x}_\alpha\Big)\,,$$

$$\bar{y}_{\alpha_0} \leqq C\Big(\sum_\eta y_\eta + \sum_{\alpha<\alpha_0} \bar{y}_\alpha\Big)$$

konstruiert. Dieser Prozeß bricht in dem Moment ab, wenn entweder $\sum_{\alpha<\alpha_0} \bar{x}_\alpha = \bar{x}$ oder $\sum_{\alpha<\alpha_0} \bar{y}_\alpha = \bar{y}$ ist. Wir wollen zeigen, daß diese Gleichungen in Wahrheit nur gleichzeitig erfüllt sein können. In der Tat sehen wir, wenn beispielsweise $\sum_{\alpha<\alpha_0} \bar{x}_\alpha = \bar{x}$ ist und wir alle $x_1, x_2, \ldots, \bar{x}_1, \bar{x}_2, \ldots$ in eine transfinite Folge $\{z_\gamma\}$ sowie die Operatoren $A_1, A_2, \ldots, B_1, B_2, \ldots$ in einer Folge $\{C_\gamma\}$ anordnen, daß $\sum_\gamma z_\gamma = 1$ ist. Dann ist nach (C_4) $\sum_\gamma C_\gamma\, z_\gamma = 1$ und offensichtlich $\sum_{\alpha<\alpha_0} \bar{y}_\alpha = \bar{y}$. Analog folgt aus der zweiten Gleichung die erste.

Wir konstruieren einen Automorphismus U der Algebra $\mathfrak{X}$ gemäß der Formel

$$U\,z = \sum_\gamma C_\gamma\,(z \wedge z_\gamma)\,. \tag{II}$$

Daß diese Definition korrekt ist, ist fast evident. Man bestätigt leicht, daß die Summanden in der Summe paarweise disjunkt sind und daß die Formel (II) tatsächlich einen Automorphismus definiert. Offensichtlich haben wir $y = U\,x$. Die Menge aller Automorphismen von ähnlicher Bauart bezeichnen wir mit $\mathfrak{A}^*$. Genauer: Der Operator T gehört dann und nur dann zu $\mathfrak{A}^*$, wenn

a) ein Satz paarweise disjunkter Elemente $\{u_\xi\}$, deren Summe gleich dem Einselement der Algebra ist, und

b) ein Satz von Automorphismen $\{A_\xi\} \subset \mathfrak{A}$ mit der Eigenschaft $A_\xi u_\xi \wedge A_{\xi'} u_{\xi'} = 0$ $(\xi \neq \xi')$ existiert, für die $T u = \sum_\xi A_\xi (u \wedge u_\xi)$ für alle $u \in \mathcal{X}$ gilt. Alle diese Operatoren stellen Automorphismen dar, wovon man sich leicht überzeugt. Der inverse Automorphismus wird durch die Formel $u = T^{-1} v = \sum_\xi A_\xi^{-1}(v \wedge v_\xi)$ mit $v_\xi = A_\xi u_\xi$ definiert. Er gehört gleichfalls $\mathfrak{A}^*$ an. Es ist klar, daß $\mathfrak{A} \subset \mathfrak{A}^*$ gilt.

Es sei $A, B \in \mathfrak{A}^*$, $A B = C$, $A y = \sum_\xi A_\xi (y \wedge y_\xi)$, $B x = \sum_\eta B_\eta (x \wedge x_\eta)$. Wir wollen zeigen, daß $C \in \mathfrak{A}^*$ ist. Man bestätigt leicht, daß $Cx = \sum_{\xi, \eta} A_\xi B_\eta (z_{\xi\eta} \wedge x)$ mit $z_{\xi\eta} = x_\eta \wedge B_\eta^{-1} y_\xi$ gilt. Dabei ist $\sum_{\xi, \eta} z_{\xi\eta} = 1$, und die $A_\xi B_\eta z_{\xi\eta}$ sind paarweise disjunkt.

Somit ist $C \in \mathfrak{A}^*$. Wir sehen also, daß $\mathfrak{A}^*$ Automorphismengruppe ist. Die Äquivalenz der Beziehungen $x \underset{\mathfrak{A}}{\sim} y$, $x \underset{\mathfrak{A}^*}{\sim} y$, $x \underset{\mathfrak{A}^*}{\approx} y$ entspringt unmittelbar aus der Definition von $\mathfrak{A}^*$.

Ganz genauso ist evident, daß $\mathfrak{A}^*$ ergodisch ist und die Eigenschaft (C_4) besitzt. Das Lemma ist damit bewiesen.

Wir stellen eine wichtige Eigenschaft unserer Gruppe $\mathfrak{A}^*$ fest.

Lemma 5. *Für beliebige zwei Elemente $x, y \in \mathcal{X}$ besteht stets eine und nur eine der drei Beziehungen:*

1) *für ein gewisses $A \in \mathfrak{A}^*$ ist $A x < y$;*

2) *für ein gewisses $A \in \mathfrak{A}^*$ ist $A x > y$;*

3) *für ein gewisses $A \in \mathfrak{A}^*$ ist $A x = y$.*

Beweis. Man braucht nur den Fall zu betrachten, daß $x, y > 0$ sind. Wegen der Ergodizität gibt es ein $A_1 \in \mathfrak{A}^*$ mit $A_1 x \wedge y = y_1 > 0$. Wir setzen $x_1 = A_1^{-1} y_1$. Es ist klar, daß $x_1 \leqq x$, $y_1 \leqq y$, $x_1 \approx y_1$ gilt. Angenommen, für $\alpha < \alpha_0$ seien bereits $x_1, x_2, \ldots, x_\alpha, \ldots; y_1, y_2, \ldots, y_\alpha, \ldots; A_1, A_2, \ldots$ mit den Eigenschaften $x_{\alpha'} \,\mathrm{d}\, x_\alpha$, $y_\alpha \,\mathrm{d}\, y_{\alpha'}$ $(\alpha \neq \alpha')$, $x_\alpha = A_\alpha^{-1} y_\alpha$, $\sum_\alpha x_\alpha \leqq x$, $\sum_\alpha y_\alpha \leqq y$ konstruiert.

Wenn $\bar{x}_{\alpha_0} = x - \sum_{\alpha < \alpha_0} x_\alpha > 0$ und $\bar{y}_{\alpha_0} = y - \sum_{\alpha < \alpha_0} y_\alpha > 0$ ist, so finden wir unter Benutzung der Ergodizität ein A_{α_0} mit $y_{\alpha_0} = A_{\alpha_0} \bar{x} \wedge \bar{y}_{\alpha_0} > 0$ und setzen hernach $\bar{x}_{\alpha_0} = A_{\alpha_0}^{-1} y_{\alpha_0}$. Dieser transfinite Prozeß bricht in dem Moment ab, wenn entweder $\bar{x}_{\alpha_0} = 0$, $\bar{y}_{\alpha_0} \neq 0$ oder $\bar{x}_{\alpha_0} \neq 0$, $\bar{y}_{\alpha_0} = 0$ oder $\bar{x}_{\alpha_0} = \bar{y}_{\alpha_0} = 0$ ist. Das gibt gerade die Fälle 1), 2) bzw. 3). Für $\bar{y}_{\alpha_0} \neq 0$ beispielsweise haben wir $x \sim \sum_{\alpha < \alpha_0} y_\alpha < y$ oder, was auf dasselbe hinausläuft, $A x < y$ mit $A \in \mathfrak{A}^*$. Wir merken an, daß die Automorphismen A_α aus $\mathfrak{A}$ entnommen sein können.

In Anbetracht der Bedingung (C_4) und der Transitivität der $\sim$-Beziehung kann nur einer der drei Fälle 1), 2), 3) eintreten.

Wir werden $x \underset{\mathfrak{A}^*}{>} y$ schreiben, wenn für ein gewisses $A \in \mathfrak{A}^*$ die Ungleichung $x \geqq A y$ besteht. Es ist klar, daß unter den Bedingungen von (C_3) oder (C_4)

stets entweder $x \underset{\mathfrak{A}^*}{\approx} y$ oder $x \underset{\mathfrak{A}^*}{>} y$ oder[1]) $x \underset{\mathfrak{A}^*}{<} y$ gilt. Wir werden diese Eigenschaft der Gruppe dadurch zum Ausdruck bringen, daß wir sagen, die Gruppe (im vorliegenden Falle die Gruppe $\mathfrak{A}^*$) *vergleiche* zwei beliebige Elemente.

Definition. Eine vollständige Boolesche Algebra heißt *vollhomogen*, wenn eine ergodische Automorphismengruppe von ihr existiert, die der Bedingung (C_3) genügt.

Im weiteren werden wir sehen, daß eine vollhomogene Algebra stets regulär ist. Nimmt man von vornherein Regularität an, so kann man, wie sich leicht zeigen läßt, in der genannten Definition (C_3) durch eine beliebige Bedingung vom Typ (C) ersetzen. Die Vollhomogenität der Algebra $\mathcal{X}$ bedeutet, daß $\mathcal{X}$ eine Automorphismengruppe $\mathfrak{A}$ besitzt, die einerseits genügend umfassend (ergodisch) ist, außerdem jedoch die Eigenschaft der verschärften gleichgradigen Stetigkeit aufweist. Es muß nämlich in der (o)-Topologie eine Basis von Umgebungen des Nullelements existieren, von denen jede zusammen mit dem Element $x = \sum x_\alpha$ alle Elemente der Form $\bigvee_\alpha A_\alpha x_\alpha$ mit $A_\alpha \in \mathfrak{A}$ enthält (das ist zu der Bedingung (C_3^+) äquivalent; im regulären Falle kann man sich auf endliche Summen beschränken). Es ist leicht zu sehen, daß eine vollhomogene Algebra entweder atomar oder atomlos sein kann. Man überzeugt sich auch unschwer davon, daß eine atomare Algebra dann und nur dann vollhomogen ist, wenn sie endlich ist.

Satz 1. *Eine vollhomogene Algebra ist stets normierbar. Ist hierbei $\mathfrak{A}$ eine ergodische Automorphismengruppe der Algebra, die der Bedingung (C_3) genügt, so existiert ein gegenüber $\mathfrak{A}$ invariantes Wahrscheinlichkeitsmaß, und zwar nur eines.*

Beweis. Wir werden uns auf die Bedingung (C_4) stützen, die Lemma 1 zufolge erfüllt ist. Die grundlegenden Lemmata 4 und 5 berechtigen uns zu der Annahme, daß die Relationen $x \approx y$ und $x \sim y$ gleichbedeutend sind und daß die Gruppe $\mathfrak{A}$ die Elemente vergleicht. Letzteres bedeutet, wie wir vereinbart haben, daß für beliebige $x, y \in \mathcal{X}$ stets eine der drei Beziehungen $x > y$, $x < y$, $x \approx y$ erfüllt ist. Schließlich wollen wir noch die Algebra $\mathcal{X}$ als atomlos voraussetzen. (Anderenfalls ist, wie bereits gesagt, die Algebra endlich und der Satz damit trivial.)

Wir beweisen jetzt einige Hilfsaussagen. Wir wollen sagen, das Element $x \in \mathcal{X}$ sei *teilbar*, wenn es sich als Summe zweier kongruenter Summanden darstellen läßt: $x = x_1 + x_2$, $x_1 \approx x_2$. Es gelten folgende Behauptungen.

1) *Wenn $x = \sum_\alpha x_\alpha$ ist und alle x_α teilbar sind, so ist auch x teilbar.*

Beweis. Wir haben $x_\alpha = x'_\alpha + x''_\alpha$, $x'_\alpha = A_\alpha x''_\alpha$. Wir setzen $x_1 = \sum_\alpha x'_\alpha$, $x_2 = \sum_\alpha x''_\alpha$. Es ist klar, daß $x = x_1 + x_2$ und $x_1 \approx x_2$ gilt.

[1]) Diese Relationen schließen einander nicht aus.

2) *Jedes Element $x \in \mathfrak{X}$ ist teilbar.*

Beweis. Zufolge von 1) braucht man nur zu zeigen, daß die teilbaren Elemente eine in $\mathfrak{X}$ minorante Menge bilden[1]). Wir nehmen ein beliebiges $x > 0$. Wegen der Atomlosigkeit der Algebra kann man es als Summe zweier von Null verschiedener Summanden darstellen: $x = y_1 + y_2$. Man kann annehmen, daß $y_1 > y_2$ ist. Das bedeutet, daß $y_1 = y' + y''$ und $y'' \approx y_2$ ist. Das Element $y = y'' + y_2$ ist teilbar, und es ist $y \leqq x$. Man braucht nun nur noch auf Satz III.4 zu verweisen.

Aus 2) folgt die Existenz einer fallenden Folge $\{x_n\}_{n=1}^{\infty}$ mit den Eigenschaften:

1) $$x_0 = 1\,,$$

2) $$x_n - x_{n+1} \approx x_{n+1}\,.$$

Ferner werden wir die Bezeichnung

$$x_n - x_{n+1} = x'_{n+1}$$

anwenden.

3) *Es gibt eine Folge $\{\bar{x}_n\}_{n=1}^{\infty}$, deren Glieder paarweise disjunkt sind und für die $\bar{x}_n \approx x_n$ für alle n ist.*

In der Tat kann man $\bar{x}_n = A_1 A_2 \cdots A_{n-1} x_n$ $(n \geqq 2)$, $\bar{x}_1 = x_1$ nehmen, wo A_i derjenige Automorphismus ist, für den $A_i x_i = x'_i$ gilt.

4) *Es sei*

$$x = \sum_{k=1}^{p} y_k\,, \qquad y_k = B_k x_{n_k} \qquad (k = 1, 2, \ldots, p)\,, \qquad B_k \in \mathfrak{A}; \qquad \sigma_0 = \sum_{k=1}^{p} \frac{1}{2^{n_k}}\,,$$

$$m \geqq \max_{1 \leq k \leq p} n_k\,.$$

Dann existiert eine Darstellung

$$x = x^{(1)} + x^{(2)} + \cdots + x^{(s)}\,, \qquad x^{(i)} \approx \sum x_m \qquad (i = 1, 2, \ldots, s)\,, \qquad s = 2^m \sigma_0\,.$$

In der Tat verifiziert man mühelos, daß man als $x^{(i)}$ alle Elemente der Form

$$z = B_k A_{i_1} A_{i_2} \ldots A_{i_q} x_m\,,$$

$$n_k < i_1 < i_2 < \cdots < i_q \leqq m\,, \qquad 0 \leqq q \leqq m - n_k\,,$$

$$k = 1, 2, \ldots, p$$

mit denselben A_i wie oben nehmen kann.

5) *Es sei*

$$x = \sum_{k=1}^{r} u_k\,, \qquad y = \sum_{k=1}^{s} v_k\,, \qquad u_k \approx x_{n'_k} \qquad (k = 1, 2, \ldots, r)\,,$$

$$v_k \approx x_{n''_k} \quad (k = 1, 2, \ldots, s); \qquad \sigma' = \sum_{k=1}^{r} \frac{1}{2^{n'_k}}\,, \qquad \sigma'' = \sum_{k=1}^{s} \frac{1}{2^{n''_k}} \qquad \sigma' \leqq \sigma''\,.$$

---

[1]) Die Teilbarkeit des Nullelements ist evident.

Dann ist $x < y$. Wenn dabei $\sigma' < \sigma''$ ist, so können x und y nicht kongruent sein.

Zum Beweis setzen wir m gleich der größten der Zahlen $n_1', \ldots, n_s''$. Unter Benutzung von 4) können wir

$$x = x^{(1)} + \cdots + x^{(\mu)} ,$$

$$y = y^{(1)} + \cdots + y^{(\nu)} ,$$

$$x^{(1)} \approx x^{(2)} \approx \cdots \approx y^{(1)} \approx \cdots \approx y^{(\nu)}$$

schreiben. Da $\mu = 2^m \sigma'$ und $\nu = 2^m \sigma''$ ist, gilt $\mu \leqq \nu$. Es ist klar, daß $x < y$ ist und daß die Elemente x und y bei $\sigma' < \sigma''$ nicht kongruent sind.

Folgerung. *Wenn $x \approx y$, $x = \sum_{k=1}^{\mu} u_k$, $y = \sum_{k=1}^{\nu} v_k$ ist mit $u_k \approx x_{n_k'}$, $v_k \approx x_{n_k''}$, so gilt*

$$\sum_{k=1}^{\mu} \frac{1}{2^{n_k'}} = \sum_{k=1}^{\nu} \frac{1}{2^{n_k''}} .$$

6) *Es sei*

$$x = \sum_{k=1}^{p} u_k , \quad y = \sum_{k=1}^{q} v_k , \quad u_k \approx x_{n_k'} , \quad v_k \approx x_{n_k''} ,$$

$$x > y , \quad \sigma' = \sum_{k=1}^{p} \frac{1}{2^{n_k'}} , \quad \sigma'' = \sum_{k=1}^{q} \frac{1}{2^{n_k''}} .$$

Dann existiert eine Darstellung des Elements $w = x - y$ als endliche Summe $w = \sum_{k=1}^{r}{}' w_k$ mit $w_k \approx x_{n_k}$. Dabei ist $\sum_{k=1}^{r} \frac{1}{2^{n_k}} = \sigma' - \sigma''$.

Beweis. Nach 4) haben wir

$$x = \sum_{k=1}^{\mu} z_k , \quad y = \sum_{k=1}^{\nu} z_k' , \quad x_m \approx z_1 \approx z_2 \approx \cdots \approx z_1' \approx z_2' \approx \cdots$$

mit $m = \max(n_1', n_2', \ldots, n_p';\ n_1'', n_2'', \ldots, n_q'')$. Aus (C_4) folgt $\mu > \nu$. Wir setzen $\bar{x} = z_1 + z_2 + \cdots + z_\nu$, $\bar{\bar{x}} = z_{\nu+1} + z_{\nu+2} + \cdots + z_\mu$. Wir sehen, daß $\bar{x} \approx y$ ist. Dann ist aber $\bar{\bar{x}} \approx w$[1]). Die zweite Behauptung ergibt sich aus der oben angeführten Folgerung.

[1]) Allgemein folgt aus $a = u + v$, $b = u' + v'$, $a \approx b$, $u \approx u'$, daß $v \approx v'$. Wenn beispielsweise $v \approx v'' < v'$ gilt, so gilt in der Tat $b \approx a = u + v \approx u' + v' < b$, was wegen der Bedingung (C_4) unmöglich ist. Genauso ist $v \approx v'' > v'$ unmöglich. Dann ist aber $v \approx v'$, da die Gruppe die Elemente vergleicht.

7) *Das Element x sei auf zwei Weisen als endliche oder unendliche Summe darstellbar:*

$$x = \sum_k u_k\,, \quad x = \sum_k v_k\,, \quad u_k \approx x_{n'_k}\,, \quad v_k \approx x_{n''_k}\,.$$

Dann ist[1] $\sum\limits_k \frac{1}{2^{n'_k}} = \sum\limits_k \frac{1}{2^{n''_k}}$.

Beweis. Der formulierte Satz sei falsch. Dann kann man annehmen, daß $\sigma' < \sigma''$ ist. Wir wählen m so, daß die Ungleichung $2^{-m} < \sigma'' - \sigma'$ besteht. Wenn die Summe $\sum\limits_k v_k$ endlich viele Summanden enthält, so wollen wir annehmen, daß für ihr letztes Glied v_{k_0} $n''_{k_0} \geqq m$ gilt. (Anderenfalls können wir es in der Form $v_{k_0} = \sum\limits_i \bar{v}_i$ mit $\bar{v}_1 \approx \bar{v}_2 \approx \cdots \approx \bar{v}_{2^{m-n''_{k_0}}} \approx x_m$ darstellen.) Wir können jetzt annehmen, daß für ein gewisses p_0 die Ungleichungen

$$\sigma' < \sum_{k=1}^{p_0} \frac{1}{2^{n''_k}}\,, \qquad \bar{x}_1 = \sum_{k=1}^{p_0} v_k < x$$

gelten. Nach 5) existiert ein $\bar{u}_1 \approx u_1$ mit $\bar{u}_1 < \bar{x}_1$. Wir setzen $\bar{x}_2 = \bar{x}_1 - \bar{u}_1$. Nach 6) haben wir

$$\bar{x}_2 = \sum_{k=1}^{s} w_k\,, \qquad w_k \approx x_{\bar{n}_k} \quad \text{mit} \quad \sum_{k=1}^{s} \frac{1}{2^{\bar{n}_k}} = \sum_{k=1}^{p_0} \frac{1}{2^{n''_k}} - \frac{1}{2^{n'_k}} > 0\,.$$

Es gibt ein Element $\bar{u}_2 \approx u_2$ mit $\bar{u}_2 < \bar{x}_2$. Wir setzen jetzt $\bar{x}_3 = \bar{x}_2 - \bar{u}_2$. Durch mehrfache Wiederholung dieser Überlegung entsteht eine (endliche oder unendliche) Folge $\bar{u}_1, \bar{u}_2, \ldots$ mit

$$\sum_k \bar{u}_k \leqq \bar{x}_1\,, \quad \bar{u}_k \approx u_k\,, \qquad k = 1, 2, \ldots\,.$$

Dann ist $\sum \bar{u}_k \approx \sum u_k = x$ und $\sum \bar{u}_k \leqq \bar{x}_1 < x$, was (C_4) widerspricht. Die Behauptung 7) ist damit bewiesen.

8) *Die Menge $\{A\, x_n\}_{A \in \mathfrak{A},\, n=1,2,\ldots,}$ ist minorant in $\mathfrak{X}$.*

In der Tat gäbe es anderenfalls, da die Gruppe die Elemente vergleicht, eine Folge $\{A_n\}_{n=1}^{\infty}$ mit $x = \bigwedge\limits_n A_e \bar{x}_n > 0$. Setzen wir $\bar{\bar{x}}_n = A_n^{-1} x$, so sehen wir, daß alle $\bar{\bar{x}}_n$ paarweise disjunkt sind und daß $\bar{\bar{x}}_1 \approx x_2 \approx \cdots \approx x > 0$ gilt. Dann ist aber $\sum\limits_{n=1}^{\infty} \bar{\bar{x}}_n \approx \sum\limits_{n=1}^{\infty} \bar{\bar{x}}_{2n}$, was Bedingung (C_4) widerspricht.

Jetzt bereitet der Beweis von Satz 1 keine Mühe mehr. Ein beliebiges Element $x > 0$ stellen wir nach 8) als Summe $x = \sum\limits_\alpha u_\alpha$ dar, wo jedes u_α zu einem der x_n kongruent ist. Diese Summe enthält höchstens abzählbar viele Summanden, weil es anderenfalls eine unendliche Folge paarweise disjunkter und

[1]) Mit den früheren Bezeichnungen ist $\sigma' = \sigma''$.

kongruenter Summanden geben würde, was unmöglich ist (s. beispielsweise den Beweis von Nr. 8). Somit gilt stets

$$x = \sum_k u_k\,, \qquad u_k \approx u_{n_k}\,. \tag{III}$$

Die Summe $\sum \frac{1}{2^{n_k}}$ hängt nicht (nach Nr. 7) von dem Verfahren ab, nach dem wir x in der Form (III) dargestellt haben. Wir bezeichnen ihren Wert mit $\psi(x)$. Es ist klar, daß a) $\psi(x) > 0$, b) $\psi\left(\sum_k y_k\right) = \sum_k \psi(y_k)$ (dies folgt aus Nr. 7) c) $\psi(1) = 1$ (gleichfalls nach Nr. 7) und d) $\psi(x) \leqq \psi(1) < +\infty$ ist. Setzen wir noch $\psi(0) = 0$, so sehen wir, daß wir ein Maß konstruiert haben. Seine Invarianz ist evident; die Eindeutigkeit folgt dagegen unmittelbar aus der Ergodizität der Gruppe (Kapitel III, § 2). Der Satz ist damit bewiesen.

Folgerung. *Eine ergodische Gruppe, die der Bedingung* (C_4) *genügt, genügt auch der Bedingung* (C_3).

In der Tat haben wir uns beim Beweis des Satzes auf (C_4) gestützt. Wir sehen aber jetzt, daß mit $x_n \to 0$, $x_n = \sum_\alpha x_{n\alpha}$ und $y_n = \bigvee_\alpha A_{n\alpha} x_{n\alpha}$ auch $\psi(y_n) \to 0$ gilt, da $\psi(y_n) \leqq \sum_\alpha \psi(A_{n\alpha} x_{n\alpha}) = \psi(x_n)$, d. h. $y_n \to 0$ gilt. Somit genügt die Gruppe $\mathfrak{A}$ auch der Bedingung (C_3), der stärksten der Bedingungen vom Typ (C).

Eine vollhomogene Algebra ist also eine Algebra, die eine ergodische Automorphismengruppe besitzt, für die die Ungleichung $x < y$ mit der Zerlegungsgleichheit der Elemente x und y unvereinbar ist.

Die Resultate des vorangegangenen Kapitels erlauben uns jetzt, alle vollhomogenen Algebren aufzuzählen. Im wesentlichen haben wir bereits bewiesen

Lemma 6. *Eine unendliche vollhomogene B. A. ist homogen.*

Diese Tatsache haben wir in Kapitel VII im Verlauf des Beweises von Satz VII.3 (S. 200) festgestellt.

Wir haben bewiesen, daß jede vollhomogene Booleesche Algebra normierbar ist. Ist sie unendlich, nach Lemma 6 also homogen, so ist sie einer der Algebren vom Typ E^Γ isomorph. Andererseits besitzt eine beliebige vollständige homogene normierbare Algebra (insbesondere eine Algebra E^Γ) nach Lemma VII.7 eine ergodische Gruppe maßtreuer Automorphismen und ist infolgedessen vollhomogen. Somit fallen die Begriffe vollständige homogene normierte Algebra und vollhomogene Algebra zusammen. Durch Vergleich von Satz 1 mit den Sätzen VII.5—VII.8 erhalten wir folgende Sätze, die eine abstrakte (nichtmetrische) Charakterisierung der klassischen Algebren bieten.

Satz 2. *Dafür, daß eine vollständige Booleesche Algebra zu einer Algebra* E^Γ *isomorph ist, ist notwendig und hinreichend, daß sie vollhomogen und unendlich ist.*

Satz 3. *Dafür, daß eine vollständige* Booleesche *Algebra zu E_0 isomorph ist, ist notwendig und hinreichend, daß sie unendlich, vollhomogen und in der (o)-Topologie separiert ist.*

Satz 4. *Für die Normierbarkeit einer vollständigen* Booleschen *Algebra ist notwendig und hinreichend, daß sie Vereinigung von höchstens abzählbar vielen vollhomogenen Komponenten ist.*

Satz 5. *Für die Normierbarkeit einer vollständigen* Booleschen *Algebra ist notwendig und hinreichend, daß sie zu einer regulär eingebetteten Unteralgebra einer vollhomogenen Algebra isomorph ist.*

§ 3. Sätze über das invariante Maß für normierbare Algebren

Wir wenden uns jetzt der zweiten der zu Beginn des Kapitels gestellten Aufgaben zu. Wie schon früher sei $\mathfrak{A}$ eine Automorphismengruppe der vollständigen B. A. $\mathscr{X}$. Wir wollen zusätzlich annehmen, auf $\mathscr{X}$ existiere ein gewisses Maß ν, das nicht als invariant vorausgesetzt wird. Unter dieser Voraussetzung wollen wir Bedingungen angeben, die für die Existenz eines $\mathfrak{A}$-invarianten Maßes notwendig und hinreichend sind. Indem wir die Klasse der betrachteten Algebren einschränken, ändern wir zugleich den Charakter der Forderungen, die der Automorphismengruppe selbst auferlegt werden. Indem wir nämlich nicht mehr voraussetzen, daß die Gruppe $\mathfrak{A}$ ergodisch sei, werden wir annehmen, daß sie *meßbar* im Sinne von J. v. Neumann ist [65]. Das bedeutet definitionsgemäß, daß auf der B. A. $2^{\mathfrak{A}}$ ein nichttriviales endlich-additives Quasimaß existiert, das gegenüber allen durch die Gleichungen

$$\psi_B(A) = B\,A \qquad (A, B \in \mathfrak{A})$$

definierten Translationen ψ_B invariant ist. Wir wollen stets voraussetzen, daß $\psi(\mathfrak{A}) = 1$ ist. Ein solches Quasimaß heißt manchmal Banach*sches Mittel.* Die Klasse der meßbaren Gruppen ist ziemlich umfassend; sie enthält insbesondere alle kommutativen[1]), auflösbaren [2]) und endlichen Gruppen [2]. Insbesonders sind alle zyklischen Gruppen meßbar; solche Gruppen, die von den Potenzen eines Automorphismus erzeugt werden, stellen nämlich in der Ergodentheorie das Hauptuntersuchungsobjekt dar, wo zudem die zugrundeliegende Algebra stets als normierbar vorausgesetzt wird.

Wir wollen das Integral bezüglich eines Quasimaßes, dessen Existenz wir postuliert haben, mit

$$\int_{\mathfrak{A}} f(A)\, dA$$

bezeichnen. Dieses Integral wird in üblicher Weise definiert; es existiert für eine beliebige auf der Gruppe $\mathfrak{A}$ beschränkte reelle Funktion und besitzt die

[1]) Satz von A. A. Markov. Siehe A. A. Markov [59], B. Z. Vulich [21], S. 398.

[2]) S. z. B. N. Bourbaki [12], S. 141.

üblichen Eigenschaften eines positiven linearen Funktionals. Für ein beliebiges auf $\mathcal{X}$ vorgegebenes Quasimaß p stellt die durch die Gleichung

$$m(x) = \int_{\mathfrak{A}} p\,(A\,x)\,dA \qquad (x \in \mathcal{X})$$

gegebene Funktion, wie man leicht sieht, ein invariantes Quasimaß auf $\mathcal{X}$ mit $m(1) = p(1)$ dar. Wir werden stets annehmen, daß $m(1) = 1$ ist. Wir wollen die Bedingungen dafür zu ermitteln suchen, daß m ein Maß ist, d. h., daß es zusätzlich die Eigenschaften der abzählbaren Additivität und der strikten Positivität aufweist.

Satz 6. *Es sei $\mathcal{X}$ eine reguläre* Boolesche *Algebra und $\mathfrak{A}$ eine im Sinne von* J. von Neumann *meßbare Automorphismengruppe von ihr. Ferner existiere ein gegenüber $\mathfrak{A}$ invariantes strikt positives Quasimaß. Dann gibt es auf $\mathcal{X}$ ein gegenüber $\mathfrak{A}$ invariantes Maß.*

Beweis. Nach Satz VI.7 existiert auf $\mathcal{X}$ ein Maß φ. Wir setzen

$$\mu(x) = \int_{\mathfrak{A}} \varphi\,(A\,x)\,dA \qquad (x \in \mathcal{X}) \tag{IV}$$

und wollen uns davon überzeugen, daß μ ein Maß ist. Aus der Bedingung des Satzes ergibt sich, daß $\mathfrak{A}$ die Eigenschaft (C_5) und infolgedessen (nach Lemma 2 und der Folgerung aus Lemma 3) auch die Eigenschaft (C_1) besitzt. Für beliebiges $x > 0$ haben wir $\inf_{\alpha \in A} \varphi\,(A\,x) > 0$. In der Tat würde es anderenfalls eine Folge $\{A_n\}$ mit $\varphi(A_n\,x) \to 0$, d. h. $A_n\,x \to 0$, geben, woraus (C_1) zufolge $x = 0$ folgt. Daher ist für $x > 0$ stets $\mu(x) > 0$ und μ strikt positiv. Ferner gilt mit $x_n \to 0$ auch $\sup\,(A\,x_n) \to 0$, da die Bedingung (C_1) erfüllt ist, woraus $\mu\,x_n \to 0$ folgt. Somit ist μ stetig. Die Invarianz von μ ist evident. Der Satz ist damit bewiesen.

Wir merken an, daß wir soeben die Normierbarkeit der Algebra nicht vorauszusetzen brauchten.

Satz 7. *Wenn die B. A. $\mathcal{X}$ normierbar und die Gruppe $\mathfrak{A}$ im Sinne von* J. von Neumann *meßbar ist, so ist für die Existenz eines invarianten Maßes eine beliebige der Bedingungen (C_1), (C_2) notwendig und hinreichend.*

Beweis. Wir haben bereits bemerkt, daß alle Bedingungen des Typs (C) erfüllt sein müssen, wenn ein invariantes Maß existiert. Daher bedarf nur noch die Hinlänglichkeit eines Beweises. Wir werden die schwächere Bedingung (C_2) benutzen. Ebenso wie oben definieren wir durch die Gleichung (IV) ein invariantes Quasimaß μ, wobei wir als φ ein beliebiges Maß auf $\mathcal{X}$ nehmen.

Es sei $y > 0$, $m_y = \inf \varphi\,(A\,y)$. Ist $m_y = 0$, so gibt es $B_n \in \mathfrak{A}$ mit der Eigenschaft

$$v_n = B_n^{-1}\,y \xrightarrow{(o)} 0\,.$$

Wir definieren $v_{n\,m}$, $u_{n\,m}$ ebenso wie auf S. 215, indem wir $y_1 = y_2 = \cdots = y$ setzen; die Indizes $\{m_n\}$ wählen wir so, daß

$$u_{n\,m_n} \xrightarrow{(o)} y$$

gilt. Man kann annehmen, daß $u_{n m_n} \geqq y_0 > 0$ $(n = 1, 2, \ldots)$ ist. Wir bilden die Automorphismen A_i und die Elemente x_i ebenso wie beim Beweis von Lemma 3 (S. 216) und setzen $\bar{x}_i = x_i \wedge A_i^{-1} y_0$ $(i = 1, 2, \ldots)$. Wir sehen, daß diese Elemente von Null verschieden, paarweise disjunkt und kongruent sind, was mit (C_2) unvereinbar ist. Somit ist $m_y > 0$. Schätzen wir jetzt das Integral (IV) nach unten ab, so sehen wir, daß es echt positiv ist. Wir brauchen nun nur noch auf den vorhergehenden Satz zu verweisen.

Satz 7 ist für den Fall, daß die Gruppe $\mathfrak{A}$ aus den Potenzen eines Automorphismus besteht, von A. Hajian und S. Kakutani [92] bewiesen worden. Eines der ersten Resultate in dieser Richtung war das von E. Hopf [98]. In unserer Sprache lautet der Satz von Hopf folgendermaßen: *Wenn $\mathfrak{X}$ eine normierbare Algebra und $\mathfrak{A}$ die Gruppe der Potenzen eines Automorphismus A ist, die der Bedingung (C_4) genügt, so existiert auf $\mathfrak{X}$ ein invariantes Maß.* Dieser Satz ist natürlich gleichfalls in Satz 7 enthalten. Satz 1 zeigt, daß im Falle der Ergodizität von $\mathfrak{A}$ sowohl die Forderung der Normierbarkeit der Algebra als auch jegliche Annahmen hinsichtlich der algebraischen Eigenschaften der Gruppe entfallen können.

ANHANG

EINIGES AUS DER MENGENTHEORIE UND DER ALLGEMEINEN TOPOLOGIE

1. Allgemeine Bemerkungen. Wie bereits im Vorwort bemerkt, ist das vorliegende Buch auf einen Leser zugeschnitten, der mit den Grundlagen der „naiven“ Mengentheorie vertraut ist. Eine erschöpfende Zusammenstellung der notwendigen Fakten ist in der Einführung zu der Monographie von K. KURATOWSKI „Topologie“ enthalten. Man kann natürlich auch Nachschlagwerke und andere Quellen heranziehen, beispielsweise, was die Ordnungszahlen und die transfinite Induktion betrifft, die weit bekannten Bücher von P. S. ALEXANDROFF oder I. P. NATANSON. Wir wollen einige Bemerkungen hinsichtlich der Symbolik und Terminologie machen. Wir benutzen für die grundlegenden mengentheoretischen Operationen und Relationen die folgenden Symbole: $\cup$, $\cap$, $\setminus$, $\in$, $\notin$, $\subset$, $\supset$. Zeichen vom Typ $\subseteq$ verwenden wir nicht; das Symbol $\subset$ möge die Gleichheit der Mengen nicht ausschließen. Die leere Menge wird mit Λ, die Mächtigkeit der Menge E mit card E bezeichnet.

Die Menge aller x, die eine gewisse Eigenschaft aufweisen, wird mit $\{x| \ldots\}$ bezeichnet. Zur Bezeichnung einer Funktion[1]) wird gewöhnlich ein Buchstabe verwendet: f, g, φ usw. Dabei ist $f(x)$ der Wert der Funktion f im Punkte x; die Klammern lassen wir manchmal weg. Schließlich wenden wir zur Bezeichnung einer auf einer gewissen Menge A vorgegebenen Funktion eine Schreibweise der Form $\{x_\alpha\}_{\alpha \in A}$ an. In diesem Falle sprechen wir von einer *Familie* $\mathfrak{x} = \{x_\alpha\}$, wobei A „Indexmenge“ heißt. Ein Sonderfall einer Familie ist eine gewöhnliche *Folge* $\{x_n\}_{n=1}^{\infty}$ (die Rolle von A spielt die natürliche Zahlenreihe). Die zu f *inverse* Funktion wird mit f^{-1} bezeichnet. Unabhängig davon, ob eine Umkehrfunktion existiert oder nicht, bezeichnet das Symbol $f^{-1}(e)$ stets das *vollständige Urbild* der Menge e, ebenso wie das Symbol $f(e)$ das Bild der Menge e. Die *Einschränkung* der Funktion f auf ein gewisses e wird mit $f|_e$ bezeichnet.

Es sei eine nichtleere Mengenfamilie $\{E_\alpha\}_{\alpha \in A}$ gegeben. *Produkt* dieser Familie heißt die Menge aller Familien $\mathfrak{e} = \{e_\alpha\}_{\alpha \in A}$ mit $e_\alpha \in E_\alpha$ für jedes $\alpha \in A$. Dieses Produkt wird mit $\prod_{\alpha \in A} E_\alpha$ bezeichnet. Ist $A = \{1, 2\}$, so erhalten wir das mit $E_1 \times E_2$ bezeichnete Produkt zweier Mengen E_1, E_2; das ist die Gesamtheit aller *geordneten Paare* (e_1, e_2) mit $e_1 \in E_1$, $e_2 \in E_2$. Bei $E_1 = E_2 = E$

---

[1]) In diesem Buch werden die Worte „Funktion“, „Abbildung“, „Operator“ als Synonyme betrachtet.

schreiben wir E^2 anstatt $E_1 \times E_2$ und sagen, es liege das „Produkt zweier Exemplare der Menge E" vor; eine analoge Terminologie ist auch im allgemeinen Falle anwendbar, wenn alle E_α ($\alpha \in \mathrm{A}$) zusammenfallen.

Mit jedem Wert des Index $\alpha_0 \in \mathrm{A}$ ist eine „Projektionsfunktion" π_{α_0} verknüpft, die einer beliebigen, als Punkt im Produkt der Mengen E_α betrachteten Familie $\mathfrak{e} = \{e_\alpha\}$ das Element $\pi_{\alpha_0}(\mathfrak{e}) = e_{\alpha_0} \in E_{\alpha_0}$ zuordnet. Die Werte dieser Funktionen heißen „Projektionen" oder „Koordinaten" des Punktes $\mathfrak{e}$.

2. Halbgeordnete Mengen. *Halbordnung* oder *partielle Ordnung* in einer nichtleeren Menge $\mathcal{X}$ heißt jede Untermenge $P \subset \mathcal{X}^2$, die folgenden Axiomen genügt:

I. Für beliebiges $x \in \mathcal{X}$ gilt $(x, x) \in P$.

II. Wenn $(x, y) \in P$ und $(y, x) \in P$ ist, so ist $x = y$.

III. Wenn $(x, y) \in P$ und $(y, z) \in P$ ist, so ist $(x, z) \in P$.

Eine Halbordnung ist also eine Relation zwischen Elementen von $\mathcal{X}$. Die Axiome I und III bringen die Reflexivität und die Transitivität dieser Relation zum Ausdruck; das Axiom II sagt aus, daß sie antisymmetrisch ist. In der Regel schreibt man $x \leqq y$ oder $y \geqq x$ an Stelle von $(x, y) \in P$. An Stelle des Zeichens $\leqq$ verwendet man auch andere ähnliche Symbole, beispielsweise $<$. Die Axiome I—III lassen sich folgendermaßen umschreiben:

I'. Für alle $x \in \mathcal{X}$ gilt $x \leqq x$.

II'. Wenn $x \leqq y$ und $y \leqq x$ ist, so ist $x = y$.

III'. Wenn $x \leqq y$ und $y \leqq z$ ist, so ist $x \leqq z$.

Die Formel $x < y$ (oder $y > x$) bedeutet definitionsgemäß, daß $x \leqq y$ und $x \neq y$ ist.

Relationen der Form $a \leqq b$, $a < b$ usw. heißen *Ungleichungen*.

Eine *teilweise geordnete* (*halbgeordnete*) *Menge* ist eine gewisse Menge $\mathcal{X}$ zusammen mit einer auf ihr vorgegebenen Halbordnung P, d. h. ein Paar $(\mathcal{X}, P)$. Meist wird die halbgeordnete Menge jedoch mit demselben Buchstaben $\mathcal{X}$ wie die Ausgangsmenge bezeichnet; dementsprechend spricht man von den Elementen von $\mathcal{X}$ als von „Elementen der halbgeordneten Menge". Diese für den Mathematiker übliche Ungenauigkeit ist nur dann zulässig, wenn in $\mathcal{X}$ nur eine Ordnungsrelation betrachtet wird.

Wenn in der gegebenen halbgeordneten Menge $\mathcal{X}$ zwei beliebige Elemente vergleichbar sind, d. h., wenn für beliebige $x, y \in \mathcal{X}$ wenigstens eine der Inklusionen $(x, y) \in P$, $(y, x) \in P$ besteht, so sagt man, $\mathcal{X}$ sei *linear geordnet*. Als Beispiel kann jede Menge reeller Zahlen mit der gewöhnlichen Anordnung dienen.

Ebenso wie auf der reellen Geraden heißt die Menge aller x, die der Ungleichung $a \leqq x \leqq b$ genügen, *Segment* und wird mit $[a, b]$ bezeichnet.

In der Menge $\mathcal{X}$ sei eine Halbordnung P vorgegeben. Jede nichtleere Untermenge $\mathcal{X}_0 \subset \mathcal{X}$ kann gleichfalls mit einer Halbordnung versehen werden; dazu muß man

$$P_0 = \mathcal{X}_0^2 \cap P$$

setzen.

Man bestätigt leicht, daß die Axiome I—III erfüllt sind. Von der auf diese Weise definierten Halbordnung P_0 sagt man, daß sie *durch die Halbordnung P induziert* oder *von außen induziert* sei. Praktisch bedeutet dies, daß alle Ungleichungen in $\mathcal{X}_0$ denselben Sinn wie in $\mathcal{X}$ haben. Es kann geschehen, daß $\mathcal{X}_0$ bezüglich der induzierten Halbordnung linear geordnet ist; in diesem Falle heißt die Untermenge $\mathcal{X}_0$ eine *Kette*. Das Element x_0 der halbgeordneten Menge $\mathcal{X}$ heißt *maximal*, wenn die Ungleichung $x \geqq x_0$ $x = x_0$ nach sich zieht.

In der Mathematik spielt der folgende Satz eine große Rolle:

Lemma von KURATOWSKI-ZORN [50, 100][1]). *Die halbgeordnete Menge $\mathcal{X}$ besitze die folgende Eigenschaft:*

Für jede Kette $\mathcal{X}_0 \subset \mathcal{X}$ gibt es ein Element $y \in \mathcal{X}$ mit $x \leqq y$ für alle $x \in \mathcal{X}_0$.

Dann existiert zu jedem Element $x \in \mathcal{X}$ ein maximales Element x_0, das der Ungleichung $x_0 \geqq x$ genügt.

Das ZORNsche Lemma ersetzt oft in den Beweisen das Prinzip der mathematischen Induktion und erlaubt, ohne Ordnungszahlen auszukommen. Manchmal ist jedoch die Anwendung des Satzes von ZERMELO und von transfiniten Zahlen naturgemäßer und führt schneller zum Ziel (s. beispielsweise den Beweis des Satzes über die Struktur einer homogenen BOOLEschen Algebra, den wir in Kapitel VII des vorliegenden Buches gegeben haben).

3. Topologien. Als wichtigstes Beispiel einer halbgeordneten Menge kann ein System auf einer gewissen Menge R vorgegebener Topologien dienen. Unter einer *Topologie* verstehen wir wie üblich eine Klasse τ von Untermengen aus R, die gegenüber den Operationen der Vereinigung und endlichen Durchschnittsbildung abgeschlossen ist. Die zu τ gehörenden Mengen heißen *offen*, ihre Komplementärmengen *abgeschlossen*. Das System τ' aller abgeschlossenen Mengen charakterisiert die Topologie gleichfalls eindeutig; seine Rolle kann von einer beliebigen Klasse von Mengen übernommen werden, die alle möglichen Durchschnitte und endlichen Vereinigungen ihrer Elemente enthält. Das Paar $\{R, \tau\}$ ist ein *topologischer Raum*, der manchmal mit demselben Buchstaben R bezeichnet wird. Die grundlegenden Fakten zur Theorie der topologischen Räume sind in den Büchern von N. BOURBAKI [11] und K. KURATOWSKI [51] enthalten. Wir befassen uns nur mit einigen Fragen.

Man sagt, die Topologie τ_1 sei *stärker* als die Topologie τ_2, wenn $\tau_1 \supset \tau_2$ (oder, was dazu äquivalent ist, $\tau_1' \supset \tau_2'$) gilt. In diesem Falle sagt man auch, τ_1 *majorisiere* τ_2 oder, τ_2 sei *schwächer* als τ_1. Wie auch eine nichtleere Menge in R definierter Topologien beschaffen ist, stets existiert eine schwächste Topologie, die alle Topologien dieser Menge majorisiert; genau so existiert auch eine stärkste Topologie, die von allen Topologien unserer Menge majorisiert wird.

Man sagt, x sei *innerer* Punkt der Menge V oder V sei *Umgebung* des Punktes x, wenn es eine offene Menge G mit $x \in G \subset V$ gibt. Es sei $\mathfrak{B}(x)$ die Gesamtheit

[1]) Im Deutschen gewöhnlich als ZORNsches Lemma bezeichnet. — Anm. d. Red. d. dt. Ausg.

aller Umgebungen des Punktes x. Wenn $\mathfrak{B}_0(x)$ eine solche Menge von Umgebungen ist, daß zu einem beliebigen $V \in \mathfrak{B}(x)$ ein $V_0 \in \mathfrak{B}_0(x)$ mit $V_0 \subset V$ existiert, so heißt $\mathfrak{B}_0(x)$ Umgebungs*basis* des Punktes x. Wir setzen voraus, daß mit jedem Punkt $x \in R$ ein gewisse Umgebungsbasis $\mathfrak{B}_0(x)$ von ihm verknüpft ist; dann bedeutet die Inklusion $G \in \tau$, daß für einen beliebigen Punkt $x \in R$ mit einem gewissen $V \in \mathfrak{B}_0(x)$ $V \subset G$ gilt. Man kann somit die Topologie τ eindeutig rekonstruieren, wenn man über die Umgebungsbasen aller Punkte des Raumes verfügt. Dieser Gedanke findet häufig auch zur erstmaligen Einführung einer Topologie Anwendung. Es sei eine Familie $\{\mathfrak{B}_0(x)\}$ gegeben, wo jedes Glied $\mathfrak{B}_0(x)$ eine gewisse Klasse von Mengen ist, die den Punkt x enthalten. Dabei mögen die folgenden Bedingungen erfüllt sein:

I. Wenn V_1, $V_2 \in \mathfrak{B}_0(x)$ ist, so existiert eine in $V_1 \cap V_2$ enthaltene Menge $V \in \mathfrak{B}_0(x)$.

II. Zu jeder Menge $V \in \mathfrak{B}_0(x)$ kann man ein $V' \in \mathfrak{B}_0(x)$ finden, so daß in jeder Klasse $\mathfrak{B}_0(x')$ mit $x' \in V'$ wenigstens eine ganz in V liegende Menge enthalten ist.

Dann gibt es eine eindeutig bestimmte Topologie τ, bezüglich derer jedes System $\mathfrak{B}_0(x)$ Umgebungsbasis des Punktes x ist. Wenn zu jedem Punkt x eine abzählbare Umgebungsbasis existiert, so sagt man, im betreffenden Raum sei das *erste Abzählbarkeitsaxiom* erfüllt. Das *zweite Abzählbarkeitsaxiom* fordert, daß es im Raum ein solches abzählbares System $\mathfrak{G}$ offener Mengen gibt, daß jede offene Menge Vereinigung von Mengen aus $\mathfrak{G}$ ist.

Der topologische Raum heißt *separiert* oder HAUSDORFF*sch*, wenn es zu zwei beliebigen verschiedenen Punkten x, y durchschnittsfremde Umgebungen gibt („HAUSDORFFsches Trennungsaxiom").

Ist R_0 eine Untermenge des topologischen Raumes $\{R, \tau\}$, so ist das System τ_0 aller Mengen der Form $G \cap R_0$ mit $G \in \tau$ eine gewisse Topologie in R_0; sie heißt *natürliche* oder von *außen induzierte* Topologie. Die mit der Topologie τ_0 versehene Menge R_0 selbst erhält die Bezeichnung *Unterraum* des ursprünglichen topologischen Raumes.

Eine Mengenklasse $\mathfrak{S} \subset \tau$ heißt *Überdeckung* der Menge E, wenn $E \subset \bigcup_{P \in \mathfrak{S}} P$ ist. Der topologische Raum heißt *kompakt*, wenn er separiert ist und jede Überdeckung von ihm eine endliche Untermenge enthält, die gleichfalls eine Überdeckung ist. Ein derartiger Raum heißt auch ein *Kompaktum*[1]). Für die Kompaktheit eines separierten Raumes ist notwendig und hinreichend, daß jedes zentrierte System abgeschlossener Mengen von ihm einen nichtleeren Durchschnitt besitzt (ein Mengensystem heißt zentriert, wenn jedes endliche Untersystem von ihm einen nichtleeren Durchschnitt besitzt). Jede abgeschlossene Untermenge eines Kompaktums ist ein Kompaktum bezüglich der induzierten Topologie. Schließlich bemerken wir noch, daß ein kompakter Raum

[1]) Oder *Bikompaktum* — der historisch ursprüngliche Ausdruck, der von dem Begründer der Theorie der kompakten Räume, P. S. ALEXANDROFF, eingeführt worden ist.

nicht nur separiert ist, sondern auch die wichtige Eigenschaft der *Normalität* aufweist: zwei beliebige durchschnittsfremde abgeschlossene Mengen sind in offenen Mengen enthalten, die gleichfalls keine Punkte gemein haben.

Es seien zwei topologische Räume $\{R_1, \tau_1\}$ und $\{R_2, \tau_2\}$ gegeben. Eine Abbildung f der Menge R_1 in R_2 heißt *stetig bezüglich der Topologien* τ_1 *und* τ_2, wenn $f^{-1}(G) \in \tau_1$ für jedes $G \in \tau_2$ ist. Liegen die Topologien fest, so spricht man einfach von einer *stetigen Abbildung.*

Wir betrachten eine beliebige Familie $\{\{R_\alpha, \tau_\alpha\}\}_{\alpha \in \mathrm{A}}$ topologischer Räume; es sei $R = \prod_{\alpha \in \mathrm{A}} R_\alpha$. In der Menge R kann man verschiedene Topologien betrachten: am wichtigsten sind die, die die Stetigkeit aller Abbildungen π_α ($\alpha \in \mathrm{A}$) gewährleisten. Meist findet die schwächste dieser Topologien Verwendung; sie heißt TYCHONOFF*sche* Topologie. Die mit der TYCHONOFFschen Topologie versehene Menge R bildet das *Produkt der topologischen Räume* R_α. Die Topologie dieses Produkts ist die schwächste der Topologien, in denen alle Mengen der Form $\pi_\alpha^{-1}(G)$ mit $G \in \tau_\alpha$ offen sind. Die Familie $\{R_\alpha\}$ sei endlich: $\mathrm{A} = \{1, 2, \ldots, m\}$. Unter einer *stetigen Funktion von m Veränderlichen* verstehen wir stets eine beliebige Funktion, die auf dem Produkt der topologischen Räume $R_1, R_2, \ldots, R_m$ erklärt und bezüglich der TYCHONOFFschen Topologie stetig ist. (Die Funktionswerte können in einem beliebigen topologischen Raum liegen.) Besonders wichtig sind speziell stetige Funktionen, die einen topologischen Raum R oder seine „Potenzen" $R^2, R^3, \ldots$ in R abbilden; in diesem Falle spricht man gewöhnlich nur von *stetigen Operationen* in R. Als Beispiel kann die Operation der *Multiplikation* oder — in „additiver" Auffassung — der *Addition* dienen, die in einer mit einer gewissen Topologie versehenen Gruppe Γ definiert ist. Die Stetigkeit dieser Operation (betrachtet als Abbildung von Γ^2 in Γ) zusammen mit der Stetigkeit der Operation des Übergangs zum inversen Element bedeutet definitionsgemäß, daß Γ eine *topologische Gruppe* ist.

Im vorliegenden Buch werden vor allem spezielle halbgeordnete Mengen (BOOLEsche Algebren) betrachtet, die zusätzlich mit verschiedenen Topologien versehen sind. Diese Topologien müssen auf die eine oder andere Weise mit der Halbordnung in Zusammenhang stehen; die gemeinsame Betrachtung der Ordnungs- und der topologischen Eigenschaften war daher unser Hauptanliegen.

LITERATUR

[1] Александров, П. С. (Aleksandrov, P. S.), Введение в общую теорию множеств и функций, Гостехиздат, 1948 (deutsche Übersetzung: P. S. Alexandroff, Einführung in die Mengenlehre und die Theorie der reellen Funktionen, Deutscher Verlag der Wissenschaften, Berlin 1956).

[2] Адельсон-Вельский, Г. М., Шрейдер, Ф. А. (Adel'son-Vel'skij, G. M., Šrejder, Ju. A.), Банахово среднее на группах, УМН **12**, № 6 (78) (1957), 131—136 (Banachsches Mittel auf Gruppen, Fortschr. Math.).

[3] Аносов, Д. В. (Anosov, D. V.), Геодезические потоки на замкнутых римановых многообразиах отрицательной кривизны, Труды матем. ин-та АН СССР им. В. А. Стеклова, XC, Наука, 1967 (Geodätische Ströme auf geschlossenen Riemannschen Mannigfaltigkeiten negativer Krümmung, Arbeiten des Steklov-Instituts für Math. d. Akad. d. Wiss. d. UdSSR).

[4] Антоновский, М. Я., Болтянский, В. Г., Сарымсаков, Т. А. (Antonovskij, M. Ja., Boltjanskij, V. G., Sarymsakov, T. A.), Топологические алгебры Буля, Издв. АН УзбССР, 1963 (Topologische Boolesche Algebren, Verl. d. Akad. der Usbek. SSR).

[5] Berkeley, E. C., Symbolic logic and intelligent machines, Reinhold Publ. Corp., New York, Chapman & Hall, London 1959 (russ. Übers.: Беркли, Символическая логика и разумные машины, ИЛ, 1961).

[6] Бернштейн, С. Н. (Bernstein, S. N.), Опыт аксиоматического обоснования теории вероятностей, Сообщ. Харковск. матем. о-ва, 2 сер. **15** (1917), 209—274 (Versuch einer Axiomatisierung der Grundlagen der Wahrscheinlichkeitsrechnung, Mitt. d. Charkower Math. Ges.).

[7] Birkhoff, G., Moore-Smith convergence in general topology, Ann. of Math. **38** (1937), 39—56.

[8] Birkhoff, G., Lattice Theory, Amer. Math. Soc. 1948 (russ. Übers.: Биркгоф, Теория структур, ИЛ 1952.

[9] Boole, G., The mathematical analysis of logic, Cambridge–London, 1847 [Collected logical works, Chicago–London, 1916, t. I].

[10] Boole, G., An investigation of the laws of thought, Cambridge–London, 1854 [Collected logical works, t. II].

[11] Bourbaki, N., Topologie générale, Hermann, Paris 1947—1953 (russ. Übers.: Бурбаки, Общая топология (основные структуры) Физматгиз, 1958, engl. Ausgabe: General Topology, Hermann, Paris).

[12] Bourbaki, N., Espaces vectoriels topologiques, Hermann, Paris (russ. Übers.: Бурбаки, Топологические векторные пространства, ИЛ, 1959).

[13] Винокуров, В. Г. (Vinokurov, V. G.), Представления булевсккиx алгебр и пространства с мерой, Матем. сб. **56** (98), № 3 (1962), 374—391 (Darstellung von Booleschen Algebren und Maßräumen, Math. Sammelhefte).

[14] Винокуров, В. Г. (Vinokurov, V. G.), О дополнительных представлениях алгебр с мерой, Теория вероятностей и матем. статистика вып. 1, Ташкент, 1964, 126—129 (Über komplementäre Darstellungen von Maßalgebren, Wahrscheinlichkeitstheorie und math. Statistik H. 1, Taschkent).

[15] Винокуров, В. Г. (Vinokurov, V. G.), О бесконечных произведениях пространств Лебега, ДАН СССР **158** (1964), 1247—1249 (Über unendliche Produkte Lebesguescher Räume, Ber. Akad. Wiss. d. UdSSR).

[16] Владимиров, Д. А. (Vladimirov, D. A.), О полноте полуупорядоченного пространства, УМН **15**, № 2 (92) (1960), 165—172 (Über die Vollständigkeit eines halbgeordneten Raumes, Fortschr. Math.).

[17] Владимиров, Д. А. (Vladimirov, D. A.), О счетной аддитивности булевой меры, Вестн. ЛГУ **19** (1961), 5—15 (Über die abzählbare Additivität eines Booleschen Maßes, Leningrader Universitätsbote).

[18] Владимиров, Д. А. (Vladimirov, D. A.), О нормируемости булевой алгебры, ДАН СССР **146** (1961), 987—989 (Über die Normierbarkeit einer Booleschen Algebra, Ber. Akad. d. Wiss. d. UdSSR).

[19] Владимиров, Д. А. (Vladimirov, D. A.), О существовании инвариантных мер на булевых алгебрах, ДАН СССР **157** (1964), 764—766 (Über die Existenz invarianter Maße auf Booleschen Algebren, Ber. Akad. d. Wiss. d. UdSSR).

[20] Владимиров, Д. А. (Vladimirov, D. A.), Инвариантные меры на булевых алгебрах, Матем. сб. **67** (109), № 3 (1965), 440—460 (Invariante Maße auf Booleschen Algebren, Math. Sammelhefte).

[21] Вулих, Б. С. (Vulich, B. Z.), Введение в теорию полуупорядоченных пространств, Физматгиз, 1961 (Einführung in die Theorie der halbgeordneten Räume; engl. Übers.: B. Z. Vulich, Introduction to the Theory of Particially Ordered Spaces, Wolters-Noordhoff, Yroningen 1967).

[22] Вулих, Б. С. (Vulich, B. Z.), Конкретное представление линейных полуупорядоченных пространств, ДАН СССР **58** (1947), 733—736 (Konkrete Darstellung linearer halbgeordneter Räume, Ber. Akad. d. Wiss. d. UdSSR).

[23] Вулих, Б. С. (Vulich, B. Z.), О булевой мере, Уч. зап. Ленингр. пед. ин-та **125** (1956), 95—114 (Über das Boolesche Maß, Gelehrte Schriften des Leningr. Pädagog. Inst.).

[24] Gaifman, H., Converning measures on Boolean algebras, Pacif. J. Math, **14**, Nr. 1 (1964), S. 61—73.

[25] Гельфанд, И. М., Колмогоров, А. Н., Яглом, А. М. (Gelfand, I. M., Kolmogorov, A. N., Jaglom, A. M.), К общему определению количества информации, ДАН СССР **111** (1956), 95—114 (deutsche Übersetzung: I. M. Gelfand, A. M. Jaglom, A. N. Kolmogorov, Zur allgemeinen Definition der Information, in: Arbeiten zur Informationstheorie II, Berlin 1958, S. 57—60).

[26] Гливенко, В. И. (Glivenko, V. I.), Основы общей теории структур, Уч. зап. пед. ин-та им. К. Либкнехта, сер. физ.-матем. вып. **1** (1937), 3—33 (Grundlagen einer allgemeinen Verbandstheorie, Gelehrte Schriften des Liebknecht-Instituts für Pädagogik, Ser. Phys.-Math., H. 1).

[27] Гливенко, В. И. (Glivenko, V. I.), Theorie générale des structures, Paris, 1938.

[28] Гливенко, В. И. (Glivenko, V. I.), Курс теории вероятностей, ГОНТИ, 1939 (Vorlesung über Wahrscheinlichkeitsrechnung).

[29] Глушков, В. М. (Gluškov, V. M.), Введение в кибернетику, Изд. АН СССР 1964 (Einführung in die Kybernetik, Verl. d. Akad. d. Wiss. d. UdSSR, 1964).

[30] Гохман, А. В., Спивак, М. А., Житомирский, Г. И., Розен, В. В., Рыжков. А. Г., Салий, В. Н., Шимельфениг, О. В. (Gochman, A. V., Spivak, M. A., Žitomirskij, G. I., Rozen, V. V., Ryžkov, A. G., Salij, V. N., Šimel'fenig, O. V.), Сборник задач по математической логике и алгебре множеств, Издв. Саратовск. ун-та, 1965 (Aufgabensammlung zur mathematischen Logik und Mengenalgebra, Verlag d. Univ. von Saratow).

[31] DUNFORD, N., und SCHWARTZ, J. T., Linear operators, p. I, Interscience Publishers, New York, London 1964 (russ. Übers.: Данфорд и Шварц, Линейные операторы, т. I, ИЛ, 1962).

[32] DUNFORD, N., und SCHWARTZ, J. T., Linear operators, p. II, Interscience Publishers, New York, London 1963 (russ. Übers.: Данфорд и Шварц, Линейные операторы, т. II, Мир, 1966).

[33] Ефимов, Б. (EFIMOV, B.), Об экстремально-несвязных бикомпактах, ДАН СССР **172** (1967), 771—774 (Über extremal-unzusammenhängende Bikompakta, Ber. d. Akad. d. Wiss. d. UdSSR).

[34] Жегалкин, И. И. (ŽEGALKIN, I. I.), О технике вычислений предложений в символической логике, Матем. сб. **34** (1927), 9—28 (Über die Technik des Aussagenkalküls in der symbolischen Logik, Math. Sammelhefte).

[35] JONSON, B., A Boolean algebra without proper automorphisms, Proc. Amer. Math. Soc. **2** (1951), 766—770.

[36] KAKUTANI, S., Über die Metrisation der topologischen Gruppen, Proc. Imp. Acad. Japan **12** (1936), 82—84.

[37] CULBERTSON, J. J., Mathematics and Logic for Digital Devices, van Nostrand, Princeton, N.J., 1958 (russ. Übersetzung.: Математика и логика цивровых устволств, Просвещение, 1965).

[38] Канторович, Л. В. (KANTOROVIČ, L. V.), Sur les propriétés des espaces semiordonnés linéaires, C. R. Acad. Sci. **202** (1936), 813—816.

[39] Канторович, Л. В., Вулих, Б. З., Пинскер, А. Г. (KANTOROVIČ, L. V., VULICH, B. Z., PINSKER, A. G.), Функциональний анализ в полуупорядоченных пространствах, Гостехиздат, 1950 (Funktionalanalysis in halbgeordneten Räumen).

[40] KAPPOS, D., Strukturtheorie der Wahrscheinlichkeitsfelder und -räume, Berlin-Göttingen-Heidelberg, 1960.

[41] CARATHÉODORY, C., Maß und Integral und ihre Algebraisierung, Basel, 1956.

[42] CARATHÉODORY, C., Die Homomorphien von SOMEN, Ann. Scuo. Norm. Sup. Pisa **8** (1939), 105—130 [Gesammelte Mathematische Schriften, München 1956, Bd. IV, S. 352—384].

[43] KATĚTOV, M., Remarks on Boolean algebras, Coll. Math. II (1951), 229—235.

[44] KELLEY, J. L., Measures on Boolean algebras, Pacific J. Math. **9** (1959), 1165—1177.

[45] KEMENY, J. G., SNELL, J. L., THOMSON, G. L., Introduction to finite mathematics, Prentice-Hall, Englewood Cliffs, N. J., 1957 (russ. Übers.: Кемени, Снелл, Томпсон, Введение в конечную математику, Мир, 1956, deutsche Übers.: Einführung in die endliche Mathematik, Fachverlag für Wirtschaftstheorie und Ökonometrie, Ludwigshafen am Rhein 1953).

[46] Киселева, Т. Г. (KISELEVA, T. G.), Частично упорядоченные множества, наделенные равномерной структурой, Вестн. ЛГУ **18** (1967), 51—57 (Mit einer homogenen Struktur versehene teilweise geordnete Mengen, Leningrader Universitätsbote).

[47] Колмогоров, А. Н. (KOLMOGOROV, A. N.), Grundbegriffe der Wahrscheinlichkeitsrechnung, Berlin 1933 (russ. Übers.: Основные понятия теории вероятностей, ОНТИ, 1936).

[48] Колмогоров, А. Н. (KOLMOGOROV, A. N.), Algèbres de Booles métrique complètes, VI. Zjazd. Matem. Polskich, 1948, 22—30.

[49] Колмогоров, А. Н. (KOLMOGOROV, A. N.), Строение полных метрических алгебр Буля, УМН 3, № 1 (23) (1948), 212 (Die Struktur vollständiger metrischer BOOLEscher Algebren, Fortschr. Math.).

[50] KURATOWSKI, K., Une méthode d'elimination des nombres transfinis des raisonnements mathématiques, Fund. Math. **5** (1922), 76—108.

[51] KURATOWSKI, K., Topologie, Vol. I, Warszawa 1952 (russ. Übers.: Куратовский, Топология, т. I, Мир, 1966).

[52] Курош, А. Г. (KUROŠ, A. G.), Лекции по общей алгебре, Физматгиз, 1962 (deutsche Übers.: Vorlesungen über allgemeine Algebra, B. G. Teubner, Leipzig 1964).

[53] LORCH, E. R., Functions of self-adjoint transformations in Hilbert space, Acta Sci. Math. Szeged **7** (1934), 136–146.

[54] MAHARAM, D., On homogenous measure algebras, Proc. Nat. Acad. Sci. **28** (1942), 108–111.

[55] MAHARAM, D., An algebraic characterization of measure algebras, Ann. Math. **48** (1947), 154–167.

[56] MAHARAM, D., Automorphisms of product of measure spaces, Proc. Amer. Math. Soc. **9** (1958), 702–707.

[57] MACKEY, G., The Mathematical Foundations of Quantum Mechanics, Benjamin, New York–Amsterdam 1963 (russ. Übers.: Макки, Лекции по математическим основам квантовой механики, Мир, 1965).

[58] MACNEILLE, H. M., Partially ordered sets, Trans. Amer. Math. Soc. **42** (1937), 416–460.

[59] Марков, А. А. (MARKOV, A. A.), О существовании интегрального инварианта, ДАН СССР **17** (1937), 455—458 (Über die Existenz einer Integralinvariante, Ber. d. Akad. d. Wiss. d. UdSSR).

[60] MARCZEWSKI, E., SIKORSKI, R., On isomorphism types of measure algebras, Fund. Math. **38** (1951), 92–98.

[61] MATTHES, K., Über eine Schar von Regularitätsbedingungen für Verbände, Math. Nachr. **22** (1960), 93–128.

[62] MATTHES, K., Über die Ausdehnung von ℵ-Homomorphismen BOOLEscher Algebren, (I), Z. Math. Logik u. Grundl. Math. **6** (1960), 97–105; (II), ebenda **7** (1961), 16–19.

[63] MOISIL, G., Theoria algebrică a mecanismelor automate, Bucureşti 1959 (Russ. Übers.: Моисил, Алгебраическая теория дискретных автоматических устройств, ИЛ, 1963).

[64] MOORE, E. H., u. SMITH, H. L., A general theory of limits, Amer. J. Math. **44** (1922), 102–121.

[65] VON NEUMANN, J., Zur allgemeinen Theorie des Maßes, Fund. Math. **13** (1929), 73–116 [Collected Works, New York 1961, Vol. 1, S. 599–642].

[66] OGASAWARA, T., Theory of vector lattices, J. Hiroshima Univ., Ser. A **12** (1942), 37–100; **13** (1944), 41–161.

[67] ORE, O., On the foundation of abstract algebra, I, Ann. of Math. **36** (1935), 406–437.

[68] Пинскер, А. Г. (PINSKER, A. G.), О расширении полуупорядоченных пространств, ДАН СССР **21** (1938), 6—10 (Über die Erweiterung halbgeordneter Räume, Ber. Akad. d. Wiss. d. UdSSR).

[69] Пинскер, А. Г. (PINSKER, A. G.), О некоторых свойствах расширенных K-пространств, ДАН СССР **22** (1939), 220—224 (Über einige Eigenschaften erweiterter K-Räume, Ber. Akad. d. Wiss. d. UdSSR).

[70] Пинскер, А. Г. (PINSKER, A. G.), Структуры, эквивалентные K-пространствам, ДАН СССР **99** (1954), 503—505 (Zu K-Räumen äquivalente Verbände, Ber. Akad. d. Wiss. d. UdSSR).

[71] Пинскер, А. Г. (PINSKER, A. G.), Структурная характеризация функциональных пространств, УМН **12**, № 1 (73) 1(957), 226—229 (Verbandstheoretische Charakterisierung von Funktionalräumen, Fortschr. Math.).

[72] Плеснер, А. И. (PLESNER, A. I.), Спектральная теория линейных операторов, Наука, 1965 (Spektraltheorie linearer Operatoren).

[73] Плеснер, А. И., и Рохлин, В. А. (Plesner, A. I., u. Rochlin, V. A.), Спектральная теория линейных операторов, II, УМН 1, № 1 (11) (1946), 71—191 (Spektraltheorie linearer Operatoren, II, Fortschr. Math.).

[74] Rieger, L., Some Remarks on Automorphisms of Boolean algebras, Fund. Math. 38 (1951), 209–216.

[75] Riesz, F., u. Szökefalvi Nagy, B., Leçons d'analyse fonctionelle, Budapest 1953 (deutsche Übers.: Vorlesungen über Funktionalanalysis, Berlin 1968; russ. Übers.: Рисс, Секефальви-Надь, Лекции по функциональному анализу, ИЛ, 1954).

[76] Рохлин, В. А. (Röchlin, V. A.), Об основных понятиях теории меры, матем. сб. 25 (67) (1949), 107—150 (Über die Grundbegriffe der Maßtheorie, Math. Sammelhefte).

[77] Рохлин, В. А., (Rochlin, V. A.), Метрическая классификация измеримых функций, УМН 12, № 2 (74) (1957), 169—174 (Metrische Klassifizierung meßbarer Funktionen, Fortschr. Math.).

[78] Рохлин, В. А. (Rochlin, V. A.), Лекции по энтропийной теории преобразований с инвариантной мерой, УМН 22, № 5 (37) (1967), 3—56 (Vorlesungen über die Entropietheorie von Transformationen mit invariantem Maß, Fortschr. Math.).

[79] Савельев, Л. Я. (Savel'ev, L. Ja.), О непрерывных мерах, ДАН СССР 160 (1965), 44—45 (Über stetige Maße, Ber. Akad. d. Wiss. d. UdSSR).

[80] Савельев, Л. Я. (Savel'ev, L. Ja.), Продолжение мер по непрерывности, Сиб. матем. ж. 5 (1964), 639—650 (Stetige Fortsetzung von Maßen, Sibir. Math. Z.).

[81] Савельев, Л. Я. (Savel'ev, L. Ja.), О порядоковых топологиях и непрерывных мерах, Сибир, матем. ж. 6 (1965), 1357—1364 (Über Ordnungstopologien und stetige Maße, Sibir. Math. Z.).

[82] Sucheston, L., On existence of finite invariant measures, Math. Z. 86 (1964), 327–336.

[83] Sikorski, R., Boolean algebras, Berlin–Göttingen–Heidelberg–New York 1964.

[84] Соболев, В. И. (Sobolev, V. I.), О полуупорядоченной мере множеств, измеримых функциях и некоторых абстрактных интегралах, ДАН СССР 91 (1953), 23—26 (Über das halbgeordnete Maß von Mengen, meßbare Funktionen und einige abstrakte Integrale, Ber. Akad. d. Wiss. d. UdSSR).

[85] Stone, M., The theory of representations for Boolean algebras, Trans. Amer. Math. Soc. 40 (1936), 37–111.

[86] Stone, M., Applications of the theory of Boolean rings to general topology, Trans. Amer. Math. Soc. 41 (1937), 375–481.

[87] Stone, M., Algebraic characterizations of special Boolean rings, Fund. Math. 29 (1937), 223–303.

[88] Сумонкин, В. И. (Sukonkin, V. I.), Один пример из теории множеств, Сибир. матемч. ж. 7 (1966) 1435—1436 (Ein Beispiel aus der Mengentheorie, Sibir. Math. Z.).

[89] Fichtenholz, G. M., u. Kantorovič, L. V. (Fichtengol'c, G. M., u. Kantorovič, L. V.), Sur les opérations linéaires dans l'espaces des fonctions bornées, Studia Math. 5 (1935), 69–89.

[90] Floyd, E., Boolean algebras with pathological order topologies, Pacific J. Math. 5 (1955), 687–689.

[91] Freudenthal, H., Teilweise geordnete Moduln, Proc. Acad. Amsterdam 39 (1936), 641–651.

[92] Hajian, A., u. Kakutani, S., Weakly wandering sets and invariant measures, Trans. Amer. Math. Soc. 110 (1964), 136–151.

[93] Halmos, P. R., Lectures on Ergodic Theory, The Math. Soc. of Japan 1956 (russ. Übers. Халмос, Лекции по эргодческой теории, ИЛ 1959).
[94] Halmos, P. R., Lectures on Boolean algebras, Toronto–New York–London 1963.
[95] Halmos, P., u. von Neumann, J., Operator methods in classical mechanis, II Ann. of Math. 43 (1942), 332–350.
[96] Hausdorff, F., Über zwei Sätze von G. Fichtenholz und Kantorovič, Studia Math. 6 (1936), 18–19.
[97] Hodges, J. L., u. Horn, A., On Maharam's conditions for measure, Trans. Amer. Math. Soc. 64 (1948), 594–595.
[98] Hopf, E., Theory of measure and invariant integrals, Trans. Amer. Math. Soc. 34 (1932), 373–393.
[99] Horn, A., u. Tarski, A., Measures in Boolean algebras, Trans. Amer. Math. Soc. 64 (1948), 467–497.
[100] Zorn, M., A remark on method in transfinite algebra, Bull. Amer. Math. Soc. 41 (1935), 667–670.
[101] Шатуновский, С. О. (Šatunovskij, S. O.), Введение в анализ, Одесса, 1923 (Einführung in die Analysis, Odessa).
[102] Sheffer, H. M., A set of five independent postulates for Boolean algebras with application to logical constants, Trans. Amer. Math. Soc. 14 (1913), 481–488.
[103] Юдин, А. И. (Judin, A. I.), О расширении линейных полуупорядоченных пространств, Уч. зап. ЛГУ 12 (1941), 57—61 (Über die Erweiterung linearer halbgeordneter Räume, Gelehrte Schriften der Leningrader Staatl. Univ.).
[104] Яблонский, С. В., Гаврилов, Г. П., Кудрявцев, В. Б. (Jablonskij, S. V., Gavrilov, G. P., Kudrjavcev, V. B.), Функции алгебра логики и классы Поста, Наука, 1966 (Funktionen der Algebra der Logik und Postsche Klassen).
[105] Яглом, И. М. (Jaglom, I. M.), Алгебра Буля, Сб. О некоторых вопросах современной математикй и кибернетики, Просвещение, 1965, 230—324 (Boolesche Algebren, Sammelband Über einige Fragen der modernen Mathematik und Kybernetik.

VERZEICHNIS DER GRUNDLEGENDEN BEZEICHNUNGEN

Im folgenden geben wir für eine Reihe grundlegender Bezeichnungen die Seitenzahlen des Buches an, auf denen die entsprechenden Begriffe erstmalig eingeführt werden.

E^s	– Gesamtheit der oberen Schranken der Menge E 6
E^i	– Gesamtheit der unteren Schranken der Menge E 6
$x_1 \vee x_2$	– obere Grenze der Elemente x_1, x_2 6
$x_1 \wedge x_2$	– untere Grenze der Elemente x_1, x_2 6
$\mathbf{0}$	– Nullelement einer halbgeordneten Menge 10
$\mathbf{1}$	– Einselement einer halbgeordneten Menge 10
E^+	– Gesamtheit der von Null verschiedenen Elemente der Menge E 10
$x \, \mathrm{d} \, y$	– Disjunktheit der Elemente x, y 11
$C x$	– Komplement eines Elements in einer BOOLEschen Algebra 11
$\lvert x - y \rvert$, $x +_2 y$	– symmetrische Differenz von Elementen einer BOOLEschen Algebra 13
$x_1 + x_2$	– Summe von Elementen einer BOOLEschen Algebra 14
$x_1 - x_2$	– Differenz von Elementen einer BOOLEschen Algebra 15
2^Q	– Algebra aller Untermengen der Menge Q 16
$\mathcal{X}_u$	– Hauptideal der BOOLEschen Algebra $\mathcal{X}$ 25
$\mathfrak{Q}$, $\mathfrak{Q}[\mathcal{X}]$	– realisierendes (STONEsches) Kompaktum der BOOLEschen Algebra $\mathcal{X}$ 28
E^d	– disjunktes Komplement der Menge E 32
P_u	– Projektionsoperator 35
$[E]_u$	– Spur der Menge E 36
$\overline{\mathcal{X}}$	– BOOLEsche Algebra der Komponenten der Algebra $\mathcal{X}$ 37
G_0	– Algebra der regulären offenen Mengen auf (0, 1) 39
$\mathcal{X}\langle E\rangle$	– von der Menge E erzeugte Unteralgebra 48
$\mathcal{X}/I$, $\overline{\mathcal{X}}$	– Faktoralgebra 58
E_0	– metrischer Verband (Algebra mod 0) der LEBESGUE-meßbaren Mengen des Intervalls [0, 1] 62
E_0^n	– metrischer Verband der LEBESGUE-meßbaren Mengen des n-dimensionalen Einheitswürfels 62
E_α^Γ, E^Γ	– einem beliebigen Produkt LEBESGUEscher Maße zugeordneter metrischer Verband 63
$\mathcal{R}_{\langle a, b\rangle}$	– von dem System aller in $\langle a, b\rangle$ enthaltenen Intervalle erzeugte Algebra 67
$\overline{\mathcal{X}\langle E\rangle}$	– von der Menge E erzeugte regulär eingebettete Unteralgebra 79
A^0	– normaler Kern der Menge A 83

NAMEN- UND SACHVERZEICHNIS

FSC
www.fsc.org
MIX
Papier | Fördert
gute Waldnutzung
FSC® C083411

Kolibri 360 GmbH
Ferdinand-Jühlke-Straße 7
99095 Erfurt, Deutschland
produktsicherheit@kolibri360.de